门里门外演八百年世说新语

燕去燕来传一万里日下旧闻

一门一世界

赵润田　赵薨 著

清华大学出版社
北京

图书在版编目（CIP）数据

一门一世界 / 赵润田，赵薆著 . —北京：清华大学出版社，2019
ISBN 978-7-302-37635-4

Ⅰ . ①一⋯　Ⅱ . ①赵⋯②赵⋯　Ⅲ . ①建筑艺术—北京市—图集
Ⅳ . ① TU-881.2

中国版本图书馆 CIP 数据核字（2014）第 190392 号

责任编辑：纪海虹　李莹　刘美玉
封面设计：胡长跃
责任校对：王荣静
责任印制：宋　林

出版发行：清华大学出版社
　　　　　网　　　址：http://www.tup.com.cn，http://www.wqbook.com
　　　　　地　　　址：北京清华大学学研大厦A座　　　邮　　编：100084
　　　　　社 总 机：010-62770175　　　　　　　　邮　　购：010-62786544
　　　　　投稿与读者服务：010-62776969，c-service@tup.tsinghua.edu.cn
　　　　　质量反馈：010-62772015，zhiliang@tup.tsinghua.edu.cn
印 装 者：三河市君旺印务有限公司
经　　销：全国新华书店
开　　本：170mm×230mm　　　印张：32　　　字　　数：438千字
版　　次：2019年3月第1版　　　　　　　　印　　次：2019年3月第1次印刷
定　　价：168.00元

产品编号：054250-01

序：北京之门的巡礼

北京的门是这座城市的一道风景。

北京的门有特别大的，譬如正阳门，甭说汽车，火车都能进；有特别小的，譬如胡同里的小门楼，仅能推着自行车出入。但是，它们都是风景，北京的门是那么多姿多彩，每扇门的后面都隐藏着谜一样的生活，您要是在北京细细盘桓过，心里会怦然有所触动。

北京的门是有讲究的，大的小的都不能乱来，也没人乱来。想当初清光绪时候，内务府大臣俊启在城里建了所宅子，这所住宅极其宏大，大门坐东朝西，有三间厅那么宽阔，对面是一座大型八字影壁。大门内从西向东是三套大院，院与院之间由过厅连接。全院游廊环绕，池沼假山，巧楼玲珑。然而树大招风，有人就向朝廷使了坏，告他什么呢？逾制！

逾就逾在大门上。

这所宅子是大门三间，按大清规矩，三间大门是王爷的规格，俊启纵然是内务府大臣、粤海关监督，但也没有资格使用这种大门。那么怎么办？慈禧下令：查办。消息传到，俊启吓得一命呜呼，就在家人举办丧事时，官府来抄家的兵丁到了。

事实上，这样的情形是不多的，因为像俊启那么颟顸张狂的人能有几个？大家都按自己的身份和财力营造房屋，大门作为一院之"标志性"建筑，最宜合乎规矩。但也正由于它的"标志性"，北京的门是极为讲究的，它们在一定规矩之内挥洒自己最大的美的可能性，甚至走"曲线"道路去实现理想。譬如，按照帝制时代的规矩，民居是不可以用彩绘的，雕梁画栋只有在皇家建筑中才会出现。那么，民居的门扉就没办法"打扮"自己吗？办法是有的，这就是促成了砖雕的普遍使用和争奇斗妍。

皇家建筑的门、商贾铺面的门、百姓民居的门，每一类都有着共性，让你一眼就能识别出那是一个什么所在；而在共性之中，一座具体位置的门又有着自己的个性，这个铺户和那个铺户、这户人家和那户人家，有着显见的不同。同中有异、异中有同，构成北京丰富多彩的门的风景。

佛语说：一花一世界，借用此意，在北京，可谓"一门一世界"。

老北京遗存至今的建筑弥散着当年的主人和工匠们的审美追求与自由创造力。在约定俗成的规则内，人们在门楼上尽力地展示自己，犹如漂亮女孩对自己容貌的妆扮。走进北京古老胡同的深处，在那些少有人行的静谧街巷里，往往深藏着令人惊异的往日芳华。它们是最后的迟暮美人，失去它们，我们将再也领略不到前人凝聚在建筑上的智慧和手艺。特别容易让人忽略的是以往那些建筑的自由性，在一条街上，每幢房子、每座门楼以至每副门联，都是彼此不同而呈现个性的，最根本的原因，是它们当初都分属不同的主人，而并非"集体出生"。它们是自然而然产生的，高低错落，繁简不一，各擅胜场，顾盼生姿。

北京的门，是那么井然有序，又那么异彩纷呈，它们是千百年来磨合形成的独特的建筑艺术，弥足珍贵。

一座门，是一所建筑的"脸面"，蕴含着主人对人生的寄托，它也像面对客人奉上的一盘菜肴，应该是拿手好戏。所以，品鉴一座门，就是品鉴人；品鉴一座城市的门，就是品鉴这座城市的全部底蕴。

现代建筑中，门的地位严重降低，堂皇大厦注重的往往是外立面的风格效果，人们看到的情形是：楼很威严，门却只是个出入口，大部分是由旋转门担当着，至于美感，几乎可以忽略不计。至于居民楼，高档一些的是数字识别防盗门，普通的则干脆有框而无门，本该有门的地方无遮无拦。

门的艺术充分体现于传统建筑中，然而，传统建筑近年在大踏步消失。本书作者遗憾中的幸运是在大拆迁之际拍摄到大量北京传统建筑影像，很多建筑连同它们的门楼一同消失于无形，每每看到如今仅仅存在于照片中的影像，那些精美得令人赞叹连声的门楼便又复活起来，令我们陷入当初真实地面对它们时的感受之中。它们中有些经历了上百年历史，还是清朝时候的遗物。你看这样的门联："圣代即今多雨露，诸君何以答升平""中心为忠，如心为恕；柔日读史，刚日读经""道为经书重，情因礼让通"，那份百年前的儒雅扑面而来。再看胡同拐角处那间卖杂货的小铺，早已脱漆的木雕风韵犹存，俨然"粗头乱服，不掩国色"。说起商铺，它们的门面让人一望而知是经营什么行当的，面铺、当铺、煤铺、银店、旅店、酱菜园、药铺、香蜡铺、饽饽铺……各有各的样子，各有各的大门。对了，作者还拍到北京城最后一处棺材铺的门面，前檐板上精雕着一长串抑扬顿挫的广告词，书法极为精湛。那家棺材铺距离菜市口刑场不远，这让人又生出许多联想。

　　每座门里都深藏着人生故事和世事变迁。它们是一种无言的诉说，却像一道道谜题，等你破解。网上的论坛里有个帖子说北京的谜，其他地方的谜，发帖者都解释了，只有一处，即紫禁城的东华门上的门钉为什么是横八竖九，而不是像其他城门那样横九竖九？

　　这是有缘由的，整个北京城，从皇家到百姓，四九城里所有的门都是有说法的，它们严格按照中国最古老、最神秘、最深幽的阴阳五行说《易经》的哲学理念和《周礼·考工记》《营造法式》的操作方法——安排，各守其位，各得其宜。

　　关于五行，人们平常以"金木水火土"的顺序言说，但历史上它们的顺序不是这样的，按照中国最早对五行的文字记载《尚书》中的表述，应该是"一曰水，二曰火，三曰木，四曰金，五曰土。"《尚书》中指出五行的特质为："水曰润下，火曰炎上，木曰曲直，金曰从革，土爱稼穑。"然而，如果按照"相生"顺序，应该是"金水木火土"，金生水，水生木，木生火，火生土，土生金。按照"相克"顺序，应该是"金木土水火"，金克木，木克土，土克水，水克火，火克金。五行又与五方、干支及象征物相匹配：东方甲乙木、南方丙丁火、中央戊己土、西方庚辛金、北方壬癸水，左青龙、右白虎、前朱雀、后玄武。

　　本书以"土"为述说之始，因为"土"为最重要的中央之位，"土"又是承载万物、繁育生灵的厚重之地。

中国阴阳五行思想可以追溯到六千年前的仰韶文化，阴阳五行说作为中国传统哲学的最高范畴，深刻影响了中国民众生活的诸多方面，最为显见的便是中医和建筑，中医讲阴阳、讲寒火，将五行与五脏相匹配，而建筑则以阴阳五行定位置、论布局、划规格，生出"前朝后市、左祖右社"的规矩，常守不违。

　　阴阳五行是中国古代的天文学成果，阴阳概念由地球自转得来，由此而有昼阳夜阴；五行概念由地球公转得来，由此而有一年四季之春夏秋冬，东为春、南为夏、西为秋、北为冬，最早时候，分为"五季"，中为长夏。在这套系统中，时间、空间、方位实现了地球与天宇的立体对应，是中国古人"仰察天文、俯察地理"而得来的宝贵体认和卓越思想。中国古代对彗星和太阳黑子的观察和记载在世界范围遥遥领先，绝非偶然。

　　整个老北京城都是依据阴阳五行思想所营造出来的。阴阳五行思想无言地潜伏在这座古城中，让人浑然不觉，然而愈是浑然不觉，愈是体现了建筑与人意的契合，愈是体现了无为之道。

　　中国古代哲学认为宇宙有"四大"：道大、天大、地大、人大。可以说，中国古代先民立于田亩之间，仰望苍穹茫茫，与天地对话，向群星问诘，感悟出的并非人类之渺小，而是彼亦一世界，我亦一世界，万物俱循"道"而行。我们今天所常说的"天人合一"，其实质除了指人与大自然相携不悖、共生共存，还指人与外物都在遵循同一规律，并行宇宙。

　　中国先民是谦逊的，又是自信的。六千年前，中国先民仰察天文，发现了二十八宿对北斗七星形成的拱卫之势，同时发现二十八宿稳定而北斗七星在四季中是转动着的，所谓"斗转星移"。北京在元大都时代的谋划和营造，首先就确定了北斗天轴在地上的投影为大都的中轴线，二十八宿的"金木水火"分列四方，从而成为与上天对应的煌煌帝都。

　　几百年的时间消逝了，然而，历史的痕迹留在那里，砖瓦木件构成的史书，大美不言，证明着从古到今的中华文化的传承。

　　这里，我们遵循着古老的方式，做一次北京之门的巡礼。

目 录

水之篇：商贾之门

木之篇：文翰之门

土之篇：皇天之门

　　你肯定到过故宫，那么如果你仔细打量那里最核心的建筑"三大殿"：太和殿、中和殿和保和殿，会有所发现，它们建造在一个傲岸的汉白玉丹陛之上，而这一烘托起整个北京中心位置皇家顶级殿堂的丹陛，是个汉字中的"土"字！

　　这一现象如果从空中俯瞰，就更加明显不过。

　　何以如此？

　　因为从阴阳五行的理念来讲，土的方位在中，世界的中心。

　　中央戊己土。

　　"五行"与"五色"相对应，"土"的颜色属性为黄色。所以，紫禁城里主要建筑都是黄琉璃瓦覆顶。在天安门西侧的社稷坛里，有一个叫作"五色土"的祭台，以五种颜色的土象征五行和五个方位，黄色的"土"居于中央位置。

　　《淮南子·天文训》："中央土也，其帝黄帝，其佐后土，执绳而制四方。"统据天下的皇家，怎能不把前廷后宫设置在整个都城的中央呢？

　　到2013年，北京已有860年建都史。这座东方大城在它860年的行进中，耗费的黄金太多了。金兀术那伙人，毫不怜惜地踏平辽南京，建立了金中都。之后，蒙古大军骑在马背挥舞着弯刀来了，金中都看都不看一眼，马鞭一甩，新建了震惊世界的元大都。然而燕王扫北，那个从侄子手中一把夺过权柄的大胡子朱棣，打碎再来，又重新构造了北京。三大殿巍峨参天，建成不到一年却被一场大火烧个精光，吓得朱棣很多年只在仅存的太和门弄把椅子听政，很像老农在垄头含着旱烟袋杆跟老哥们说庄稼。

建城，毁城，再建城。哪一次不是成堆的金银弃如粪土，哪一次不是万千人命血流漂橹？

2010年冬日的一天，我从北京通州一条马路走过，路边一块石头上镌刻的字把我拽下车，那上面赫然写着：萧太后河。

这条河往东流去，水不多，全亚洲整个北纬地区都连年缺水，能够不断流已很不错了。萧太后？就是那个美丽非凡，成天和宠信的美男大臣厮混一起的萧太后吗？

正是她。就是她领导的大辽国，给大宋朝制造了数不清的麻烦，尽人皆知的杨家将几代人都拼命抵抗这个契丹美女。这美女命令臣民挖掘了这条河，东连张家湾运河口岸，西抵位于今天广安门一带的辽南京，专门运送城里军民几十万人每天要吃的粮食，而她自己则与宠臣荡舟张家湾南边大片的水洼子里，谁敢跟着瞅一眼他们在干什么呢？

但这条河如今只有半截了。风流总被雨打风吹去。她的城呢？不是有坚不可摧的城门和勇猛无敌的兵将吗？

从那时到现在，860年过去了。大城毁了又建，建了又毁，留给我们这一辈看上几眼的地方实在太难得了。

让我们走进这座城，摸一摸它的大门，摸一摸它的历史。

北京「门」的谜局

北京老城格局的五行底蕴

北京城是中国古代阴阳五行思想在城市营造方面最完美、最全面的体现。

几千年间，占据中国核心地位的哲学思想是阴阳五行说，后来人们常常把这一学说归为道家独擅，其实，阴阳五行说覆盖了先秦诸子各种不同思想，高屋建瓴般地占据着形而上的最高位置，儒家、道家、法家、兵家、墨家、名家等学派，几乎所有学说都是从阴阳五行学说的基点出发对应哲学的不同侧面作出阐发并构建起分支系统。

阴阳五行思想可以追溯到 6000 年前的仰韶文化，那是伏羲氏时代。

1987 年，河南濮阳西水坡出土的一个墓葬中，一具完整骨骸的两侧用蚌壳排成一龙一虎的形象，龙头龙爪、虎头虎尾俱全，而且龙身呈飞腾状，虎腿呈健走状，极为生动。然而最为令人震惊的是：它们在遗骨旁恰为龙居左、虎居右，这岂不是流传至今的"左青龙、右白虎"吗？

按照五行方位学说，左青龙、右白虎、前朱雀、后玄武，是为四方之象，居中为"招摇"。西水坡墓葬虽只有左右之象，但作为五行方位说的早期状态，已再明显不过了。事实上，阴阳五行说有一个不断充实发展的过程，大约到战国时期终于完善。

有史料记载的五行学说最早见于《尚书·洪范》。周武王伐纣灭殷后，向大学者箕子问计治国，箕子列举的九项要则中的第一项就是遵从五行法则。箕子将五行诠释为"一曰水，二曰火，三曰木，四曰金，五曰土；水曰润下，火曰炎上，木曰曲直，金曰从革，土爰稼穑。润下作咸，炎上作苦，曲直作酸，从革作辛，稼穑作甘。"

五行说把宇宙万物归纳为五种性质的构成，并认为五种性质之间存在"相生相克"关系，它们之间的相生规律是：木生火，火生土，土生金，金生水，水生木。相克的规律是：木克土，土克水，水克火，火克金，金克木。任何一行，都有"生我""我生"两个方面。在相克的两个方面，任何一行，都有"克我""我克"两个方面，相生相克，往复无穷，构成纷繁多彩的大千世界。

与五行相配合、联属的哲学思想是阴阳意识。考古证明：阴阳概念的产生时代至少应上推到商代以前的氏族社会时代，这可以由《周易》的八卦阴阳爻予以证实。阴阳观念来源于中国古人对天体、世间万物以及人自身的观察与认识，认为事物都有"阴"和"阳"的不同侧面，这是对宇宙的极其深刻的认识，而且，阴阳说认为，"阴"中有"阳"，"阳"中有"阴"，彼此是一个动态过程，绝不是铁板一块。俗称为"阴阳鱼"的太极图阴阳说与五行说的融合形象地展示了这种动态思想，由一条曲线分割为"阴阳"两半，一边黑，一边白，然而"黑鱼"的"眼睛"为白色，"白鱼"的"眼睛"为黑色，你中有我，我中有你，阴中有阳，阳中有阴，说明着宇宙处于不断的变化动态之中。阴阳与五行的结合，成为中国古代极为完善的哲学体系。

阴阳五行说作为中国传统哲学的最高范畴，又与干支和卦爻相融合。中国先民以干支作为时间和空间的定位方式，1900年发现的甲骨文历经诸多学者研究解析，确定为殷商时代遗文，王国维考证出最早记录为商代始祖帝契时事。而甲骨文中出现最为频繁的字眼、同时也是纪年方式的字眼，就是干支。

所谓"干支"，是十天干、十二地支的简称。天干由甲乙丙丁戊己庚辛壬癸组成，地支由子丑寅卯辰巳午未申酉戌亥组成。天干与地支分别配合，成六十种组合，亦即一个甲子，成为六十个年头。天干又用来与五行相配合，

远山环抱北京城

甲乙木为东方，丙丁火为南方，戊己土为中央，庚辛金为西方，壬癸水为北方。

阴阳五行说成为中国古代最高级别的哲学理念，举凡天文、地理、农事、建筑、民俗等所有传统文化，都受着它的指导和统辖。中土社会大至营造国都、小到修建民居，以至皇家建陵、民间造墓，阴阳两宅仍严格而顽强地恪守阴阳五行学说，它浸润到中国社会的极深层面，甚至很有"桃李不言下自成蹊"的样貌。

整个老北京城，阴阳五行思想几乎无处不在。

今天的北京是元代奠基的，那之前，辽南京、金中都的位置在今广安门一带，元世祖忽必烈定鼎中原，开始了一场震铄古今的造城工程，将新的都城向金中都旧址东北方向移动，以金章宗的禁苑太液池为中心位置，筑造元大都。

《光绪顺天府志》形容京师"左负辽海，右引太行，喜峰、居庸，拥后翼卫，居高驭重，临视乎六合。"从元到清，历代朝廷无不认同京师所据为最佳建都位置，上应北斗七星之象，下合山川环抱之势，处于一条亘古不变的"龙脉"之上。所谓"龙脉"是潜于山底的，这条龙脉远自昆仑山而来，一路迤逦，到燕山山脉形成巍峨屏障，继续向南而以昌平天寿山为显端，明成祖朱棣甫一定都北京，便延聘风水高手寻觅建陵宝地，看中的即是天寿山，这就是后来的明十三陵所以建于此的风水缘由。

元朝只存在不足百年，它奠定了北京堪舆取向的大格局，细部完善实际上到明朝最终完成。明成祖对元大都的改易，最显著的是景山的营建。景山可以说是从"显"和"隐"的两方面完成了明王朝的风水和环境需求，是明代北京在都城营建中最为精彩的一笔。

都城必建于龙脉。道家认为，北京的龙脉发端于昆仑山。远从昆仑山经太行、燕山而来的龙脉，遇山而行，遇地而潜，抵达昌平天寿山而涌出，天寿山成为这一龙脉的气口。明成祖将元代紫禁城北的宫苑拆除，以挖掘宫城筒子河的土堆在皇城中心位置成为一座城中之山，意在将龙脉从天寿山继续南引，至此涌出，使得紫禁城得其龙脉气象。有人认为，景山设立在元代宫殿旧址之上，是为弹压元朝王气，但这只是比较"显"的一面，更大的底蕴则在于龙脉的引进。

景山最初称煤山，亦称万岁山，山上也并无建筑，后来的五座亭子是到清代才逐步建成的。

景山的存在，成为北京城内一个制高点，为平面的北京增添了立体感和风景线；而同时，登临景山，整个帝都在眼前展开举世无双的辉煌景象，站

北京中轴线上的重要节点景山

环绕紫禁城的筒子河

在那儿，你才能真正领会"画卷"两字的意义。

景山确乎是帝都的镇山，它是平毁了元代延春阁后堆起的，是北京中轴线上矗立起的一个标志，又成为紫禁城的背倚之山，结龙穴于紫禁城中，在风水学上的意义超乎寻常。整个北京，靠山襟水，北京的山成为太师椅形，远有昆仑山、太行山次第而来，群山奔驰，形成重重屏障和倚靠，力压华北平原，收住南方之气；近有燕山、天寿山和景山，将远道而来的龙脉引进帝都。

这还只是北京"山"的风水组成部分中北面所靠；中原之外，东方青龙之位为泰山；西方白虎之位为华山，南方之山为风水中之"案山"，第一层是嵩山，第二层是淮南诸山，第三层是岭南诸山。如此，帝都之势雄视宇内，力扼九州，无可匹敌。

北京城的大环境背山面水，这是最好的城市格局。

水是生命之源，财帛之源，多水的地方必然富庶，少水的地方难免贫瘠。帝都是不可能建在贫瘠之地的。事实上，北京历史上是一个水乡，永定门外丰台地区、西直门外海淀地区等地，1900年前还到处是水潦湿地。元代勘测、规划大都，水是与山同时被看中的，按照堪舆学的概念，北京四围有水：南方朱雀之水为卢沟河，出自山西桑干河，由宛平入京；西方白虎之水为玉河，出自玉泉山，自西直门水关入京，流经紫禁城内，为内外金水河；东方青龙之水为白河，南注通州大运河；北方玄武之水为高粱河、温榆河，自西向东入白河。

"天地间好个大风水！"山为阴，水为阳，帝都背山面水，负阴抱阳，远承昆仑之气，南俯江淮河汉，历朝历代长守北京而不离不弃，环境根源俱在于此。

天安门、端门。此二门与大明门、午门以及太和门共为天子五门

北京"门"的数术

北京是一座数字之城。

"道生一,一生二,二生三,三生万物。"阴阳五行说从来是以数术解析宇宙奥秘的,所以,浸润到建筑以及社会伦理各方面的观念都特别重视数字的意义。

从元世祖营造大都开始,帝都就充满了数字之讲究。以后又不断完善,使北京到处是数术谜团。

最为重要的是体现皇权至尊的"九五"之数。

明成祖营造皇城、紫禁城时在中轴线上设置"天子五门",从南至北依次为大明门、承天门、端门、午门、奉天门(清代改称大明门为大清门、改称承天门为天安门、改称奉天门为太和门,民国改称大清门为中华门)。从一到九的数字序列中,五为居中数字,九为最大数字,五为地,九为天,所以帝都很多建筑和设施都极力张扬这两个数字。

紫禁城完全可以看作北京最大的四合院,规模为三路九进,筑屋九百九十九间半,数取极阳。

"天人合一"的理念在帝都有着最为充分的体现,占地最大的设施是京城五坛:中央为社稷坛,南方乾位为天坛,北方坤位为地坛,东方离位为日坛,西方坎位为月坛。五坛布局正合八卦先天方位，同时又与"五色"对应，我们至今还可在社稷坛上看到这五色：中央戊己土，黄色；东方甲乙木，青色；南方丙丁火，赤色；西方庚辛金，白色；北方壬癸水，黑色。

紫禁城前殿后宫俱为黄色琉璃瓦覆顶，取中央"土色"。东部文渊阁、撷华殿等建筑为绿色琉璃瓦覆顶，取东方"木色"，文渊阁又以黑色琉璃瓦剪边，取"水色"克火，因此地为皇家藏书楼，最忌火灾。北京的钟鼓楼位于全城北部，亦取"水色"，为黑色琉璃瓦绿剪边覆顶。

天安门、端门、午门、太和门为横向九楹、纵向五楹，取"九五"之数。太和殿于清康熙八年改建为横向十一楹，与纵向五楹相乘，得数五十五，合中央之数。该殿为重檐庑殿顶，八条垂脊加中央横脊，为九脊巨殿，仍合"九五"的天地之数。

北京城垣元代奠定基本规模，明初向南缩北面城墙五里，废东西两侧最北面的光熙门和肃清门。明代修筑的北京内城周长四十里，外城二十八里。明代北京改元大都十一门为内城九门，九门之内设东西南北中五城，分别由"九门提督"和"五城兵马司"管辖，亦为"九五"之数。

按照《周易》理论，奇数为阳，偶数为阴。从传统文化看来，任何环境，全阳或者全阴都不可取，最佳状态是阴阳协调。整个紫禁城就是一个精心运

午门，整体凹形，因有五座城楼，亦称五凤楼，上置钟鼓，明清两代朝廷举行大典的场所

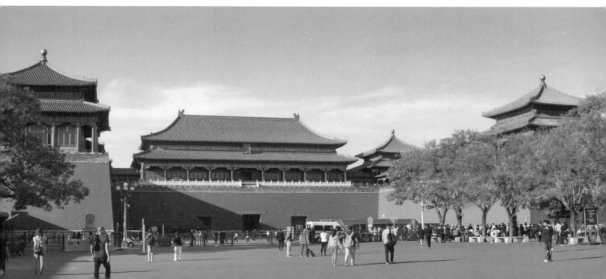

用阴阳数术以达协调的整体，设计之初，运用之精细无处不在。除"九五"之数，运用得最多的还有"三"和"六"。紫禁城前三殿为"三"，是八卦中的乾卦之相，为"阳"；乾清门北面后东西六宫为"☷"，是八卦中的坤卦之相，为"阴"。这样，紫禁城主格局阴阳协调之数奠定下来。此外，东西六宫合为十二，是十二地支之数；乾清门东五所与西五所，又合而为十天干之数。暗合天干地支之数的地方还有天安门，门楼之上共有巨柱六十根，恰为一个甲子。天安门前正对金水河有石桥五座，左祖右社前门各有石桥一座，合而为七，暗合北斗七星之数。天安门高九丈九尺，楼横九楹，纵五楹，合"九五"之数。紫禁城中还有一个用"一"与"六"相对应的地方，那便是御花园中的钦安殿。此殿奉祀道家的玄天大帝，紫禁城专门设施这样一处道观，似乎透露了"天机"：整个紫禁城、皇城和京城的营造理念来源于此。钦安殿大门匾额题为"天一门"，与殿前设置的一座六龙石雕恰为呼应，暗喻"天一生水，地六成之"。钦安殿位于紫禁城北端靠近玄武门（清代避玄烨名讳改称神武门）的位置，为戊己水之位，又含有以水避火的深意。

皇城最前面的门为大明门，但古人不会让这里存在孤门现象，事实上，大明门除了本身开辟三个门洞以躲避孤数之外，红墙向北延伸，内有两侧廊房，称"千步廊"，至天安门前向左右转弯，然后在长安街形成长安左门和长安右门，这样，天安门前就呈现三座门楼的样子，既方便出行，又规整有序。每逢殿试之后，录取进士的皇榜就张贴于东面的长安左门旁的红墙上，而武举皇榜则张贴于西面的长安右门旁的红墙上。

以上所说"千步廊"，在大明门内由南至北两侧各有一百一十间，转弯后平行向东西两侧延伸至长安左门和长安右门，各

紫禁城北门：神武门

三十四间,俱为阴数。此一阴数与门的阳数相对应,形成一种均衡。除此之外,各处殿宇、院落的台阶级数、墙砖层数,也都达成主次间的阴阳平衡,用心极为良苦。采用阴数较多的地方是太庙。太庙为祭祀之所,为阴宅,所以多用偶数。最大的建筑为享殿,横向十一楹,纵向六楹,合六十六楹之数,为阴。丹陛台阶除南向用三层五级以显皇家级别外,其他东西向台阶俱为阴数。

北京最大的门中,正阳门、天安门、太和门等都以横九纵九的门钉表达极数,但东华门却是横八纵九,为七十二之阴数,何故?

东为木位,按五行相生相克之说,"木"克"土"。但"土"为皇天中央之位,岂能被"克"?于是在门钉上用减损法去掉一列门钉,使东华门成为"阴木"而非"阳木","阴木"是无法克土的,问题便告解决。也正因为东华门属于阴数之门,所以大内之中每逢有人亡故,只能从此门运出。

皇城、紫禁城外围到底多少门?这是一个问题。

之所以是一个问题,是因为长期以来,有一个特别偷懒的说法:"内九外七皇城四",把皇城之门认定为四座,分别为天安门、地安门、东安门、西安门。东安门、西安门和地安门消失后,又有人把紫禁城的天安门、神武门、东华门、西华门误认为"皇城四",这是把仍可看到的紫禁城当作已经看不到的皇城了。这种混乱在年轻人中普遍存在。

此外,皇城南门究竟是天安门还是大明门,也历来存在不同说法。由此影响到皇城到底有几门?罗哲文先生生前曾经归纳为"四门说""五门说""六门说""七门说""八门说",他老先生比较认同"七门说",即天安门、地安门、东安门、西安门、大明门、长安左门、长安右门。但这里仍存问题:紫禁城的正门从哪座城门算起?通常所认为的是午门,但如此一来,介于天安门与午门之间的端门算到哪一系列中?而如果视端门为紫禁城正门,恐怕会引起更多人的不认可。

相比较而言,《光绪顺天府志》对明代营建北京城垣诸门有过非常明确的记述,这部动用李鸿章、张之洞、缪荃孙等几十位当朝重臣主持编纂的权

紫禁城内处处是门　　　　　　　　　紫禁城最漂亮的门在乾隆皇帝的宁寿宫

威史志，以北安门、东安门、西安门、长安左门、长安右门、大明门为"外围六门"，它们所"围"起来的应该正是皇城；紫禁城则以南向三重门为正门，"一重曰承天门（今天安门），门内东太庙，西太社、太稷，二重曰端门，三重曰午门"，午门外为"左掖门、右掖门，转而向东曰东华门，向西曰西华门，向北曰元武门（今神武门）"，"此内围之八门也"。

　　按照《光绪顺天府志》的概念，皇城六门，紫禁城八门。而且，外围墙角环红铺七十二处，内围墙角环红铺三十六处，每铺安排成卫十名，夜间持铜铃巡哨。七十二为地煞之数，三十六为天罡之数。另据《宛署杂记》，紫禁城内掘井七十二眼，亦为地煞之数。

堪舆提供可能性而非必然性

　　五行学说对北京规模、布局的形成产生巨大的影响，这种影响甚至到今天还在发生作用。天安门广场在 20 世纪 50 年代大兴工程，布局为历史博物馆在东，人民大会堂在西，可谓"左祖右社"观念的最新延续。北京奥运会场馆建设进一步将中轴线北延、亚运村、奥运村场馆都围绕中轴线两侧营造，而且更在北端营造出奥林匹克山，成为新北京中轴线的远端起点。

　　五行学说对城市建设、民俗生活是有着积极意义的。它是一种环境学，是在自然背景下的人文选择与调整。

把五行学说视为"迷信"，是一种简单粗率的思维方式。实际上，五行学说是中国古人特有的对宇宙的文化理解与诠释，它是东方民族对宇宙认识的形象化表述，它不可避免地蒙有一层东方神秘色彩，它们表里那种完整而幽深的理论框架容易让人莫测高深。

中国堪舆学理论最早来源于《易经》，许慎《说文解字》："堪，天道也；舆，地道也。"堪舆学实际上是环境学＋生态学，研究对象是天、地、人的关系。它以河图、洛书为基础，运用阴阳五行相生相克的原理审视地形、地貌、空间关系，从而判断命运的顺、逆、吉、凶。

城市和人居亦如此。在北京，城门的名字都不是随便起的，正阳门之东为崇文门，因为东方为春，主生发涵养；之西为宣武门，因为西方为秋，含肃杀之气。故而崇文门为税关，财富生发得越多越好；宣武门外为法场、校场，著名的行刑之地菜市口在那里，每年对重刑犯勘定死刑称为"秋审"，从长安右门传达出死刑决定，赴菜市口执行。大明门两侧的朝廷衙署，左为文职的礼部、吏部、户部等，右为武职的刑部、都督府等。紫禁城内，东路南端为文华门，内为文华殿、文渊阁，通道中有文昭阁；西路南端为武英门，内为武英殿，通道中有武成阁。中央太和殿的殿前丹陛上，左设日晷，右设嘉量。雍正时为着西北边疆军务而设置了军机处，办公地点定在西侧隆宗门内。所有这些规划，都体现着左阳右阴、左文右武、左祖右社、前殿后宫、前朝后市等，是规矩，也是民俗。

整个北京中轴线，明确地划分阴阳，所有的皇家主建筑都坐落于这条线的正中，南端为永定门，北端为钟鼓楼，之所以钟鼓楼后不设城门，而是在其两侧分设德胜门和安定门，是出于"收气"之需。在民间，也从无在院子正后方开设后门的做法，即使需要，也要开到靠一侧的地方，道理是一样的。

不同民族、地域的风俗、习惯、传统，对环境有具体要求。好的环境使人健康、愉悦，不好的环境使人沉闷、抑郁、身心不悦、易患病。堪舆学讲究"得气""藏气"，"风"载"气"而行，"气乘风则散，界水则止"。古人聚之使不散，行之使有止，故谓之风水"（晋代郭璞《葬书》）。北京的山环水绕不但符合这种"得气""藏气"的要求，而且，是游牧文明、狩猎文明、农耕文明的结合点，草原、山林、平原交集于此，是最佳的文明交汇之地。

环境对人是有反作用的。中国堪舆学说非常重视这一点，择地而居成为最重要的一件事。不能不看到，客观环境对人有所制约和影响，儒家也如此认为，"昔孟母，择邻处"即为显例。明代，太祖朱元璋最初建都凤阳而失败，就因为凤阳不具备统驭天下的地理条件，而北京则是成功的例子。

但堪舆绝不能理解成保万年之策，北京城地理环境的作用在于统辖全国，而非保一家一户的家天下，否则，就不会有元、明、清的相继更迭。它提供的是一种可能性，"天""地"都有了，还需要"人"，此"三才"缺一不可。再好的环境条件也需要人的调度运用。

"江山依旧在，几度夕阳红。"今天的北京，依然美好，历史留给人们的一座座大门，是文化，是风景，是打开一个个故事的钥匙。

中轴线上的紫禁城雪景

城门：中国最大的门

北京人至少有四重门：城门、巷门、院门和屋门。

以前，北京人每天来往穿行于这四重门之间的空间里；现在，前两种门几乎失去意义，院门也若有若无，你从家门一出来，面对的就是整个世界，看不到边际。

门给人提供一种安全感。四重门是一个完整有序的安全体系，在冷兵器时代，对外防卫、对内治安，防洪挡火，它的功用几乎是尽善尽美的。中国古代，"打开城门"是一件非常重要的事情，通常有两种情形：一是守城将领率军出城迎敌；二是向围城进攻的敌人行献城礼，也就是投降。平时，城楼都是开放瓮城两侧的旁门，供平民百姓出入，而且是有时间限制的。北京最重要的正门是正阳门，只有皇帝出城去进行郊祭时才开启。

1900 年，八国联军从海上登陆，在天津遇到清军的抵抗，当强盗打赢了这场战争之后，他们要做的第一件"善后"的事，是强求中国政府拆掉天津的城墙和城门。他们要让曾使之损兵折将的天津人生活在一个没有围墙和大门的河滩上。这是一种极端的惩罚。

没有大门的城市，是一个不设防的城市，是一个没有规矩的城市——在中国古代，人们是这样看待问题的。

北京旧时的城门包括四套体系，它们是：

紫禁城城门：天安门、端门、午门、神武门、西华门、东华门；

皇城城门：中华门（明代称大明门、清代称大清门）、长安左门、长安右门、地安门、东安门、西安门；

内城城门：正阳门、崇文门、宣武门、朝阳门、阜成门、安定门、德胜门、东直门、西直门；

外城城门：永定门、广渠门、广安门、左安门、右安门、东便门、西便门。

这些城楼和城门在20世纪陆续被拆除的有中华门、长安左门、长安右门、崇文门、宣武门、朝阳门、阜成门、安定门、德胜门（留箭楼）、东直门、西直门、永定门、广渠门、广安门、左安门、右安门、东便门、西便门。

此外，凡城墙拐角的地方都建有角楼，为军事防御设施，但无门，原有八座，今仅余一座东南城垣角楼。

所有的城门都与城墙、城楼连在一起，那么，我们可以从今天尚可寻到的城门方位推知，当年北京有着四道城墙。在清代，皇城和宫城是不准百姓和未经允许的官员进去的，内城由八旗官兵及其家属居住，实则成为一个兵营，拱卫着皇宫，外城才是平民百姓居住生活的地方。清中期以后，内城管制有所松懈，汉族官吏和富户才得以进入内城购置宅院。

这的确是一个封闭的体系，完整得无以复加。它把城市与乡村截然分开，切断了城与乡的自然联系，同时也限定了城市的发展空间，一切都须在建城之前规划完毕，所以到明朝嘉靖年间，北京的商业繁荣和人口增长已经发展到城市现有空间容不下自身需要的时候，明朝政府做出在城墙外再加一道城墙的决定，以便把城外若干地皮也圈进城内，这就产生了北京的外城。当然，这个工程并未全部按计划完成，当建到一半还不到的时候，国家财政出现问题，不得不在完成了南部外城之后停工了。这样，北京城就成了一个"品"字形而不是"回"字形。这一格局一直延续到20世纪80年代。

现在，我们从北京市地图上还能够很容易地看出老城的规模，当年环绕城墙的护城河恰恰是今天的二环路。

德胜门

　　那么，我们今天还能看到老北京的哪些门呢？

　　最该首先知道的城门当属大前门。

　　大前门的正规名字叫正阳门，它是北京全体老百姓的门，而天安门在老年间是皇家的门，用古典小说《水浒传》里的话说，是"皇帝老儿"的门。

　　明成祖建北京，正阳门是作为整个北京城的南门来对待的，同时它又处于离皇城最近的紧要位置上，所以规格最高，瓮城最大，同时城门也最壮观。瓮城在民国初年已经拆了，但城楼和箭楼尚在，城楼和箭楼的正门也都在。这堪称北京最大的门了。这是一国之门。

　　你所能够触摸到的它的至高无上的规格，就是这门钉——每排九枚，上下九排，共八十一枚。这是至尊之数。总有人说，御门、御道、御座等，是皇帝独享的，其实不对，它们是一种关于国的象征。在老年间前门平时是不开的，只有当皇帝去天坛祭天或到先农坛行耕礼时才会开启，祭天和耕礼在农耕时代是最重要的国事。

前门是严肃的，但它又是离老百姓最为切近的，从明清两代延续至今的前门大街曾经是整个北京最红火的商业街，在 20 世纪 80 年代一座又一座现代商厦崛起之前，这里是全京城的商业中心、制造中心、金融中心、娱乐中心和居住中心，人流如织，热闹非凡。

前门与天安门的不同之处在于，天安门只属于紫禁城，而前门是属于整个北京城的。旧时的前门瓮城内，有驻军，有关帝庙，甚至有买卖街，其中卖绣品的荷包街全城闻名。清末民初，连"老外"都上这儿来买绣品，拿回国去作为稀罕物儿给他们的心上人。

在这儿，你还能看到全中国最大的门拴。它可以证明，前门不是充样子的。

属于皇家的大门是紫禁城的天安门，原先是圈在皇城里面，平民百姓是看不到的，现在则直接显示在天安门广场上，北京最宽的马路长安街在它面前穿过。进天安门，过端门，就是午门了。午门又称"五凤楼"，因为它的城楼有五个，一门五楼，这在整个中国是独有的。

今天，午门是故宫博物院的南门，北门则是与景山一街之隔的神武门。中华门、地安门、东安门和西安门都没有了，东华门和西华门还在，成为故宫的东西两门。这意味着，原属皇家独享的区域实际上缩小了，从皇城城墙退到了宫城城墙，我们在东皇城根、西皇城根还能揣摩到它昔日的规模。以前，皇城与宫城之间是大片的树林和少量皇家服务系统的用房，民国之后，这里陆续开发为民居用地。东皇城根、西皇城根现在已成地名，东皇城根近年来清理了住户以后，建起了皇城遗址公园。故宫西侧有个胡同里的皇家大门：皇史宬。皇史宬在南长街，存放皇家档案的地方，建筑非常独特，我们只看它的大门吧：横九纵九的门钉，须弥座白石门口，朱红漆，一派威严不可侵犯。

此外，我们今天还能看到的尚有北面城垣西边的德胜门、东南城垣角楼设在楼上的门。

德胜门是军事用门。旧时朝廷出师，讲究出安定门、入德胜门，这是规

一门一世界

正阳门城楼与箭楼

矩。那时，京师九门各司其职，正阳门走龙车，也就是"真命天子"皇帝的车，朝阳门走粮车，崇文门走酒车兼纳税，宣武门走囚车，阜成门输煤，西直门运水，东直门进砖木，安定门出粪车，各司其职，都是不能乱的。北京城的北面城墙，是北京的"后腰"，正中不设门，两侧分设德胜门和安定门。从北京的地理位置来说，北方游牧民族的军事侵扰是最可虑的，因此，这两座门的建置都不容花架子，它们的城楼要最坚固，时刻准备打仗。安定门已经没了，我们现在可以看到的是德胜门的箭楼，它不在中间设门，人们出入走瓮城两侧的门。德胜门的城楼和城门已没有了，好在我们可以登上马道去看进入箭楼的三座朱红大门。当年，一座完整的城门前有箭楼、后有城楼，从城楼两侧伸展出来的环形城墙与前面的箭楼相接，从而成为一个半圆的瓮城。现在，德胜门有箭楼无城楼，近年重建的永定门有城楼无箭楼，都是不全的，只有正阳门两楼俱在，但缺少了瓮城。

东南城垣角楼

东南城垣角楼也是军事设施。当年八国联军攻北京时，这里是让侵略者损失最多、也是最后攻下的地方。如果不是敌人先攻下朝阳门，然后抄了后路，使守卫这里的蓝旗军腹背受敌，角楼还能坚守一些时间。今天，我们还可在城楼上找到当年的战争痕迹。

角楼现在有两处门，城下一处是清末修铁路时为火车穿城而过所开凿的洞口，有洞而无门；城上一处是进入城楼的大门，长方形，两座，为明清守城官兵所用，普通百姓是不会进入这座门的。

今天，正阳门、德胜门、东南城垣的老城墙和角楼已成为北京城垣"最后的晚餐"。

牌楼：最美的中国标志

再没有比牌楼更能显示中国传统特色的民族建筑了，它立在那里，你似乎看不出它有什么具体功用，只是为了美观而卓然挺立，然而对于讲究环境完整性和象征性的中国传统建筑来说，它是十分重要的一个环节。

牌楼常常出现在重要建筑物前面或者街道路口，作为一种标志性的"前奏"，譬如在最辉煌的皇家园林颐和园，大门前的牌楼远设在几百米之外，俨然"未成曲调先有情"。

牌楼是一种重要标志，不是随便可以设置的。北京曾有几十座王府，但没有一家在大门前设置牌楼，至于雍和宫，那也是将雍王府改为喇嘛寺之后才有牌楼的。在北京，敕建庙观可以建牌楼，街道路口可以建牌楼，城门可以建牌楼，皇家建筑可以建牌楼，帝后陵寝和祭坛可以建牌楼。

现在，牌楼已是充满中国气派的建筑。众所周知，全世界很多国家的大都市的华人聚居地都有"唐人街"，"唐人街"的重要标志，就是牌楼。

牌楼的由来

牌楼也称牌坊，历史可以追溯到很远，它是由先秦时期的"阙"和"表"发展演变而来的。最早的阙是竖起的木杆，表是木杆上斜插着的短木，用以张挂通知、征求信访，是地区管理者为着沟通上下信息服务的。后来渐次发

北京出土汉阙，上刻"汉故幽州书左秦君　天安门华表为全国最大的华表
之神道"，现存北京石刻博物馆

展为砖砌建筑，先秦时，重要的建筑门前建阙，一直到宋代岳飞的词中还有"朝
天阙"的说法。汉墓中出土的画像砖中可以看到汉阙的样子，先秦诸侯国的
城市管理单位为"闾里"，中国最早有姓名留下来的大诗人屈原曾任"三闾
大夫"，到了唐代，改"闾"为"坊"，"街坊"成为行政区域，建坊墙、坊门。"阙"
与"门"相结合，叫作"乌头门"，到宋代时有重大建筑学意义的《营造法式》
中，有了明确规定："乌头门其名有三：一曰乌头大门，二曰表，三曰阀阅，
今呼为棂星门。"这种乌头门我们现在还能在北京的皇家坛庙和陵园中看到，
围拢在祭坛四周以汉白玉为柱、朱红木栅为门的特殊建筑，就是乌头门。棂
星门后来脱离里巷而成为独体的标志性建筑，多建在孔庙、皇家学校等文化
机构，北京顺天府学为明代初年设立的学校，一直使用到现在，历时六百多年，
成为北京最古老的学校，那里的棂星门完整美观，至今保持明代样式。

　　"表"的单独发展我们现在只能在北京的少数古建筑中看到了，最有名的
当数天安门前的华表，城楼前面两座，后面两座，它们的形制为一柱朝天，周
身雕龙，早已不是最初为征求意见而树立的朴素木杆样子。华表成为门前的一
种标志，为门造势。天安门华表顶端蹲坐着的瑞兽是"望天犼"，在天安门里
侧的一对叫"望君出"，希望皇帝不要老窝在后宫温柔乡里，不时出去了解下
黎民疾苦，外面的一对叫"望君归"，希望皇帝不要耽于游山玩水，该回来听
取朝政要紧。其实，它们更多地表现出来的是装饰功能，石狮、华表、七座桥

一门一世界

面和石雕栏杆，共同拱卫着高大的门楼，形成一组高低错落、彼此相望的建筑群。

20 世纪初，北京图书馆在文津街建起时，从圆明园拣选了一些可用石料用在这里，其中最漂亮的便是一对华表。

1264 年，元建大都，设四十六坊，每坊有坊门。元代坊门在北京目前似乎只有一处，那就是名贤街路北的一座坊门，近年重修，油饰得太新了。历史留给北京的，更多的是明清两代的牌坊。明清北京一直是三十六坊，坊坊有标志。

牌坊从最初出现时就有标志意义，唐宋时将坊门与坊墙连在一起，尚兼有实用价值，从元至清，坊墙因胡同的存在而不必另设，坊门便不再附着于墙而单独耸立了。而到后来，牌坊"表彰"的意义更大些，越来越向标志性建筑发展，有牌坊就有匾，甚至反过来专为悬匾而建牌坊，使牌坊成为一种象征性的门。

北京紫禁城的午门亦称五凤楼，是带有"阙"的特征的最大建筑，它前面左边的门称为"阙左门"，右边的门称为"阙右门"。

作为一国之都，象征性的门当然不可少，而且还是一件很重要的设置。牌坊在北京，是一种关乎"声誉度"的门。

有一个反面的例子：

走进中山公园，迎面第一眼，你会看到一座很美的石牌坊，汉白玉坊身，上覆蓝色琉璃瓦顶，匾心有郭沫若题写的"保卫和平"四个金字。然而它原先不在这里，而是在东单迤北的西总布胡同路口处，南北向。1900 年 6 月 20 日，德国公使克德林从东交民巷去东单外交部街清政府总理各国事务衙门，途经西交民巷路口时，向巡逻守军挑衅，当场被虎神营士兵恩海击毙。当日，京城中的中外矛盾加剧，下午四时，清兵和义和团向东交民巷发起进攻，第二天，清政府向各国政府宣战。结果尽人皆知，1900 年 8 月 14 日，八国联军攻入北京，1901 年 9 月 7 日，清政府被迫与十一国签订丧权辱国的《辛丑条约》，其中特别约定，在恩海击毙克德林的地方，为克林德树一座牌坊。

这座牌坊于 1903 年建成。它立在北京紫禁城之侧的商业繁华地带的东单，汉白玉石坊上，用拉丁、德、汉文字刻有光绪皇帝"惋惜凶事"的圣旨，每一个从这里路过的中国人心里都会感到屈辱和愤懑。

这道屈辱之门直到 1918 年才有了改变，那一年，德国在第一次世界大战中战败，消息传来，作为战胜方协约国成员的中国民众，首先想到的就是"克林德碑"。北京市民群起欲捣毁其碑，法国政府忙居间调停，最终将牌坊移至中山公园，改坊名为"公理战胜"。1952 年，亚洲太平洋地区和平友好会议在北京召开，会议确定，将"公理战胜"坊改为"保卫和平"坊。

压在北京人心头的国耻一波三折，终于洗雪。

牌楼之美

天下牌楼各具其美，式样不一，但总括说来有两种形式，一种是楼脊式，牌楼顶上覆以琉璃瓦，端庄肃穆，北海公园中这种牌楼最多。另一种是冲天式，它的柱顶高高耸起，柱顶覆以云冠，纹理色彩艳丽，名贤街上的四座牌楼都是这种式样。一般来说，宫殿、庙宇等大型建筑前面多用前一种，而街道、集市上多用后一种。

牌楼之楹间多寡是不同的，最简单的是一楹两柱，根据不同需要，又有三楹四柱、五楹六柱等。牌楼顶上的明楼也多寡不一，从一楼、三楼、五楼、七楼直至九楼不等。在北京可见的牌楼中，规模最大的是五楹六柱十一楼，宏伟至极。

北京的牌楼在材质的运用上异彩纷呈，数量最多的是木牌楼。入地的基础部分和地上一米有余部分采用石料加固，叫作夹杆石。夹杆石上端常常雕刻为石狮、石兽，中部则以铁条束腰。木牌楼的每根立柱都有戗杆斜倚支撑，北京戗杆最多的牌楼为地坛牌楼，民国时还维持着二十支戗杆的规模。由于近代维修古旧牌楼时常以钢筋水泥取代木材，戗杆已无必要，所以，要欣赏仍旧带有戗杆的牌楼，需要到颐和园、北海等古建筑原貌保存比较好的地方。有些地方，譬如景山寿皇殿前面的三座牌楼，虽然戗杆撤除，但当初的戗杆石座仍在，是个卧兽的样子，非常有趣，为保护起见，现在被铜栏围起。

中山公园保卫和平坊

还有一种是琉璃牌楼。朝阳门外东岳庙牌楼是最易被人们看到的琉璃牌楼，它就端坐在马路南侧，雄壮厚实，几乎周身都以黄色和绿色琉璃砖、琉璃瓦披挂，显得富丽堂皇。琉璃牌楼是等级甚高的建筑，从没有单楹的，东岳庙、孔庙、北海小西天的琉璃牌楼均为三楹四柱七楼，有券门三孔，整个牌楼下方为石刻须弥座。

祭坛、皇家陵寝等地还可见石牌楼。习惯上人们常称石牌楼为石坊。繁简不一，最简单的只有一楹两柱，无明楼，最庞大的为十三陵石牌楼，五楹六柱十一楼，明楼石雕精美异常。天坛、地坛、社稷坛、十三陵、利玛窦墓等地，都有石牌楼的身姿。石牌楼洗练、素雅、庄重，多为冲天柱式，有的则有明楼，斗拱亦以石料仿出，昌平的清代恭亲王陵墓的石牌楼即为不可多见的典范之作。现在，恭王陵地面建筑早已荡然无存，只有那一座精

景山寿皇殿牌楼夹杆石兽

北海永安寺前石桥两端有"堆云积翠坊"

美绝伦的四柱三楹三楼石牌楼孤零零地诉说着历史。此外，房山皇姑台清康熙时重臣伊文瑞的御赐六柱三楹三楼两影壁石牌楼和大兴黄各庄清雍正奶妈谢氏的御赐四柱三楹七楼石牌楼也都是现存石牌楼中极品。

北海公园为北京保留牌楼数量和样式最多的地方，白塔下大桥两端两座牌楼玉树临风，与桥、塔、湖、树共同组成绝佳风景，最为吸引游人。琼华岛东麓半山坡有一组全北京最矮的牌楼，檐下仅能过人，伸手可及明楼，但制作绝不苟且，所有部件一应俱全，是近距离观赏牌楼的最佳场所。东门依山面桥而立的大牌楼，繁复的斗拱令人叹为观止，而北岸小西天又有北京最美的四座琉璃牌楼，西岸那座水边的当街牌楼却偏偏不用皇家专用的黄色琉璃瓦而以灰色素瓦覆顶，另有一番趣味。

从无用之物到宝贝疙瘩

牌楼的象征意义不容忽视。所以，凡是需要旌表的地方，往往有牌坊出现；凡是需要扩大声势的地方，往往有牌坊出现。牌坊是一个地区、一个场所、一个机构甚至一个集市的标志。

北京的牌楼从元代开始，经年累代，在整个建城体系中扮演着不可或缺的重要角色，而且，它自身也形成了一个体系，不同的样式、材质、规格，是用在不同场所的，不可随意乱来。由此形成了它们的多样性，也带来美感的丰富性。

北京是一座牌楼之城，多得数不清。它是传统建筑的配套设施，当初九城门都有牌楼，重要大街、路口也都有牌楼。天安门前的长安左门、长安右门前的牌楼，阜成门内历代帝王庙前的两座牌楼，文津街、北海大桥、景山前街等处，都是北京最大、最美的牌楼，成双成对。传统建筑从不让一座建筑孤零零地立在那儿，譬如天坛祈年殿，前面也曾有一座蓝色琉璃瓦大牌楼，与大殿相互辉映，至为壮观。

但牌楼不像房屋那样显得"务实"，所以曾经不被重视，使我们失去了很多。随着民族文化遗产在近年得到不断深化的重视，牌楼在人们的心目中，不再是无用的东西，而是"宝贝疙瘩"。你走进首都博物馆，迎面便会看到一座巨大的牌楼倚着玻璃幕墙而立——那是早先阜成门内景德街历代帝王庙前一左一右的古牌楼，曾经拆除，如今把其中之一请进这座收藏北京古物的博物馆，成为整个大厅辉煌精彩的衬景，无与伦比。

北海华藏界琉璃牌楼

现在，要领略至今犹存的原装古坊，我们要到北海、香山、颐和园等公园或雍和宫、白云观去，那里的牌坊集中而又与景色相映衬，漂亮堂皇。在市区的街道里，出朝阳门，还能观赏到辉煌厚重的东岳庙琉璃坊；在广安门内，能看到古老别致的牛街清真寺坊；到成贤街，能在一条胡同里看到一连串四座冲天式大牌楼；去府学胡同，能看到明洪武二年建立的顺天府学院内棂星门牌楼。

春节庙会时的地坛牌楼

成贤街，位于北二环东路附近，北面有"五坛八庙"之一的地坛，西门入口处的大牌楼就矗立在安定门外大街路边，那可是北京有名的牌楼，每年地坛办庙会的时候，这个大牌楼

正阳门天街上元灯会的牌楼夜景

都是视觉焦点。帝制时期，皇帝每年来这里祭地，首先经过牌楼再进坛门。这座牌楼始建于明代嘉靖九年（1530 年），当时是一座三门四柱七楼石牌坊，称"泰折街"牌坊。清代雍正二年（1724 年）改称"广厚街"牌坊。由于石质较差，部分风化，至乾隆三十七年（1772 年）重建时，改为木牌楼，坊心横书"广厚街"三字，左右两侧为满文和蒙古文。上覆绿色琉璃瓦，每柱前后各有一根斜戗杆支撑，气势十分壮观。地坛牌楼曾于 1953 年年底拆除，现牌楼是 1990 年 9 月按清乾隆时期型制复建。牌楼后面是一条长长的甬道，你要走不少时间才能到达地坛大门。现在，这里周围一些现代建筑所包围，寸土寸金，反倒衬托出这条"什么都没有"的宽阔甬道之"奢华"，而那座雄伟的牌楼，恰是站在奢华甬道开的一个亮丽的"领航员"。

地坛牌楼往南，过二环路，东面是雍和宫，西边是成贤街，都是牌楼最集中的地方。

先看雍和宫的牌楼。这座著名喇嘛庙的南端是它的正门，门前小广场三座大牌楼从街边就能看到。黄色琉璃瓦覆顶，周围有宫院的朱红墙垣映衬，它们距离非常之近，以致几乎形成一个整体景观。三座牌楼呈品字形，围成雍和宫的前院。中间的牌楼是四柱三间九楼；东西两座牌楼是四柱三间七楼。查清代乾隆北京地图，现在中间那座牌楼所在地，至少在乾隆时期还是门楼，而牌楼则向北位于今天收票箱附近。我们知道，雍和宫曾经出过两个皇帝，当然那时这儿还叫雍王府，改为喇嘛庙后，建制不能不有所变化，但何以封起南门，只留侧门，迄今不明。

站在"品"字形牌楼合围的院落里，你会感到，如果没有这些牌楼，庙前的气派绝对锐减八分。那么，你说牌楼有用没用？

雍和宫西面的胡同就是远近闻名的成贤街，也叫国子监街，因为国子监在街里。这条胡同东起北新桥大街，西到安定门内大街，路北红墙内的孔庙是全国最大的孔庙，西临帝制时代的"大学"国子监，自明代以来所有进士的人名都镌刻在那里的石头碑林上。这条成贤街可谓全京城最文雅的胡同，

前门五牌楼。牌楼正中匾额上题写"正阳桥"，桥已拆除，原在牌楼与城楼之间的护城河上。城楼、石桥、牌楼三者合一，构成中轴线上一个重要节点与风景。

红墙俨然，绿槐依依，平时安静至极，一路并不算长，却有四座牌楼存在。在这样的胡同里走着，让人觉得自己深深浸润在具有悠久传统的古国文化中，任何躁动，任何轻慢都自然而然地远去，脚步都会轻柔起来。这里可谓旧京的一个样本，往时北京很多胡同都有牌楼，譬如东交民巷、府学胡同，有些街区的牌楼已经没有了，但作为地名却流传下来，像"东单""东四""西单""西四"。"东单""西单"的全称应该叫"东单牌楼""西单牌楼"，因为那里街头只有一个牌楼；"东四""西四"的全称应该叫"东四牌楼""西四牌楼"，显然，那样的十字路口每面都有一个牌楼。西单牌楼近年恢复了，立在西单广场前门，给那个透着时尚的商街平添了民族历史的味道。

北京还有一个地方，叫"五牌楼"，并非有五座，而是一个牌楼有五楹空间，而大部分牌楼是三楹空间的。

这个地方就是前门牌楼。因为前门也叫正阳门，所以老年间前门牌楼上正中的匾额上题着的字是"正阳桥"。正阳桥下是护城河，老北京是护城河环绕的，别处城楼前河面上都只有一座桥，正阳门前却是并排三座桥，气势非常宏伟。正阳门的箭楼、城楼、瓮城、正阳桥和五牌楼共同构成一组特别能够显示中华民族建筑艺术风格的建筑群，号称"四门三桥五牌楼"，它们是一个整体，无论从功用还是审美来看，都是一种完美的艺术典范。所以，前门牌楼后来虽因交通原因曾经拆掉，但还是几次重建，尤其是 2008 年 5 月，前门大街改造工程全面启动，五牌楼严格按照历史照片和文字记载，按照原样、原工艺在原地重新复建，重现"五间、六柱、五楼"柱出头式牌楼，正中牌匾上也重现"正阳桥"三个大字，屹立于改为步行街的前门大街，北倚正阳门，南望永定门，成为北京街面上最富民族特色的地标。

五牌楼一带，是从明代以来经久不衰的繁华商区，全国闻名，几百年来，五牌楼阅尽繁华与悲凉，皇帝去天坛祭天，百姓在这里讨生活，举子们路过这里去赶考，义和团一把大火从大栅栏直烧过来，八国联军和侵华日军铁蹄踏过……五牌楼与国人同命运。

"我哥有钱盖洋楼，盖在前门五牌楼。楼上挂着金字匾，上写专卖窝窝头。"

这是旧京的一首童谣，诙谐、有趣，含着北京人特有的幽默和豁达。哪有在楼上题写什么"窝窝头"的？呵呵。但我们也可看出，五牌楼那一带绝对是"地王"。

在北京有大名望的建筑文化学家梁思成这样赞美："城门和牌楼、牌坊构成了北京城古老的街道的独特景观，城门是主要街道的对景，重重牌坊、牌楼把单调笔直的街道变成了有序的、丰富的空间，这与西方都市街道中雕塑、凯旋门和方尖碑等有着同样的效果，是街市中美丽的点缀与标志物。"

皇家的牌楼

北京街市上的牌楼消失了很多，但在皇家园林里还保存不少，那里是牌楼扎堆的地方。市中心的景山、北海都是看牌楼的好地方。景山后面寿皇殿门前三座大牌楼围合式为那个神秘的独院张扬着不凡的规格。那里是清朝皇家放置故去帝后画像的地方，建造级别自然属于最高的。寿皇殿三座牌楼建于清乾隆十四年（1749年），距今已有250余年历史，建筑形式为"四柱三楹九楼"式，在历史上也是屡次重修，至今有人在这里看到距离牌楼每根立柱不远的地方都有石兽围合的石窝，不明用途，其实那是以前戗柱的根基。老年间的牌楼都是木结构，仅用立木为支撑是不够坚固的，所以，那时的牌楼都有戗柱，至今，我们还能在不少地方看到那种古风犹存的牌楼，譬如颐和园东门外那座遍体沧桑的老牌楼。近年重修的牌楼已不用戗柱，因为钢筋水泥的结构已能支撑自身，使用戗柱反倒太占地方。

如果觉得很多牌楼都太过高大，难以看清细节，那么可以到北海公园去。在山麓东侧，首先你会看到一座紧贴山体的巨大牌楼，五层斗拱托起的琉璃顶，堪称京师牌楼之最。但我们要看的还不是此处，从哪儿再往上走，不远，山间有一处平展的地方，周围一圈牌楼，矮矮的，非常有趣，那才是我们要找的地方。牌楼虽然矮小，但亲切得很，每个细部都不缺省，由于低得近于眼前，像是庙里的护法神手持金刚杵站立平地，让人得以把那些细部看个清清楚楚。

至于北海南门内白石桥一南一北的两座牌楼，上有白塔，下有风荷，一池秀水，长桥卧波，早已是名满京城的绝佳风景，不必赘言了。

值得一说的是北京还有一些琉璃牌楼、石牌楼和砖雕牌楼。琉璃牌楼要数朝阳门外东岳庙前神道街的那座最显眼，就在大道边上，往昔，皇帝去日坛祭祀，就走那条神道街。东岳庙是北方著名道观，那里的七十二阴司泥塑，据说最初是元代大雕塑家刘元（也称刘兰）所塑，状极生动，具有极高的审美价值，细细看一圈，得半天时间。另一个大琉璃牌楼在国子监，位于仪门与辟雍之间的正路上，状貌宏伟，十分难得。此外，北海公园内也有两座琉璃牌楼。石牌楼则常常用在祭坛和皇家陵园。北京的天坛、地坛、日坛、月坛、先农坛和社稷坛都有汉白玉石牌楼围合的中心祭坛，庄严肃穆。十三陵等皇家陵园的石牌楼更大、更宏伟。砖雕牌楼比较罕见，碧云寺里有一座，因其少，更显珍贵。

五脊六兽：屋顶上的风采

"五脊六兽"——北方人嘴上的一句俗话，常用来形容一个人心烦意乱、狼狈不堪、把事情弄得一团糟的情景；有时也指某人闲得难受，不知干点什么才好。但这句话是有真实出处的，绝非凭空而来。它出自我们每天进进出出的房子，但可不是钢筋水泥的楼宇，而是砖瓦砌成的传统样式房屋。

口说无凭，眼见为实，让我们走出家门，直面"五脊六兽"。

抬头看屋脊

先看看屋脊。房子从顶部起就是有差别的，最简单的叫作"卷棚脊"，从前坡到后坡圆溜溜地漫过去，这也叫"泥鳅背"，大部分民居都是这样的。而有"五脊六兽"的房子，屋脊是隆起一条边的，叫正脊，与屋子正脊衔接为四条垂脊，共为"五脊六兽"之"五脊"。

那么，"六兽"呢？每条斜脊将要到挑檐时，顺脊有一排青砖或是琉璃雕成的形象立在那儿，站在最前边的是仙人骑鸡，后面紧跟着的，你要数一数了，标准的是五个蹲兽，学名该叫"螭吻"，它们分别是狻猊、斗牛、獬豸、凤、押鱼。

狻猊，传说中龙的九子之第五子，形如狮子，佛教传说是佛祖文殊菩萨的坐骑，中国古书记载是与狮子同类能食虎豹的猛兽，平生喜静不喜动，好坐，又喜欢烟火，因此常出现于菩萨像前或香炉上。明清之际用于大门前的石狮

标准的"六兽"　　　　　　　　　　　北海牌楼上的脊兽，为"一龙二凤三狮子"

或铜狮颈下项圈中间的龙形装饰物，也是狻猊的形象，更增加了传统门狮的威武之相。中国著名的河北沧州铁狮子其实也是狻猊，那大概算是最大的狻猊艺术了。

斗牛则是天上二十八星宿中的斗宿和牛宿。

獬豸，也称"解廌"或"解豸"，是中国古代传说中的上古神兽，体形大者如牛，小者如羊，类似麒麟，全身长着浓密黝黑的毛，双目明亮有神，最大的特征是额上生有一角，因而俗称独角兽。传说獬豸拥有很高的智慧，懂人言知人性，能辨是非曲直，能识善恶忠奸，发现奸邪的官员，就用角把他触倒，然后吃下肚子。所以人们常把它塑成怒目圆睁的样子，成为勇猛、公正的象征，用于执法衙门前。作为中国传统法律的象征，獬豸一直受到历朝的推崇。春秋战国时期，楚文王曾获一獬豸，照其形制成冠戴于头上，于是上行下效，獬豸冠在楚国成为时尚。秦代执法御史戴着这种冠，东汉时期獬豸图成了衙门中不可缺少饰品，而獬豸冠则被冠以法冠之名，执法官也因此被称为獬豸，清代时御史和按察使等监察司法官员则穿着绣有"獬豸"图案的补服。显然，獬豸形象是蒙昧时代以神判法的遗迹，进入近代，人们仍将其视为法律与公正的偶像。

押鱼传说是海中异兽，能够兴云作雨、灭火防灾，置于屋脊，显然是表达人们祈望避免火灾隐患的心愿。

这些螭吻形象怪诞，面目狰狞，民间把这些螭吻分别起了绰号叫作：走投无路、赶尽杀绝、跟腔帮捣、顺风扯旗、坐山观火。最前面一个眼看到了挑檐边上，可不是"走投无路"么！它后面那位还紧跟不放，这还不是把前边的人逼向绝路？后面几个倒是落得逍遥自在，幸灾乐祸。民间智慧真是令人叫绝，这些个外号起得这么活灵活现。

在工匠口里，则称它们为"小跑"，你看这些仙人、瑞兽、猛神，一溜烟地从上往下出溜下来，不是正"跑"着吗？

紫禁城太和殿屋脊的蹲兽为天下之最

蹲兽都是单数的，这是中国古老文化中的"讲究"，因为按照中国传统观念，单数为阳，双数为阴；天为阳，地位阴；男为阳，女为阴；阳宅当然要用单数了。只有一个地方例外，那就是紫禁城里的太和殿，那座殿的殿顶上是十个蹲兽，除上面所说那九个之外，最后还有一个叫作"行什"的神圣，其实，那是一个猴子的形象，带着翅膀，手持金刚宝杵，有降魔之功，排行第十，故名"行什"。古代建筑上的脊兽，可见的行什仅此一处。太和殿用此等规格，号称"十全十美"。

故宫太和殿是重檐庑殿顶，除水平正脊外，上下两层共有八条斜向垂脊，每条垂脊上的蹲兽都足足是十个！最前面的仙人骑鸡的后面，按次序分别是龙、凤、狮子、天马、海马、狻猊、押鱼、獬豸、斗牛和行什。龙和凤就不用多说了，代表着至高无上的皇权，平民百姓绝对不能用、不敢用，那是有杀头罪过的。即便在紫禁城，也不是所有建筑都用龙凤俱全的装饰，只有皇帝、皇后共同居住的宫中才会龙凤全用。前有仙人引路，后有行什压阵，中间是九位神兽，既彰显了太和殿的不凡地位，也不算破坏"阳数"的"规矩"。

工匠在安装走兽饰件时有句顺口溜："一龙二凤三狮子，四天马五海马，六狻七鱼，八獬九犼十猴。"一口气说下来，好记得多。

仙人骑鸡也有人说是骑凤，但民间称"骑鸡"习惯了，本来作为虚拟禽类之皇的凤凰就有很明显的雄鸡的影子。那么，重脊前为什么要用仙人骑凤？传说春秋时齐湣王一次作战中失利而逃命，结果，前有大河，后边追兵，危

一门一世界

急之际，只见一只大鸟飞到眼前，齐泯王急忙骑上大鸟，渡过大河，逢凶化吉。后来人们用此故事制成屋脊蹲兽中的首位，取其逢凶化吉、保佑平安之意。后面的蹲兽一方面起到镇压邪气的作用，另一方面也是为了给人带来平安。

北京紫禁城建筑中的蹲兽用的是最多的，但不同等级、不同用处的建筑，所配备的蹲兽数量是不一样的。一个的、三个的、五个的，种种不一。但并非所有建筑都有蹲兽，有的就一个也不用，这要看具体情形。这里的宫殿屋脊有卷棚式、硬山式、歇山式、悬山式、庑殿式等，所有蹲兽数量除太和殿外，乾清宫用九个，坤宁宫用七个，东西六宫用五个，还有些偏殿只用三个甚至一个。

屋脊之外，牌楼、影壁的顶端也有蹲兽，用法与屋脊相同。

蹲兽因使用而起，后世演变为四重功能

中国建筑有一个特点：它的几乎所有装饰物都不是单纯为了美观来设立的，而是在实用基础上形成，尽管后来有的发展到美观第一、实用第二，甚至只有美观作用，然而我们还是可以从建筑发展史上找到当初的实用起源。

蹲兽便是如此。

中国传统建筑大都为土木结构，木架上覆盖瓦片形成屋脊，屋檐最前端的瓦片承受上端整条垂脊的瓦片向下的推力；然而它又是铺在最薄弱的挑檐位置，所以要用钉子来固定住檐角最前端的这块瓦，只用钉子又容易形成缝隙，下雨时难免漏水，于是，聪明的匠人在钉子上端又加上一个钉帽，对这一钉帽的美化处理就形成了蹲兽。在琉璃瓦坡顶，可以在前檐看到一排这样的圆形琉璃钉帽，而在垂脊，就制成了蹲兽。唐宋时，垂脊还只有一枚兽头，也许是看它太孤单吧，后来逐渐增加数目，明清时形成了前有"仙人骑鸡"领头、后有形象各异的蹲兽紧随的配套系列。

但蹲兽一旦成熟为建筑装饰，就有了等级意义。中国传统社会是个重礼仪和等级的生活空间，所以，蹲兽也被赋予等级标志的"规矩"，民间瓦房，

紫禁城后宫井亭脊兽，标志此地规格

哪怕是连街贯巷带花园的巨型四合院，屋脊也不能用螭吻和蹲兽的，只能用些其他砖雕图案来装饰。

有资格使用蹲兽的建筑，只有皇宫、王府、官衙、庙观和其他"敕建"公共建筑，不会飞入寻常百姓家。

蹲兽发展到明清成熟阶段，已具有防止雨水渗漏的实用价值、美观可赏的装饰价值、标志等级的伦理价值、祈福纳祥的信仰价值。"小跑"，叫起来亲切，用起来得不慎乎？

最大的正脊螭吻和垂脊蚊兽

能够安装"五脊六兽"的高等建筑，屋脊之上不仅仅有"五脊六兽"，在正脊两端还有显得更大的螭吻，是个龙头形象，风风火火的样子，张开大口，吞吃正脊端头。有趣的是顶上还插着一把短剑，据说，这个螭是龙的九子之一，喜张望、好吞噬，人们把它置于屋脊，让它一口咬着屋脊端头，一旦天上打雷起火，有它则可喷水灭火。同时，又担心它跑掉，于是用一把剑将它钉牢。所以，我们在任何一处螭吻都可看到它头上还有一支剑柄，成年累月地在屋顶上插着。

螭吻在很大程度上有鱼的形象痕迹，它是由琉璃砖组合而成，头部最大，用以衔正脊，身部有鱼鳞纹饰，尾部向上翘起。有的两侧各有一只龙爪，太和殿的螭吻则在鱼鳞部位雕有一条完整的小龙。

最大的螭吻当然还属紫禁城中的太和殿，它高达 3.4 米，宽 2.68 米，俨然螭吻之王。其他各殿的螭吻大小不一，仅仅这一项，就够人在紫禁城里寻一阵子的了。

法源寺螭吻砖雕

紫禁城里的螭吻

我国各地的建筑往往有地方特色，正脊上的螭吻也各自有异，有的是整个一条飞龙，有的是文武人物形象，有的是鸟类形象，有的是鱼类形象，有的则方向相反，龙首在外侧，龙尾飞扬。

螭吻固定在横向正脊两端，作用与"五脊六兽"相同，也是同时具有四大功能。要说的是，除了正脊，垂脊的中下端与"五脊六兽"衔接处也以螭形装饰，称为"戗兽"，但却是头朝外的瞭望状，头上有弯角，形象威猛。

北京紫禁城建筑的螭吻、戗兽和五脊六兽虽然数量和体量较大，但都比较庄重正规，花样不多，相比各地其他建筑算是偏于朴素的。而在庙宇建筑中，即便是不用琉璃砖瓦的青砖建筑，也往往在屋脊装饰上弄出许多花样，在北京法源寺、牛街清真寺等处，就能领略到除了正脊螭吻外，脊身也有许多宗教意义的装饰，往往由砖雕为之，至为精美。

至于天高皇帝远的外地，屋脊上的装饰就更是一言难尽了。广州、江南、山西一些建筑正脊上的装饰花样繁多，而且五彩缤纷，活泼有趣，有极多的创造，甚至在屋脊上雕塑整台历史故事。江南建筑垂脊往往形成夸张的飞檐，特别适宜用脊兽装饰。广东等地在岭南文化熏陶之下的建筑，屋脊装饰极尽工匠能事，砖雕、灰雕、陶瓷等几乎什么手段都能搬到屋顶上去使用。广州著名的陈家祠，屋脊美化简直令人叹为观止。

东岳庙巨大螭吻有一人多高

花市火神庙殿顶琉璃火焰，乾隆乙未年制

旧时王谢堂前燕

纬道

　　无论你从何处而来，走在北京灿烂的皇宫与静谧的民宅之间，还能发现另外一类建筑，它们没有皇宫那样宏大，但绝对比民宅气派，那就是王府。

　　它们的大门高耸在平民众门之中，庄重清朗而不乏优美，气势不凡。

　　明代王府都集中在今天繁华的王府井一带，号称"十王府"，但那时这里还远没有形成商街。随着崇祯皇帝吊死煤山，明朝覆亡，王府陨灭，王府井只剩地名。清朝取得一统控制后，在北京除修缮皇城，还在内城大建王府，自乾隆朝以后，越建越多，但王府不是总由一家居住不变的，除了"世袭罔替"的铁帽子王，其他亲王、郡王、贝勒、贝子、公主的府第随着主人爵位的升迁、降级、褫夺而不断更换主人。到清末时，北京的王府有50余座。

　　清亡民兴，北京经历翻天覆地变化，昔日王侯失去俸禄，坐吃山空，纷纷变卖家产、住房、田地，府第易手后经历几十年变化，改作他用，有的已面目全非，有的尚有遗迹可寻，"原装"的已是凤毛麟角。近年刚刚腾清的恭王府就算保存较为完整的了，要看王府全貌，便去恭王府，而要想激发自己更不平静的联想，最好的地方倒是昔日多尔衮府，那地方会让你心中涌起千古兴叹。

　　王府建筑有严格规定，规模、建置都不能乱来，大门按爵位等级，分为五楹、三楹大门。大内有太和殿，王府内则有"银安殿"，最高等级的王府也是左中右三路大院，兼有水池、假山、花园、戏楼，配备太监服侍。王府是仅次于皇宫的建筑，但除了庄重性，还有着很大的灵活性，比之皇宫有更浓的生活气息，尤其是花园布局，诸王府各具特色，各有情致。王府生活极为森严古板，子女教育非常严格，宗人府是诸王府以及皇亲贵胄的管理机构，王府是不能为所欲为的。有的王爷后裔写过关于王府生活的著述，读过那些文章，你就会知道如今电视剧中所编造的"王爷"和他们的举止有多么出格荒唐。20世纪90年代的时候，有人采访在世的最后一位太监孙耀庭，出过一本《末代太监秘闻》，由溥杰题写书名，书中记载了大量的宫中、府中逸事，可谓信史。要知道清末民初皇帝、后妃、王爷和福晋的真实面目和生活细节，那本书不可不读。

让我们在北京巡游一下王府的遗存，从最早的多尔衮睿王府开始。

多尔衮是清朝早期重臣，对清廷平灭明朝和民间抗清武装起着决定性作用，可谓功高盖世，"太后下嫁"在很长时间里成为清朝谜案之一。这样一个位极人臣的睿亲王，清初开国八大铁帽子王之一，正白旗旗主，大权独揽的"皇父摄政王"，当1650年冬死于塞北狩猎途中的时候，追尊为诚敬义皇帝，庙号"成宗"，地位之隆，史上罕见。然而死后不久，便被追论生前谋逆之罪，旋即削爵。1694年，康熙皇帝下令将睿亲王府改为"玛哈噶喇庙"，1776年，乾隆皇帝赐名普度寺。

这座普度寺位于南池子，街很肃静，距离紫禁城极近。2002年，普度寺重修，这之前它一直是一所小学和186户居民的大杂院。从南池子走进一个细小的胡同才能找到这里，学校和居民已搬走，院子正维修，接近它的时候才发现是建在高高的石阶上。山门极为规整，早已不是王府大门的样式，山门与银安殿之间有很长的丹陛，银安殿正重新油漆，殿顶用了黄、绿两种琉璃瓦，梁上彩绘了五爪龙，这已是皇家规格了。长长的白石丹陛边沿雕刻有精美花纹，底部为莲瓣状，真是十分讲究。其他建筑已无存，院子角落里堆放很多大型残石，当初用在什么地方已无从知晓。一代枭雄多尔衮当初是有自立为帝的实力的，率大军入关，横扫宇内，奠定大清三百年基业，死后以谋逆之名追罪，早知如此，何必当初？

清朝是兴于摄政王，亡于摄政王的，历史常常很吊诡。末代摄政王醇亲王的府第现在保存基本完好，就在后海北沿。摄政王府的大门在各王府中等级是最高的，因为这是末代皇帝溥仪的父亲载沣所拥有的府第。这座大门为五开间，门钉为七排四十九只。1924年11月，溥仪被京畿警备司令鹿钟麟赶出紫禁城，仓皇出宫，投奔的便是称为"北府"的摄政王府。

摄政王府也称"醇亲王府"，有两处，复兴门南的太平湖旧址还有一处，称"南府"，因光绪帝出生于此，故称为"潜龙邸"，光绪即位后便不能住人，朝廷于是在后海给醇亲王一个新王府，便是现在由宗教事务局使用的那所大院。"北府"西面是花园，即现在的宋庆龄故居纪念馆，东边有一个显然是庙宇的地方，那是醇亲王的家庙，现在是一家幼儿园使用。再往东的什刹海后海北沿43号为醇亲王马号，院内仍存有石马槽。那个院子是个广亮大

睿亲王多尔衮府，后为普度寺，现门为庙宇形式券门

醇王府北府，亦称摄政王府，正门为北京最大的王府门，面宽五楹

醇王府南府侧门

门，现为北京市第二聋人学校使用。可以说，后海北岸相当长的一段路的北侧院落当年都是摄政王府所有，1910年4月，汪精卫、黄复生埋炸药刺杀摄政王未遂就在这里。鸦儿胡同南口有座小石板桥，是摄政王每天上朝的必经之路。汪精卫、黄复生、喻培伦等新党策划在此行动，未料夜间有附近居民到这里解手，意外发现有人行动诡秘，马上报案，结果在琉璃西厂一间小屋里查出新党聚集，汪精卫、黄复生被捕。好在清政府正在向世人表示改革之意，未杀二人。于是汪精卫在狱中那首等待杀头的诗："慷慨歌燕市，从容做楚囚。引刀成一快，不负少年头。"反倒成全了一时美名。汪后来做了汉奸，为国人所不齿，但这段逸事却留在了北京后海。

"南府"就是现在中央音乐学院所在地，鲍家街43号。这里原为清高宗第五子永琪的荣亲王府。咸丰九年（1864年）这里赐给了清宣宗第七子奕譞。同治十一年（1872年）奕譞晋封醇亲王，这座府第称"醇亲王府"，俗称"七爷府"。奕譞的次子载湉就出生在该府中。同治十三年（1874年）同治帝载淳逝世，奕譞的次子载湉嗣位，即为光绪。醇亲王府成为"潜龙邸"，因此，醇亲王奕譞按照规矩应当迁出。光绪十四年（1889年），醇亲王迁府至后海北岸，即北府。光绪帝崩后，溥仪即位，北府又不能继续作为醇亲王府了，于是赐中南海西岸北端重建王府，然而未及全部建完，清王朝在辛亥革命浪潮中结束统治。这座新的醇王府故地现在是国务院所在地。

南府在民国期间先后作为中华大学和民国大学的校舍，现在为中央音乐学院和北京三十四中学使用。这座府第地处偏僻，正是内城西南角转弯处，面临一个不大的太平湖，西面离城墙很近。城墙在20世纪70年代修建地铁和二环路时，连同城垣西南角楼一并拆除，太平湖则被填埋。好在南府不少建筑仍存，近年有大规模修缮。那座王府里还出了一位清代最有才华的女诗人——顾太清。

顾太清曾与清末另一位大诗人龚自珍有过唱和。有传言认为两人有暧昧的恋情往来，龚自珍就是因为这个受不了非议尴尬出京，未几便死在外地。

醇王府南府正门。八字琉璃影壁即使在王府建筑
中也不多见。惜乎紧贴杂屋，火灾隐患似乎没人
理会

光绪帝诞生在醇王府这间西屋内

醇王府南府外院门全以砖雕筑成的门楼

龚顾之恋到底是真有其事还是捕风捉影，迄今无定论。

　　清代王府里还有好几座后来改为学校，最有名的是涛贝勒府和克勤郡王府。涛贝勒府是贝勒载涛的府第，民国时辅仁大学买下，在花园和马厩地面上盖起至今仍在使用的教学大楼，府邸改成宿舍和附中。辅仁教学大楼后面还保存一部分花园建筑，非常优美。

　　克勤郡王府位于西城区新文化街西口路北，那条胡同原来叫"石驸马大街"，因明代驸马石璟住在这条街而得名。第一代克勤郡王是礼亲王代善的长子岳托，能征善战，死后追封，为清初"八大铁帽子王"之一。胡同很宽敞，府为顺治年间所建，大门坐北朝南，五开间，是整条胡同里最漂亮的大门。大门对面是一个特别大的影壁，单凭这一影壁，这个院子就不凡。建府不久，改爵名为"平郡王"，所以这里也称平郡王府。岳托的四世孙纳尔苏是后来红学家屡屡提起的人物，因为这位郡王正是曹雪芹的姑父。1726年7月，纳尔苏因受雍正政敌十四阿哥胤禵的牵连，被革去王爵。曹雪芹的大表兄福彭

克勤郡王府，曹雪芹幼时在此上学。《红楼梦》中北静王疑似取材克勤郡王

袭位。有人认为，《红楼梦》中的"北静王"就是平郡王福彭的影子。

雍正四年，十九岁的福彭继为平郡王；两年后，被选入内廷，与皇子们一起读书，福彭与后来即位为乾隆帝的弘历成为同学。福彭二十五岁时为定边大将军。弘历登基后，召回福彭任协办总理。乾隆对福彭一直重用，自己的著述《乐善堂全集》让福彭作序，这已是引为知己的举动了。福彭受康熙、雍正、乾隆三朝皇帝赏识，但死于壮年的四十岁，其后，长子庆宁袭爵。庆宁作为曹雪芹的姑表侄子，与曹家的亲缘关系也是很近的。

关于曹雪芹与三代平郡王的关系和往来，清朝内务府档案中有侧面记载，蛛丝马迹，影影绰绰。可以确知的是，三代平郡王与直接负责抄检曹家并继任江宁织造的隋赫德一直纠缠不休，用今天的话来说，老是找茬。纳尔苏还指使自己另一个儿子福静出面找到隋的门上，说要"借钱"，前后两次，"借"多少呢？三万八千两银子！结果，事情闹到雍正皇帝那里，雍正指派和硕庄亲王允禄会同宗人府审理，案名定为"绥（隋）赫德以财钻营一案"，结案时雍正作出的最终批示竟然明显偏袒"找茬"的平郡王一家，单方面处罚了老隋家。雍正的谕旨是："绥（隋）赫德著发往北路军台效力赎罪，若尽心效力，著该总管奏闻；如不肯实心效力即行请旨，于该处正法。钦此。"这可真够下重手的，其实这时隋赫德已经削职，又得到如此处置，想要他的老命已是很明白的事。隋赫德在查抄曹家的时候是否手下留情不多以至平郡王为姑表亲抱打不平？宗人府档案中当然没有明写，但这种可能性是有的。以平郡王家的显赫地位，抓住把柄做这点事不但完全可能，而且合乎情理。

但"底牌"是事中和事后都不宜说透的，连皇上都心照不宣，再说，彼时曹雪芹还远不似今天这样是妇孺皆知的大名人，所以，无人记录这些事情的底牌内幕。今天，我们站在平郡王府的高大府门前，追念意外做了文学家的曹雪芹，追念清王朝的历史烟云，也就够了。

民国后，平郡王府售给了国务总理熊希龄为住宅，后来，熊家把宅子捐给北京救济会做办公地，再后又改为小学，所幸的是建筑格局没有大变，近

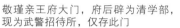
敬谨亲王府大门，府后辟为清学部，现为武警招待所，仅存此门

郑王府大门，府现为教育部所用，大半拆除

年完成了大修，基本保持了清代王府建筑的原汁原味。

那条街上另一头的鲁迅中学曾经也是一座王府，叫作斗公府。斗公就是辅国公斗宝。这位斗宝也是克勤郡王岳讬的玄孙，生于雍正元年，比福彭小十四岁，乾隆五年正月袭辅国公。一条石驸马大街上住着两位王爷，所以，有人认为这是曹雪芹在《红楼梦》中所写的"荣宁二府"之借鉴，当然有另外一个观点认为是定阜街上的恭王府和庆王府才是"荣宁二府"的影子。

斗公府现在是毫无王府遗迹了。光绪三十四年（1908年）七月，御史黄瑞麟奏请设立京师女子师范学堂，获准，清学部选中斗公府旧址作为校舍，宣统元年（1909年）建成，校舍极具时代特色，中西合璧，迎门楼面砖雕极为精美，建筑质量上佳，历百年而弥新。建女子学校在当时是一件移风易俗的事件，力度不算小，但清朝最后的改革为时太晚了。进入民国后这里更名为国立女子师范大学。1923年7月至1926年8月，鲁迅兼任该校国文系讲师，讲授中国小说史。"三·一八惨案"中的学生就是这所学校的。现在，这里称鲁迅中学。

北京还有一些学校是由王府改建的，清代末年，甚至连全国教育主管部门清学部都是王府改的。西单繁华的十字路口西南角有个胡同叫教育街，现在还能找到那个带着古味的门楼。那地方原先是敬谨亲王尼堪府邸，光绪三十一年（1905年）清政府设学部于此，管理全国学政。府中银安殿面阔五间，东西有翼楼，另有神殿、遗念殿等建筑，东院有花园。辛亥革命后，教育总长蔡元培接收了这里，改为民国政府教育部。鲁迅也在这里上班，他在教育部社会教育司任佥事兼第一科科长，主管博物馆、图书馆等事项。这里近年

恭王府大门，三楹绿琉璃顶　　　　　　　　恭王府花园内景

拆改很多，由武警招待所和北京外事职业高中使用。

现在的教育部也是在一座王府里，那是在西单大木仓胡同里的郑王府。但与敬谨亲王尼堪府一样，仅有大门看着像王府了。

最有观赏价值的是定阜街的恭王府，尤其是府后的花园。

恭王府花园的大门最为出奇，不是垂花门，不是月亮门，而是貌似城垛样子的大门。据说，那是第一代恭亲王，也就是咸丰朝被称为"鬼子六"的奕䜣，表示居安思危、不忘征战而专门设计的。是否果真有此心已无可考，但"别致"却是真的。

从这扇特异之门进去，眼前却是水榭戏楼、奇石美亭无所不佳的景色。刚刚从平安大街十里红尘的喧闹之中来到这里，如同进入一册古典连环画，般般美景，恍若画中游，人也变得轻柔浪漫。

这里最后一位主人是大画家溥心畬，他有一枚印章经常用在自己的画作中，上面镌刻着三个字：旧王孙，他是居住在这里的最后一位恭亲王直系后人了。20世纪日寇侵华之前，恭王府前院已经卖掉，留下后花园溥心畬自己住，他在这里画画、写字。

恭王府及花园原是清乾隆时代大臣和珅的府邸，和珅被抄家后赐给庆郡王永璘，后由于庆亲王的孙子奕劻世袭降低为贝勒，由内务府收回，后于咸丰年间赐予奕䜣作为府邸，称为"恭王府"。1921年，恭亲王奕䜣的孙子溥伟、溥儒将恭王府和花园抵押给天主教会，后由辅仁大学买去作为校舍。1949年以后，这里先后为北京师范大学、中国音乐学院的校舍。一部分建筑为公安部宿舍和北京空调机厂用房。经过多年腾退过程，2008 年，修复后的恭王府全部对外开放。

　　但我们现在所看到的已是一座空府。恭王府历经数代集藏，有着无与伦比的各类珍宝书画等藏品，而现在，恭王府内所有可移动物品几乎荡然无存了。1912 年，末代恭亲王溥伟为复辟活动筹备经费，将恭王府除书画之外的多年珍藏全部卖给了日本古董商人山中定次郎。山中定次郎于 1913 年组织了在美国纽约和英国伦敦的两场恭亲王藏品拍卖会，结果，七百余件珍藏以三十余万美元的价格拍出，流散于世界各地。2004 年，有关人士在日本发现了 1913 年纽约举行的那场拍卖会的拍品图录，图录收录了当时上拍的恭王府藏品，包括玉器、青铜器、陶瓷、木器、珐琅、石雕、织绣七大类五百余件精品古玩。恭王府现在已将这本具有近百年历史的拍卖图录作为文物收藏，而那些宝贝早已散落世界各地。古玩之外的字画也都流落他乡，晋王羲之《游目帖》流入日本广岛，1945 年被原子弹炸为灰烬；唐韩幹《照夜白》，收藏于美国大都会博物馆；唐颜真卿《告身帖》，现藏日本书道博物馆；宋易元吉《聚猿图》，在日本大阪市立美术馆。如此等等，令人不忍听闻。所幸的是，恭王府全部紫檀家具已随抗日战争初期北京故宫文物南迁转移后方，于今存于"台湾故宫博物院"，算是还在中国人手里。

恭王府花园欧式南大门

纳兰容若迷到今

纬道

有清一代，若论才情诗心，第一当属纳兰容若，而不是借了电视剧在很多人那里把名字传得烂熟的纪晓岚。即便是和珅，学问也不输纪晓岚，只不过没有去写《阅微草堂笔记》那类鬼故事逗人消闲。编《四库全书》的时候，纪晓岚是总编纂，做具体工作，和珅则是他的上级，总裁官，负责验收，乾隆皇帝可没拿这事闹着玩。

还说纳兰。这几年，很有一批人，他们心中的偶像是纳兰容若，他们所表现出的发烧劲头，远不是电视观众们所比得了的。这些人在网上设坛拜祭、传递心曲，原本互不相识的人结成"组织"寻访纳兰留在北京的点点滴滴遗迹。这样一群"纳兰迷"在痴迷地追寻着在康熙朝仅活了三十几年的青年才俊，破费自己的"银两"，付出自己的时间，他们无悔许多次空对后海无情水，茫然西郊旷野天。一位年轻女孩，甚至由追慕而爱恋，成为纳兰的隔代红颜知己，相信昔日明珠府、今日宋庆龄纪念馆中说不定哪一棵大树后面，正顽皮地藏着那位旗装公子，所以，那里成为她经常前去的地方，盘桓沉思在树间亭下，不忍离去。

他们所痴迷的这个康熙朝的才子，今天，我们可以乘坐地铁去探访遗踪了。

我们可以有两个去处：坐 2 号线在安定门下车，往南部不远就是这两年火得谁都知道的后海北岸，那里的摄政王府和宋庆龄故居，就是当年纳兰家

土之篇：皇天之门

049

的府第。摄政王府是溥仪生父的府邸，如今是宗教事务管理局所用，常人进不去，那个大院西侧即现在的宋庆龄故居纪念馆，当初是摄政王府的花园，更远时候则统归康熙朝的权相明珠，纳兰容若当年就曾生活在那里。另一去处，要坐 4 号线，到颐和园北宫门下车，然后乘公交车到上庄水库下，那里是纳兰家的祖茔和庙宇所在地，现在辟为纳兰纪念馆了。

纳兰容若，叶赫那拉氏，清初权相明珠的长子，名性德，后为避讳，改为成德。如果仅此，那么，是不会引来那么多发烧友的，明珠的二公子比其兄的官要做大许多，"政绩"更明显，却一个追寻者也没有。纳兰容若之走红，乃在于他的人品，他的才情，他谜一样的故事和他那只是稍微展露而未得尽现的武功。此外，还有人们对"贾宝玉原形"之说的猜度，谁让当年乾隆帝读过《红楼梦》之后说了一句："此明珠家事耳！"

纳兰志行高远。他是贵胄子弟，其父明珠可谓"一人之下，万人之上"，权倾一朝，但这位贵公子所结交的人却多是饱有学识的文士，绝无一个酒囊饭袋。康熙朝那些顶级文人，差不多都是他最好的朋友。他绝不参与权势争斗，与其父不一样，这在当时贵族中是不多的。他仅三十一岁的短暂年华中，填词是一项重要的生命活动，他的词内容上大致为三类：友情、爱情和狂情。前两者好理解，而这里所谓"狂情"，是指纳兰容若不为地位、利益所拘，别具一种怀抱，这怀抱中有着"我有迷魂招不得"的劲头，也有让人破解至今的深深隐忧。

纳兰一生，似有别人不可见的大痛，请读他的《忆王孙》："西风一夜剪芭蕉，倦眼经秋耐寂寥，强把心情付浊醪。读《离骚》，愁似湘江日夜潮。"

好一个"愁似湘江日夜潮"！

他有何等忧愁，竟至大浪横肆，排空而来？

难道是纳兰家族与爱新觉罗的世仇？是纳兰容若三次情爱的丢失？是给表哥康熙皇帝做带刀侍卫的无聊？

但不管这谜团如何解，纳兰之不同凡俗是可以肯定的。作出不同理解的人们不妨碍走到一起，为纳兰的特立独行仰面喟叹，借纳兰之庙堂，哭自己之凄惶。

纳兰的才情有他的《通志堂集》为证。《通志堂集》包括赋一卷，诗四卷，词四卷，经解序跋三卷，序、记、书一卷，杂文一卷，《渌水亭杂识》四卷。集子里有很多文章是对经史的诠解，这在古代文人那里是最重要的事情，所谓"道德文章"之"文章"指的便是这个。古人是余事才作诗，"正经"学问体现在经史子集的研究方面，现在则不全然如此了，诗词的地位自"五四"后大幅提高，不仅是现代语体诗，连带古人的诗词也成为独立研究学科。我们在《通志堂集》中可以看到纳兰容若的"余事"，也恰恰是那些"余事"引发了当代人的热捧。《通志堂集》里面收录纳兰词 300 首，较目前已知的 348 首，其实是少收录 48 首的。这些未收录的原因，大半由于避讳，他有些词，很让人不可解地愤世嫉俗，俨如地火；另一个原因倒是可以理解，水平不太高的、为皇上写的应制词一类。关于纳兰词，清末民初的学者们已给出了我们再也拿不出的最高评价：

"纳兰容若以自然之眼观物，以自然之舌言情。此由初入中原未染汉人风气，故能真切如此。北宋以来，一人而已！"——王国维

"纳兰小词，直追李主。"——梁启超

再早一些，况周颐在《蕙风词话》中认为纳兰容若为"国初第一词人"，徐釚在《词苑丛谈》称赞"词旨嵚奇磊落，不啻坡老、稼轩"，纳兰词传至海外，高丽人惊叹："谁料晓风残月后，而今重见柳屯田！"

以李后主、苏东坡、辛弃疾、柳永来比拟纳兰容若，词论家给予这位清初年轻人的评价真够高的。

2005 年夏，峨眉电视台播出《烟花三月》，内中有纳兰角色，便以《长相思》为题，征同题唱和，并设前十名，可随队往北京凭吊纳兰。这前十名所作唱和，很得古风，远非寻常名曰"诗词"实则顺口溜的文字所可比拟。一个纳兰容若，勾出那么多隐藏着的古典文学当代民间传人，此足见其魅力。

原明珠府花园大门，现宋庆龄故居大门　　　明珠花园内扇面形亭子

　　纳兰在人间只有短短三十年，其间，经历过三次恋爱。爱妻的早亡，知心侍妾的远去，都对他是沉重的打击。他的词里，爱情是一大主题，感动了许多后世性情中人。篇篇词真意切，难怪论家比之南唐后主。他曾有二妻二妾，都是美丽女子，有人说桃花运过好会折寿，是否为天下公理，不可知，但在纳兰这里却是应验了。其中发妻和最后的侍妾，都不但面容姣好，而且极通文墨，与纳兰情趣相投，惜天妒佳缘，未可久长。

　　纳兰一生虽短，但一个人在世上所能遇到的大事，几乎都没有错过。他读书，参加科举，中了举人；他恋爱，或早亡，或错过，或相隔；他受宠，以一等侍卫身份随康熙帝到处巡幸；他能文，赋诗填词解注六经，年纪轻轻就作出《通志堂经解》；他会武，曾背负朝廷特殊使命深入北国敌后，他死时康熙帝派人前去哭吊，大述其功却语焉不详；他是贵胄，却"惴惴有临履之忧"；他与曹寅同为一等侍卫，互有赠诗，又随康熙帝到过金陵曹宅，曹氏后人雪芹所著《红楼梦》，有人说即以纳兰故事为蓝本……凡此种种，构成纳兰容若神秘而引人想象的短暂一生。

　　城里的明珠府在什刹海北岸，其花园，即宋庆龄故居纪念馆。这里现在是一墙之隔的两所院子，面临什刹海，门前水面宽阔，绝无车马之喧；院内引水入园，极尽清秀。花园内有渌水亭，纳兰当年与朋友们雅集常在这里。亭为六角，南北有游廊相接，有水从亭下流过，周围树密石疏，幽雅得很。什刹海是野水，但引入院中，"性质"就不一样了，绝非谁想引就能引，当年明珠府是经了"御批"的，此可见康熙皇帝对纳兰家的恩宠。

永泰庄东岳庙山门

纳兰的更多遗踪要到颐和园以北的上庄水库一带去寻。

上庄之美，出人意外，沿着水库一路走去，水面浩荡，绿柳青芦，满目清幽。当年明珠家的明府花园就在此地，建于顺治十七年，坐北朝南，东西三里，南北一里，中部有多进四合院和跨院，西部为花园，东部为马库、马圈和田庄。风流总被雨打风吹去，如今仅存纳兰家庙遗迹两处，戏台一座。这两处家庙，其中一处在一所医院内的僻静处，是联袂的两座庙，一为龙王圣母庙，山门紧闭，刻有双龙拱卫的券门上的石匾被人为敲损，庙名模糊不清，但落款尚可辨出"康熙丙申年仲×月吉日重建"字样。山门前开阔地带东侧矗立一座雕刻精美的旗杆石，另一座则斜倚西侧墙边，看得出当年规制极高。墙内露出钟鼓楼上身，很是完好，据说当年庙内供奉着明珠画像和牌位。东邻另一座庙与龙王庙连墙而立，所不同的是这里是山门殿的大门形式，按说规格也很高，但券门和窗户已用砖头堵死，无从知晓庙名了。绕道从院北小门进去，见大殿雄峙，配殿俨然，间有梣树杂处。配殿现为医务人员宿舍，大殿为会议室，院内寂静，想是都在医疗室上班呢。逡巡再三，无从找到通往前院的路径，难以近距离观赏前殿和钟鼓楼，甚憾，但可从西墙外略睹庙宇之宏肆精美，然而仅仅这略睹，屋宇砖饰之考究，已够惊艳。

东岳庙是纳兰家另一座家庙，坐落于医院北边的永泰庄，山门、前殿、大殿、配殿、后殿和跨院均存，规模完整保留，也曾作为医院使用，现在则已腾空。山门三座，立于高台阶上，前为空旷广场，古貌森森。拾阶而入，西侧鼓楼尚在，东侧钟楼现为废弃水塔，三层殿宇具存，中殿为五脊四坡庑

土之篇：皇天之门

殿顶，这是规格极高的建筑了，可想纳兰家当时的权势。大院旷垠，间有遗石在地，上有精美雕饰，料是倒塌建筑所遗留的。东跨院尚有人住，屋舍瓦檐、窗户俱存古貌，很有味道。

此外还有被称为"小十三陵"的纳家墓地，得如此称呼，你想，那气派能小吗？那一带，当年还有曹雪芹祖父的家宅花园，规模也很大。纳家和曹家有世交，难怪后来乾隆皇帝对《红楼梦》所写内容有为明珠家事的猜测。纳家花园乾隆年被查抄，墓地在民国初年被多次盗掘，1966 年，又遭受最彻底的破坏，宝顶炸毁，墓室掘开，墓园石碑、石像生砸碎，纳兰性德墓中棺具尸骨抛撒一地，据说被同族后人收拾起来。纳兰性德和卢氏的墓志被用作生产队的台阶，后被文物单位收藏保存。有人还保存了出自纳兰墓中的物件，为纳兰容若佩剑上完整的铜制剑格和剑鞘上的铜饰。那是 1972 年，村里盖房用砖，便到纳兰墓地去挖，结果在散乱的棺材旁发现一只御赐笔筒、一柄剑的铜饰，笔筒后来不知所踪，宝剑的剑鞘已烂，铜饰被此人保存起来，剑鞘铜饰有四件，上有蝙蝠、如意纹饰，剑格图案为草叶蝙蝠。

上庄一带原来还有不少与纳兰家族有关的庙宇，除了如上所述东岳庙、龙王圣母之外，还曾有天齐庙、城隍庙、七神庙、五圣庵、鱼神庙，真武庙、关帝庙等，现在已难寻其迹。水库北岸有纳兰纪念馆一座，前几年还很大，现在

纳兰墓砖

纳兰墓石虎原物，为笑脸虎，现置于上庄纳兰纪念馆前

永泰庄东岳庙第一层殿

永泰庄东岳庙大殿

永泰庄龙王圣母庙山门

上庄水库晚景

切去一半，较有趣的是保存着石虎一座，虎是笑面，温顺可爱的样子。正房里面陈列着纳兰若容的事迹和收集而来的文物。纳兰容若墓志铭的方形石碑就陈列在这里，其他如石碑残件、老房砖雕等，满含历史沧桑，让人追想当年。

"山一程，水一程，身向榆关那畔行，夜深千帐灯。风一更，雪一更，聒碎乡心梦不成，故园无此声。"

这首《长相思》现在写在纳兰性德纪念馆的影壁后身，凭吊斯人之后，默念着离去，一路湖水，青芦丛生，四野苍茫静寂，水面一道残阳，海天愁思正茫茫。

婉容从这儿走出

纬道

地安门附近的帽儿胡同，行人不多，一向十分安静，整条巷子干净极了，两侧的院子整饬有序，古都遗韵宛在。北京是在金元两代开始成为大都市的，特别是元代，废掉了以莲花池为中心的金中都，向东稍稍偏移，建立了以北海为中心的元大都，这也就是让来自西方的意大利旅行家马可·波罗惊叹不已的东方第一大都会。那么，如今想寻古探幽，去感受大元朝留下的城市格局，从地安门大街到南锣鼓巷再到交道口的这一大片胡同深处，绝对是应该去的，中间的南锣鼓巷，旧称"罗锅巷"，曾是元大都的一条重要的南北通道，它两侧的鱼骨一样排列的胡同，都是老资格的"北京的证明"。

一个非常悠闲的下午，我背着相机在那一带的胡同里篦头发似的逐一走了个遍。我有个体会，从某地路过与专门到那儿观景是不一样的，前者让你得到的是交通的路径，而后者才能使你得到更多的了解。那天，我从南锣鼓巷走进帽儿胡同，两边差不多每一个大门里的院落都值得细细观赏，有时间的时候我要单独说一下这条胡同，而现在我急于要"推出"的，是我走到胡同当腰的时候，轻松进入"娘娘府"——婉容娘家的大院所看到的美景。

如果你不是专门寻找，那么你十有八九会错过那个院落，因为它的大门（其实似应去掉"大"字），实在太不起眼，只是像一个简陋的便门。我想，这儿的老门楼大概是没有了，眼前这个是近些年找补上的。我从门外一眼瞥

影壁旁月门通往花园　　　　　花园月门里侧

见里面高大的影壁，才决定往里去探究一下。

但那便门之内，却曾经是清末"娘娘府"——宣统皇后婉容的娘家。

迎门影壁保存得很好，却你会发现旁边的月亮门更有味道，一片浓绿的翠竹探过墙头，煞是诱人。

走到月亮门跟前，嗬！简直像进了公园：几十竿青竹斜矗路边，绿得真可人；稍远些，一片秀石垒成的假山之间，很自然地构成一道门洞，有红漆门窗从门洞深处透露出来。这样的假山，我在其他地方还真没有见过，它其实集"山""门""墙"与"台"的多重功用为一体，在它右侧，拾三级台阶而上，一方平台展现眼前，南有粉墙翠竹，北有秀石槐柏，纳凉赏月该是多好一个所在！

要想走进内院就得从石门穿过了。先看到的是正房三楹，宽廊高窗，虽无雕梁画栋，但却气度轩敞。东西两侧无厢房，却有更漂亮的游廊。廊子里一侧是粉墙，墙上有装嵌的窗格，菱形的、扇面的、宝瓶的，一扇一个样儿，绝不重复。院中空寂，不像有人居住，也不像有人办公，然而收拾得非常干净。我轻轻地走，边走边欣赏，心里却生出一种作窃的感觉，莫非是承受不了独自一人饱览美景的奢侈？

穿过美丽的游廊，横在眼前的是一个宁静的小院。这里便是休止符了，房子没有前面的高，也没有前廊，不知是否曾经改造过，把门窗移到廊前了。

整个院子，推测起来，在当初是一个花园，不那么像正式住人的地方，它的房子太少了。或许，是一个待客的所在，那么，中院的大房是花厅，而后院则可能是用以储物、烧水的。

的确如此，主人正式居住的房子在西侧隔壁另一所院那里，而这儿是一个跨院。

走进西边的院子，先看到的是一间自建厨房的顶子上闪露出来的一个老旧屋檐——垂花门——我立刻意识到：这里是娘娘府的正院了！虽说它已被前面住户搭就的厨房"掩埋"到脖子，但从侧面还可以看出，这是一个由两个联脊构成的垂花门，护檐板上面的漆早已脱落得一干二净，连铁扒钉都暴露在外，幸而木雕花和屋脊上的瓦当还算齐全，顽强地坚守着礼数。

忽然想起子路战死前"正冠"的故事，心中不由得掠过一阵苍凉。

我站在这座老得"无颜色"的垂花门前，它与倒座南房相距太近，让人很难拍下它的全貌，此外，还有一根晾衣绳横在那里，很是别扭。由此我想，当初主人取得这块地方时，大概进深就不是很大，无法向纵深发展，于是将院子压扁，并把花园安排为跨院，有客来访，径直入花园客厅叙话。"大门不出，

花园游廊和花厅

花园石门

垂花门

三进院正房

二门不迈"，这是旧时人家女眷的规矩，这垂花门便是"二门"，此间它离"大门"如此之近，恐怕是不得已。

这座门只剩下单纯的红底色了，好在构件大致不少。门墩不大，但无损伤，门槛也在，这不容易，我在其他地方看到的"二门"大都把门槛拆掉了，为的是推自行车出入方便。门紧闭着，门环俨然，前罩和前檐檩上当年的彩绘只留有薄薄一层痕迹，这倒使得整个垂花门木头的本色更彰显了，尤其是木雕花，被强烈地凸显出来，呈现出一种沧桑之美。走马板上下两层图案，都是缠枝子孙葫芦，透雕，完好无损。

垂花门两侧，虽有住户搭起的厨房遮挡，但基本格局未变，这已经是很难得的了。

绕到垂花门后面，眼前一下豁亮起来，一个四四方方的院子，正房五间，东西有厢房，十字路将院心隔成花池，时令已是初冬，有的灌木还挂着绿叶。这就是四合院的好处，四围挡风，阳光充足形成一个宜人宜木的小气候。

正房的原貌保持得最好，门、窗、廊柱以及前檐下的木雕构件都在静寂中晒着太阳，就像上百年的时间里，什么事都没发生似的。

但是我们知道，发生的事太多了，用梁启超的话说："几千年未有之大变局。"而从这个恬静的院子里走出的婉容，进皇宫、转天津、赴沈阳，尊贵的皇后、无法自拔的瘾君子、痛苦万状的精神病人，般般"角色"她一一尝过，其间的"落差"直如悬崖瀑布，一泻千寻。近年有影视着意表现了婉容的"婚外情"，甚至还生了一个孩子，这就更"添彩"了。虽然这一情节更多地赢得人们的理解和同情，但争议还是陡起报端。最激烈地否定这一情节的当推时在香港的崔老太，当年，她与自己的姐姐都是婉容身边的人，其姐还是婉容的美术教师，她不但以亲历作证婉容的清白，而且从旗人宫廷生活规矩的角度论证婉容根本没机会接触别的男人。

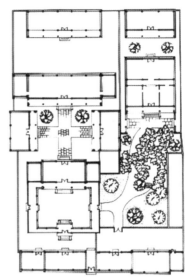

婉容宅平面图

崔老太的作证，是竭尽全力为婉容洗污的，撇开"真理性"不谈，她的一心护主的口吻，她所表现出来的孤臣之忠，还是难能可贵的，须知，凭老太太的经历，要对媒体编点"后宫秘事"，谁能不信？

有意思的是，我在网上看到有不少婉容的"忘年"发烧友，他们给她建专门的网站，在网页上给她上香、献花，他们称她为"姐姐"。看他们一口一个"姐姐"，很容易让人想到另外一些人对张国荣一口一个"哥哥"，甭管年龄是大是小。一时间，觉得古今都搅在一起，"姐姐"也好，"哥哥"也好，都是一种"心向往之"的追慕，是人间的好感情吧！

婉容在花园石门留影，门洞后有门，上设门钉，贴有门神。今门已不存

半亩园：跨越六朝的渊源

纬道

提起清代大园艺家李渔，不见得谁都知道，但要说起金兀术就不一样了，这个在《岳飞传》里率领军师哈密蚩等屡犯中原的"四狼主"几乎人人尽知。如果以连环画和评书里的形象为蓝本，这兀术的模样可真够吓人的，青面獠牙，蛮荒得很，其实不是那么回事，历史和传奇常常差距太大，兀术是被人往寒碜里整，才弄得不人不鬼。

2002 年，北京历史博物馆有过一次辽代文物展，其中有一幅壁画，所绘的几位大辽男子的形象让人看到了辽人到底是什么样子——与古代汉人差不多，只是装束更简洁一些。2013 年 9 月到 2014 年 3 月，首都博物馆举办了"白山黑水海东青——纪念金中都建都 860 年特展"，文物中的金代墓葬壁画让人们更清楚地看到金人的模样，他们与辽人、宋人的形象有许多类似之处，兀术说不定也就是壁画里那种朴实的北方农民的样儿。

兀术是金人完颜氏，后来同样崛起于山海关外的清人爱新觉罗氏最初也曾称"后金"，从名字上就表明了彼此的渊源。爱新觉罗氏与完颜氏都是女真人，同族、同源但是不同部，爱新觉罗在入关前便有完颜氏后人在上三旗之一的镶黄旗跟随努尔哈赤与明朝军队作战，在攻锦州的塔山之战、杏山之战以及后来的征高丽中率火炮营为先锋，立有重大战功，因而颇得重任。可以说，隔过元明两代的金兀术后人又打回北京并从此长期生活在这里了。

金代墓葬壁画中的人物形象

那么，完颜氏在北京还有遗迹吗？

有，这就是今天东城区黄米胡同的半亩园旧址。

半亩园是清代大园艺家李渔的得意作品，完颜氏与李渔，可谓一武一文，这一园之缘如果不是事实，还真让人觉得匪夷所思。

联结这一因缘的是清代完颜氏后裔麟庆。

麟庆为得到半亩园，却也花了30年的时间，可谓心向往之，终于圆梦。

道光朝兵部侍郎、江南河道总督麟庆，由于是完颜氏后裔，常自称"长白麟庆"。这位麟庆大人好风雅、好游冶、好结交，19岁即为进士，在同科241人中年纪最小。他一生大半时间宦游在外，在河南、贵州、安徽、湖北等地，

金代墓葬中的壁画

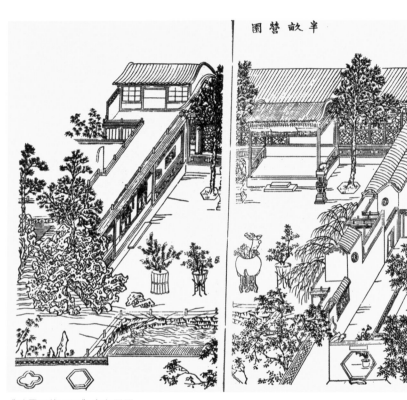

《鸿雪因缘图记》半亩园图

作管理水利的官员，这职务使他见过的名山大川非常多，每遇胜景，他都请画家绘下，而他则配文记述，终成八十篇，汇为一套三卷本的《鸿雪因缘图记》，给后人留下一部很有趣味又有史料价值的名著。半亩园就收录在这本书里。

麟庆对前朝文人李渔很是仰慕，还在嘉庆十六年的时候，一次，在宣外韩家潭芥子园游玩时，麟庆听说东城半亩园同芥子园一样，都是李渔所设计的名园，心下便有所动。30年以后，即道光二十一年，半亩园终于由麟庆购得，从此，优雅的半亩园成为完颜氏在京亲眷经常聚会的地方。

半亩园本是清初贾汉复的宅园，四进院落，李笠翁主持修建，垒石专家

一门一世界

张南垣协助。它位于紫禁城外东北角的弓弦胡同内，西边是东皇城根，东侧隔街是大佛寺和隆福寺，后面是宽街，而往南可到东四西大街，这地方，进胡同极其幽静，出胡同相当繁华，实在难得。麟庆说这所园子"垒石成山，引水作沼，平台曲室，奥如旷如"，但在他接手前，园子曾作过仓储、歌舞场，不复当年李笠翁所设计的本来面目，于是，麟庆让长子崇实主持修复，将图样邮寄江南给他审看。修复后的半亩园按麟庆的意思设有"云荫堂""拜石轩""曝画廊""近光阁""退思斋""赏春亭"和"凝香室"等，此外，还有"嫏嬛妙境""海棠吟社""玲珑池馆""潇湘小影""云容石态之轩""庵秀山房"等，麟庆一律请师友题匾，他自己则为云荫堂题写抱柱楹联："源溯白山，幸相承七叶金貂，哪敢问清风明月；居邻紫禁，好位置廿年琴鹤，愿长依舜日尧天。"又从江南购得状元梁阶平所书的棕竹楹联："文酒聚三楹，晤对间今今古古；烟霞藏十笏，卧游边水水山山。"也悬于堂前。

麟庆对经营半亩园是非常得意的。在他的策划下，半亩园形成三个亮点：以二十四景组成一座风光独到的私家园林，以丰厚的文玩藏品构成一个私人博物馆，以多可充栋的书籍图册撑起一家民间图书馆。

黄米胡同半亩园旧址只是原来整个园子的东路，它的中部和西部，即园艺的主体和精华部分已面目全非。有一幅辅仁大学贺登崧教授在 20 世纪 40 年代为半亩园所绘的平面图，庶几可以帮我们想象当年这所名园的风采，假山、池沼、高阁、画廊、亭榭、奇树、怪石——疏密有致地布置其间，整个一幅充满东方情趣的上品诗画天地。坐在先月榭旁，那荷花池里的鱼儿该让你尽忘凡尘；沿土坡而上，登到近光阁楼上，紫禁城角楼和神武门近在咫尺，景山五亭亦在望中，晴天的时候，远方的西山怕也是观得到的。

麟庆的园子是在李笠翁设计的半亩园基础上改建而成的，园里有些地方还是笠翁的原物。世人只知李笠翁在北京主持营建了芥子园和半亩园，但如今已无法领略其风范了，这是整个北京的一件憾事。传统中国有几样东西是不被当作艺术对待的，譬如建筑、木器，人们认为那是一种"手艺"，是匠

土之篇：皇天之门

人用砖瓦和木头制作出的供人使用的东西，而对其艺术属性一向认识不足。新朝对旧朝的建筑遗留，拆毁改用，甚至"楚人一炬"，并不是什么新鲜事。项羽火烧阿房宫之后，几乎每一代王朝的皇宫都成为旧主的殉葬品，只有清朝之于明朝是半个例外，之所以说是"半个"，那是因为清王朝沿用了明的旧宫，但却对明皇陵做了偷梁换柱，把人家的楠木梁柱抽去另作他用。缺少对前人建筑的艺术认识，眼里只有"实用"而无其他，实在是一种可鄙的浅见。

我们失去了太多的建筑遗产，像李笠翁这样世不两出的艺术大家只留下一部《一家言》供我们浏览，他的芥子园比半亩园消逝得更快，幸亏有一部《芥子园画传》在画家中流传，使"芥子园"这三个字有时还能挂在一小圈人唇边。失传——中国的艺术和科技探求常常遭此厄运。一代传奇人物李笠翁的艺术主张，我们可以通过《一家言》得窥一二，笠翁实在是太有魅力了，这个古今第一流的"侃爷"馋得我们想看看他老先生嘀咕出的东西是个啥样子，然而我们遇到的是"失传"的梦魇。

笠翁自言有两件事是他一生的绝技，一是作乐编曲，二是置造园林，自恨一直不能有所施展。读他在《闲情偶记》里的议论，真让人觉得句句锦绣，无论是说唱曲，说园艺，笠翁最突出的主张就是"个性"。对唱曲，他要"自选优伶，使歌自撰之词曲，口授而躬试之，无论新裁之曲，可使迥异时腔，即旧日传奇，一概删其腐习而益以新格，为往时作者别开生面"；对园艺，他要"因地制宜，不拘成见，一榱一桷，必令出自己裁，使经其地入其室者，如读湖上笠翁之书，虽乏高才，颇饶别致"。出自己裁，别开生面，讲究的都是一种个性，然而芥子园湮灭红尘，半亩园面目全非，笠翁先生的雅人高致真真"上穷碧落下黄泉，两处茫茫皆不见"了。

说起来，笠翁要算古今第一善玩的文人，一生大半时间是拉扯着自己的私家戏班到处演出，作高级乞讨。言其"善玩"，是因为他不仅爱玩，而且会玩，玩出百般花样，玩得津津有味，中国传统文人所热衷的"琴棋书画"，在他只是"小儿科"，这位玩哪样是哪样的大仙，不仅要玩出新鲜的花样，而且还要上升到理论，发前人所未发，屡屡让人拍案叫绝，举凡词曲、演艺、园冶、饮馔、养植乃至声容消受，他都嘀咕出一大套让你意想不到的境界，他后来把这些写成《闲情偶记》，专门指导人怎么个玩法算上品，坊间推出后一直刊印不绝，不但是"畅销书"，而且是"长销书"。

李笠翁算是以玩名天下的奇人了，后来袁世凯的儿子袁克文多少有点他的意思，但前者是以穷儒玩个痛快，后者是大爷有钱要怎样就怎样，终竟不同。这样一位来自浙江的奇人在北京弄出来的园林，该是奇货可居的东西了，难怪麟庆孜孜几十年要把它弄到手。他得到半亩园时，笠瓮已作古60年，但笠翁手植树和园子基本规模甚至一些建筑还在，麟庆是看到笠翁遗韵的，同时，他又加进自己的想法让园子重光了。在此基准上，应该说他对园艺精品的传承作了贡献。

那么我们就要提及麟庆半亩园的另外两个亮点：由丰厚的文玩藏品构成的私人博物馆、由多可充栋的书籍图册撑起的民间图书馆。这是麟庆对半亩园的延续和发展所作出的重要补充。

麟庆手中的半亩园积蓄了各类图书 85 000 多卷，其中，像康熙年间初

北京白纸坊地区出土的金代铜坐龙

北京西城月坛南街出土的金代錾花高足金制酒杯

刻的《佩文韵府》，宋刻本《诗》《书》《易》，元刻本《文献通考》、万花楼刻本《昭明文选》等，都弥足珍贵。完颜氏到了麟庆这一代，早已不是一介武夫的样子，而是颇具文翰之风了，有他本人的诗为证："琅嬛古福地，梦到惟张华。藏书千万卷，便是神仙家。小园营半亩，古帙积五车。坐拥欣自娱，种竹还栽花。遗金戒满盈，习俗祛浮华。区区抱经心，慎守虚无夸。"如诗中所述，他以藏书为神仙日子，并且教育子孙读书戒俗，事实上，在京完颜氏子弟都叨了半亩园藏书的光，把这儿当作了读书学习的图书馆，麟庆集古人名句的楹联成为这一景象的写照："万卷藏书宜子弟，一家终日在楼台。"

文翰之癖也使麟庆雅好古董收藏。奇木怪石、古琴铜鼎、矿石竹刻等贵重文玩，在半亩园中是特辟几间藏室分别陈列的。半亩园西部的水池山石之间，或隐或显地是晒画的曝画廊、陈列奇石的拜石轩、专藏鼎彝的永保尊彝之室等收藏室、摆放古琴的退思宅，珍藏着麟庆几十年宦游期间寻访的金石收获，成为半亩园有别于一般园林的独到之处。当时，京师官宦文士都仰慕半亩园的收藏，而麟庆又是最好文翰交游的，所以，他这里成为一个名声远震的会聚之所，用今天的话来说，是一个文化沙龙。士绅在这里的游览和聚会，也为半亩园留下大量诗词和书画作品，麟庆曾编印成"半亩园二十四景图册"和"半亩园帖"。

首先是一所含有二十四景的私家园林，其次又是博物馆和图书馆，整个花园富贵而又饶有书卷气。半亩园这种内涵丰厚的建园方式，在京城独树一帜。金兀术的后人接过了李笠翁的衣钵，历史有时真是让人意想不到。

今天半亩园的遗址还在，但历经清朝覆亡之后的种种动荡，它已面目大变。2002 年夏，我在中国美术馆后身的黄米胡同里找到了它，门楼依旧，门旁的八字影壁让你一望便知，这里当年绝非寻常之地。大门两侧，"泰山石敢当"也还在，只是石皮剥落，文饰看不清了，门道里那一对门墩乃是汉白玉雕成，图案精细，甚至门里那一对都雕了花纹，在京城里无出其右。门簪则为六角形，蓝底金字："元亨利贞"，而对着的照壁却有些惨，被当作女厕所的一面墙利用着，我实在喜欢它上面的砖雕，赶紧以超快速度拍摄下来，唯恐恰巧有女士从那里面走出来。

大门

进得大门，右侧一座便门，下部改了新砖，上部一段木架还是旧物。细看时，我发现门侧有两坐汉白玉础石，按照它们的样式推断，该是一座小型牌楼的底座。门是关着的，那里面已在外墙东侧开了直通黄米胡同的门。顺着东边往里走，就看见被院中人称为"状元楼"的一座两层楼。当初该有前廊的，现在住户已将窗户推到檐下了。

门侧八字影壁

半亩园的整个西部园林部分已经没有了，只有沿黄米胡同另开门的三个院子有些旧貌，虽然院内杂物有些凌乱，但房子遗韵尚存，尤其是一排拱形后窗，是古建业内称作圆明园式的，很是优美，它们顽强地在这个少有人行的胡同里证明着往昔的烟云。

东墙门

火之篇：黎庶之门

南方丙丁火。

将民居定位于南方"火"位上，有道理可讲么？有。东西南北四方，西和北是阴位，而南和东是阳位。明清北京把皇榜贴于天安门东侧的长安左门，把孔庙、国子监、贡院、翰林院等偏"文"的设施都建于城市东侧，把日坛建于城东、天坛建于城南，即缘于东、南为阳位，主生机升腾，蒸蒸日上。

北京有两种文化：皇家文化和平民文化，它们在建筑上的体现是非常绝妙的。天气晴好的日子里，你去登上北京中心的景山顶上俯视整个大地，离你最近的，是一片金碧辉煌的紫禁城，它的边际足以到达你目力所及的极限，而周围烘托着这个俨如仙宫的巨大建筑群落的，是绿海中的灰色低矮民居。北京的树自古就是很多的，院里枣树院外槐，河边垂柳古坛松，而民居在绿荫笼罩下只是影影绰绰的存在。

以建筑组成的城市面貌无比精准地诠释着两种文化。皇帝神秘地居住在巨大的紫禁城，而他的子民在正阳门外背着行囊踽踽而行，用粗糙的大手撸一把脸上的汗，接着钻进熙攘的人群寻找自己的营生。他们是被皇帝赶到正阳门外的。

1644年，李自成大军自延庆、昌平一路杀来，崇祯帝亲自敲响景阳钟向臣民报警，然而没有一个大臣前来。气数已尽，大明朝最后的天子走向景山东侧山坡的一棵歪脖树。北京城乱了又乱，几个月之后，又杀来清八旗兵，这一回，整个北京内城由八旗切割成块，分块占据，成为一个大兵营。汉人么，则一律赶到前三门以南的外城居住。

前门大街每天都是喧腾的，西边的大栅栏、东边的鲜鱼口，这只是名声太响的两条商街，其实，如同一张大网一样，从前门大街向两侧伸展出去的鱼骨般的街巷里，住满了大小商人和操着各种手艺的工匠。

北京民宅的大门绝对不去和皇帝的大门比亮丽，它们只是在暗地里讲究着。北京人性情中的核心可谓"有钱的真讲究，没钱的穷讲究"，"讲究"是一种高标准，是生活精致化，是一举一动有来源，不乱来。

北京民宅大门稳重而又灵动，每一座都有着自己独特的美。它们看似随意，实则非常讲究地位得体、寓意祥瑞。百姓建大门，有着非常理性的与主人地位相宜的设计出发点，绝对"不逾矩"。

门是北京人的面子，不容含糊，饭可以吃不饱，门面不可损伤。但也绝不胡来，徽派建筑、广式建筑那种过于夸张的飞檐、花里胡哨的螭吻，在北京看不到。北京人是一种低调的讲究，暗藏的讲究，看不出这一点，就不懂北京人。北京民居的门楼没有雕梁画栋，因为在梁架上施彩绘是"逾制"的事，在有皇上的时代要引来杀身之祸，谁惹这麻烦？于是就暗度陈仓，办法是在砖雕、门墩、门簪的细节上面下功夫。所以，在北京欣赏民居大门，大处看样式，小处赏细节，你才能不错过当初建宅的主人苦心留下的美。

北京人不笑话你的门楼简单，在他们心里最看不上的是"怯"。"怯"就是不规范、不入流、不文雅、不大气。"怯木匠"是对工匠最大的贬损，是说你的整个审美眼光不行，做出的物件不入流。这与贫富无关，你搭个最简单的门楼，尺寸合宜、平正有度，没人笑话，而要是把不该搬到大街上的东西用到门楼上，那你等着吧，你要是能听见几句，保险让你脸上红上一阵。如今有人看垂花门好看，把院门就做成了垂花门，面对大街。这就让人不解，垂花门是"二门"，是家里的内部之门，再好看也不能扔大街上啊！

这就看出古今区别了。老年间，人们内外有别，取舍有度，最美的东西在院里含蓄着，你不进来是看不到的。垂花门、抄手游廊、后花园，好东西多了，要诚心显摆，干脆甭要院墙了！但你也要体恤当下的人们，他没别的了，就琢磨出一个垂花门，摆到大街上体面体面，开放么！

当初元大都设计胡同的时候是有规矩的，但胡同里院落的建设却随主人喜好，所以，北京街巷有一种规则中见自由、整齐中有变化的特色，胡同也才避免了兵营一样的刻板。

岁月悠悠，北京很多老胡同里的民居大门已经不全了，缺这少那，甚至一天到晚都不关门，因为住的人多，没法关。年深日久，门扇坏了，瓦垄残了，门墩缺了，一个时代远去了，如今已是水泥钢筋的天下。

五重门

巷门：栅栏的变体

如今的人们对巷门已失去感觉，好像生活中压根儿就不曾有过这么一种东西。其实不然。现在请你想一下前门外的大栅栏商业街，就想一进口所看到的东西。对了，就是那个有着塔尖模样的铁框子。每天都有很多人从它这里进进出出，他们其实是出入一道门，只不过这道门变成了这道铁架子。更进一步说，没有眼前这道铁架子，此间的地名就不会是大栅栏。

这里原来是有栅栏的，那道栅栏就是这条胡同的巷门。

北京在老年间有许多这样的巷门，有多少条胡同就有多少个巷门。它们的作用是安全防卫。每到夜间，司管地方治安的人员会关闭栅栏，第二天天明时分再开启它们。北京在清代是实行宵禁的，夜间流窜于各街巷不被允许。

栅栏是一种城市设置，也成了一种标志，前门外的"大栅栏"由于比之一般胡同的栅栏要大，人们以此特征指称这里，久而久之，反倒取代了其本名"廊房四条"。北京还有其他地方与此类似，譬如新华门斜对面有个胡同叫"双栅栏"，现在还这样叫着，就因为这条胡同里中间有一条水沟，沟左沟右，各有一栅栏，于是整条胡同就叫"双栅栏"了。

大栅栏的"栅栏"升高而成了铁门券，那么其他地方呢？

进入民国以后，各条胡同的栅栏纷纷拆除了，北京人不习惯这种秃头秃脑的胡

宣武儒福里观音院过街楼

同口，他们讲体面。于是，在实用功能之外，装饰功能以另一种形式沿袭下来，这便是砖砌的巷门和简式的牌楼。

这是珠宝市胡同的标志，它立在这条胡同的南口，特别像一个"门"字，上有"珠宝市"三字，行楷，写得很漂亮。它已经没有栅栏的模样，徒有门框而已，所以，又像一个简式的牌楼。珠宝市是从大栅栏东口往北去的一条商街，旧时作珠宝生意的多，民国时有许多熔化碎银的银炉，我在本书另一篇文章里有详述。现在，它好像更热闹了，人们未进大栅栏先到这儿，让它尽得风水之先。所以，商家把各种旅游小商品摆到街面上，与逛街的人挤在一起，每天都像赶大集。

由珠宝市而大栅栏，到大栅栏西口，你莫停步，继续往西走，会看到又一个商街的巷门：观音寺。与大栅栏老字号麋集不同，这一带饭馆、旅店多，当然也有不少小商店。

从观音寺街往西走，路南有一个小力胡同，进去，再经过大力胡同，你

一门一世界

进入铁树斜街，不远处会看到另一种巷门，绝对不虚此行。

你看路南这道门，如果不注意，你可能会以为它是个院门。其实，那里面是一条小胡同，通往著名的"八大胡同"。它的上部已经损坏了，从其残损不齐的顶子就能看出来。然而它的主体还保持原状：门柱、门楣、门框，一应俱全，这还不算，它的精彩需要你走近去看。它两侧门柱上雕有"一品香"三字，你能猜出这是什么所在吗？门楣上像一块匾，但却模糊一片，此时，你须走进胡同看它的背面。较之前面，背面更漂亮些，券门边角，是精细的砖雕，其上，完好的砖匾上雕着很柔的隶书：一品香澡堂。原来如此！胡同内的房子已非原样，看不出哪所是当年的"一品香"了，而作为商业招幌的建筑，却为我们留下巷门的模特。

与此类似的还有天桥市场南端的天桥乐茶园。天桥作为一个娱乐和商业中心已经没了，原址在近年的"旧城改造"中盖起居民楼，成为一个纯居住社区了，只有南端还留下这个茶园，让人们喝茶听戏。茶园其实有正门，就在前脸儿，这里请诸位看的则是它的旁门，您上眼，它是不是与"一品香澡堂"很相似？

对了，这就是一种传承。这座有框无门的"门"，把喧闹的大街隔在门外，它里面也是一条小巷，只不过，按北京人的说法，那是一条死胡同，不能穿行，它是提供给演职员和观众的，从这里可以进入剧场和后台。

别尽说宣南的地方了，说个远一点的，东城成贤街。从成贤街东口大牌楼进去没多远，你会看到这个地方：顺安里。券门，齐头顶，砖匾。北京的这种门不是砖匾就是石匾，禁得起栉风沐雨。相同的还有西单北大街缸瓦市的"义达里"、东单麻线胡同里的"居易里"和宣外大街附近的广安东里等。

义达里周围这片地，原来属定王府所有。定亲王传了 6 代，到第 7 代承袭人毓朗这里，降为贝勒。这位毓朗倒是个很有干才的人，与民国大总统徐世昌是磕头把兄弟，做过步兵统领、军机大臣、工巡局总监。所谓工巡局，即警察局的前身，所以说起来这为贝勒爷还是中国警察制度的创始人之一呢！毓朗一辈子为维护清朝统治奔走，清帝逊位后又不遗余力地图谋复辟，死于 1920 年。1928 年，定王府被毓朗后人卖掉，后又多次切割，我们现在看到的义达里是王府最北边的地皮，附近砂锅居、二炮招待所、某机关办公用房等处，都是定王府改建的。

20 世纪 30 年代，天津韩姓巨商买下这块地，很有意思，他一口气盖了 12 座小楼，在临街的巷口建起这座巷门。

谁走到义达里前面都会抬头看看这个巷门，门额上砖匾雕镂的"义达里"三字写得实在漂亮，字为正楷，收放合宜，温柔敦厚，从容不迫。如今很难见到这样的正楷题字了，为什么？难写，要的是真功夫！很多街市上的题词写得龇牙咧嘴，禁不起推敲，不说也罢，要想知道什么是好字，去看义达里！

这块砖匾是辽宁铁岭人张济新所题，题于 1936 年。他曾是张作霖大帅府总务处长，也是张学良的老师，在北京做过京兆尹。"义达里"这个名字就是他起的，"义达"谐音"一打"，因为韩氏所建小楼为 12 座，恰为"一打"之数，谐音作"义达"，文意甚美，绝妙极了！

据说当年巷门两侧还有张济新所撰门联："义达里宝地福田境由心造；缸瓦市忠言笃行道在人为"，"文革"中被人用水泥覆盖。这一巷门，架构取欧式，砖砌垛柱冲天，券门，细部为中式，额上 6 个砖砌镂空花饰，大方得体，简洁明朗。

西城义达里巷门

宅院老门牌，蓝牌是 20 世纪 50 年代的，红牌是 80 年代的

与义达里异曲同工的还有东单麻线胡同里的"居易里"等，在胡同里走着，不期然遇到这样一座古风犹存的巷门，会让人心里横生许多联想。城市的魅力，就这样弥散着。

院门（街门）

北京的每所院子都有门，人们叫它院门，又因面对街巷，也叫街门。

走在北京的胡同里，你会看到形形色色的院门，它们有的气势堂皇，有的雅致可亲，有的简陋清寒，也有的显着垂老欲颓。但居住时间长了，你会发现，繁简美丑不同的院门和平共处在同一条街上，谁也碍不着谁。常常是这样的：走过一串低矮的平淡小门，忽然一处"巨无霸"赫然入目。北京是千年古都，更多的年景里它是"天子脚下"的皇权天下，然而这不妨碍它的平民性，北京是平民城市，尽管清代满族统治者把汉族平民都赶到外城而只允许八旗分驻内城，但日久却自然松弛，外城商业发达、会馆林立，大有可观的好门楼不少，而内城小门小户也不断衍生。

二门

对于一个正规的四合院来说，它的规划应该是这样的：从院子的东南角大门进来，有一排倒座南房并有一个狭长的小院——这是序曲；通往里面正式住房的是一个"二门"，它通常是垂花门，也有的安排成比较简单的屏门，从这儿进去，是主人的主要活动空间——这是主调；通过抄手游廊或是月亮门，可以去往后花园或是跨院花园——这是变调。

垂花门大致有两类：一种是带屏门的，它们是完全的垂花门。迈过门槛，你像是进入一个方盒子：两侧是自由出入的地方，而正中是一排四扇屏门，它们平时不开启；另一种是简化的垂花门，只有一层，你一脚跨过去就是内

南豆芽胡同清真寺垂花门，垂莲柱头为方形，如将印，象征"武"

垂花门内侧为封闭形包厢，正面为四扇门，两侧为单扇门，与抄手游廊相连

院了垂花门内外是两个天地，外面是佣人所住，或是作为待客的客厅；里面则是家眷所住。

屏门（四屏门、月亮门）

屏门通常出现在跨院，是跨院的入口。正院与跨院，是一个彼此联系而又相对独立的院子，这一道屏门作为界线。通往花园的门也用屏门。屏门是绿色的，这使人感到亲切。它们往往是四块门板，与四扇的屏风很相似，所以又叫四屏门。起这种作用的门有时也用月亮门，一个砖砌的圆形门口，很是浪漫，它们为院子增添不少诗情画意。

湖广会馆月亮门

摄政王府便门，开在后院东侧

礼士胡同某宅便门

便门（车门、后门、侧门）

在大街上，有时我们会看到一种这样的门：宽宽大大，很有气势，但门楼不甚深，檐下也没什么饰物——这很可能就是便门了。譬如我们在西城定阜街看到的旁边钉有"庆王府"文保单位牌子的大门，就只能是个便门，当年王府的正门不会是这个样子。

比较小的院子不必设便门，一个大门已经够用了，所以，凡有便门的院子，往往是大户人家，譬如府第、富商，这样的人家需要有出入车马的地方，需要有一个通往另一条街的方便之门，于是，便门就派上用场了。当年北洋军阀派兵到箭杆胡同抓陈独秀，满以为堵住大门，陈独秀插翅难逃，未料此院有个便门——开在南北向的骑河楼南巷里，结果，士兵从箭杆胡同前门进，他从便门溜之大吉了。

此外，还有一种情形，临街是一个车门，里面还套有一个正式的院子。我在帽儿胡同就见到这样一个院子，面对胡同的门宽宽大大，进一辆马车绝无问题。门扇非常厚重，进去后看到有倒座房，如果不是居民自建了厨房一类小屋，院心应该挺宽敞的，可以停车；北面又有一个门楼，很精美，而从街外是看不到的，真有点藏娇的意思。

北京还有一种门：栅栏门，过去商肆大多用此类门，后来随着商业的变迁，商场大门都用玻璃了。但还有一些场所沿用栅栏门，东花市袁崇焕墓堂即如此。

院门的形制

　　胡同里的院门是北京的一道风景。北京的城墙拆除以后，这座城市的风度更多地由胡同里大大小小的院门担纲了，对一所院子来说，门楼是门面，犹如美人的面容，在整个一条街里，桃艳杏红，许许多多风姿各异的美人在那儿亭亭玉立，多爽神呀！

　　北京的院门千差万别，然而细看之下，是有规律可循的。

　　北京院门的形制可分为如下几类：

　　1. 广亮大门

　　2. 金柱大门

　　3. 蛮子门

　　4. 如意门

　　5. 小门楼

　　6. 洋式门

　　7. 随墙门

　　8. 府第门

广亮大门

　　广亮大门是府第之外规格最高的宅邸院门，设计、用料和做工都比较讲究，它的山墙往往比两侧房屋高出一些，显得很气派。门楼占一间屋子的面

慈慧胡同某宅广亮大门

积，门开在整个门楼一半的位置，门前有进深很大的门道，两侧或为粉墙芯，或为砖雕芯，大梁和屋椽明白地袒露着，前檐檩有彩绘，外面脊上有砖雕飞罳，瓦垄采用阴阳瓦，戗檐用砖雕。此外，门根有石墩，上槛有门簪，有的门前两侧还有一对上马石。

金柱大门

　　金柱大门可看作"小号"的广亮大门，除体量上稍小一些，最主要的有以下区别：金柱大门前脸窄，有的只有半间屋大小；门框前移，门外只留一米左右的进深；彩绘、砖雕简化；门簪可有可无，门前一般无上马石。

蛮子门

蛮子门基本无彩绘，较低矮，大门推至前檐下，门道整个在大门内，显得比广亮大门和金柱大门质朴和保守。旧京来自南方的一般官宦和商贾爱用此门，故有此戏称。

如意门

如意门的前脸并不小，只是用砖把两侧砌起来。因为有砖墙，所以为砖雕的设置提供了便利，故而如意门往往以砖雕见长，并可变化出多种花样。与前几种门楼相比，如意门显得亲切可人。

金柱大门

蛮子门

如意门

小门楼

小门楼

　　小门楼在北京最常见，它是普通老百姓家的门楼，一般直接与院墙相连，但有独立性。辅助构件较少，也会用一些砖雕。看到小门楼，就让人想起与世无争、自得其乐的小康之家。

洋式门

　　清代中期以后，西方建筑风格浸濡华夏，朝野追新，流行一时。最著名的当然属圆明园中"西洋楼"，至今其残骸仍是那座被焚毁的巨大名园的象征。"上有所好，下必甚焉"，北京街面上从商铺到民居都深受"洋风"影响，造出很多中西合璧的门楼。这很见国人的创造性：中国传统的砖瓦和手艺，与外来的造法和风格相结合，不中不西，亦中亦西，往往简单几"笔"，就让门楼入时起来。

洋式门

　　这种洋风从清中期一直流行到民国，其遗留建筑在北京到处可见。教堂、洋宅和协和医院等由国外建筑师直接主持建造的建筑不必说了，街头巷尾一些极小的门楼也依傍此风，还别说，它为工匠们自由发挥留下很大余地，使街巷里活泼起来。

随墙门

不另砌门楼，只是把临街一排房中靠边上的一间当作大门，将其前脸按门楼样式安排，构件也相对简化，就是随墙门。随墙门的门楼不凸显，砖雕、门簪、戗檐都可省去，但有的仍保留小门墩，多为长方形。

有些随墙门属贴山门，像贴山影壁那样在一面墙上"贴"出门楼前脸的一些构件，是一种灵活的处理方式。

随墙门也有洋式的。

随墙门

院门的配置

我们欣赏北京的门，因为它们不仅是一所住宅的防卫装置，更是一件富有东方韵味的艺术品。每一座院门都像是一位会讲故事的人，向行人讲述着关于主人、关于历史、关于北京的过去和今天。院门上的所有装饰都参与着讲述，它们的沧桑甚至就是主人的沧桑，它们的新锐简直就是主人的新锐。院门，是最容易让人产生联想和想象的物什了。

北京的院门，配置的讲究可是顶重要的一件事了。主人的身份、地位、财力、趣味，无不尽显其中。

配置最全的院门，门槛、门框、门板自是不必说了，还要有门环、门簪、门墩、铁包叶、拴马桩、上马石以及泰山石敢当等。某一个具体的院门，不一定把这些全都配置齐备，但应该说，配置得越多越讲究，主人的身份就越高，财力就越强。

门槛、门簪与走马板

门槛家家都有，之所以还要说一说，是因为门不仅有下槛，还有中槛和上槛。皇家的下门槛要独木，粗壮结实，而且包红铜；百姓家的下门槛细看也不同，有独板的、有碎木拼装的，现在很多人家为了自行车出入方便，干脆砍去了门槛。

真正分出高下的是中槛和上槛。中槛位于大门上口，广亮大门、金柱大门和大一些的蛮子门上往往在此处安置四个门簪，如意门要少一些：两个，至于小门楼，通常无门簪。所谓门簪，是中槛上的纯装饰物，也有许多样式，圆形的、六角的；平面的、雕花的。还是平面而题字的多一些，四个的一般写"吉祥如意"，两个的只写"吉祥"等。我还看过一个写"革命"二字的，显然是"文革"风度。新街口三条某宅门簪"豫履咸泰"，"豫"为悠闲，"履"为行走，"咸"为全都，"泰"为平安。如今看来，斯文得连词语都像是古玩了。

　　中槛和上槛之间为走马板，也是一个让人们争奇斗妍的用武之地。复兴门内大街某宅，在这个地方绘有描金翔凤牡丹团花，真让人叹为观止。走在北京一些胡同里，你有时会看到有的广亮大门在这个部位用了类似颐和园长廊的山水或人物故事彩绘，那都是近年修缮房屋是新加上去的，美则美矣，但不是古制。一来，容易引来麻烦；二来，彩绘三五年就陈旧剥落，不能每隔几年就重绘一遍。因此，北京更多的门楼上是一个大大的墨字——"福"。

草场二条某宅老门槛

东四某宅雕花四簪

北新桥某宅雕花两簪

文华胡同某宅文字门簪
"福寿康宁"

子孙葫芦木雕走马板

雕花琴棋书画走马板

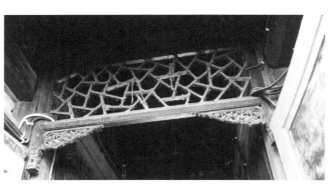

冰炸纹走马板

门环

请看图中的门环：六角云头构成门跋，拉环长形，尾端亦云头，看上去是一个协调一致的整体。这个黄铜制的门环年深日久，已经颜色深暗，一身老气。这样的铜门环在北京不多了，前门外有几条僻静的胡同里还有一些。比较容易见到的是铁门环，与铜制的相似，也很有老味。然而，像图中这样保存完好的不多了，缺东少西是常有的事。也有一些新制的铜门环，显然用料要单薄得多。

铁包叶

门扇下端是最易受到磕碰的地方，铁包叶起着使其坚固的作用。它一般呈宝瓶形，布满铁钉。我在小安澜营胡同见过一个制成蝙蝠形的，"蝠"是我国传统工艺中常用的装饰图案，人们取其与"福"字的谐音，图个吉利。那扇门在"蝠"的上下还布置了铜钱的图案，巧妙而又协调。

西城航空胡同某宅铜铺首

草场二条某宅铁包页

门蹲

门蹲也作"门墩""石鼓",一般长方形的只称门蹲,圆形的称石鼓。门蹲实际上是整个门枕石的外露部分,门枕石是固定门槛和门框的装置,为了出行方便,有人把门槛锯掉了,于是,整个门枕石的侧面袒露出来,人们可以清楚地看出其结构和作用。门枕石的后半部分,中间有一个圆形凹槽,是安放门轴用的,也就是所谓"户枢不蠹"的"户枢"。

我们走在北京的胡同里,看到的是各种各样的门蹲。能用上石鼓的通常是官宦人家、书香门第或富有的商贾,一般人家的门楼则用长方形的门蹲。门蹲有青石和汉白玉的,雕刻都十分精美,多为吉祥图案,有花卉、狮子、八宝等。前几年有个日本人旅游到京,发现门蹲后惊为艺术杰作,专门搜集拍摄了一批照片,出了专集。

门蹲很能体现民俗,人们让狮子居其上以镇宅,让吉祥花居其侧以求瑞。我在花市上三条见过一对精雕门蹲,上面刻的是"松鼠吃葡萄":上方枝叶当中几串颗粒饱满的大葡萄,下面一只大尾巴松鼠翘首仰望,生动极了。在传统民俗中,松鼠象征男性,葡萄多子,象征女性。松鼠吃葡萄,意为绵绵瓜瓞,生生不息,子孙万代。此外,"鼠"与"熟"读音相近,"松鼠"即为"颂熟",丰收富饶之征。

"文革"也让门蹲遭了一回劫难,不少门蹲被铁锤敲残了,实在可惜。有些残缺的门蹲,让人很难猜测出所缺的部分当初是什么样子了,譬如"松鼠吃葡萄",石蹲上部的瑞兽被人为破坏了,我们已无法知道那该是个什么样的形象,按照整个作品的新颖构思,那该是极具观赏性的。

暗八仙　　　　　　　　　蝙蝠、仙桃、盘肠　　　　　古琴

麒麟　　　　　　　　　　狮子　　　　　　　　　　童子献寿

下棋人物　　　　　　　　　　　　　　　　　　五世同堂

拴马桩、上马石、泰山石敢当和护墙石

这几样东西现在越来越不容易见到了，它们有一个共同之处：都是石头制成的。

在北京，汽车穿街过巷不过是百年以内的事，而在以往，人们出行时，短途用双腿，长途用骡马，甚至汽车进入北京许多年以后，新旧多种交通工具还并行不少年。那情形，我们在表现清末民初的电视剧中常能看到，譬如收视率很高的《大宅门》。

旧京胡同里看到马匹甚而骆驼是极为寻常的。一直到"大跃进"期间我上小学的时候，在我家那条很小的胡同里，还来过驼队呢。那么，人进院，牲口放哪儿？——拴在院门口，这就需要拴马桩。

拴马桩其实没有"桩"，它只是在盖房时预先嵌进的一个石口，而这石口正居于房柱的位置，房柱上钉有铁环，方便人们拴骡拴马。

旧京人家讲体面，这拴马桩虽是拴牲口用的，但它就在大街面上，所以不能不加以美化，法子嘛，是在石头上下功夫，给它雕出个样儿来。这么着，外墙上间隔设上三五个组成一排，体面就出来了。

以往也不是谁家外墙都有拴马桩，寻常人家犯不上，只是那些官宦和商家才需要它。所以有个规律，有拴马桩的人家，房子都不会差。本来就并非遍地都有，再加上近几十年的沧桑，拴马桩成了不可多见的稀罕物了。

与此差不多的还有上马石。电视剧《天下粮仓》中特地有一段以上马石喻人的戏，问："你说它是不是一块好石头？"说来说去，然后贪官一头撞死在上马石上。

家里有马，才会有上马石；煤铺也有马，但煤铺不设上马石，他那马是拉车用的，豆腐坊也有马，也不设上马石，他那马是拉磨用的。只有官宦人家和较大的会馆才用得着上马石，他们需要这种体现身份的排场。

上马石通常位于门楼前一左一右，也有等级之说：质料上，有青石的，有汉白玉的；做工上，有素面的，有雕花的。即便同样是雕花的，也有不同，一般为两面雕，但最豪华者有五面雕，也就是说，除了落地那一面，全有雕花。

苇坑胡同某宅外墙上可见拴马桩孔

拴马桩石槽内的铁环为拴马所用

前门地区某银号门前柱形拴马桩

遍体雕花的上马石

培英胡同某宅护墙石　　　　五面雕花的上马石

　　上马石很占地方，所以只要一疏通道路，首当其冲就是挪开上马石。你如果看到哪里的上马石已挪作他用，一点都不奇怪。我寻访詹天佑大师故居时，发现那里的雕花汉白玉上马石半截埋在土里，露出的部分被当作摆放花盆的基座，显得特豪华。四川会馆门前的上马石，成了人们纳凉时摆放棋盘的地方，也算一种贡献吧。

　　"泰山石敢当"是一种类似石碑的东西，上面刻着如上五个字，立在门前或是墙脚，干什么使呢？从实用角度说，可以起到保护砖墙的作用，以免车轴剐蹭；从风水角度说，趋灾避邪，阻挡不利。关于后者，无法论证，人们恐怕多是从心理上接受的，谁不愿讨个吉利呢？

　　关于"泰山石敢当"，有多种不同版本的传说，比较多的说法是石敢当是个好汉，力大无比，擅长降妖捉怪，能为人解除妖孽。做为一种文化，"泰山石敢当"在世界上凡有中华文化影响的地方就能看到其踪影，日本就发现有"泰山石敢当"的使用。北京旧时这种碑形镇物很多，20世纪60年代我上学的时候，路上常见，但一转眼，现在找不着了！

为寻访"泰山石敢当"，我找了许多地方而未遂，还问过不少上了年纪的老人，都答曰："有！"等我找到那地方，不是胡同已经拆了，就是只剩下半截没字的石头。一个偶然的机会，我终于找到了这种在自己小时候经常能够看到的东西，它在西廊下胡同一所房子的后房山，正对着一个丁字岔口。一见到它，我就明白了主人当初设置它的用意：挡煞。

这块石头上字口十分清晰，实在难得。它能安然无恙地保存到今天，最主要的原由恐怕是它整个砌在墙体上，拆除它无异于拆房，不好下手。至于它在"文革"时又怎么躲过毁容之灾，则非我能想象的了。现在，那一地区整个拆除了，这尊北京仅见的完好无缺"泰山石敢当"被保存于首都博物馆，成为文物了。

也有一些院子门前有它的踪迹，不过有字的少。相比较而言，护墙石还是容易见到的，比较有意思的是有一次我去寻找京剧武生泰斗杨小楼的故居，胡同里几个正在玩耍的小朋友见我拍摄门楼，其中一位女孩对我说："我家那边有好些大石头，前几天还有人录像呢！"好些大石头？我当时真没想出来那到底是什么，倒很愿意跟孩子们去看看，于是，我发现了全北京护墙石最多的一处民宅，石头不是一堆，而是排成一串，六个，沿门口和后房山伫立。造型很简洁，然而是经过设计的，单线浅刻，无花纹，上首书卷式卷边，文雅而妥帖。

在那里，孩子们笑着收入我的镜头，无论是我，还是孩子们，满心人间幸福。

西廊下胡同泰山石敢当，现此地区已拆迁，这一石敢当移至首都博物馆

象眼

象眼，本来是元明时期北京建筑的风范，入清后逐渐少了，所以，若看到谁家的房子上有它，那么，这房子或许是保留了元明遗风的。

它在什么地方呢？

进得一座门楼，往两侧墙山的上面看，在梁、檩、柱之间三角地带的空隙，现在通常就是用白灰一抹，什么也没有，而有象眼的房子，那地方是要描绘镌刻花卉、人物、鸟兽的，有些还是一组完整的故事。

让我们看看西城区这所老宅的象眼。

这是一个蛮子门，门楣上一排四门簪，前檐檩有彩绘，雀替有雕刻，各组件非常完整，年头多了，"只是朱颜改"，彩色有些黯淡。门蹲是上好汉白玉的，真好，顶有瑞兽，侧有海马，前脸是菊花。从这些齐整讲究的佩饰来看，最初的房主应该是官宦人家。

进得大门，站在门洞里往两侧上首看，就是象眼了，黑底色，白线条，一组特别生动的画面尽现眼前：远山近树、砍柴汉子、灵芝梅花、奔鹿兰草、妇人幼童、窗前读书、书生赶考……其中有的好像取材《二十四孝图》，线条流畅灵活，刀法洗练简洁，堪称民间艺术珍品！

象眼不是画上去的，而是先将檩柱之间的空白处填黑，再以刀刻出图案，是一件非常精细的活计。象眼增添了大门内的情趣，传播着民间故事和伦理道德，也表达着主人的祈愿，自然亲切，成为一种特殊的民间艺术。你站在大门洞里，感觉周围是一片耕读持家、有滋有味的生活氛围。

一次，慕名去拍西城区一处垂花门时，意外发现那家老宅的广亮大门里居然也有象眼，与上一次那一组所不同的是，这里没有人物故事，而是松、梅、菊、百合、葡萄、葫芦等图案，好看得很。后来，我还在东城区某宅院大门道里发现一组象眼，也是花卉图案，但更为精细，阴雕、阳雕手法交错使用，真够人欣赏一阵子的！此后，我在一些古老庙宇里也发现过象眼，都是很沧桑的了。这种带有元明风格的建筑艺术遗存，在北京已经不多，愈加显得珍贵。

教子故事象眼

打柴人物象眼

书生人物象眼

游猎人物象眼

灵芝梅鹿象眼

花卉象眼

一道美丽的屏障

北京人从不会让院里的房子直瞪瞪地对着大街，即使在院门大开的时候，路人也不可能看到院内的景象——主人用一座影壁把内外隔开了。

影壁也叫照壁，其首要作用是"隔"：把街市的喧闹隔在外，把院子的宁静、整洁、清雅、安全和私密留在内。它是一个过渡和缓冲，你从大门口进来，首先看到的是青脊粉墙的影壁，它是素雅的，不像大门那么"盛装"，这样，你的心也告别一路的奔波而轻松下来。你再看粉墙下，几盆随季的花儿，红的黄的就那么几朵，也就够了，你知道，更得意的花花草草伴随着"天棚鱼缸石榴树"在院里呢！

这么着一看，影壁的装饰作用也有了。不信你用点"逆向思维"，把它给去掉，准让四合院失色不少。

说起来，影壁从大的方面说，分为门内影壁和门外影壁。大部分人家只在大门内设影壁，只有官宦和富有人家除了设门内影壁外，还在大门外再设一个影壁。

门内影壁

门内影壁是最常见的，近几十年由于人口的膨胀，北京胡同里绝大部分四合院都成了大杂院，不复有一家一户对全院井然有序的安排，人们见缝插针，东搭西建，左挪右改，面貌甚为混乱。这也殃及影壁，我在寻访过程中

西城区某宅门内雕花砖影壁　　　　　　　西城区某宅门内粉芯影壁

见到的影壁大多堆着杂七杂八的东西，没人对全院的美观负责，人们只能先考虑实用。这谁也不赖，"无可奈何花落去"。

保存良好的影壁也是有的，你看西城区某宅的这件，从上说起：细筒瓦覆顶，稍下是青砖磨成的"椽子"，左右两条竖垄起脊翘耸，主体是斜砌的方砖壁芯儿，四角与正中嵌有砖雕花卉，四角分别为梅兰竹菊，中间菱形花瓣状沿上衬托的是富贵牡丹，处处见匠心。影壁两侧的屏门像是重新修过的，已不复旧观，但排场依然。这座影壁该有些年份了，这种影壁也有中间雕字的，多为"迪吉""福绥"等字。

北京亦有一些粉芯影壁，很像一间压扁了的房子，从屋脊到墙脚，一应俱全。虽然只是一堵墙，但要像对待一间房那样去打造。朴素中的精致——这是影壁的审美追求。粉芯影壁往往一任其白，不着一字，尽得风流。也有用"福"字填壁心的，但很少，因为字要好，一字足以令人喝彩。现代人用字是太省事了，电脑字库里一找，字体、什么字号都有，旧时可不行，要请高手来写。

门内影壁还有木制的，我在寻访鲁迅八道湾故居时，在回来的路上偶然看到一户院子里有那么一座，绿框红心，中间一个大大的"福"字。木影壁往往是一层院的小四合院所用的，有点像戴着帽子的屏风。

有不少院子的影壁不是独立的，它们依托大门对面的房子侧山而设，因此称为"贴山影壁"或"靠山影壁"。四合院的大门都开在院子的东南角，大门里面正对着的是东厢房的南房山，影壁"贴"的就是这个"山"。

贴山影壁做起来一点都不省工，它的所有细部"一个都不能少"，其砖雕甚至是整个院中最细腻的地方。

有的院子又深又大，仅从大门进去到影壁就有挺长的一段路，这时主人往往在过道中设一个过桥，成为变形影壁。过桥上是精美的砖雕，让人非常赏心悦目。

如果你留心，还会发现别样的改良影壁。我在东城区一条胡同里偶然从一家门前走过，看到这所院子正对门道的房山粉壁上设了个圆形的假窗，装有俗称"冰炸"的窗棂，古韵十足。我从门前走过，刚刚看到这个假窗时，不知怎么忽然想起了曹雪芹。

一门一世界

瑞蚨祥店中过厅的靠山影壁，尺幅之大堪称北京之最

门外影壁

　　门外影壁往往分两部分,一部分在大门两侧,斜向而立,也称"八字影壁",另一部分在大门对面。也有的院落只有大门对面的影壁而无八字影壁,有一回,我到太平湖一带寻找曹雪芹好友敦敏的槐园旧址,恰遇此地拆迁,站在一片废墟上,脑子里乱想着当年曹雪芹到此来拜访老友的画面,一转身,发现了这座影壁。它就在一座老宅大门的对面,石砌的虎皮墙为底,四角有精美雕花,中间有砖框,以前可能还有砖雕的吉语,此时早已被掏空了。想来,这影壁显然后来被借为前面房屋的后墙使用了,而此际,屋顶已经拆去大半,影壁的模样倒是愈加显露出来。

　　有这样一个规律:门楼等级越高,影壁越大。你看曹雪芹姑父平郡王纳尔苏王府(习称克勤郡王府)的影壁,雄立在胡同对面,绝非平民百姓所能享用。阜内历代帝王庙的大红影壁,琉璃瓦覆顶,皇家气派更是无与伦比。它们给人的感觉,不再是亲切,而是不容分说的威严。

培英胡同某宅梅兰竹菊雕花靠山影壁

陶然亭内独体影壁

北海公园铁影壁，建于元代，火山岩
雕成，为震慑北京风沙而建，一面为
麒麟栖山，一面为狮子绣球，为国宝。
原立于护国德胜庵

西城区某宅门外影壁

南官房胡同某宅影壁

历代帝王庙影壁上的琉璃花饰

青砖上的艺术：砖雕

拐着弯地表现美

　　有皇帝的年月里，规矩特别多。就如这盖房子，不是想怎么盖就怎么盖的。就说这张之洞故居，通往二进院的窄小过道侧墙的山脊，让人一眼便能看到天沟的出水，明晃晃地用了一块黄色琉璃瓦。这新鲜吗？新鲜。因为按张大人的身份，就凭这一块瓦，便可治他的罪，甭管他有多大的功绩！什么罪呢，"逾制"。用今天的话来说，就是"超规格"。帝制社会里，只有与皇家有关的建筑物才可用琉璃瓦，譬如皇宫、王府、敕建庙宇和祭坛，而且在用什么颜色、用多少等方面，也有明确规定。当然关乎用料、色彩、格局等其他方面的规矩还有很多，而且极严。清代巨贪和珅被嘉庆帝问罪时，证据中有一条就是他在自己府中使用的灯具有"逾制"的嫌疑。

　　而张宅的这块黄色琉璃瓦是怎么跑到这里的，不得而知。

　　不能逾制，那难道老百姓盖房便只能是茅庐草舍了？当然不是。普通人也有美的追求，北京人从传统上就特别讲究面子，讲究排场，凡是对外的场合都追求"体面"，而房子，明明白白地摆在那儿，北京人能不尽全力装点这个脸面吗？有道是"上有政策，下有对策"，最高明的对策绝不是"对着干"，而是在当朝允许的范围内巧妙地实现目标。不能用琉璃瓦，不能用雕梁画栋，那么好，不用，转而去发展另一种使房子美观起来的东西——于是，砖雕，这种没有鲜亮色彩、不算逾制用材而又别具一格的装饰方式，在民间发展起来，被民居广泛使用。

北京人的体面

走在北京的胡同里，不难发现精美的砖雕，它们通常设置在门楼的檐下，最便于砖雕逞才的门楼是如意式门楼，门面所用青砖最多，成为砖雕的最佳用武之地。它们复杂一些的有好几层，大多采用桥栏形基本结构，配有吉祥图案。各类门楼最简单的也要在门垛最上房与房檐相衔接的位置设有较大的方形青砖，称为戗檐，左右对称，雕出精美图案。

戗檐的实际功用是防雨，它的位置是垂脊末端，遇有雨水，除了坡顶的流水之外，门楼迎面的雨也会直接淋在垂脊末端，有那样一个戗檐，不但挡住雨水，还起到支撑屋檐的作用。但人们不愿它光秃秃地置于门楼高处，那个位置太明显了！于是，人们用砖雕艺术装饰这样一个门面地方，工匠们各尽才艺，使北京民居门楼的戗檐各具风采。

戗檐的制作手法采用深浮雕，很有立体感。最常见图案是富贵牡丹，我见过最雅的一处是浅阴雕兰花图案，上有题诗、印章，完全是当作一幅绘画来对待的。南城京剧大师李万春旧宅门楼的戗檐为菊花，每幅都不同，题为"菊有黄华"，署"吟香馆"，也是以砖为纸，以刀为笔，创作出的高雅妙品。它们藏于幽静的胡同深处，绝不张扬，各自赶路的人们也许都看不见它们，然而，它们静静地恪守着自己的追求，内在而自信。前门大街附近一处老民宅的戗檐，恐怕是我见过的最精细出奇的了，它们的主图为一只香炉，辅以盘肠、璎珞、草龙、钱串、花卉等，工艺非常精到，莫说制作，即便是站在它前面欣赏，都足以令人凝神屏息，叹为观止。

除门楼外，砖雕还经常被使用在影壁、山墙等地方作为点缀。

东城大羊毛胡同某院，处在一个小丁字路口的西北角，前面和西侧都在行人视野之内，这就看出主人的讲究来了，你看，西墙的天井处，安排了一

兰花阴刻戗檐

福禄绵长子孙万代戗檐

松鼠葡萄戗檐

盛芳胡同 1 号文字戗檐

组横排砖雕，纹饰为圆形，精美绝伦，那雅致、那细腻、那样式、那做法，使这里成为京城最美天井。

一些商家铺面和民居还以其他图案、文字等制成砖雕，作为房屋的特殊装饰。经年累月，它们有不少已经残损消失，但仍有一些存于人们不经意的地方，成为默默无言的传道者，向每一个路人展示着曾经的辉煌或主人所尊奉的信仰。

通过北京砖雕，你能获取房屋主人的许多信息，经济状况怎样，审美水平如何，哪个时期的人，等等。讲究一些的房子，从檐下到屋脊，都有精心设置的砖雕，玲珑剔透，美不胜收，而又恰如其分。这样看来，砖雕已成为一种标志性、象征性的饰物，是贫是富，是俗是雅，是机巧是冗拙，一目了然。

沙滩后街大学夹道某宅砖雕门楼

　　沙滩后街里大学夹道一所房子的砖雕，常常吸引了不少来北京"胡同游"的老外们的眼球。那所房子原有的门楼被封死当成一间屋子用了，院子在旁边另辟了一个极简的门，这门楼上的砖雕反倒能让人们大大方方地站在对面观赏。磨砖对缝的墙面质地细密，色泽淡雅，在这儿成为砖雕挥洒魅力的最好平台，仅紧贴门楣的地方就比一般同类门楼多着一层雕花。它的每一个细部，都竭力经营，非胜出别人一筹不可。由此推想其主人，不定是怎样的逞强使性、精明强干而又心比天高。

　　其实像那样的好砖雕并不难寻，但若问北京哪条胡同、哪所院子的砖雕最漂亮，就不会是那么容易回答的了。

　　可以这样说，最极致的砖雕在东棉花胡同的一所院子中；最优美的砖雕在宣武门基督教堂的外墙上；最典范的砖雕在南城法源寺的庙宇里；最繁复的砖雕在平安大道原北洋军阀执政府办公大楼四周。如果把这几处的砖雕看过了，我敢说，你就"会当凌绝顶"了。

门楼砖雕花开富贵如意万年戗檐　　　　　　长巷二条某宅砖雕戗檐

民康胡同某宅如意门砖雕

东棉花胡同某宅二门侧面

走近一个风姿绰约的美人

让我们先走进"极致"。我一时想不出还有更合适的词来概括这座砖雕堆砌的门楼，因为它囊括了精巧、优雅、丰盈、别致、风韵等美质，而且，明显地带有民国时风，这又使它散发着几许雍容娴雅的洋味，如20世纪30年代的电影明星；同时，它又蕴含着一丝书卷气，只是性情有点外向，像林徽因、蒋碧薇那样的名媛。

走近它，俨如走近一个风姿绰约的美人。

这美女一般的砖雕门楼，拱型门洞，冲天牌楼式的上顶，仅用以勾边的纹饰就有缠枝牡丹、菩提珠、万字图、云头、盘肠、海水江涯、百合、莲叶等十多种，端的是杨妃起舞，环佩叮咚，步步换景，款款出彩！设计者真是独具匠心，他一反寻常门楼比两侧边墙前凸的做法，而让这一门楼凹进一块，呈内敛式结构，却让两侧房屋前凸延伸，变张扬为含蓄，深得婉约

东棉花胡同某宅二门正面

深致的曼妙。同时，这又给门楼多提供出可资发挥的两侧墙面，容以较洗练的砖雕人物和百宝图案，从而更加烘托出正面的精细。还值得一提的是，两侧墙角处理为圆角，在上下纹饰的配合下，让人想起西式楼房的圆柱，便又增添了几许柔媚的意思；此外，这一设计还进一步增其坚固性，至今，这里虽早已沦为大杂院，但几十年的岁月并未使它在磕磕碰碰中龇牙露齿，看来，这圆形设计居功不小。

　　站在这座把砖雕运用到极致的拱门前，真让人叹为观止。

　　它在此院中其实是第三层门，从街上先进一层大门，然后又有一层垂花门，再后是它。从披满砖雕的券门进去，里面则是敞亮的后院。北京人管垂花门也叫"二门"，就是所谓"大门不出，二门不迈"的"二门"。按形制规矩，二门以里，是家眷住的地方，一般客人是不能进去的。我看此院的二门，是双连脊的"大号"垂花门，可惜四周已被人用砖砌成墙，成了住人的房屋，只有超常的门脊还透露着往昔的遗韵。

宣武门天主教堂

"中学为体，西学为用"

如果说上面那座门楼算是"满雕"，那么，宣武门天主教堂就是"半雕"了。这座教堂在建筑材料上是"以砖代石"，因为按西方习惯是该用石料的。这样说来，真有点"中学为体，西学为用"的意思。它墙面平阔，很舒展，砖雕只是围绕门窗，洗练而不繁复，是另一种美。它在雕刻布局上轻重分明，譬如门柱上方，三组柱头，最上和最下有雕，中间一组无雕，避免了叠床架屋的啰唆。还有，下面一组雕得多，上面一组雕得少：站在堂前观赏的人看下一层易而看上一层难，上一层雕得多好也白搭，岂不白费了功夫？

雕刻的纹饰一律为西式，方圆兼备，最显著的特征是用青砖雕出罗马柱的花纹，窗和顶则多用弧形线条，当然是由青砖担纲的。优美、爽利，如颀长的披风上缀着的精美的纽扣——这就是这儿的砖雕。

砖雕的森林

北洋军阀执政府办公楼是个怪东西，它很像教堂但却与基督毫不沾边。从平安大道走过这里时，人们不免要想起"三·一八"惨案。刘和珍与她的同学们就喋血在这门前，鲁迅写了《为了忘却的记念》，说的便是此事。这里原为张自忠路 23 号院，门楼是王府规格，门前一左一右的石狮特别显眼，门侧立有"三·一八"惨案纪念碑。现在这儿是人民大学资料馆和员工宿舍，院子很大，主楼和配楼之间有花园，树很高，大片大片的绿荫覆盖着地面。

主楼其实在东边的东四十条路口就能看到，像西方古典风景油画中常常可以见到的那种文艺复兴式的建筑，但方而高的钟楼特征又容易让人想起电影里日本鬼子的岗楼。这座主楼也是西式味道极明显的建筑，与宣武门教堂的不同之处在于，它的四周全是廊柱，而不以墙的面目见诸人前。这样，它的砖雕就显得比教堂多得多，站在它的哪一侧，都让你觉得正在面对一座砖雕的森林。

这砖雕森林的纹饰，以西式为主、中式为辅。让人忍俊不禁的是，在本来就很少的中式图案中，设计者竟还用上了变体的"寿"字，高高地居于顶部的檐上。北洋执政府，段祺瑞也罢，曹锟也罢，黎元洪也罢，哪任政权得其永寿了？还不是走马灯似的乱哄哄你方唱罢我登场。

这座楼在北京很独特，它以不厌其烦的方式为我们展示了砖雕泛用的挥霍。它是一个露天的

段祺瑞执政府大楼

标本库，包揽这项工程的人，真是过足了砖雕瘾。

　　但我还是心怀谢意，这样的砖雕大餐在北京，甚至在全世界，毕竟是独一无二的。

砖瓦上的民族图案艺术大全

　　以上三个地方的建筑都含有或多或少的洋味，而下面我们要去的地方，则是纯"土"的了，或曰纯民族传统，不掺假。

　　这就是法源寺。

　　法源寺在宣武区西砖胡同与教子胡同之间的横巷里，它是中国佛学院所在地，曾经屡办大事。1920 年，毛泽东来这里参加悼念杨昌济的道场；1963 年，亚洲 11 个国家和地区佛教会议在此召开；1980 年，从日本迎回的鉴真大师像供奉在这里。

　　台湾地区作家柏杨写过一本以法源寺为故事发生地的小说，一时很畅销。

　　法源寺建于唐代，最初叫悯忠寺，是李世民为表示不忘东征高丽的阵亡将士而修建的。其后多有重修，但格局、规模大体依旧，很难得。法源寺本不以砖雕名世，砖雕只是一个"侧面"，甚至被人所忽视，而其建筑方面的砖雕运用成就，却是值得研究的。

　　殿顶的脊薨，不仅有浮雕，还特别多地使用了透雕，立体，奢华得很。这里砖雕的图案一律为民族传统特色，菩提珠、菩提叶、牡丹花、莲花、莲叶、祥云、龙雀……与我国传统硬木家具所用的图案如出一辙。在以汉民族为主体的我国艺术发展史上，天地崇拜、五行之说、世俗企盼，再加上佛教浸润，形成了以嘉卉瑞兽为主要形象的图案艺术传统，这在砖雕上得到了极为鲜明的体现。所以，若想从传统中获得一些灵感，那么，就请观赏这里的砖雕吧。

　　法源寺的梵宇中，砖雕用得最集中的地方就是薨上，几乎无屋不薨，无薨不雕，无雕不精。所以，进得法源寺，礼佛之余，不可不仰头观赏一下各殿的屋脊，那可是美不胜收啊！

法源寺殿宇凤凰牡丹砖雕脊薨

门前八字影壁上的精美砖雕

广亮大门门洞两侧的精美砖雕

东城区某宅永字连年有鱼富贵绵长砖雕影壁

砖雕"有凤来仪"

东城区辛安里某宅砖雕格言:"明镜止水以立心,太山乔岳以持身,清天白日以应事,光风霁月以待人。"

干面胡同某宅过道上的砖雕

门楼上的文学

纬道

多乎哉？不多也

作为一种文学，楹联由贴在门上的符号演变而来的。它与诗的起源很不同，但却不妨碍它们之间有近似的地方，甚至可以说，写不好诗（当然指旧诗）的人也写不好楹联，反之亦然。

但诗是文人的事，楹联不全是。我们走在北京大街小巷中偶然一遇的门联，就不仅仅属于文人自己或文人之间的风雅交往，它属于院子的主人，属于整个那条胡同，属于全北京，也属于所有看到它的人。凡看到它的人，都参与了交流，当然，臧否随您。这么着说起来，刻写在门扇上的楹联该算彻底的大众文学了。

北京一家一户的门楼很讲究，但凡能多挤出点银子来，都要把门楼建得漂亮些，北京人讲体面呀！而那门扇，当真就那么光秃秃地立在当街，遇上有朋友找你家，得，街坊们用手一指："就那家光板门！"

丢人去吧！

所以，老年间的北京，除去极贫困的窝棚，好歹是个有街门的院儿，就有门联。

20 世纪 50 年代，北京差不多每个院门都有刻写在门扇上的门联，有的新一些，有的旧一些，但人们并不在意。到 60 年代"文革"时候，门楼也遭劫，

火之篇：黎庶之门

门蹲上的兽头敲残了，门楣上的砖雕打坏了，都算"封资修"的"四旧"，在"破除"之列。然而什么事都有例外，这门联遭到的人为破坏并不多，它们的凋零，更多地倒是由于天寿，说得更直接一点，就是取决于门板的命运：门板结实的，它也长久；门板残破了，它吃瓜落（lào）儿。

门联人为破坏少，自然残损多，它怎么就躲过"文革"一劫呢？"破四旧"那年，北京城里各校的学生们有烧校图书室藏书的，有剪"奇装异服"的，有砸门楼砖雕的，有摘铺面牌匾的，甚至有站在街上拦行人撬下自行车商标牌的，还就真少有拿木工刨子把门扇刨平的，倒是有人把貌似联语的"语录"、毛泽东诗词联语或"革命口号"用红纸写下贴在门框上的，结果新旧并存，好在旧的早已不再鲜亮，敌不过新写的夺目。其实这透露出一个"信息"：中国人骨子里是极其偏好联语的！此其一。其二，"造反"的人们可以对"革命对象""抄家""砸烂"，但不毁大门，这又透露出另一个"信息"：大门在中国人心目中是最后的底线，毁了大门，如同让人裸奔于市。其三，门联的内容大多向善，几乎古今一理，譬如"为善最乐，读书便佳"，把"善"对准贫下中农，把"书"圈定在"红宝书"，全齐了。还有，门联的书法往往是工整流畅的，人们写"大字报"还找写字好的人呢，我记得我们班一位书法有功底的同学，哪派"红卫兵"都没入，可班里属他最忙，哪派"红卫兵"需要毛笔书写的东西都找他，真像歌里唱的："不分党，不分派。"这也是一个"信息"：中国人最后的艺术是书法（当然也是最先的艺术——书法家朋友别钻空子）。

用书法艺术表现出来的联语是有魅力的，读其文而品其字，是一件赏心悦目的事。只可惜，北京的老门联"多乎哉"——"不多也"，所遗留下来的，大都有 50 年以上的历史了。也有一些新的，劲松地区有一条街，每一座楼的沿街门柱上，都以水泥为底、红漆为字，题上"门联"，逐一看去，几十幅全出自《名贤集》。其实前人题写门联，倒是少有从《名贤集》里摘现成句子的——题写门联的人自有学问。还有一类，东四有几条胡同，建筑保存得真好，有许多都是磨砖对缝的，门楼也高大，几乎家家有门联，也是逐一看去，就看出问题来了：都是用笔蘸漆描上去的，没有雕刻的刀工，整个一个大平面，估计也是社区所为，给"胡同游"添彩。老年间的门联却是以刀雕边、用漆填字的，即使年深日久，漆落色褪，人们仍可凭借刀痕赏其文句。再者，所写联语尽是近些年流行的旧语，譬如从诸葛亮那儿趸来的"淡泊明志，宁静致远"等，现在的书法家常爱写这些句子，以前的人们反倒不把这话挂在嘴边。这种"新"的"老话"近些年成为一种流行，以致把好端端的东西弄得特俗，"远上寒山石径斜"是好诗，让人写得像东北乱炖似的满街飞，能不倒人胃口吗？

所以，以上两类非门联正宗，不属自然发生，是一种假古董，赝品，这里取"宁缺勿滥"原则，虽光鲜而不录。

四言门联

要请读者先品赏的是前门外南芦草园的这一副。您上眼——黑门扇、红漆底、黑字，这是最"本色"的门联，最接近"原装"。之所以用了"接近"二字，是因为老年间门框、上槛等地方也该是黑色的，为什么？一是吉利，二是规矩。中国传统文化中"金木水火土"都有相应的颜色，黑属水，旧时人们将火灾视为大敌，而与火相克的是水，由黑色代表，取其吉利。另外，旧时按皇权规矩，只有皇宫、王府和敕建的庙宇可以用红色墙壁、大门，普通

老百姓不能僭越，这是规矩。那么老百姓要想稍微表现一点喜气，通融的办法就是在门上贴门联，门联是用红纸写的，这总不能换成别的颜色，顺带着以木代纸、以漆代墨制门联，也就成为可以允许的了。我们现在看到的一些残旧门联，字的周围总是影影绰绰地有个底色，其实当初就是红底。

此联为四言，"聿修厥德，长发其祥"，字出柳体，功力深厚。文无深意，无非弘扬德性、祈颂吉祥的意愿，但前人毕竟含蓄儒雅一些，不似现在的人们，无论是商标还是公司名号，都与钱财直接挂钩，有个字"鑫"，近些年用得特别多，这字打从仓颉造字以来，恐怕从未像今天这么火过，使用的频率，堪称二十年胜过了两千年之和。如今人们到过年时，看到的最多的字就是"恭喜发财"，其实老年间倒不常用这词儿，这么赤裸裸地在那时的人们看来，并不体面。

四言联简约古朴，不那么好作，非功力深厚者不办，所以，我们通常看到的四言联往往都作得不错。

你看，这是崇文门外花市上三条 52 号院的门联："慈晖永驻，棣华联芳"（该院已于 2004 年被拆除）。上联祝老人健康长寿，下联颂兄弟团结友爱，义理朴实，文辞却很古雅。书写者用了隶字，写的是真好，大气、堂皇。

磁器口一带是从明朝兴盛起来的地方，周围曾经古寺联袂，商贾云集，曹雪芹随祖母初回北京时就住附近，周围的市井风俗对他创作《红楼梦》曾经产生深刻影响。街里这幅"为善最乐，读书便佳"道出一种质朴的人生理想，从容淡定，明白晓畅。那字用的楷书，稍有随意，细看有苏字味道，醇厚绵长。

如上这样可赏的四言门联还有一些：

"总集福荫，备致嘉祥"——该联一派祥瑞，楷书写得也好，在北京已属难得。

"敷天箕福，寰海镜清"——这恐怕是目前北京现存极少的篆书门联了，就小篆书写之精美而言，在北京的门联中难找第二份！文意气魄雄阔，"敷天"即为"满天"，"箕"在古代指二十八宿之一，《诗经》中有"维南有箕"的句子，

后来用以指代天上群星，用在这里，为福星满天的意思。下联中"寰海"指整个大海，与现在人们习言的"四海"意同，四海如镜子一样风平浪静，天下安宁，这是在称颂盛世升平。

"多文为富，和神当春"——此联有苏字遗风，惜乎照片远不及现场效果，无法从其雕迹欣赏全神。上槛还有眉字"一善"，而且是纵写，也是不多见的。

"卜居积水，世守研田"——这是我在积水潭一带拍摄到的，那天恰逢房主一为老太太在门口，笑盈盈地告诉我，这是当年她公公盖这所房子时亲自写下，让木匠刻上的。字非常好，是隶书，看来那位老先生是位文人，"研"即"砚"，比之人们说烂了的"诗书继世长"高明许多。

"道因时立，理自天开"——这在是宣武区一个胡同里搜到的，门很规整，颜体字，书写得有滋有味。那所房子当街是个两层楼，随墙门，很封闭的样子。当年主人或许是官宦，或许是文士，我很欣赏这个"开"字，非常响亮，一派不容置疑的劲头。

中芦草园某宅门联"国恩家庆,人寿年丰"　东四十四条某宅门联"云霞呈瑞,梅柳生辉"

　　"贵寿无极,喜庆大来"——遇到这副联的时候是在什刹海拐角处,远方露出钟鼓楼一角,门楼不大,甚至有些坏损,门前一侧闲放着一只磨盘、一个石碾,人间烟火的味道真是随之横生。后来再从那里路过,已被改造成酒吧,另是一番面目了。"承恩北阙,庆洽南陔"——这户当初一定是官宦了,从宫门那里承受恩典,在帝居台阶下和乐融融,很得意啊!"登仁寿域,纳福禄林""国恩家庆,人寿年丰""和睦聚祥,忠厚多福""云霞呈瑞,梅柳生辉""庆升平世,祝大有年"则通俗一些,意思也吉祥。

　　"槐花衍庆,树德滋荣"——我真是激赏这户门联,不言人而言树,没有阿谀,没有夸饰,但却自信。门楼很旧了,恰有一数老槐垂下绿叶覆在门楼旧瓦上,两相得宜,看了舒服得很。

五言门联

　　五言联其实最常见，一方面，它的句子比四言好撰，另一方面，其篇幅与一般门扇正好吻合，字多了，看起来就有点紧促，不够宽裕。这也就是名联多出于五言的缘由。不信，随便找上谁，请他说几个北京的门联，十之八九，会把"忠厚传家久，诗书继世长"作为答案之首。

　　再好听的歌，也架不住老唱，按喜新厌旧的规律，多了就烦了。现在已无法知道那副联最早是什么时候出现的，但应该说，它是一副佳构，对仗工整，语意绵长，寥寥十个字，概括了孔子儒学的精要，而且，通俗易懂。不然，它怎么会那么"火"呢？但这副联被人写得太多，以致都显得俗了。

　　花市中四条53号这副五言联："百代醇儒裔，千秋积善家"，端楷丰满，点画不苟，看来主人似为孔孟氏。那附近还有一副"道为经书重，情因礼让通"，字也好。

　　有副残联，在宣武区培英胡同，门只剩单扇，另一扇缺失了，仅有的这半联写的是："传世唯清德"，字是真漂亮。

　　有些大宅门也用五言联，崇文区西打磨厂这副"家吉征祥瑞，居安享太平"和宣武区某宅的"修身如执玉，积德胜遗金"，字也不错。相比之下，我更喜欢"忠厚培元气，诗书发异香"的门联，颜体大字，精力弥满。

　　"高才食旧德，流藻垂华芬"是副行楷，主人应该是翰林一类人物，而且是食禄旧家。"生财从大道，经营守中和"一望而知为商贾人家，这个院子在崇文区很隐蔽的一条胡同里，房子高高大大，但门墩都已经风化得不成囫囵了，当初应该是一户富商。"经营昭世界，事业宸环球"也是商贾人家的门联，气魄太大，也难怪，这是旧时谦祥义老板的房子。

　　"鸿治书祥物，骈罗仰德星""昌时自幸福，仁里迓春晖""岁绵新甲子，德厚富春秋""栽培心上地，涵养性中天""松柏有本性，瑾瑜发奇光""宗高惟泰岱，德盛际唐虞"等，在今天看来，是过于文雅了。

　　有两副隶书联的书法让我很欣赏，一个是培英胡同某宅的"门庭清且吉，

家道泰而昌"，字体严正端方，不怪不偏，如出堂堂之阵，正正之旗；另一个是东城干面胡同某宅的"行义致多福，积善有节庆"，写得饱满绵密，神采丰饶。

"钟鼎勋庸大，弓裘世泽长"是现在已经陈设到首都博物馆的一副门联，原址在崇文区鞭子巷，院已拆迁，门联却从胡同里搬进大堂，作为北京胡同文化的标志。这副对联语气非常得意，看似一户以武功立家的清代世族。

"物华民主日，人杰共和时"是我在宣武区一个胡同的拐角处偶然遇到的门联，当时心里一下涌起笑意，把时新话语与旧时格律融合得这么微妙，真是难得。大门也有些年头了，字为行楷，甚为老道，看上去就愈觉有趣。

最让人遗憾的是阳平会馆的门联"阳春承帝泽，平昔萃人文"，近年重修时，门板刮净时我拍了一张，一看，字极规整，点画棱角分明，后来工匠涂上油漆后，文字竟然完全变成另外一个模样，像是文盲勉强写上去的。这副门联应该是一个证据，它最终解决了社会上争议很久的关于这一会馆到底是叫"平阳会馆"还是"阳平会馆"的问题，证明这里应该是"阳平会馆"，因为这副门联是个藏头联，上面横着读，恰是"阳平"两字，说明着此间的出处。

门联中还有六言的，不多，什刹海有一副，题为"子孙贤族将大，兄弟睦家之肥"，字不错，但文采无足观。

七言门联

七言门联在北京也不少。若以书法论，东城区这副当为第一："圣代即今多雨露，诸君何以答升平"，隶书，似张迁碑而偏柔，笔画富于变化，结体趋于稳健。内容上则是典型的颂圣之作，主人大概是人臣之家。这文意，若在康雍乾尚可，道光以下，几成讽刺。

有几副行楷七言联写得不错。西城水车胡同这幅讲为人之道的门联对得很工整："忠厚留有余地步，和平养无限生机"，很有"韬光养晦"的意思，字写得很清爽。

崇文区有一副清雅淡泊、辞工句丽的好联："柏酒椒盘开寿寓，兰英桂

火之篇：黎庶之门

蕊长春台"，字也秀美。前门外的一副联让人读了特别畅快："及时雷雨舒龙甲，得意春风快马蹄"，字迹已不清，但在现场完全可凭刻痕欣赏。字出欧体，方正刚劲，我在拍摄时怕效果不佳，特地用随身携带的粉笔将字的轮廓描了一遍，拍出后虽可看清字迹了，然而其字的风韵远不及现场所看到的。

特别值得一提的是，北京还残留着一些商家的门联。原本，北京街上的老铺户是不少的，但越是街上明面的房子，重新拆建的可能性越大，所以今天我们所能看到的商家门联已经很少了。

以下是我在寻访钱市胡同时顺手拍下的。那条胡同堪称北京最窄、最短的胡同，但在北京经济发展史上却有非比寻常的意义：它是北京最早的金融街。因为胡同太窄了，以致根本无法拍下整个的门楼，不得已，只好"分而治之"，左右拍两次。

先看这一副："增得山川千倍利，茂如松柏四时春"，真是干什么吆喝什么，让人一看便知是银号。下面一幅拍的时候恰好斜对面有一凹处，容我勉强拍下全副："全球互市输琛赆，聚宝为堂裕货泉"，是更透彻的银号本色，还结合行业特点用了"全球"这样的新字眼，很是与时俱进。还有一些联语，只能分段拍摄，譬如"增得山川千倍利，茂如松柏四时春"。

在宣外意外发现一户的门楼特别大，能容下一辆卡车出入，门当然也大了，可惜只有一扇是原物，上有一副门联的下联："合力经营晏子风"，字口清晰，写得很饱满。显而易见，这所院落是个商家场所，从它那么壮观的大门看，不像做小买卖的，而是一个需要大院子的店铺。那么它是什么呢？煤铺？粮店？但它的门联还挺"文"，用了晏子的典故。我们知道，我国很多古老的行业都有"祖师爷"，譬如瓦木匠是鲁班、梨园界是唐明皇，难道晏子也是某个行业的形象代言人？孤陋如我者一时想不出。春秋时齐相晏子的机智故事不少，但哪些与经济有关？倒是有个"晏子裘"的典故，据说晏子虽贵为国相，衣食却非常节俭，一件皮衣曾穿过三十年。唐代著名边塞诗人高适有诗句："不改任棠水，仍传晏子裘。"由此看来，这大概是一处做裘

皮生意的买卖了。不说"晏子裘"而说"晏子风"，真是巧妙得很！要知道，当初晏子那个时代，所谓皮衣也是较现代简单得多的，况且，晏子老先生那件是穿过三十年的，毛稀板损，还能有个什么样子？不知哪位雅士在为商家撰联时才思一转，借来晏子说事，底牌只在裘皮大衣上。也真难为他了。

　　不知这谜语一样的半联是不是这么个解法。我倒想起幼时南城的皮毛厂来了，厂里厂外都是钉在大木板上皮子，立在墙下晾干，确实需要不少地方，包括街面上的闲地。皮毛厂也发外加工，附近人家把活儿领到家，一针一线将碎小的皮子连缀成较大的面积，正所谓"集腋成裘"，然后舒展开订在木板上，以使其固形。那活计看起来挺有趣的，皮毛图案的连属有一定学问，总之是好看。然而那味道却是干呛干呛的，现在提起还味犹未尽。那时的人们，为了挣一点生活费，真是不容易！

　　"杏林春暖人登寿，橘井泉和道有神"是宣外李万春家宅对面的戏校排练场的门联，这一戏校是一代大武生李万春组建的，当年，他每天曾在那里课徒。胡同很静，街上行人极少，特别有老北京的韵味。那一带也在拆迁范围之内。离那个院子不远还有一副门联"传家有道唯存厚，处世无奇但率真"，也相当不错。

北京胡同里的七言联比重很大，佳联不少，"江夏勋名绵旧德，山阴宗派肇新声""福迓天官荣骏业，有余地域庆丰财""万象映归仁寿镜，五雪晴履吉祥花""源深叶茂无疆业，兴远流长有道财""中而且和徽骏业，义以为利展鸿猷"，都出自前门外，多为商贾人家的门联。那一带也有另外一番境界的，譬如"笔花飞舞将军第，槐树森荣宰相家"，横批"帝泽如春"，俨如贵胄人家气象。另一副"里有仁风春色溥，家余德泽吉星临"，小篆字体，非常美。"及时雷雨舒龙甲，得意春风快马蹄"也是那一带的门联，绝对让人一新耳目。与此可以媲美的是磁器口南的一副联："天临华盖星辰近，地接蓬壶雨露深"。

由于年深日久，有些门联已残，殊为可惜，甚至只差一字，但很难补上，譬如和平门外这副"余地漫疑江令□，古碑应访海王村"，文雅得很，但"江令"后面所缺的一个字，却让人想象不出，实在遗憾。

七言联之外，还有八言的，不常见，因为字一多，门面上就不好安排了。最先看到过以个残联，只有下联"香光随笔，是为画禅"，上联的门板一片漆黑，什么也看不出了，很可惜。后来在东城区看到一副，文辞很有意思："中心为忠，如心为恕；柔日读史，刚日读经"。字是隶书，一派凛然难犯的样子。孔子总结自己一生的道德追求，归结为"忠恕而已"，忠是对自己的要求，恕是对他人的态度。这样一副浸透儒风的门联仍坦然面对每一个从它面前走过的路人，一任人们评说。

前门外胡同深处一副八言门联却是毫无冬烘气，生动得很："绛雪在霄威风绚彩，甘露被野嘉禾遂生"，书风清雅，词句气势磅礴，上下驰骋天地之间，出此句者不知何等人？

推开这扇门，
老院风景灿然毕现

纬道

这是和平门外厂甸东侧一条胡同里的院子，那个地方叫东南园，胡同西口曾经有北京最大的玉器行业"长春会馆"，后来拆掉盖饭馆了。

这所院子现在是宣武区文物保护单位，是宣南少有的保存良好的四合院，格局完整，房屋没有拆改乱建，为两进三组院落，非常整齐。

院子大门有门联"历山世泽，妫水家声"，初看时，我觉得原主人应该是山东人士，历山在山东济南南郊，曾在史上人文荟萃。历山又名千佛山，大明湖中心岛上有历下亭，唐代诗人李白和杜甫都来过这里，杜甫曾留下了"海右此亭古，历下名士多"的佳句。但古代叫作"历山"的地方在我国有七个，其中山东有两个，山西有两个，浙江有两个，湖南有一个。史传"舜耕历山"，但山东济南和菏泽各一处与山西永济的一处，《水经》上都明白注着是舜耕作的地方，山西垣曲虽未有典籍所明言，但却有地名"舜王坪"，不由你不信，浙江永康的历山也有以舜命名的田、井、潭，你说热闹不热闹？看来舜帝不是"游牧"而是"游耕"，云游四海，到处耕作。称"妫水"的地方在历史上也不止于一处，《史记》《汉书》中指乌浒河，该水流经土库曼和乌兹别克入咸海；《尚书》和《水经注》中记载的妫水则在山西，说它在山西永济，源出历山。那么好了，将历山与妫水合为一处的地方只能是山西了。永济在山西省最西南的地方，其地最大的河流为涑水河，源自垣曲，西通黄河，

火之篇：黎庶之门

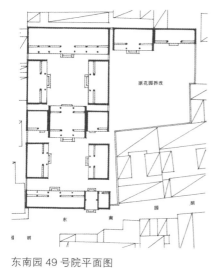

东南园 49 号院平面图
（出自《宣南鸿雪图志》）

我们将要走进这座如意门，门联极有个性，
标志着主人的身份

它倒真是"一手牵两家"：源头垣曲东北有一个历山，入黄河不远处的永济东南有另一个历山。然而涑水河不是妫水，真正的妫水出自北京延庆，经河北省怀来地区与山西的桑干河相接，也就是丁玲的小说《太阳照在桑干河上》所说的地方。那么，称流经大半个山西的桑干河为妫水，也不算什么原则性错误。由此而观，既有历山又有妫水的地方非山西莫属了，那么这里当初的主人应该是一位晋商或晋绅。

门楼是如意门，戗檐为中规中矩的"富贵牡丹"砖雕图案，门楣上的砖雕比较简洁，为五层连续花纹，这在北京的如意门中已经算是省事的做法了。进入这扇门，迎面是一座砖砌影壁，不依厢房的房山而独立存在，给人的印象是干净利落，虽无雕饰，但各个部位的基本做法一点不缺。

院心非常敞亮，中间有假山，四围屋宇宽大，保持着当初建造时的模样，就连厢房的出廊都一仍其旧，门窗更是难得，一派旧时北京住宅的窗棂样式。在北京民居里，绝大部分人家的窗户都早已改造成新式的了，要寻找老式旧样，还真是一件很不容易的事。各屋之间由抄手游廊相连，游廊增添了院子的美感，而且使正房与厢房成为一个整体，在雨天里，你随便到哪间房去，都不会被雨淋到。

一门一世界

正房三间七檩带前后廊，两侧为耳房，东西厢房三间五檩带前廊，另有倒座房七间五檩带前廊，出一间为门道。实际上，这所院子所有的房子都采取的是俗称"五破三"的形式，即明看是三间，实则为五间，那是把堂屋两侧的两间连成一间，这样，屋内显得宽大轩敞。各屋明柱粗大，院里葡萄架投下一片绿荫，一侧的游廊有小门通往后院，后院的正房为五开间，呈凹字形，堂屋内敛，卧室前凸，有木雕隔扇把堂屋与卧室分割开来。旧时，院主人家眷是住在后院的，前院为客厅、书房，有客人来访是不会进入后院私人空间的。

这所院子原来有花园，我们从图纸上可以知晓那个花园是与后院并排着的，园子最北面是花厅六间。现在，花园已拆改，盖起了楼房，但通往花厅还保留着一个简洁优美的月门。

真是好房子！谁看了都会心生赞叹。现在，这所院子维护得相当完好，成为领略老北京四合院风采的一个不可多得的标本。

东南园老四合院院内影壁

后院厢房

后院正方

通往原来花园的月门，花园现已盖楼

游廊拐角隔开天井，成为一个优美的空间

后院连廊

通往跨院的侧门

院内正房

民国风格：
一场美丽与哀愁的传说

纬道

19 世纪中叶，西方列强以坚船利炮的野蛮方式敲开中国的大门之后，古老东方的许多方面都被迫走上改变自己的道路。西方文化的涌入，其本意虽不是如圣诞老人似的要给古国民众送来什么"好东东"，但我本善良的中国人却不失敏感地看出了一些门道，择其善者而从之，让一池静水或是死水的生活生出了些许波澜。

辫子是剪掉了，于是就有了发型的问题，最省事的办法是就地让散开的头发就那么齐肩一披，比如话剧《茶馆》里的老刘麻子，有人再戴上一顶有沿或无沿的帽子，至今我们还能在一些影视镜头中看到那种有点滑稽的模样。

一场审美领域的变革由此滥觞。紧接着发型的，是服饰；再后，是家具；比家具的体量更大的则是建筑——于是，民国风格由此诞生。

一个时代的背影

民国风格是中国人从古典走向现代的桥梁，是我们渐变的开始。

北京民国风格的建筑现在已日见稀少，但只要留心，仍能有所发现。北京南城作为明清以来的商业中心，是寻访民国风格老房子的好去处，大栅栏、廊房头条二条、鲜鱼口、珠市口一带，旧日风采的遗存最多。这类建筑，有的"中"多"西"少，有的则"西"多"中"少，但共同的特点是用中国传

西城西交民巷旧金融机构门楼

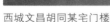

西城文昌胡同某宅门楼　　　　　　　东城东总布胡同马寅初故居门楼

统的材料和工艺造出了含有舶来风味的房子。此外，近代北京还有一些近乎纯粹的欧式古典风格的建筑，观赏性极强，譬如珠市口原开明电影院、远东饭店，虎坊桥原城南交易所等。朝阳门南小街一所大院，清代是粮仓，民国时为兵营，藏有一些旧房，堪称美轮美奂，至为珍稀，在京城恐怕不多见了。

　　接受西风最多的是北京街上的门楼。可以这么说，你走在任何一条胡同里，差不多都能见到一些中西结合的门楼，它们把欧陆的、伊斯兰的建筑元素拿过来，砖砌灰抹，用在自家的门楼上，以示不落人后。北京的兼容性就是这么强，既要保持传统，又要趋新入时，两不误。在整个宅院建筑中，门楼是祖露在最外面的部分，同时又有一定的独立性，相比于院里那些屋宇，也是最易添加别样审美元素的地方，所以最先得到改良。这是北京人的聪明。这些门楼形成历史演变过程中的一道风景，它们物化在那里，任人评说。它们是历史行进的痕迹，是一个民族在走向世界、走向现代的早期年代里新奇的审美追求。看到这些门楼，如同看到那一时代的人一般，洋装穿在身，心依然是中国心，即使是自称彻底西化的新锐分子，其骨子里仍旧是十分中国的，他们的思维方式、价值取向、审美情趣以至于语言仪态，都在一面承续

西城景山西侧陟山门街某宅门楼

了老祖宗的基因，一面学了些洋派。想一想胡适、林语堂的样子，即知端倪。

民国的一页早已翻了过去，转眼已是玩各种新潮概念的时候了，太阳晒了一天的东西就成了被淘汰的废品；但同时，我们又时不时地打出"复古""怀旧""传统"的旗子，为了从往日那里得到点灵感。

昨天毕竟是不能全丢的。从民国风格的建筑那里，我们可以体会到一种智慧，一种"中"与"西"、"古"与"今"的折中与调和，恍惚看到一个时代的背影。

推开"鬼楼"的门

北京传说有四大凶宅，还都是名人住过的。据说有不信邪的去里面住过，第二天早上起来发现自己是睡在院子当央的土地上，也不知是怎么从屋子里出来的。

真假无从考证，但人们总爱传来传去，有人爱听，有人爱说，多个话题解闷而已。凶宅也是与时俱进的，北京早已不是满城四合院，盖了不少楼房，于是就盛传哪哪出了"鬼楼"。20世纪80年代才建起的劲松地区就曾经传说有那么一座，夜里闹得可欢，结果记者去蹲守，发现有一些外来流动人口在那个长久不用的空楼里"暂住"下来，每天回来得晚一些而已。

这不是，近两年又都吵吵着朝阳门内大街有座"鬼楼"，我按照说者的描述一想，哦，那楼我去过！

2007 年，也就是北京奥运会召开的前一年，我推开了"鬼楼"那扇无人开启的大门。那天纯粹是误打误撞，我背着相机去拍朝阳门南小街一带正在拆迁的胡同，完事儿走到朝阳门内大街上闲逛，也不怎么就走到那座楼前。是座老楼，一看就是民国时期或者更远的清末留下的外国风格建筑，不像现在的楼体那样的豆腐块，而是里出外进的多边形，最突出的印象是它的灰顶子，斜楞块的石板铺在尖顶下面的漫坡上，最高处却不是尖的，而是像被刀剑平平地削去一块——这应该是西方建筑的特征。

这个怪模怪样的楼立在院子中间，院子很大，要进去需要先进院门，而院门口蹲着的是一个老农。他正是看守这所院子的人。你还别小看他，他要是不让你进去，你只能干瞪眼。

"抽颗烟，师傅，哪儿人啊？"

就这么"套磁"，那人兴许是好久没人跟他说话了，一见有人要跟他聊天，乐了。

没怎么费劲，他就让我进院了，还交代了一句："拍几张就得了，'上边'让管呢！"

其实他是明知道我进去要干吗的，摄影包早把我暴露了，但他不能不这么说。

一院寂静。北京城里可真没这样的"奢侈"，整个大院只我一个人，对了，还有树，很高的树。正是秋天，树叶都黄了，风一吹，呼啦啦地满地飘。

这里其实有两座楼，一东一西，西面那座从院外不大能看到，楼体爬满了老藤，密密匝匝，没了叶子，像

东城汪芝麻胡同某宅

火之篇：黎庶之门

极了一张打开的渔网，罩住了老楼。楼前与一株大树之间是一间搭建的临时房子，把楼体遮住不少，楼门在哪里也看不出，兴许，这小房子就是搭在原来的大门上。不见人，一地的衰草，楼身真是显得很旧，但还是很完整的，外皮没什么损坏，只是窗户大半已坏，有的只有窗框，没有窗扇，像张着的黑洞洞的大口，窗里面则什么也看不见。

我很欣赏东楼上坡顶的设计，一排凸显于坡顶的窗沿，非常美丽，为整个楼增色不少。最初，当这里有人的时候，什么人从那样的窗里向外遥望过呢？他或她所看到的朝阳门内大街，定然是老屋老铺沿街迤逦，像是名画《清明上河图》的景象那样。

围着楼转悠，楼侧竟然有门。就这么念叨着抬手推开一层的大门。说是大门，其实西式楼房的门都不像中国房子那样房越大门越宽，这扇门，门框不粗壮，门扇反倒是像窗户，镶着小块的玻璃，远看像咱们北京人吃的薄脆，说是花厅的隔扇还差不多。

楼梯上上下下都是土，很久没人走了，很美的栏杆和窗户一看就满是洋味儿，也都落满了尘土，墙犄角挂着塔灰，一缕一缕的。踏上楼梯，脚下吱吱呀呀，身子晃着，但我也不愿去扶下栏杆，不是脏，土太多。屋子都落着锁，进不去，分不清都是什么用处。

二楼的楼梯口旁边凸出一个很小的露台，推开虚掩的两扇窄门，见有很美的石栏围拢着露台，想来当年在这儿喝茶闲聊应该是很有风味的事。在这里也能更清楚地打量西面那座爬满藤蔓的老楼，遍体苍颜，静寂无声。

回身向楼道望去，空无一物，只有微风吹起积尘，让人觉出一点凉意。偶尔传来远处街上汽车的鸣笛，笛声过后，仍是死一般的寂静。

没遇到人，当然也没遇到鬼，虽然很让人想起黑白电影《夜半歌声》的氛围。带着些许失落，也带着终于进来一窥究竟的满足，回到荒芜的草地上，享受一个人的世界。

在北京的市中心，这是难得的奢侈。

朝阳门内大街老教堂东楼

朝阳门内大街老教堂西楼

朝阳门内大街老教堂西楼

　　听看门人说，这里归某教堂所属，是要重新装修，老板派他来看守工地。但许久以后，听说有什么啰唆事，老洋楼仍未启用，也就没装修成。打那之后，又是 10 年过去了，从朝阳门内大街走过，那门口连看门人都没了。

　　（据有关部门负责人介绍，这两座楼是 1910 年美国天主教会所建，作为培训传教士中文和提供休息的华北协和话语学校。1930 年后改名为加利福尼亚学院，开始招生。1949 年后，为民政局办公楼。1995 年后，政府将其交还给天主教会。由于资金问题，这两座楼一直闲置。2005 年左右，许多热衷于城市探险的年轻人来此处探险。他们将自己的经历经过夸张和想象，臆造出 81 号院闹鬼的传言，一些文学、影视作品出现也会让人们信以为真，其实这都是谣传。关于网上所传曾有民国军官太太在东楼自杀的事件，据天主教爱国委员会所掌握的资料来看，东楼只在 1949 年以前被一个比利时老太太作私宅用，并无民国军官在此居住。因此，自杀云云也是谣言。）

火之篇：黎庶之门

中式院门锁洋楼

北京有不少西洋风格楼房掺杂着中国传统制式，即便是当初由外国人建起的教堂也常常呈现两种文化的杂糅。西城区佟麟阁路的中华圣公会旧址很有代表性，西式的楼，中式的亭子，中式的门，都并存为一了。

佟麟阁路是一条闹中取静的胡同，距离西单、复兴门都不远，但却保持着北京胡同的老味道，中华圣公会旧址就在路西。它没有围墙，直接袒露于街上，虽已历百年，仍显得神完气足。它的样子确乎有点怪异，不中不西，亦中亦西，一派"我怪故我在"的劲头。

这座楼是清光绪三十三年（1907 年）由英籍主教史嘉乐雇用北京工匠建造的，时为华北地区建立最早、规模最大的基督教中心教堂。主体建筑平面呈十字形，有着明显的基督寓意，屋顶却为中国式坡顶，尤其是顶部的两个八角亭，彻底的中国式做法，当初是作为天窗和钟楼的。

那块地皮原为清政府刑部官员殷柯庭的私宅，1900 年庚子事变后，英国国教会传教士相中了这片土地，强行购置建筑教堂，1907 年建成使用，1949 年后这里成为北京电视技术研究所库房，1990 年某港资企业收购教堂建筑，整修成为该公司的办公场所。

中华圣公会救主堂的建筑体量不大，远比不上 1904 年重建的王府井教堂，却代表了 1900 年以后北京教堂的复古主义风格，建筑材料选用中式的青砖、筒瓦，外立面整饬简洁，硬山山墙和屋顶坡脊垂檐对

王府井教堂一角

称优美，整体风格尽得中国传统建筑的韵味，最有趣的是它的大门，完全是北京民居"随墙门"的样式，门楣上的假门楼十分精细，彻头彻尾的中国样式。或许，这正是要让中国教民产生一种"亲近感"而设计的。但它的整体结构却是欧式的：双拉丁十字形，南北走向的建筑主轴，建筑平面以及细节的处理，均为典型的欧洲建筑风格。南北走向的教堂主轴与两条东西走向的横翼之交接点各自建有一座中式八角亭，作为教堂必不可少的钟楼和天窗，用心可谓投东方人所好。更兼正门两侧汉白玉雕楹联，右侧书"此诚真主殿"，左侧书"此乃上天门"，横批曰"可敬可畏"，真是以中国人的方式道出西方教会宗旨。正门上方的山墙上却又设圆形玫瑰花窗一座，设计者还是不忘哥特式建筑的要紧处。教堂内部，圣坛为木质，中式红木围栏雕有花草装饰，圣餐桌背后为中式冰纹格子隔扇，圣坛摆设亦为传统中国红木家具，当初这可真够得上"接地气"的。

王府井教堂则更为人所熟知，它前面近年拆去围墙辟为广场后，成为王府井商街一个极具休闲意味的节点。婚庆公司敏锐地发现那是一个拍婚纱照的极好场所，因而，常有年轻情侣在那里摆着各种造型，为青春留影。

王府井天主堂在北京其实是一座老资格的教堂，也叫"圣若瑟教堂"，是北京四大天主教堂之一，称"东堂"。"南堂"为宣武门教堂，"西堂"为西直门教堂，"北堂"为西什库教堂，此为北京著名的天主教"四堂"。

说起来，王府井教堂由不同国家的两个外国人创建，一个是意大利籍利类思，另一个是葡萄牙籍安文思。这二人明朝末年就来中国四川传教，明亡清兴，他们被清兵押至北京，给肃王府当差。顺治十二年（1655 年），他俩时来运转，朝廷赐给王府井大街一所宅院和一块空地，他们就在这空地上建筑起一座教堂，成为北京城内第二座圣堂。堂内曾保存有多幅宫廷画师郎世宁绘的圣像，这要传到今天就了不得了，但惜乎在嘉庆十二年（1807 年）的一场火灾中玉石俱焚。1884 年，教堂重建，在义和团运动中又被烧毁。1904年，法国和爱尔兰两国用"庚子赔款"对这座教堂加以重建，所以，这座教

灯市口教堂

堂也建成含有东方色彩的罗马式建筑，比之中华圣公会的建筑更为恢宏。很多人都愿意在堂前广场休息，其实这座教堂的后面更具有令人惊叹的建筑线条，那里不厌烦琐的直线挺拔向上，教堂纵深之宏阔极显威严。

王府井教堂附近还有一座灯市口教堂，现在由一所中学使用，平常很不引人注目，却是当年孙中山先生留下足迹的地方。教堂完全西式，旁边的建筑则是典型的民国风格礼堂，四周为木制围廊、两层、坡顶，整座建筑优美静谧，与和平门师范附小民国教学楼极为相似。在那样的环境里上课，内心会沉静多思，文雅知礼。

天主教堂之外，北京另有崇文门后沟胡同、花市、珠市口、缸瓦市、什刹海等处的基督教教堂。其中最大的是后沟胡同亚斯力基督教堂，是基督教美国卫理公会（METHODIST）的中心教堂，最早建于 1870 年，现在的建筑是1900年庚子事变教堂被烧毁后重建的。民国时，冯玉祥就是在这个教堂由牧师刘芳加以洗礼的，他还带领自己的整个部队统统在这里接受洗礼，他还在这里讨得基督教女青年会总干事李德全为妻，牧师刘芳证婚。卫理公会还建造了同仁医院、汇文书院、慕贞书院和一片牧师别墅，此外，还在安定门外、崇外白桥修建了三处坟地。汇文书院始建于1871年，即后来的汇文中学，1958年建北京火车站时迁走，改为26中，慕贞书院即现在的125中。围绕那一带原有很多带洋味的旧建筑，包括报社、面包房、商店等。可以这样说，船板胡同以南全由亚斯力教堂的附属建筑所占用，只是1958年建北京火车站以后，从崇文门到北京站修了一条斜街，把沿途胡同都切成东西两半了，东部又大部为火车站所用，其他房屋也多为改用，特征不那么明显了。但是仔细打量，仍能够看出不少旧迹。

崇文门亚斯力教堂

崇文门亚斯力教堂夜景

西城中华圣公会

北京军区医院内老房

东交民巷天主堂

清末迎宾楼

清末民初的北京新市区建设

从清朝末年到民国初年，北京进行了第一轮改造，集中在先农坛以北到西柳树井口大街的地段。可以用一句话概括当时的建造格调：求洋。无论是商场、剧院还是民居，一片"西洋景"在这个落后地区横空出世，让 20 世纪初的北京人大开眼界。

最早的动静是发生在宣统元年（1900 年），清学部在厂甸建师范学堂而填沟筑路，庙会移至香厂路，庙会过后，一些商摊继续留存经营。1915 年拆除正阳门瓮城时，里面荷包巷的商铺也迁到先农坛外墙一带，平民集市初见端倪。

香厂路是今永安路与两广大街之间的一条南北向胡同，两广大街的这一段，叫西柳树井大街，而永安路则是先农坛外墙和龙须沟沿线。清末，那一带地面极为空旷，周围除了几座荒庵废庙，仅有不多的居民，多以借助水洼鞣制皮子为生，周围空气恶臭，蚊蝇成团。1911 年，北京外城巡警总厅与市政公益会绅商协会合组公司，开始整顿这一地区。首先，是填平龙须沟以北的水沟、水塘，规划街道，招商建房，南北向穿过已废的万明寺筑成新路，称万明路；东西向所筑之路因附近有香料厂而取名香厂路。

1914 年至 1918 年，是这一新市区建设阶段，政府方面有明确规划，万明路和香厂路为干道，十字交叉处为广场，干道沿线设 14 条街巷，道路宽度有统一规定，并在车行道旁设人行道，尽取西方样式，车行道铺沥青，人行道铺水泥砖，以德国进口洋槐树为道行树，街道沿途商铺不准随意搭设前棚，以求视觉一致。

香厂路一建成，很快声名鹊起，因为这儿兴起了北京第一座具有现代意义的娱乐场所——"新世界娱乐场"。上海有一座中外皆知的娱乐场叫"大世界"，北京这儿仿其名而称"新世界"，由英国人麦楷设计。这座娱乐场到"文革"后期还能看到，是一座四层楼的房子，样式很美，那时它已当作香厂路小学的校舍了，但风韵犹存，一看，就知道有过不同寻常的经历。可惜，这座建筑在 20 世纪 90 年代前后拆除了。

火之篇：黎庶之门

"新世界"是 1916 年建成的，场内汇聚了当时最流行的娱乐方式，设有书场、剧场影院、杂耍场，等等，船型大楼，上下皆有电梯，楼顶为花园。这么新奇的地方没理由不吸引一向有游玩传统的北京人，所以，一开张就轰动了北京城，成为市面游乐筵饮的好去处。那时的北京，皇家园苑还没有对普通老百姓开放，公众娱乐缺少活动场所，进入民国而又被时代新风鼓荡着的人们，成群地拥入"新世界娱乐场"。

在香厂路与万明路的交叉处现在仍显宽敞，西北角为东方饭店，为当时最现代化的旅馆，20 世纪 80 年代拆除，新建的东方饭店也依照旧房地形呈扇面状，那是因为当初这里是一个中心环岛，当时叫"大转盘"，四围都是与娱乐相关的商肆，东方饭店往北沿街建筑还保存着一些旧日风貌，虽经多次局部拆改，但主体风韵犹存。

将近 100 年的时间过去了，现在，如果你来这一带寻旧，还能找到一些往日的繁华遗迹。你看这座隐在绿槐树下的民国样式建筑，门楣上高悬十字，十字下的匾额上刻的是"仁和诊疗所"，字迹敦厚适意，只不过"仁"字略有残缺。看来，此地当年是一家西医诊所，这在 20 世纪初绝对只有新锐地区才有。

当年这里还有着比仁和诊疗所大得多的医院，叫"仁民医院"，是"新世界"和"东方饭店"之外的第三大建筑，也是当局的规划项目。它位于广场西南角，两层砖木结构楼体，中西医合诊。现在，那里是宣武中医院，房子已非旧物，但远近闻名。

从"仁和诊疗所"往南不到百米的仁寿路东侧，至今还能看到一组样子稀奇的二层青砖楼，从弧形转角和窗台四周的灰雕装饰来看，像是欧陆风格的建筑，但当初是"新市区"仿上海弄堂而建的，它有个名字，叫"泰安里"。

这组楼很大，呈 L 形，占据了十字路口的整个东北角，它由六座结构基本相同的两层楼房组成，建于 1915 年至 1918 年间。西侧楼腰间是一个门洞，从门洞向里望去，俨如一条小巷，由巷子进去，两侧又各有两个大门，门很旧，木制，仍是旧物。门楣上的装饰上虽有横七竖八的电线缠着，却也犹存旧日的考究，灰雕雨棚虽简，饰物一丝不苟。站在门前再向里望，是一圈房屋，中间是天井，尽管有阳光透射下来，但也不见有多明亮。二楼上有一圈回廊，说是阳台也许更合适些。院内现在住的居民很不少，身边是堆放的自行车，向上望，是住户晾晒的衣物，凌乱得很。住户都门窗紧闭，很多门窗还是旧物，幽幽的，像深藏着一个又一个遥远的故事。

华严路与板章路的东北角，还有一组叫作"华康里"的老建筑，与泰安里建于同时期。临街为两层楼房，中间有大门，进门是一条甬道，两侧各有十排房屋，每排六间，是个鱼骨形结构的组团式建筑。最初，这里叫"平康里"，原规划为集中式妓院，名字仿照唐代长安城妓院集中地"平康坊"而定，后改作平民住宅，嫌其名有烟花之意，遂改称华康里。

建筑，只要能留下些许遗迹，哪怕是已经陈旧蒙尘、残缺不全，它也蕴含着往日的信息，向后来的人们透露着某种韵味，一座歪斜的垂花门、一块凋零的灰雕，都凝结着一个人、一群人甚至一个民族的一段曾经鲜活的生活，是一种历史的承载。

民国城南新区仁和诊疗所

民国城南新区泰安里沪式公寓

民国城南新区华康里公寓，有极为独特的错落式窗户

当你寻觅于香厂路周边的那些上一世纪早期的般般旧迹时，你一定会诧异于低矮凌乱的棚户中，怎么会时有鹤立鸡群一般的怪异楼宇和门楼——其实那正是历史残留的记忆碎片，它们不甘寂寞地告诉你：这里曾是近代北京告别帝制之后的重建之地。

沿万明路往南走，到今天友谊医院一带，当初还有与"新世界"齐名的"城南游艺园"和"城南公园"，它们成为那一地区历史递进的第二枚、第三枚棋子。

城南新市区的市民生活、商业有了新的气象，这鼓舞了当时政府进一步进行开发的想法。1927年，民国政府全面标售先农坛外坛的土地树木，1930年，坛墙全部拆完。规划出南纬、北纬、东经、西经的十字干线，又辟出福长街、禄长街、寿长街，街间设东西向胡同，建造沿街铺面房和平民住宅。先农坛东面，又开辟出城南商场、三角市场、天元市场，西面，辟出惠元市场，均同王府井东安市场相似，圈地搭棚设摊。

1919年，由商人投资兴建的城南游艺园出现在东经路北端西侧，面积相当大，园内有电影院、游艺场、京剧场、杂技场、文明戏场等，通票两角，游客可在园内各场随意观看。此外，这里还有花园、餐馆、购物市场，成为一个综合性娱乐场所，吸引许多市民前来，每天形成的热闹景象，在北京是空前的。

城南游乐场的位置就在今天的友谊医院门诊楼一带，这里，实际上是先农坛的外坛所在地。明清两代的时候，先农坛所占地盘非常大，分为外坛和内坛，外坛主要是旷地，民初市政府为彰显新政，改造完香厂路地区后，又对南麓至先农坛地区进行规划，拆去先农坛外坛的坛墙，在原属于先农坛的地皮上规划出北纬路、南纬路、东经路和西经路，又把先农坛东墙的北段取名"新农街"。内坛以北的地皮，除城南游乐场占用一部分外，还利用外坛开辟了一个"城南公园"，与城南游乐场合为一体，成为当时北京百姓的一个休闲场所。同时我们也应知道，曾经与天坛差不多面积的先农坛就此大大缩小，后来，东南角建了先农坛体育场，南墙、西墙和北墙内又被厂房、学校、机关占去许多，先农坛终于与天坛不可同日而语了。

当时，城南公园西端有个钟楼，位于北纬路与西经路的交叉路口，形制为下方上圆的西式建筑，由德国人设计，四面有钟，立于树林之中，被人称为"四面钟"，具有地标意义。1949年后，钟楼四周已不像过去那样空旷，它显得有碍交通，于是拆除了。现在，又予以恢复重建，但移到北纬路东头靠永定门内大街这边，周围还建起老天桥"八大怪"的塑像，成为一个休闲场所。

扛幡

天桥"拉洋片"雕塑

天桥四面钟

天桥"赛活驴"雕塑

民国初年建成的城南公园，东端有水心亭，引水为湖，种莲养蒲，水中建亭，围湖有不少落子馆、书茶社、饭铺等。"落子"本是北方流传久远的一种曲艺形式，又称"莲花落"，远自宋元时期即很流行了，最初是乞丐行乞时所唱。我国一些曲艺往往就是这样从民间肇始的，再如梨花大鼓，亦称"犁铧大鼓"，据说是农人在田间劳作休息时，敲击犁铧为"伴奏"而唱的，后来把名字雅化为"梨花大鼓"。莲花落大约在清乾隆时走向专业化，嘉庆后伴奏乐器增添了打击乐，演员改"清唱"为"彩唱"，有了"扮相"。再晚一些时候，有人在唐山落子和奉天落子的基础上创出新的剧种：评戏。我们现在听评戏还能很明显地感到唐山口音的味道，著名表演艺术家赵丽蓉在电视台表演小品时，就不离那种特有的"唐山味"。

　　水心亭的落子馆叫"藕香榭"，很是淡雅。清唱茶社的名字也很好听，如"天外天""环翠轩""绿香园"等。三五好友，相邀前去饮茶听曲，大概就像今天去三里屯泡吧、去朝阳门内簋街吃小龙虾吧！

　　与水心亭结缘的还有鼎鼎大名的小说家张恨水。他是常到水心亭游玩的。据说，《啼笑因缘》中的关寿峰就取材于水心亭武术茶社的创始人李尧臣镖师。

　　当年的水心亭周围还有其他景致，其东、北、西侧面还有小型草亭，各为八角、六角、三角，另有木桥连接水心岛，也是很有匠心的。当时有人赞道："潋滟空蒙，可比去年西子；粉白黛绿，何如当日秦淮？"可惜，后来一场大火，把公园烧成一片废墟。1924年，水面用渣土填平，改建成市场。前几年的北京地图上还能找到"公平胡同"，那就是公平市场后来的演变。那地方解放后建起了天桥商场，在燕莎、赛特等新型商厦出现之前，天桥商场曾是北京市数得着的大商场。天桥商场往西，还有天桥剧场，国内外很多大型演出在那儿举行，表演最多的是芭蕾舞和歌剧。近年，剧场又进行了重建。

　　城南游乐场火了几年，到1925年的时候，也出了一件意外事故，剧场楼塌了，一名游客当场摔死。从此，这里一蹶不振，再也恢复不起往日的热闹景象，只得关门了事。日伪时期，这里改成了屠宰场，1949年以后，这里建成了友谊医院。这所医院一直是北京的一家级别很高的著名医院，占有永安路差不多一半以上的地盘，最初为苏联红十字医院，所以你如果听见花甲以上的老人称它为"苏联医院"，请不要嗔怪，北京的老百姓确实那么叫过。由于这种渊源，"文革"中，还曾把它改名为"反修医院"。友谊医院的老楼虽都不高，但凝重、安详，神态极为大度。它的暗红色基调很有亲和力，门诊楼、住院楼、科研楼以至职工宿舍楼，都在同一种风格笼罩之下，形成一片联络有致的建筑群落，红楼绿树，为整个一条街定下了基调。可惜，最东边的急诊楼近年拆掉重建，2004年已见模样，是一座看不出风格的新楼，银光锃亮，挺胸叠肚，兀自站立街边，与整个楼区融不成一体了。

西起前门饭店、东到永定门内大街的永安路之南麓整个地区，在民国时期所发生的巨大而又频繁的变化，实际上都建立在先农坛北半部的大片土地上，它是以先农坛无数古树林地和设施的消失为代价建设起来的。以后，先农坛西部、东部和南部又不断被蚕食、占用，商场、机关、学校、工厂、民房、体育场、游泳池等杂沓进入，两坛被毁，昔日肃穆的礼农大典之地仅余部分建筑了。

城南游乐场式微之时，附近又一个民俗游乐场所——天桥兴旺起来，火热几十年，至今留有口碑。后来，整个这一地区垂垂老矣，人们的目光早已移向新一轮潮流热地，近年，在重建的"四面钟"旁边，树立起多座老天桥民俗雕塑，记录着那个过往的时代。

此际，最新消息传来，有关部门意欲启动"香厂新市区"整体保护项目，一切基本遵从当年的风格，重现民国时期最时尚、最西化、最繁荣的景象。

历史链条又一次变得清晰起来。

火之篇：黎庶之门

水之篇：商贾之门

开门七件事：柴米油盐酱醋茶。

这是任何人都不可或缺的事情，只要活在世间，就会一次又一次地推开这些生活之门。

北京的商业历来发达，全国的好东西都往这里集中，又通过各种渠道散布到南北西东。旧时所说的三百六十行，在北京都有，它们把自己的门店开设在大街上、小巷里，招幌高悬，迎来送往，阅尽世道沧桑，看遍财货聚散。

北方壬癸水。

把商归于水，懂商的人该十分认可。君不见，现在的商家、公司，甭管是经营什么的，都愿意在名号中有个带"三点水"的字，因为"水"就是财，吉祥啊！

一个盛夏的下午，走过西直门内大街，满街表情暧昧的门窗中，忽见一纯然旧时商铺门脸，阳光斜打在窗户上的"挂板"上，一大排，泛着炽热的光。这是久已不见的景象了，看着，想起一次去扬州，也是见到这样的老铺，同行一位女士乐呵呵地说："我小时候就老闹不清什么是'上板'，什么是'下板'！"

"上板"是晚上店家把遮蔽窗户的木板挂上，表示不营业了；而"下板"是早晨把窗户上的木板摘下来，表示营业了。"板"则是按窗户大小制作的，摘下后码放在旁边不碍事的地方。家里长辈催孩子去买东西，怕去晚了店家关门，往往这样喊孩子："快去吧，待会儿人家挂板啦！"

现如今商店没了，超市流行，也不用"板"了。这回重见，怎不勾起对旧日店铺的回忆？

仅仅三十年前，北京还能看到大街小巷之中随时可见的铺面。各行的店铺门面是不同的，带着它们特有的面貌面对世人。粮店、油盐店、煤铺、南纸店、杂货店、绸布店、酱菜园……般般不同，让人老远就能认清。它们和北京市民朝夕相处，是人们须臾不可离之的生活伙伴。它们是你的邻居，是你的生活资源的"库房"，去得多了，老板、活计跟你成了熟人，彼此打个招呼，开个玩笑，说说胡同里的新鲜事儿，嘿，朋友似的！

老铺往往都有字号，我小时候，住家附近的一家粮油店叫"永德龙"，门面朝北，拱券形的大门，除冬天外，总是敞着大门的，冬天里则挂着大棉门帘子，沉得很。店里中间是通道，左手一个长长的柜台，柜台上陈放着酒坛、醋坛、酱油坛，柜子后面的架子上是饼干、挂面、水果糖、香烟、铅笔、本册，等等。右手是一排粮柜，木头的，打着隔断，一格是白米，一格是白面，一格是棒子面。逢节有富强粉，单放着。米柜里有铁铲，老太太们来买米，常常拿铲子抠起点米，放近处看看好不好。其实，那时的米都是叫作"机米"的糙米，现在都找不到了。面也是"标准粉"，富强粉只有到年节才按人供应。那时每家都有粮本，春节买富强粉要"写本"。粮本之外有粮票和油票，也是凭粮本发放的。

很久没到那样的铺子里去买东西了，那样的铺子逐一被商厦、超市所取代。我自己都把它们忘了。

旧日里，它们就静静地面对街巷，等着你来打油买醋。

它们是那样温暖着老人和孩子们，买多买少没人看不起你，店员永远是客客气气的。

为着寻旧，我重走了不少老街旧巷，一拐弯，忽然看见一处已成了住户的老铺，大门上方还残留着老铺的字号和广告："香烛蜡千、纸张香烟、一切日用"等，恍如隔世。想起幼年时光，泪水不由得在眼眶里打转。

其实那条胡同我以前没细看过，但这回只这么一瞥，忘不掉了。老铺凝聚的是岁月，残留的是沧桑，它们和我一样，早已不再年轻。

我很庆幸，还拍摄到一家棺材铺，"全须全尾"，按北京话，"尾"读 yǐr，上声，儿化音，本是说蟋蟀的，移来借指某物齐全无损，幼时玩过蟋蟀的都懂。

老店的况味

作为 20 世纪 50 年代出生的人，我眼见过从民国时期过渡过来的街巷里的各种店铺，他们中有许多是到了"文革"以后开始改变模样的，但有些直到前几年还旧貌犹存。后来则是有的改成超市，有的踪迹全无。我很后悔，其实我还能"抢救"出一些留影的，然而一个人的战争，顾此失彼几乎是必然的，我说过，照相机追不过推土机，等我想到老店铺的时候，老店铺已经不再等我了。我有一种莫名的失落和自责。

北京各种老店铺的样子都在远离人们，那种与过去的悠悠岁月缠绕难分的况味，正在变成一首二胡曲的尾音，过不了许久，便只有回味了。

于是，我开始了抢拍和搜寻。

我本想按照老店铺的属类来记述和展现它们的遗韵，但一上来我就面临一个很难逾越的障碍：不少找到的老铺已经无法确知当年的"出身"了，只有很少一些还留有蛛丝马迹。我是从小就拎着瓶子在胡同里的老铺中打油买醋的，不出我们那个小小的胡同，就有煤铺、客店、姜店，周围还有更多的油盐店和小酒馆，所以我凭经验可以作出一些判断，但仅仅是"一些"，故而很惭愧，我无法将它们的全部很准确地分门别类地加以介绍。我又想采取按"地区"这样一种"打马虎眼"的法子来对付，但一下手也觉不妥，有的地区商业集中，譬如煤市街、鲜鱼口，容易写成"专集"。得，还是用"跑大海"

的方式去说吧，到哪儿是哪儿。

如下这些老铺，我不敢武断，只能概括地说，它们属于粮店、油盐店、杂货铺、酱菜园、熟肉店、当铺、果子店、榨厂、煤铺、旅店，等等。

北京四五十岁以上的人，大概还记得以前的店铺每天开始营业叫"下板"，到晚上叫"上板"，而不说"上班""下班"，那是因为凡店铺的窗户都有"挂板"，早晨摘下，晚上挂回，以致成了营业与否的标志。这"板"现今偶尔还看得到，不过对那些已非商家的老房来说，它们永远"上板"了。

粮店、油盐店

铁树斜街这家粮店可是"货真价实"的，上面的字号还保留着呢！

这家粮店真不小，门面五楹，民国样式，门窗都是拱形上口，门洞很大，容得下骡马大车出入。字号是"公义恒"，广告语中"本厂自磨"看得最清楚，

铁树斜街老粮店

水之篇：商贾之门

东四十三条老粮店

东四十三条老粮店

接着是"口粮面粉","粮"字之前,到底是"精"字还是"杂"字,成了悬念。

我家附近过去有个叫"永德龙"的粮店,门面只两楹,等于是一门一窗,也是拱形门窗上口。店里一大排敞口木柜,米、面、杂粮分柜而陈,你可以用柜里似勺似铲的那么一个家什舀起来看看:白不白?匀不匀?有没有沙子?印象最深的是那杆大秤,粗粗的秤杆,用绳子挂在房梁上,尾部有一个绳圈,空秤时秤杆不致落到地上,满秤时也不致一下翘到天上去——说这话,只有用过秤的人才容易明白。"永德龙"也卖油盐酱醋、黄花木耳、川椒广料、红糖白糖、香烟白酒。上小学的时候,邻院一个大婶有时让我替她到那儿买零烟,那时的香烟还可以拆开盒零散着卖,你买一支都行,一分钱,没人笑话你。我家附近还有一个小铺,兼卖煮熟的兔头,五分钱一个,大人们买来当场坐在小铺窗下的八仙桌前喝酒。酒也零沽,用一个竹"戥子"往酒坛里一探,再提上来,往酒碗里一倒,齐了。

我那时就奇怪:尽是兔头,兔子呢?

20世纪80年代前,北京很长时间里酱油最贵的是两毛六一斤,人们过节时才买,平时买一毛五一斤的,甚至一毛一斤的。醋是七分一斤,叫"白醋",并不是现在那种无色透明的白醋。熏醋九分一斤,叫"黑醋"。芝麻酱要"写本",每月一人一两,带着"副食本"拿碗去买。我现在有时想起来,特佩服那时人们之"自觉",几两就是几两,谁也想不起让售货员多卖给一点;反过来,售货员也不会因为认识你就多卖你一点。

短缺经济时代的公平和淳朴已如老油盐店特有的味道,随风而逝了。

杂货铺

杂货铺是卖小百货的地方，它远不像后来的百货商店和超市那样大而全，但它那里所预备下的都是人们家居生活经常需要的东西，针头线脑、煤油纸张之类。它不忌讳"杂"，不作严格分类，有时甚至有你意想不到的东西。

它让人感到亲切，感到舒服，任何人和杂货铺都不会疏远，每一个家庭离它都是很近的。

但它正在远去，只有胡同深处偶尔见到的卖冷饮烟酒的小铺还略微带有那么一点点它的影子。在郊区的乡间倒还能找到这种不拘一格的杂货铺，架子上有饼干和毛巾，而墙角还堆着任人挑选的扫帚和铁锹。

北京城里的老杂货铺已经很难寻了，拆改的不必说了，更多的是变成了民居，而还带着老字号的地方则俨如凤毛麟角，这不由让人感慨世事更迭之快，一个时代走了的时候，它的影子也是匆匆而去的。也有时，我在京城里与一两处老铺不期而遇，我不敢也舍不得急于跑到它的面前去，先自站在稍远的地方凝望，像打量一个远古时代。我现在想起那种时刻，不知怎么总是同时想起一些老电影。

寿川号

前门肉市胡同寿川号杂货店字号

新生祥字号

新生祥砖雕装饰

前门粮食店胡同新生祥杂货店

新生祥广告语

酱菜园、熟肉店

　　酱菜在旧时人们日常生活中的地位，远非今日可以想象。远的不说，就在改革开放之前，城市生活中的青菜品种和数量还是不多的，季节影响更是无法排除，夏秋还好，冬春尤为寡淡，所以，各种腌制的咸菜就是特别"救驾"的佐餐之物了。我上中学的时候，中午同学们都吃从家里带来的饭，有的同学便是一盒米饭，就着五分钱咸菜。辣萝卜条、水疙瘩、大腌萝卜、榨菜头，这是同学们常吃的菜，至于八宝菜，该是比较高级的了。

　　酱菜的地位很重要，连带着经营酱菜的店铺也受人高看，所以，北京的酱菜园往往建得非常漂亮。菜市口铁门胡同南口有一个涮肉馆，小料很独特，肉也鲜美，我们报社的人常上那儿去解馋或待客。那是一个两层青砖小楼，楼上尤其清静可人，但我一直不知这个民国旧楼当年是什么所在。直到有一次这里进行内外装修，我从它跟前路过，一眼瞥见店面两侧有砖雕，是一副对联，什么词儿我忘了，只记得是夸酱菜多好吃，还记得字极美。我想第二天路过时把这些字拍下来，但人算不如天算，到了小楼跟前我就只剩后悔了——新的装饰板已经把旧墙垛连同砖匾遮了个严严实实。再后来，过了一年，扩修两广路，整个小楼用挖掘机拆得一干二净。

　　宣武区酱菜园有很多，最有名的当然首推六必居，但六必居已一点老模样都没了，倒是寂寞地变成民居的五道口一家酱菜园安安稳稳地立在路边，向人们展示着原装的旧貌。

　　酱菜园之外，北京老店中与吃有关的还有熟肉店。它们中的名店天福号、月盛斋都有几百年的历史了，北京人谁不知道天福号的酱肘子、月盛斋的烧羊肉呢？

　　提起来就馋人呐！

　　天福号原来在西单，现在旧址拆了。月盛斋还在，它可谓大前门下第一店，谁家也没这里离正阳门近，就在眼皮底下。至今，它的三层小楼还立在那儿，侧面还是老年间的样子，正脸变得不新不旧，实在乏善可陈。月盛斋号称三百年老汤，仅在庚子年八国联军祸害北京的时候，断过一回火。所以，月盛斋的烧羊肉不光味好肉烂，还特别能做到经久不腐。想当初，被外派的大臣临走的时候，都要买点这儿的烧羊肉带走。据说，乘马车从北京到广州，那么多天的路程，月盛斋的烧羊肉竟然不腐不坏！

要不，人们怎么那么认名店呢！

当铺

当铺在北京绝迹了几十年，20 世纪 90 年代以后又重新出现，变化很多，与人们的日常生活不再有太多的联系，其面貌也同普通商店所差无几了。旧当铺却曾是北京的一个大行业，甚至是一个体系，下至串街打鼓收旧货的、街面开挂货铺的，上至银号钱庄，都是有生意往来的紧密关系。

我们今天所能看到的老当铺仅有两三处了。

东城区门楼胡同有一座保存得相当完整的当铺，它高墙窄门，几乎没有任何装饰，与胡同里的一般房屋明显不同，一面光秃秃的大墙，像一座小型的城，住在院里的人好像特别注重安全防卫。它有两座门，都是青石边框，东边一座是当铺的门，西边一座门楣上有石匾，刻有"春和别馆"四字，显然，这是店主家人所住的院落，是生活区。看着当铺的门，你会觉得那是一个冷冷的洞，它以极其单调的形式简化了人世间的所有规则和温情，好像在告诉人们：入此门者，勿存幻想！

令人感到奇怪的还有它的门道。人们从门道里进进出出的时候也许觉不出什么异样，只有当你站在门道中反过身来特意往上看，才能发现门楣上方还藏着一个夹壁墙——由于院门外的大墙挡住了房子的坡顶，所以，它的直竖的墙面给人以错觉，让人不再注意这里隐藏的夹层。

现在这个夹壁墙有一扇门，我不知它是不是原来就有的旧物。我猜测，当年当铺的主人设置出这样一个高高在上的门道内的夹壁墙，一定有其深意，有特定的用途。

比门楼胡同当铺多一些温情的是东总布胡同当铺，它叫"宝成当"，至

前门北火扇胡同鼎盛当

朝阳门南小街宝成当

五道庙老酱菜园

今还能看到它的砖匾和整个铺面。宝成当在东总布胡同西口路南，2002年，朝阳门南小街扩展马路，恰恰就拆迁到当铺的西房山，所以，如今它反倒更明显地袒露在街面上了。

宝成当的铺面严整漂亮，是中西结合的民国样式，横排五楹，拱形门窗，除大门上方镌有"宝成当"三字的砖匾外，每扇窗上还有无字的砖匾，我想，它们当年必是墨写的广告，后来被涂掉了。这有点遗憾，我们已无法得知它的宣传用语了，这不能说不是民族传统商业文化的断裂。

近年来南锣鼓巷热度陡升，不少年轻人都爱往那儿游玩，胡同里有一处非常堂皇又显得非常封闭的旧建筑，那是旧时的万庆当铺。

"破皮袄一件，虫吃鼠咬，光板无毛"——似乎只有借助这样的电视剧中的台词，我们才能窥视曾经延续了千年的典当业的情形。这准确吗？不知道。

果子店

如今比较好找的果子店老铺旧址是在前门外果子胡同。那条街北起大江胡同西口，南到珠市口。实际上，它是与前门大街并行的一条胡同，东侧与其并行的另一条胡同叫"布巷子胡同"，往北还有"肉市街"，显而易见，那里整个地区一起构成了前门大街的繁华。

孤掌难鸣，单凭前门大街或是大栅栏根本无法擎起一个商区的五百年锦簇年华。

北京人口里从不称"果子胡同"，而是叫这里为"果子市"。这是名至实归的，当年这儿就是一条买卖干鲜果品的商街，胡同两侧都是批零兼售的果店。我小时去前门大街就常走这条路，僻静，有阴凉，还显着近便。几十年下来，居住的拥挤使人们自寻出路，在房前屋后进行开发扩展，搭建小屋，于是，市场的痕迹终于消磨在岁月之中，像图中展示的这座有字号的老店实在是沙里淘金了。

然而我还是觉得庆幸。就在与果子市之间隔着布巷子的西湖营，那条有国际声誉的绣品街，我前些年几乎天天从它南口路过，不承想一夜风吹去，什么都没留下。

我是在大槐树的浓荫里发现了这家老铺"顺昌果店"牌匾，字迹很清楚，看样子，当年是灰雕，凸起的部分脱落或是铲掉了。房子是两层楼，装饰很简洁，窗开得很大，室内采光应该不错，楼下做生意，楼上自住，挺好。

和平门南边的南新华街路东有一排特别整齐的旧房，让人不好估量当年是何所在，还是南端的一间屋上的砖匾让我豁然开朗：原来是个果子店！

砖匾上是"干鲜果局"四字，隶书，写得开朗舒展，笔意畅快，俨如得意公子。

看来，旧时的果品店既不像如今的超市，也不同于菜场里的水果摊，而是一种像粮店一样的铺子。干鲜果品是远比蔬菜高贵的食品，人们通过店铺显示出来的定位，证明着它们的身份。

北新华街果局

桅厂

桅厂是卖什么的？

卖船上的桅杆吗？不是，其实它是卖棺材的。

但为什么叫"桅厂"，看来是一种"讳称"。明清时南北运河漕运船舶需要大量杉木做桅杆，朝廷不许民间以杉木制作棺材，而我国北方土葬传统却讲究"杉木十三圆"，也就是棺木的左右各用三根，上盖儿四根，棺底三根，这样制成的棺木，从前面看正好是十三个木芯，"十三圆"是也。既要满足这种需要，又不能明着与官府对着干，于是，棺材铺变通称为"桅厂"，这种隐语其实比直截了当地说"棺材铺"更委婉一些，以后就延续了下来。

崇文门外三里河大街有个北桥湾、南桥湾，百货商店、饭馆、电话局、邮局、银行、果品糕点铺、黑白铁铺、药铺、会馆、茶馆、理发馆以及棺材铺，都排在与南北桥湾交叉点的两边。路北的铁山寺在20世纪五六十年代已经改成粮店了，山门和庭院里的房子都很好，纪念重修三里河桥的大石碑就立在院里。寺的对面，就是个从民国传到60年代的棺材铺，出于好奇，小的时候，我竟然还去里面玩过。铺面宽敞，门前好几级台阶，挺高。铺里摆满了棺材，黑的、棕的、白茬的，排得整整齐齐。"文革"前的一两年，那里还与时俱进地新添了水泥棺材。

这个棺材铺民国时与一位大名人有过瓜葛——李大钊。那时这里叫"德

菜市口寿材铺

昌桅厂"。1927年4月，奉系军阀张作霖绞杀了共产党人李大钊，其后，装敛烈士的棺木就是在德昌桅厂办的。大钊先生就义后，他的弟弟来到德昌桅厂选棺木，当时，掌柜听说是给李大钊先生办后事，想起店里一直存放的一只特别厚实的柏木棺。这具棺木，因为原料非常粗壮，工匠不舍得刮薄，制成后显得有些笨拙，因此，图漂亮的客户不会看上它。掌柜推荐了这具棺木，大钊先生的弟弟看后很满意，出于对大钊烈士的景仰，掌柜只收了很少的料钱，然后用二十多斤松香和几斤桐油涂了里子，为了防潮，又用十多斤大漆掺碎石渣刷外面，先后上了五道大漆。收拾好后，以二十八人、十六杠抬至寄放大钊遗体的宣武门外长椿寺，装敛停当又抬往浙寺停放灵柩，后安葬到西山万安公墓。浙寺当时就在如今的宣武医院的范围里，是一座很大的庙，前几年还能找到一些旧房子，医院盖完新楼后，这座庙便踪迹全无了。好在长椿寺还在。2002年夏，长椿街南端打通，原来把长椿寺团团围住的杂乱平房都拆了，这座遍体鳞伤的古寺才得显山露水。现在，长椿寺正在重修。

到1966年，"文革"来了，老德昌桅厂关张了，房子则在建两广路时拆掉了。北京其他一些地方的棺材铺也多改作他用，然而有一处，不但原貌仍存，而且铺面上的广告还保持着"原装"。

它是在菜市口附近的米市胡同北端路西，那条街其实是我以前常走的，不知怎么没太在意，当我满城搜寻老店铺时才重新发现了它。你看，铺前护檐板上这一排字："自制四川建昌荫陈金南木椁套福建香杉江西饶州兜运各省花板一概俱全"，这恐怕是目下全北京的独一份了。从门道进去，你会发现屋子的进深是超长的，那是因为屋内要摆放"货品"，小了不行。再往里走，迎面是与铺面贴得很近的一排房，有很奇怪的券门，后面当初该是作坊和料场了。

此地离菜市口近在咫尺，北面不几步就是当年的刑场。崇祯时候的辽东督军袁崇焕、咸丰留下的"顾命八大臣"里面的肃顺同党、光绪戊戌变法时候的谭嗣同等"六君子"，都是在这里失去生命的。

煤铺与澡堂

小时候，我们胡同里就有一座煤铺，我不记得有什么字号，印象里是一座拱形的门，很宽，马车能出出入入。煤铺的院子里永远有工人在摇煤球：下面一个花盆，盆上放一个直径两三尺长的荆条筐笸，圆的，浅帮，工人蹲着身子手把筐笸，摇啊摇……

谁都知道山西出煤，但到北京开办煤铺的却多是京东玉田、唐山人。当然唐山也出煤。京东人是乐于吃天子脚下这碗饭的，煤铺、澡堂子这两个行当总是与京东人特有的绕着弯儿的口音连在一起的，就连北京的小伙子到澡堂工作以后，在那个特定的环境中也高声说着绕着弯儿的京东话："来了，两位，里边请，人多脱筐！"那声音，就跟唱歌似的，绝对专业。

上过 20 世纪 80 年代以前澡堂的人，都知道什么叫"脱筐"。那时候，澡堂每逢客人太多，床位不够用，伙计就让晚来的客人把衣服脱到竹筐里先去洗澡，等有人腾出位子再"转正"。澡堂里都是两两相对的单人床，中间有床头柜，可以放茶水、香烟，洗完澡的人躺在那儿歇歇，是无上的享受。

煤球又永远是和劈柴一起卖的，装在三轮车上给人家送上门去。后来国营了，有了机制煤球，大约在 20 世纪 60 年代中期，手摇煤球才慢慢看不见了，但送煤还是三轮车。

老煤铺大致都是一个样子，不单设门楼，而是随墙开个拱门，便于马车出入，院很大。我现在走到有些胡同深处，看一些大杂院还像是老煤铺的样子。澡堂的门脸一般都不大，差不多都是欧式，窄窄的，如果没有牌匾，还真让人弄不清是什么处所。

水之篇：商贾之门

165

勤和兴老澡堂

烟袋斜街老澡堂

宣武一品香澡堂巷门匾额

旅店

北京的旅业老店差不多都分布在前门外，与会馆共同形成南城的特色。旧时行旅进京多由卢沟桥、张家湾而来，后来有了火车，车站设在前门，直奉线在前门东侧，京汉线在前门西侧，所以前门外旅店麇集，至今犹然。

如今可以寻访到的前门外老旅店多为两层楼，木梯回廊，很有味道，其典范代表，可推西单饭店。这座老店的位置却不在西单，而是在大栅栏往西的樱桃斜街，大收藏家张伯英甲申年题匾，距今恰恰 60 年，又一个花甲。从前门外大北照相馆后面往东走，进入西打磨厂不久，路南有一个胡同，叫北小顺胡同，很僻静，进胡同过一个尼姑庵，就能看到一个青砖二层楼，上有砖匾，黑字"客货福来店"和"安寓客商"赫然入目。如果再仔细看，却可以发现黑字下面还有字迹，看得清的有"金银"等，估计这里最初曾是银号。此楼甚是齐整，尤为与众不同的是楼角一左一右分置两个石狮，圆目下视。估计是胡同太窄了，容不得摆开石狮的排场，那就往楼上请吧！

前门一带的老旅店简直太多了，分布在煤市街、观音寺、粮食店、西河沿、孝顺胡同、大蒋家胡同一带，离大栅栏、鲜鱼口很近，便于来京做生意的人居住。近年拆掉不少，有些还在沿用。此外，我们还能找到一些老货栈，它们大致都是素朴无华的，为远道而来的商旅提供临时安置货物的场所。北京人也称这类店为"大车店"，它们分布很广，从前门到永定门两侧的街巷里几乎到处都有。后来，最先变成大杂院的也是它们。

观音寺街京华客栈

前门北孝顺胡同客店

东单北大街公寓

天桥东市场老客栈牌匾

南 纸 店

南纸店这一称呼，在今天已经很陌生了，然而仅仅几十年前，去买点笔墨纸砚、买点文具字帖，都要去那里，甚至，要买进几幅名人字画也必须到那里去。所以，文人、书画家、念书的孩子们是南纸店的主要顾客。那时，前门大街、琉璃厂、鲜鱼口等商街曾经是南纸店最集中的地方。

南纸店除了做文具生意，还为书画家代售作品，有些经纪人的意思。书画家在南纸店挂笔单，也就是价目表，即收费标准，那时称"润例""润格""笔润"，很是文雅。这一做法在清代就已形成，郑板桥给自己所定润格最为诙谐："大幅六两，中幅四两，小幅二两。条幅对联一两，扇子斗方五钱。凡送礼食物，总不如白银为妙。公之所送，未必弟之所好也。送现银则心中喜乐，书画皆佳。礼物既属纠缠，赊欠尤为赖账。年老神倦，亦不能陪诸君子作无益语言也。"

润例通常由本人、师长或店家拟定，顾客进行预订，书画家按时交付，店家收取一定费用。在南纸店挂笔单，是书画家走向社会的捷径。

1910 年，画家陈半丁从南方来到北京时，他的老师吴昌硕亲自来京将他推介给北京艺界，还亲自为陈半丁订立画润。由名满南北的吴昌硕来亲定润例，这给予陈半丁极大的助力。陈半丁是全才画家，山水、人物、花鸟、篆刻，无一不精，为人也极好。齐白石对他评价极高，而且，还爱屋及乌地对陈半丁的学生尤无曲给予例外支持。1941 年,陈半丁在中山公园水榭为尤无曲举办画展,向社会推介，齐白石亲为尤无曲书写了润例，还买下了展览中最贵的一幅作品。

北平艺专是一所民国时最具现代气息的艺术学校，艺专校长徐悲鸿是带着"洋味"的，艺术横跨中西，办学取法西式，但也重视传统画家，学校中很多教师都是在南纸店挂笔单卖画的书画家，他们中有齐白石、白鹤汀、陈缘督、王雪涛、杨汝舟、黄宾虹、汪采白、溥心畬、吴镜汀、王雪涛、吴光宇等。其实，几乎所有那个时代的书画家都在南纸店挂笔单，他们与南纸店建立了友好关系。

南纸店在20世纪50年代公私合营以后，经营方式和项目有很大改变，渐渐淡出人们视野。现在，我们可以在前门粮食店街"永太和"老铺看到南纸店的风采，那个带着民国风格三层楼房的一层是那家老店，字号、广告语都是清末题匾大家冯恕的手笔，现在已是极为难得了。

永太和南纸店门面，牌匾由当时著名书法家冯恕题写

十里红尘尽商贾

　　有一句老话，"西单东四鼓楼前"，说北京最繁荣的商区属这四个地方。时至今天，北京尽管早已有了更新、更高档的购物中心，但远道来北京的人，如果没有逛过这几个老商业区，仍会觉得是一种缺憾。

　　但这句老话其实是不太科学的，它不包括王府井大街这个在近代最先崛起而繁荣百年、规模仅次于前门商区的名街，却把东四和鼓楼这两个"第二梯次"的商街放到了最重要的位置。而且，如果这句人们耳熟能详的话所指的是北京近代商业，那么，另两个地方当年的影响要远胜于东四和鼓楼，那就是天桥和香厂路。

　　北京近代商业崛起于清末民初，而更原始一些的商业以分布在四九城的庙会集市为标志，它们后来有的与时俱进，推演成近代商业中心，有的则是繁华归于平淡，旧迹全无，譬如宣外下斜街。

　　除去那些商业中心，北京还有许多"鸡毛小店"存于各处的街头巷尾，尽管大都已成民居，但其显然迥异的建筑风格和留存的细节，能让人恍然若闻前代歌笙，回味不已。相比之下，太红火的商区，譬如王府井大街，商业建筑更迭甚巨，现在几乎尽为"新颜"了。

　　所以，寻访北京商业的往日芳华，不能全靠一句简单的"西单东四鼓楼前"。

一直以来，北京商业发展史经历了三个重要时期：

一、历史最久的古代集市与店铺互补状态；

二、近代大型商场与店铺互补状态；

三、当代商厦与超市并存状态。

我们这里寻找的是前两个状态下遗存到今天的旧迹，它们有的到现在仍有活力，还在担当着它们的商贸角色，而且以其古朴形态证明着北京的悠久和风采。有的早已消逝，《析津志》中记载，元代时钟楼前十字街西南角有米市、面市、羊市、马市、牛市、骆驼市和驴骡市，街口还有杂货，北面是柴草市，甚至还有让人惊愕的"人市"，这一地方，按元大都与现北京地图比对，大约为今天旧鼓楼大街西侧小市桥胡同以南地带，现在早已变成民居了。有的则只作为地名流传下来，它们是肉市、驴市（近世改为"礼士胡同"）、缸瓦市、铺陈市、草市、刷子市、大市、榄杆市、羊市口、小市口、灯市口、珠市口、菜市口、磁器口、蒜市口、牛街、煤市街、粮食店、布巷子、果子巷、晓市大街，等等。这些地名说明，以往的老年间，那里曾是店铺和摊商较为集中，并以某种商品为"主打"的交易场所。

旧时北京是农业社会的首都，它以城市的面目呈现，其实，它更像一个无比巨大的村落。在农业文明的大背景下，它的人口构成非常单纯，除去皇族外，官宦、文人、军人、手工业工匠、商人、餐旅服务业以及妓业人员，构成北京的居住民。他们的生活与农村有着密切的关系，他们自己大多也都来自农村。所以，作为农村经济的翻版，集市在北京城里的长期存在，是有其生活习惯依据的。只不过，北京城里的集市比乡镇来得更多、更热闹、更频繁一些。

北京旧时寺观极多，数字惊人，有840多所。无论是佛是道，都与世俗生活渊源很深，它们不仅是做法事的地方，还是百姓聚群娱乐、贸易的场所，比较大的就形成影响深广的庙会与庙市。

庙会与庙市是两回事，有的地方只有庙会而没有市，是一种文化娱乐场

东岳庙庙会上小朋友在玩老年间的石碾

东岳庙庙会今景

所，有的地方则借庙会聚拢人气的作用而形成了集市。20世纪30年代的北京，城区有庙会20处，郊区有16处，它们有的每月都在一定时候开放，譬如东岳庙，每月初一和十五开放；有的每年才开放一次，譬如白云观，只有正月初一到十九，开放十八天半。而那些处在稠密居民区的大庙，附近街巷宽敞，天长日久，每天如此，才形成庙市。

进入现代社会以前，北京有很浓的乡土气息。皇宫之外是一片静谧的民居，除了朝代更迭那样几百年一遇的事，百姓生活几乎亘古不变，没有现代大工业，所有的事差不多都围绕着过日子打转，人们的乐趣在庙会、贸易在庙会，此外去处无多。清代身为朝廷重臣的大诗人王士禛，别人到他家去恐怕找不到他，只有特别熟的人才知道，老先生上报国寺庙会逛旧书摊去了，他有时甚至就留宿僧房。写过至今有重要参考价值的《日下旧闻》的大学者朱彝尊，住在近便的宣外海柏胡同，也常去报国寺庙会搜购古书。

庙会还吸引了外国来客，明人笔记《谈径》里记述都城隍庙灯市的热闹景象时说他们"碧眼胡商，飘洋番容，腰缠百万，列肆高谈"。都城隍庙在今西长安街长话大楼后面，现余一殿，明代时候，那儿是全北京最大的一处庙会，以灯市著称。

正阳门前的月盛斋

崇文门内路东苏州胡同老店，旧时胡同中商家很多

我们现在可以寻访的庙会和庙市旧地有西城的护国寺、白云观和白塔寺，东城的隆福寺，宣武的厂甸火神庙和报国寺，崇文的花市火神庙和药王庙，朝阳的东岳庙，西南郊的妙峰山等。

清初潘荣陛《帝京岁时纪胜》为我们描述了清代北京庙市的概况：“都门庙市，朔望则东岳庙、北药王庙，逢三则宣武门外之都土地庙，逢四则崇文门外之花市，七、八则西城之大隆善护国寺，九、十则东城之大隆福寺，俱陈设甚多。人生日用所需，以及金珠宝石、布匹绸缎、皮张冠带、估衣古董，精粗毕备。”

护国寺、隆福寺、花市火神庙和下斜街土地庙是传承时间最久、生意规模最大的庙市，整个明清两代，它们构成北京最繁华的商业风景。

护国寺在西四北大街、新街口南大街和地安门西大街的交接处稍北的一条胡同里，现在是比较清静的民居街道了，大庙也只剩一座大殿，但赫赫有名的人民剧场设在这条胡同里，据此你能感受它当年的地位。1966 年以前，

隆福寺街老店　　　　　　　　　　　　　隆福寺街白魁老号今景

都是最高档次的剧团在人民剧场演出，全是梅兰芳那样的名角。下斜街土地
庙也是红火过几百年的，旧时连庙后的空地上都是摊贩。下斜街离丰台较近，
所以每逢庙市，花农推车挑担而来，弄得满街花香。这两处的商脉都没有传
下来，唯有新街口和西四大街的繁荣还能让人想象当年的护国寺大集是怎样
一番景象。

　　把商脉传得久远的是隆福寺、花市火神庙和南药王庙，隆福寺现在还有
一条商街，在隆福大厦前面向东西两侧延伸，引得内行的姑娘们去淘漂亮时
装。真要寻旧，你得到附近的小胡同里去，在那几个叫作"盐店大院""益
茂大院""厂汇大院"的小巷里，几乎一步一拐弯，房屋老旧得很，让你想
起一个词："尘封。"有的房子没有人住，门窗还是老年间的式样，但看得出来，
它们都曾有过往日芳华。雕花的前檐板、古旧的幌子钩，在"一线天"一般
的斜阳下，默念着天宝旧事。花市火神庙大集对整个北京的手工业、玉器业、
工艺品的生产和经营居功甚伟，是以庙市带起一个商区几百年不衰的古老商
业神话，那是需要学者思考研究的话题。

　　还有一个地方容易被人忽视，那就是西城白塔寺。作为庙宇，它太有名了，
辽代古刹，恢宏超凡，但你可曾知道，几十年前，那里每月逢五逢六，共有
六天大集，而且，买卖是做到庙院里去的！每逢正日子，庙里三进院子满是
商摊，大殿、厢房的廊下人流熙攘，甚至就紧贴着白塔卖茶汤、凉粉和爆肚！

白塔寺

报国寺现已变身古玩市场

白塔后面卖劈柴、鸽子和小鸟。整个庙里，还有好几个戏棚，唱着京评曲梆大鼓单弦，至于各样生活用品更不用说了。庙外，往西直到宫门口东岔胡同，都是商摊和估衣铺。

南药王庙在崇文区东晓市大街，这里的集市一直延续到20世纪50年代。这座庙是由明代大奸魏忠贤的生祠改建的，规模极大，山门前原有两个大铁狮，"文革"时不知去向，门内两个一米粗的旗杆，旗幡招展，后面是钟楼和鼓楼，再往后有三进大殿和木楼、戏台。木楼两层，登临可远眺天坛美景，为康熙三十二年建，万全堂、千芝堂、同仁堂等药店捐资共襄，碑文有载。东侧很多院落也是庙产，一部分供外地死于北京者停灵，日据时期，同时停有三百多具棺材，暑夏蛆虫生秽。极为不协调的是，旁边就是租给商家开糕点铺、蜜贡局的房子。再往东还有大空场，租用此地的是北京第一家火柴厂——丹凤公司，用作木料和成品仓库。那时，国人能够制造火柴是一件大事，意义不亚于今天掌握了一种自主研发的新锐电子芯片。药王庙戏台也是曾经风流过的，北京工商界在这里聚会听戏最多。

从建庙开始，这里每月初一、十五就有庙会，清乾隆之后越发兴盛，带起了整个晓市大街的繁荣。这儿地处金鱼池北岸，东至红桥，西到大市，迤逦近三华里，外加金鱼池西侧还有一块很大的闲地做大卖场，成为北京最大的旧货和小商品集散地。辛亥革命后，药王庙每天都有集市，三层大殿都被

厂甸庙会

货摊环绕，晓市大街和西头大卖场，天不亮就开始有地摊做生意了，故曰"晓市"而非"小市"。丢了皇粮的旧日官宦和旗人，爱面子而又被生计所迫，不得不从家里拿出点旧东西来卖个三五块钱，天色不明恰可遮羞；而那些打鼓收破烂的，也好趁黑把残破物件当好货卖出。凡此种种，造成了"鬼市"的"繁荣"。但总有技高一筹的人，在"鬼市"上淘到真古玩一类的好东西，价又低，绝对是捡了便宜。

天一亮，鬼市便撤了，东、西晓市大街的沿街商铺该"下板"营业了。

这条街最多的是货栈、木器加工厂和百货商店，尤其是靠近鲁班馆一带。北京现在最大的红木家具老字号"龙顺成"，当年就是在这儿起家的。东晓市大街东头与磁器口大街相交叉，那里更繁荣，有资历很老的商店、饭馆、照相馆和医院。现在，这一地区显得落后了，满街地摊和卖小吃的商贩，但元隆绣品绸缎大厦和北京市五金交化公司在这里，元隆是老字号，为北京最大的绣品厂商，每天都吸引许多海外旅游者到这儿寻访他们喜欢的中国味道的东西。

十几年前，东晓市大街还没被崇外大街拦腰截断的时候，它连续向东延伸到法华寺以东地区，一路商埠不断。北京玻璃总厂和北京电车总厂设在路北，第一食品厂在对面，这都是这条街当年商业魅力的体现。于今，最被人熟知的是路南的红桥市场，全世界最大的国际性珍珠交易市场。在元隆买绣品绸缎，在红桥市场买珍珠饰品和小商品，是许多海外客商和旅游团的重要课程。北京老式有轨停运后，电车总厂改为无轨电车维修厂，现在它的大面积厂区则变成海产品市场了，规模之大，为老城区里仅见。你在这儿听到的，尽是天津、塘沽的口音。

这一商区，可谓晓市大街和药王庙集市的历史延续。

上千年间，北京的商业以庙市为"代言人"，充盈着乡土气息，原始而淳朴。此外，是散落在街巷里的小店，满足着京城百姓的不时之需。这样的局面，到清末终于开始改变了。

进入 20 世纪以后的很长时间里，集市在北京仍然存在着，它们不再按惯例开集只是近 50 年的事。护国寺、白塔寺、隆福寺、厂甸火神庙、报国寺、花市火神庙等地，是北京旧时最大的集市场所，它们以"轮流坐庄"的方式开集，总汇起来，北京每月有集市的日子在八天以上。

农业社会的生活节奏是缓慢有序的，每月八天大集已足够满足人们的商贸需要，再说，北京街巷里还有许许多多小铺，打油买盐的事儿，哪还用到开集？

这种自古相传的集市习惯，现在每逢春节还会"上演"一番。最典范的要数厂甸庙会了，所有的内容都保留着，年货、礼品、书籍、工艺品、戏曲、杂耍、花轿、洋车……只是少了算卦看相，多了音像制品和签名售书，这也是与时俱进。

水之篇：商贾之门

177

烟袋斜街沿街老铺。逛老街犹如回到老年间的时光里　　西直门内大街老铺

19世纪末，封建王朝大厦将倾，康梁变法虽然归于失败，却敲响了农业社会终结的丧钟。

于是，北京近代商业沓沓而来的足音一天比一天迫近。

北京近代商业的空前发展阶段是在1902年到1930年，而其发轫标志是前门外廊房头条路北劝业场的建立和王府井大街东安市场的起步。

东安市场和王府井大街的兴起属于"无心插柳"，而劝业场的建造则是清政府有意为之。劝业场建在正阳门瓮城外的西河沿与廊房头条之间，地处繁华之境，成为一处非常引人注目的风景。

东安市场现在是一栋大厦，几与对面的百货大楼无异，在此之前，它的确是个"市场"而非"商场"，这两者的区别在于：市场并非一个东家，它是由许多商家扎堆在一起而形成的集团效应；商场就不同了，它归一个号令统一经营，是"大一统"天下。现在，虽有商场出租部分场地给别人经营，但在基本面貌上，大一统的形式还是很明显的。

"改造"为"新"之前，东安市场分割成许多小店，一片平房，虽有连属却更像挤在一个码头而且不那么齐整的船队。到那儿去逛，出此店进彼店，曲曲折折，横横竖竖，忽而又能看见一片蓝天，不熟悉的人如入迷宫。

这正是它在形成之初留下的痕迹。

光绪二十八年（1902年），清政府整修东安门御道，为迁移路旁商户，将帅府园神机营操场辟出一部分安置商家，这样，从次年开始，摊贩、店铺、

王府井百货大楼

王府井东安市场

洋行、影院、茶馆、饭庄、戏园、医院等，在接下去的时日里渐次出现，因这里靠近东安门，因其地而取名"东安市场"。东安市场的原始形态很有些像个大集，你千万不要往"规范"里想，它跟南城的天桥差不了多少，完全平民化，就是一句话：热闹。

东安市场的出现，打破了以往内城没有大型商业街区的状态，生意极为红火。1923年出版的《北京指南》曾这样描述：东安市场为京师市场之冠，开设最先庀市廛对列，街中麇以货摊，食品用器，莫不具备。又有广春园商场、中华商场、同义商场、丹桂商场以及东安楼、畅观楼、青莲阁等，其中亦系各种商店茶楼饭馆，又各成一小市场矣。场中东部为杂技场，弹唱歌舞、医卜星相皆在其中，南部为花园，罗列奇花异葩，供人购取。园之南舍，为球房棋社，幽雅宜人，洵热闹场中之清静处所也。

至1933年，东安市场已发展为容纳周围9条胡同、16个商区、925户摊铺的巨大规模，成为老东安的鼎盛时期。其后虽历经战乱，到1949年时，这里仍有店铺210家，摊贩376户，其中著名的有东升玉百货店、华兴蔚绸布店、文信成服装店、美华利鞋店、亚美利首饰店、三丰皮箱店、汉文阁南纸文具店、豫康东纸烟杂货铺、稻香春南味店、公兴顺果局、庆林春茶叶店、春华斋蜜饯食品店、东来顺、五芳斋、湘蜀餐厅、奇珍阁酒楼、小小酒家、吉大林西餐咖啡馆、和平餐厅、金生隆小吃店等，此处还有文化休闲场所春明书店、华盛书店，三义轩、仁义轩等茶馆，会贤、大陆、中央、升平等球社，吉祥戏院等。可以说，王府井成为北京重要商业中心，东安市场建有头功。

东安市场的走红，使中外商人热聚于此地，开设了北京最新鲜的商务和玩法，西洋娱乐成为人们口头最有趣的话题。而劝业场西式商场的建成，给商界提供了一个最想追摹的样本，此后，带有西洋风格的店铺面脸在北京成为一种趋向，也留给北京一道近代史上中西融合的建筑风采。

1930年，华侨商人建成黄记惠德商场后引来纷纷仿效，西单商场组成，取代了护国寺街的地位，成为北京西城新的商业中心。

西单商场肇始于20世纪30年代初，最早的投资者是一位黄氏华侨，建成黄记惠德商场，生意甚好。接踵其后，附近东槐里胡同里淘贝勒府中的福麟将军亦在槐里胡同路南建了"福寿商场"，西单大街路东开始繁华起来。再后，又有三家商场在黄记商场南面建起，直到堂子胡同，也就是今天的华威商场位置上。这样，从南往北排起，依次是福德、玉德、厚德、惠德、福寿商场，亦称第一至第五商场。

近50年，这一带历经两次大规模重建，把原来的几个商场合为大一统，称为西单商场。

从20世纪30年代以后，前门大街、王府井大街、西单大街，三足鼎立，撑起北京近代商业的天空，以无比的魅力为北京赢得享誉至今的光荣。

西单商街夜景

西单商街一角

五月槐花串古玩

纬道

在北京，现在一提古玩玉器交易，人们就会想到"潘家园"。潘家园旧货市场名声很大，中外皆知，但其实它是 20 世纪 80 年代在北京劲松地区形成的，后来越办越火，以致人们以为那儿是很有年头的淘换旧书刊、艺术品、玉器和各种旧货的地方。潘家园，已经成为一个"品牌"。实际上，它只有 20 年历史。80 年代以前，劲松、潘家园一带还算城外，是纯粹的庄稼地，老北京的古玩玉器交易不是在这里，而是在两种地方：串货，是在一个大茶馆——青山居；买卖，是在前门廊房二条和地安门大街的古玩店。

近年有两部电视剧与北京老古玩行扯上了关系，一部是《五月槐花香》，另一部是《人生几度秋凉》，都出现不少老古玩店的镜头。特别是前者，编的就是琉璃厂的故事，整个一条街，店里店外，尽现观众面前。

那么，老古玩店是个什么样子？

当然不能要求电视剧原汁原味地再现琉璃厂，那不是人家的任务，连琉璃厂本身都已经与历史上的琉璃厂相差甚远了，您让人上哪儿去找"模特"？如今的琉璃厂，是"文革"后按"旅游区"来翻修改造的，它的建筑出发点不是生意，而是"好看"，您想，谁个做生意花那么多钱用在"外面光"上啊？什么牌楼式门面、屋顶廊台、周身油漆彩绘，整个向故宫、颐和园看齐，那是摆阔，不是商家本色。

水之篇：商贾之门

181

东华门文古记老古玩铺

文古记德文广告语表示这是一家经营羊毛地毯的商铺

文古记砖匾

要看原汁原味的古玩店，您得从东琉璃厂往东走，快到一尺大街的时候，有几家小店，不起眼，但却保持老派。您看路北这家，木雕"卍"字护檐板，简洁大方；老式窗棂，糊高丽纸；中间开门，两侧明窗，摆着货品；门首悬匾，黑底金字——整个门面漆绿色，显出一种深婉淡雅。

路南也有几家，大同小异，都简单明了，突出的是"货"而不是房子。这样的店才不是拒人于千里之外的样子。

门面小，生意不见得小，古玩行的"水"从来都是很深的。

比较讲究一些的古玩铺门面得上廊房二条去寻。东起珠宝市街，西抵煤市街，这条街不长也不算短，以前是一家挨一家的古玩店。20 世纪 60 年代我上小学的时候，要去劝业场，进二条，从门框胡同拐出去就到了。那时候的廊房二条里已经没有古玩店，当然房子都在，但全是住户了。从那时到现在，街里老房的样子基本没变，只是显得凌乱老旧。现在去，你会看到不少饭馆，有的还打着"老北京"的招牌，都是近年开张的，住宅重又成了商铺，却已经是隔夜茶了。幸好，房子还是那个房子，而且，尽管经营的项目与古玩已经毫不沾边，但毕竟是铺子，比之住户在感觉又好上一些。你看，那雕花栏板还在，这家是"寿"字团，那家是"卍字不到头"，对面的则是缠枝莲——颜色虽大都蒙尘，但那种老味让你感觉就像走进历史。我拍摄它们时，总有过路的人们也驻足仰头去看，议论着房子的年头，说得最多的是："你看那作工多细！"

是的，无论是木件还是砖雕，二条的老铺都非常讲究，同时，又都十分含蓄，手工时代的匠人靠手艺吃饭，做的活儿要经得起路人评头论足！

这些古玩铺，有不少是两层小楼，仅仅一楹幅面，很帅气地立在那儿，透着挺拔、精神。我想，它们要是在新的时候，简直是瓦木匠手艺大展览！

其实，廊房二条旁边的珠宝市的古玩玉器店应该更集中，你想，连街名都取之"珠宝"了，别的还用说吗？但这儿太"红火"，门面早改得乱七八糟，无一是处，大多连门窗都卸了，把廉价服装挂得满墙满街。只是偶然间，在哪条缝隙里还露出一点旧迹，羞答答地含着往日芳华。但就这一点点，已经够你赞叹一会儿了，只要你心里有爱。

除了廊房二条，还能寻到老古玩店的地方是东晓市大街。东晓市大街是北京20世纪50年代以前的"鬼市"，那条街特别长，将近三里地，靠近金鱼池的地方，有一座两层楼的建筑，一看就是民国味道，叫作"同兴和木器店"，正面有砖匾，中间一块是"同兴和"，西边一块是"古玩"，东边一块是"木器"。这是一家兼营店，很大，从侧面看，进深是三联栋勾联搭。附近有鲁班馆，是瓦木行业祭祀祖师爷鲁班的地方，"文革"前周围还有不少木器店，有名的"龙顺成"当年就在这一带。

水之篇：商贾之门

廊房二条玉器店砖雕字号

　　由老古玩店又想起"撞货场"。电视剧《五月槐花香》里就有"撞货场"的场面：一群古玩行的买卖人集中在一个茶馆里，交换各自的货品。就是在那里，范五爷展示了遭人算计的两个瓷瓶，现了眼。

　　"撞货场"是真有的，当时全北京只一个地方：花市大街羊市口内"青山居"茶酒馆。

　　老北京的茶馆是很多的。话剧《茶馆》人所共知，老舍先生把那样一个风雨飘摇的时代里一群老北京人的生活命运安排在一个茶馆里，可谓深知老北京的生活特性。

　　茶馆，是生活的一面镜子。有什么样的社会风气，就有什么样的茶馆。譬如这当下，流行"享受"，于是上茶馆比上饭馆贵，会点菜比不上会点茶显得"高雅"。老年间，有谁一进茶馆，喊一声："沏壶高末"，是很平常的事，今天你要是在茶馆里点这种茶喝，简直比偷了人家东西还丢人。

旧时人们的生活水平没有现在高，这只是问题的一方面；另一方面，现在的人比过去更虚荣。虚荣吗？好，就让你的交际成本攀高，请人找地方谈点事，比请吃饭还破费。

老年间可不这样。

那时的茶馆，数量多，便宜，花样也多。大致分一下类的话，有书茶馆、清茶馆、带饭的茶馆。清茶馆是不用说了，只提供茶水，带饭的茶馆有简单饭食，您还可以让伙计到别的饭馆给叫菜。只有这书茶馆有点多样化，有的茶馆里安排说书，也就是"评书"，《三国演义》《杨家将》之类，一段一段往下说，长流水不断线；有的则安排相声、单弦、大鼓等，老一代的相声演员差不多都在茶馆里说过相声。

花市的青山居就是个茶馆。这家茶馆最独特的地方在于它是京城古玩行，特别是做玉器生意的人几乎每日必到之处。这么说吧，它是旧京玉器的最大集散地。

青山居，一个"商"字打头的茶馆，一个类如商场的茶馆。

其实，最初青山居是个酒馆，卖黄酒，开设于明末清初，兼卖茶水。主人姓鞠，山东人。青山居在羊市口内路西，门前两块匾，一曰"陆羽三篇"，一曰"卢仝七盌"。陆羽和卢仝都是唐朝人，陆羽有《茶经》三篇传世，被后人奉为茶界经典；卢仝是唐初"四杰"诗人卢照邻嫡系子孙，自号玉川子，《全唐诗》收录其诗八十篇。"七盌"的典故出自《走笔谢孟谏议寄新茶》，又名《饮茶歌》，他的一曲《茶歌》，自唐代以来，传唱千年不衰，诗中说饮到七碗时"唯觉两腋习习清风生"，历来被人们称为饮茶最高境界。

一个茶酒兼营的地方，居然雅到如此程度！

清时早期玉器界并无专营场地，混在古董铺里经营，形不成独立的队伍。经营者每天都是四九城到处跑，到街巷里去收老东西，这叫"跑城儿"。"跑"到货，就到茶馆去，一边歇息一边交流生意，久之，自然形成到几个比较固定的茶馆里去"说事儿"的习惯。花市一带制售玉器、绢花等工艺品的作坊

地安门大街宝聚斋古玩店

东琉璃厂古玩店

东琉璃厂古玩店

东琉璃厂

花市羊市口老店

非常多，业内人到青山居来最近便，久而久之，围着古玩玉器吃饭的人，每天清晨都到这儿集中，交换货品，互通行情，成了业内市场。清末民初，这里走向鼎盛，旁边的花市上四条整个一条街每天早晨摆满了沿街古玩玉器摊。20世纪30年代，业内还买下上四条东口一个织布厂，建成可容二三百摊位的大棚市场，也叫青山居。那时，上四条和羊市口一带，古玩玉器店比比皆是。每天清早，北京四九城做玉器生意的都来这里，各带自己的玩艺儿饮茶相聚，品赏交易。后来，青山居掌柜又说动药王庙后身的琳琅馆玉器市场迁到自己这里，每天能设三四十个摊位。民国初年，许多国外客商也都慕名前来，人越来越多，只茶馆里的地方已不敷用了，于是，一些玉器商就在青山居北面的上四条胡同内搭棚摆摊。每天上午，青山居所在的羊市口和上四条的玉器集市吸引了远近客商和逛摊的人们，交易的东西除了翡翠玉器外，还有珍珠、钻石、宝石、料器及其他文玩，十点左右，集市就开始散了。

应该说，青山居和上四条摊商首要的还是业内交易。每天从早六点开始，业内人纷纷来了，有人拿出货来，先抢到手的，跑出老远，找个没人的地儿仔细看，很快，就会有人跟上来拿走接着看。就这样传来传去，一块玉不知要经过多少道手。末了，有心要的人找到货主商量价钱。怎么商量呢？在袖子里手拉手，手指头来回一折腾，双方的出价、还价就都明白了，而旁边的人则是五里雾中，什么也看不出来。谁都不明着跟货主讲价钱，相互都打着哑谜，只有货主知道他们的底牌，最终，择其高者而售之。这种原始的交易方式，现在早已绝迹了。

那么，人们拿着货在胡同里跑来跑去，货主不担心丢了吗？

不必，因为上这儿来的人都是圈里人，跑不了，也没人惦记着昧人东西。这让人想起"民心古朴"的话来。

那时，打鼓入户收东西的、找料回家磨玉的、坐商来找好货的、倒腾东西挣差价的，大小商家、手艺人都在场子里互通有无，叫"串货"（亦称"撺货"），而青山居是串货的核心地区，是古玩商的一个大卖场。电视连续剧《五月槐花香》里所表现的串货情景，原始状态就应在青山居。

业内人"串货"以后，逛摊、喝茶的人们也就来了，又是另一番热闹。

业内人一般只在这里趸货而不就地加价转卖，那种行为是圈里人所不齿的。这里，以三种业内人为主，一是"坐庄"，即有店面的商人，花市地区旧时的天兴号、聚古斋、振德兴、同聚祥等字号就是这样的坐庄，他们派人来市上收些好货，然后摆到店里去慢慢出售；二是手艺人或作坊主，他们来是为了收原料或是可进行再加工的好料糙活，拿回去加细工再出售；三是跑城儿的，他们除了在这里卖出手里的东西，还买走别人的东西拿到前门廊房一带的金店、首饰店去卖。此外，花丝镶嵌、木器锦匣等行业的人也来青山居市场，寻找合适的玉料做辅料，并反过来为玉器服务，为之配制底托、木匣等。

自打有了青山居，与玉器与关的人就都向这一代汇集过来。一个青山居不够用，除了上四条以外，同业公会募捐，在中三条西口买房新建一个串货场，又有人在上四条东口建起一座大棚市场，有两百多个摊位，也叫青山居。后来有人统计过，到解放后公私合营时，共有 300 多户摊商从青山居归到北京市特种工艺品公司。

青山居，一个胡同里的酒茶馆，成为辐射国内外的玉器交易、制作基地，为北京培育出一个特种工艺产业，还说不上是奇迹吗？

青山居带起了好几个玉器市场，同时也促成附近街道的行业化。从清朝到民国，这一带不仅是全市、全国的玉器交易中心，也是玉器制作中心。

直到公私合营前，花市上二条、上三条、中三条、中四条等胡同中，和玉器有关的手工业作坊林立其间，磨玉的、糊锦盒的、金丝镶嵌的、做硬木小器的……组成一个成龙配套的行业基地。后来，崇文区玉器厂设在东花市斜街，北京市玉器厂设在龙潭湖北侧的光明路，北京市料器厂也设在光明路，其他如牙雕厂设在广渠门内，锦盒厂也设在附近胡同中，不能不说，都与围绕青山居形成的几百年的工艺品"基地"有关。

茶馆后来没了，青山居没了，人们都进单位上班，社会生活中消失了上茶馆这一项。玉器行业三百多户，都迁至靠近崇文门大街的上四条西口，成立了北京市特种工艺品综合市场，20世纪60年代以后，那儿改成了委托商行，专卖旧衣物、旧木器等。青山居的原址改成了"大众电影院"，我在那儿还看过电影，后又成了燕京评剧团的排练场，后来，评剧衰微，剧场关闭，门口成了菜场。我曾几次拍过羊市口和上四条，那些不可多得的老店已把最后的风韵留在我的影集中，而于青山居，我几次要拍摄这个几度变迁的地方，但一片秽乱狭窄，实在难以拍出它的面貌。燕京评剧团的牌坊就悬在羊市口南端很多年，2003年3月，那一带开始拆迁，牌坊拆了。

　　2004年，羊市口彻底拆除，我拍下青山居瓦砾中的残影——范五爷走了，串货场蒸发了，电影散场了，评戏谢幕了，菜场收摊了。

百年银行出短巷

纬道

提起金融街，谁都会想到复兴门往北的那一排透着特别壮实的大楼，在那儿，齐聚着国内最有实力的金融机构。而如果问，北京近代金融机构的肇始之地在什么地方呢？说起来真有点让人不敢相信：就在前门外紧贴着大栅栏的珠宝市和它里面的一条长不过 50 米的小巷：钱市胡同。

按北京人的习惯叫法，钱市胡同是个"死胡同"，里面不通行。也就是说，怎么进去的还怎么出来，无法穿行。但就在这里，诞生了北京最早的银行。当然，那时还不叫这个名。

炉房熔银

使用近代钱币以前，中国人一直以白银为通货媒介，古典小说中常能读到这样的情节：一好汉将一锭银子置于桌上，高声呼唤："店家，拿酒来！"

其实这已经是夸张了，寻常生活中，人们有时需要碎银，有时需要整银，全看当时情形了。那么，整的有时需换碎的，碎的有时需换整的，哪里能提供这种方便呢？这就有"炉房"的用场了。

北京的炉房有字号、人物、年代和地点可考的，俱出自前门外珠宝市。

清道光年间，河北深州孤城村一个名卢天保的人，来到珠宝市，以熔化碎银为业，开办了这里第一家炉房，字号称"久聚"。所谓"炉"，据业中故老说，

前门珠宝市

状如烤鸭店之烤鸭炉。化银时，将顾客拿来的杂色碎银过秤后置于专用耐火陶罐中，用炉火烧化后加硝，拂去表面杂质，再倒于铁范内凝结成标准银锭。

珠宝市位于前门大街西侧，前后都是商家聚集之地，所以生意极好，一些官员、富商也来开办，很快，这一代的炉房就有了二十六家之多。但做这一行生意最多的还是深州、束鹿、冀县的人，这大抵是卢天保的影响所致。及至后来由炉房发展为银号、钱铺，仍是此三地的人居多，称为"深束冀帮银号"。

炉房有些事很有意思，譬如炉内煤灰和屋内秽土，按规矩从不外倒，有专门的"土厂"按时收购，所得收入为炉房内大伙儿的福利。全盛时期，有的炉房一年之秽土，卖得百两白银。土厂多时有十来家，都是山东人开办，他们将秽土清理加工后，可得若干银渣。

兼营存放

炉房为人们提供了集零为整的方便，后来，顾客时有因数量较多、携带不便等一时之难，将银两暂存炉房柜上，适时再取。同时，又有熟人临时急需，通融暂借的情形。久之，炉房又形成了一项新业务，类如现在的存贷，所不同的是存放一律没有利息，暂借则稍有利息。直到光绪年间，存放方有利息少许。

于此，可见当时民风淳朴，人际之间讲究信义。同时，这种存贷信义也以炉房的专营行业为纽带，譬如，"聚义"专作布行、煤行、票号和瑞蚨祥等"八大祥"，"全聚厚"专作蒙古外馆和伊犁帮。

存贷业务渐多以后，成了炉房的一项长期固定业务，商界各行业均与炉房发生银钱往来，拨兑款项多交由炉房代办，于是，各炉房之间的业务往来随之增加，银子频繁穿梭于各家炉房的门户，扛来扛去，有时，同一批银，一天之内竟几次在同一炉房进进出出。后来，为减少这种笨拙的重复，同业规定，每天下午4点半起，各家盘清当天往还业务，进行清付交割。如有某炉房遇到银根吃紧，无法交割，那么，可通过同业公会向其他炉房筹措，日后如约归还。那时，炉房之间讲究信誉为本，如有违约，全业唾弃，其炉房上至东家、掌柜，下至伙计，永不会再有同业聘用。1934年，有打磨厂大源银号经理马瑞章，向同业借银四万元，在归还一部分后逃之夭夭。事后，1942年，马瑞章东山再起，任利华银行经理，全业各行均不与之来往，最后只得关门。

同治、光绪年间，社会动乱频仍，地方行政管理弛乱，各省上缴银锭成色、重量纷乱不一，再加上交库时，有关官员克扣刁难，交库竟成难事，一些地方解银官甚至于滞留京城半年之久而未办完手续。为解此弊，同业向朝廷提出申请成立公议局，以二十六家炉房代部化银，凡各省应缴银两，悉交由珠宝市炉房，化成北京市秤十两一锭（一说为五十三两六钱），打上"公议十足"戳记和炉房字号。制成统一银锭后，一排排放入杨柳木槽中，再用铁丝捆扎，唤作"银鞘"，就可以存入藩库了。由于常用新砍伐的杨柳木，藩库内所存银鞘竟有经年不用而生出芽树的。

公议局成立后，珠宝市炉房由民炉成了官炉房，这对于整饬金融起到不小作用，炉房业务也获得更大发展，存款空前猛增。

现在，当年那些炉房早已湮灭无存，但每当走过珠宝市胡同，在熙熙攘攘的人群中，我不免左右张望，其实明知眼前不会出现一百年前的那种景象，然而在心里还在想象着当年扛银包的店伙儿的样子——千余两的分量硬邦邦地压在肩头上，他们可还刚刚是十五六岁的孩子，一手叉腰，一手扶包，斜着身子，嘴里操着深州口音喊着："劳驾了您呐，让一让！"

这一趟，也许是西单牌楼，也许是花市大街，也许是别的或远或近的什么地方。

他们就是近代中国最早的金融从业者，相当于现在的银行工作人员吧。

腰里别着"四大恒"

北京有一句老话："头戴马聚源，足登内联升，腰里别着四大恒。"马聚源是一家制作帽子的老店，内联升是一家制作鞋靴的老店，由于早年都与朝廷有关，所做官帽官靴为清朝官员喜用，而"四大恒"则是指北京最有实力的四家钱铺。

"四大恒"都设在东四牌楼，分别是恒利号、恒和号、恒源号和恒兴号，名震京城。"四大恒"在清末有两件事是其他钱铺所不能比的，一是在珠宝市创立钱市，二是与内务府、宗人府勾结倒卖官爵。

光绪年间，"四大恒"在珠宝市内的一个死胡同内设立影响了全北京的钱市，钱市胡同的名字一直叫到今天。

作为胡同，它太窄小了，宽仅容人，两人相对打着照面走来时，必得侧身才能通过，两人中还不能有个胖子。胡同口已被珠宝市的沿街摊商堵得稍有差池便一忽而过，察觉不出有个胡同"藏"在里面。

前门钱市胡同

进得胡同，两侧通共六户院子，还有一家有铺无院不伦不类的"户"。南侧三个院子，院都不大，仅一进，四五户人家住着，居住密度可真够高的。倒是挺安静，与胡同外珠宝市的喧闹恰成极大反差。看来是常有人到此拍照的，一位女主人见我拿着相机，说："就这破破烂烂的，还照什么呀？"这样的居民我常能遇到，我知道他们本来都是很热情的人，只是这太困难的居住条件让他们堵心。我得学会跟他们"套瓷"，便说："您这儿不是大名鼎鼎吗？说老北京，不能不提您这儿呀！"紧接着，我干脆提出："我看看您住的地方！"说着就往院里迈。

　　这回，她的北京人固有的爽快劲儿上来了，站在院子里边指边说，说这院子，说这胡同，说北京房改，说彼此的生活。一下子，主客之间的距离拉近了许多。住在胡同里那处没有院只有一间比双人床大不了多少的铺面房里的两口子也成了聊天的伙伴，四十来岁的男人告诉我，他从哪一年住进了这间房，还指着胡同尽头高起的阁楼说，那就是当年的交易所。

　　当年，这里的每个院子都是买卖制钱的交易所。最初，共有经纪人 20 户，在胡同里用砖砌成 20 个长方形垛子，称为"案子"，每天开盘时，20 家经纪人都在自家案子前张罗生意。别看这些"案子"连个字号都没有，只是称为"张家案子"、"李家案子"，却决定着全北京的钱价，每天一大早，全市的买卖制钱都到这儿来交易，那些与民众生活息息相关的粮店、钱铺等有门市的商号都派伙计前来看兑换比价。那也真是一件有意思的事，各家所派人员，俱携带两三只鸽子，开盘后，各家将当日行市写在小皮条上，往鸽子腿上一拴，然后放飞，鸽子自会飞回本柜，柜上人再取下皮条，按所列行市作为当日买卖标准。如遇钱市胡同行市有变，伙计再行放飞鸽子传信。这鸽子的作用，相当于我们今天的电话，细想起来，也就百年的光景，我们现在早已有了手机、互联网，这巨大的历史嬗变哪里是当年那些伙计们和鸽子们所能预料的！

大蒋家胡同老银号

大蒋家胡同老银号匾额

拆炉改号

1900 年的庚子之变，改变了中国特别是北京的许多方面，炉房业也受到前所未有的冲击。

外国银行纷纷涌入北京，随之而来的是银元的使用。开始是墨西哥站人银元和英国鹰元，接着，清政府也发行了团龙银元。通货媒体发生变化，人们出门采买已不再是携带银两，而是更显得方便、准确的银元。民国成立后，政府又明令废银改元，作为通货的白银在商界走到历史尽头。

这样，以化银为根基的炉房是否还有存在的必要就成了一个问题。炉房的化银业务越来越少，炉子一个一个拆掉，到 1915 年，珠宝市最后一只炉子也退出历史舞台，各炉房主要业务转向存放款和汇兑，炉房也改称"银号"了。然而实际上，珠宝市以外还有几个小炉房，它们所化之银仍须送到珠宝市公议局加盖官炉戳记。因此，珠宝市在一段时间里还部分地葆有中心地位。

从银炉而改成的银号，在以后的日子里相继遭受内乱、日伪等社会冲击，命运多舛。最长的一家聚义炉房改为的同名银号，从清咸丰六年（1856 年）开张，一直延续到 1951 年，共计 95 年。

社会动荡给予土生土长的炉房和银号的打击，现在听起来也是骇人听闻的。庚子年，八国联军在北京对商业设施进行了公然抢掠，聚久炉房遭受先劫后烧，门面仅余四根门柱；西华门内的泰华钱铺地库现银，竟被日本侵略军抢去 280 万两。此后 1921 年外蒙独立时，做外蒙布匹、绸缎、首饰生意的外馆纷纷撤回，北京炉房和银号受到重挫；1928 年政府南迁，愈使业内萧条；1931 年"九·一八"事变后，北京仅余炉房所改的银号 7 家，至 1935 年日寇进一步打压中国经济时，更是只剩下"聚义"一家。就是这最后一家，还被日寇特务机关敲诈走原西北军所存黄金 800 余两、现洋 20 万元、存款 28 万元，共约 60 万元，"聚义"已是奄奄一息。

银行洋楼

尖顶带钟楼的外国金融机构大楼多起来，最早是东交民巷里的日本正金银行、美国花旗银行和英国汇丰银行等。日本正金银行旧址在正义路中心十字路口东北角，从这儿往北不远，就可达东长安街，去北京饭店、王府井或是天安门，都方便。我以前住在南城，骑车去办事总要路过正义路，但说实在的，身旁这个有着馒头顶的洋楼对我而言，只是个标志，到了它这儿，就离长安街不远了。有很多年，这栋楼房都是大门紧闭的，长满绿叶的道行树环绕着它，更加重了它那种幽幽然的色彩。它躲藏着，它不说话，死一样的寂静。这条街上的几个老银行差不多都是这样游离于人们的生活之外。

但在当初，正是它们催生了北京新的金融机构的更新换代。一座又一座外国人开办的银行在北京街头立起来了，一种新的金融运行方式在看惯了青砖灰瓦的北京人的惊愕中确立起来，蔓延开去。

进入 20 世纪的中国，是一块疾速蜕变的土地，白云悠悠的农耕地头，突然变得像一个集市一样热闹起来。大清政府脚步踉跄着跟上它本不愿看到的新风，它也在办银行，银行就设在与东交民巷隔着一箭之地的西交民巷。先是叫大清银行，1911 年民国成立后，改称中国银行。在西交民巷东口，还聚集着大陆银行、金城银行、中国实业银行和中国农工银行等。一群欧陆风格的建筑，构成了一条新的金融街，气势夺人。

1999 年天安门广场重修，在毛主席纪念堂西侧出土了一块石匾，长 1.5 米，宽 1 米，厚 30 厘米，上镌五字："四行储蓄会"。过去的东交民巷西口和西交民巷东口，比现在人们所看到的要长一些，中间只隔了一个街心花园，也就是以往"大清门"的长度，"文革"以后天安门广场南半部拓宽，将东

东交民巷东方汇理银行旧址

东交民巷麦加利银行旧址

东交民巷花旗银行旧址

四行储蓄会是由四所银行合作建立，位于大清门棋盘街，后拆除

东交民巷正金银行旧址雕饰

西交民巷保商银行旧址

西交民巷中央银行旧址

西交民巷各自"切"掉一段。这样说来，石匾出土处，原来应是西交民巷的东口了，此地彼时有个金融机构，所谓"四行"，当指盐业银行、金城银行、大陆银行和中南银行；"四行储蓄会"则是这四家银行共同办理业务的金融机构。

当我来到西交民巷寻访20世纪初的那些老银行的遗址时，不禁惊叹于它们的美丽和坚固，它们每一个都有着自己独有的面孔，带着些傲慢，但你还是不能不说它们虽过百年却仍风韵犹存，就像那些韶华已逝的老影星，头发斑白，却仍有一种新锐靓女所缺少的深隐而持久的魅力。它们是那种一眼看不尽的美，轮廓、造型、装饰、色泽以至门窗，只要是未加"改造"的地方，让你怎么看怎么美。它们中最靠边上的保商银行，你什么时候从天安门广场走过，就什么时候可以看见它的芳容，我相信，很多人在节日的广场留念照片中，都可能在不经意间摄下了它的倩影。

民初风格的金融机构，已有中国人自己设计的建筑了。前门西河沿的交通银行便是老一代设计师杨廷宝于1930年设计的，这座至今仍服务于金融机构的大厦，在楼体构成中使用了一些民族传统风格的建筑元素，让人一看，顿生一种亲切和饶有趣味的感觉。

西交民巷口内还有一家金融机构是很特别的，它也是民国产物，但在大

前门西河沿民国交通银行旧址

西交民巷大陆银行旧址

西交民巷福顺德钱庄

前门西河沿盐业银行旧址

型建筑西风甚炽中却独标一格，恪守着中国固有的作派——墙体磨砖对缝，砖雕简洁细腻，门窗端方谨严。走到它跟前时，才发现楼上窗户已残缺不全，大门内只有一位瘫痪的老者在一个外地打工妹的陪伴下，坐在门道里歇息，而院内则已一片狼藉：哦，我明白了，拆迁！

这座中式三层楼房位于一个小胡同口，楼内包着一个院子，通过窗口，我看到楼里屋顶拆残的天花板，巨大的木头栋梁豁然袒露，实在令人惊叹。这样壮伟的檩柱，让我想起东南城垣角楼上的景象。

绕到它的东侧时，我在侧墙上看到几个直列的榜书墨字：福顺德钱庄。

这就是钱庄了。

走遍北京，我终于找到有明确标志的钱庄了。在它砖木离散之际，竟容我于无意间一睹其最后的风采，幸甚至哉！这一钱庄身处几个大银行的聚集之地，当初的实力想来也是可以的。2002年夏，它最后的风采，收进你所看到的这帧照片中。

清末民初北京金融机构的建筑遗存，也同当时的经济结构一样，新旧交错，土洋并存，花样是够多的，银行、银号、钱铺、票号、炉房、兑换所……职能各有交叉，彼此通而不同，真是一部大街上的中国金融史。

施家胡同的银号

从大栅栏东口沿粮食店街往南，有一条小街，称施家胡同，平素清静得很，走在这里，你会不时看到一幢带有民国风格的房子，它们多是两三层的小楼，像是办公楼，又有点像商家——这就是民国初年的银号所在地。当年最火的时候，这条不过几百米的小街上聚集了二十来家银号，人称"银号胡同"。

前门大街施家胡同启明银号旧址

最早，江苏督军李纯首先在这条胡同里开办了"义兴银号"，紧接着，华茂银号、华兴银号、信富银号、东三省官银号、四川浚川源银号、殖边银行等二十几家金融机构在同一条胡同内相继开办。这些银号有两大特点，一是多与军阀有关；二是天津人经营的多。譬如"义兴"，与两广巡阅使陆荣廷、山东督军张怀芝、江西督军蔡成勋、陆军总长何丰林等来往密切，仅其天津分号存款即达八百万元之多。华通银号、华充银行为冯国璋所开办，专作军队饷银业务。大多数银号所做项目为存贷款、买卖公债及其他信托业务。

风水轮流转，民国初年的北京金融重地，已由钱市胡同转到施家胡同了。此外，围绕着前门大街一带，还有若干银号，比较分散，比不过施家胡同这里的扎堆气象。

施家胡同 22 号集成银号旧址

1928 年政府南迁之后，北洋军阀的势力风吹云散，施家胡同的银号纷纷转移，这里只留下些带有往日流韵的若干小楼供路人观赏了。

在银号之外，还有一种金融机构曾是炙手可热的——金店。一般来说，金店的业务是兑换金、银、首饰和本市使用的银票，但它有一项特殊业务为其他金融机构所不可比拟的，那就是捐官。

咸丰年间，清政府政务颓败，财政短缺，为扩大"收入"，竟实行标价卖官的政策，称"捐柜"，其通道便是特许的金店。之所以说要"特许"，是因为并非所有的金店都能有此业务，而是只有那些官方认可的金店才行。事实上，它们多是内务府和宗人府的人或与之有某种联系的人开办的。当时还有个说法，可办理捐柜的叫"公金店"，不能办理捐柜的叫"母金店"。晚清笑话，竟至于此。

捐柜业务分为四种："分发""马上""捐衔"和"上兑"，前两种差不多，都是买实官来做，只是"马上"无须等待，要什么官，立等可取。此外，靠捐柜得来的地方官，往往离京城都不太远，比科举还来得实在。后两种大抵是要个虚衔，不为当官，只图有个级别，光宗耀祖。所以，婚丧嫁娶，均可借捐柜博得个封妻荫子。还别说，"公金店"也是讲究商业信誉的，用现在的话说：诚信。顾客捐柜时，店里并不当时收钱，而是由柜上开具"期条"，上面写明给以官职的具体日期，"顾客"得官到任后再行"付款"不迟。这很有些像现在房地产商所卖的"期房"，甚至还更优惠些，买期房还得交定金呢！

其实，公金店往往谙熟朝廷的内部消息，甚至手里就有"现货"，没这个把握，怎么敢接业务？

于今，腐败透顶的清末朝廷也罢，大吞军饷的北洋军阀也罢，刺进京城的洋人银行也罢，都已是过眼云烟，留在北京土地上的，是大街小巷里风韵不一的遗迹。

京城老药铺的封神演义

纬道

北京老药铺多，如今人们张口就是"同仁堂"，其实过去北京并非同仁堂一统天下，只是1956年"公私合营"后，管理部门着意要"主打"同仁堂，将其他药店的绝活儿和名牌中成药向同仁堂集中，以后几十年中，同仁堂获得的投资和发展远非别家可比。然而北京除同仁堂外，还有千芝堂、万全堂、鹤年堂、庆仁堂、德寿堂、长春堂等，都是有几百年历史的老店，而且各有千秋，名声远播。

万全堂的"龟龄集"和"牛黄清心"

崇文门外大街路西万全堂，有说法认为是明代传下来的，比同仁堂还早。20世纪60年代，北京市副市长邓拓曾调万全堂老档进行研究，不意"文革"突起，老档不知去向。90年代，崇外引港资建新世界商厦，将老店拆迁。

民国期间，万全堂有京城名医杨绳武题写的对联："万国称扬誉广三千界，全球景仰名垂五百年。"并有跋："万全堂宝号肇设于明朝中叶，迄今已历五百余稔，炮制遵古，修合通神，凡市药者，靡不恐后争先，趋之若鹜，名声远播，事业日隆，猗与盛矣。民国丙寅重饰，廛闬焕然一新，爰撰联语以申爱贺云。皖江杨绳武识。"若以此言推之，万全堂已有500多年历史，

水之篇：商贾之门

是现存最老的药铺。

但这"五百年"之说，一直缺少过硬的直接证据。

万全堂老店员中流传说，万全堂是当年同仁堂乐家送给闺女的陪嫁。此事确乎有些影子，两家药铺之间曾有内在联系，但不是什么"陪嫁"，而是乐家在北京最先开的药铺就是万全堂，只是后来乐家陷入经营低谷时把这个铺面给卖了。万全堂曾有一张照片，片中为1958年该店职工"支援农业"合影，背景门店上一块铜牌上有"万全堂乐家老药铺"字样。另外，店里原有通天匾两块，上写"万全堂乐家老铺精制饮片丸散膏丹仙胶露酒"，可惜毁于1990年店堂翻建中。现有两份档案有助于了解这一"谁是北京现存最老药铺"的问题。

清乾隆四十九年乐毓秀的《立补税房契》写道："乐毓秀原有祖遗康熙年间红契，自置盖房一所，门面五间，接檐五间，两厢房陆间，上房五间，后厢房陆间，后上房五间，伙房四间，共计三十六间。此房坐落在崇文门外大街路西，现开万全堂药铺。缘上年八月内将房契押借草厂二条胡同张学礼。本年闰三月二十一，张姓住房延烧，将此契一并焚毁无存。今备价赎回，无契。愿遵例赴县补税照，依原价银一千五百两整。如有虚捏并另有红契及典卖不清等情，同保人一面承管。恐后无凭，立此存照。乾隆四十九年，立补税契人乐毓秀，保人刘天枯，知底人张学礼。"

乐毓秀是乐家到京后的第七代传人，他于乾隆四十九年立此契时，同仁堂已存在，此契说明，在一段时间里，乐家同时经营着两个药铺，但是否自明代时已有万全堂，有乐松生《北京同仁堂的回顾与展望》一段话可证："在清初，我家开设同仁堂药铺的同时，或者更早些，还开设了万全堂药铺。这是现在崇文门外的万全堂药铺也称乐家老铺的原因。创办同仁堂药铺的五世祖乐梧冈（名凤鸣）有兄弟四人，其中凤仪应该是开设万全堂药铺的人。"

乐凤仪是康熙初年生人，因此，万全堂的开设之初应该不会早于康熙年间。

那么，万全堂又怎么易手为别人产业的呢？

嘉庆十年十一月，正是乐家人丁不旺、经营低潮时期，万全堂卖出了，有契为证。

万全堂从此成为晋商姜氏的产业，后来又有山西韩氏入股，从东家、掌柜、账房到伙计，全是山西人，称"山西帮"。山西商人礼貌待客、送货上门、精打细算、货真价实、薄利多销等经营传统在万全堂充分发挥，讲究"修合无人见，存心有天知"。其招牌商品是山西太谷的"龟龄集"和"牛黄清心"。"龟龄集"是山西太谷四百年老字号"广升药店"的著名产品，源于道家的"老君益寿丹"，由20多种名贵中药，经90多道工序炮制而成，民国初年在国货展览会和巴拿马赛会上拿过大奖的。"牛黄清心"更具大众色彩，用过此药的人实在是太多了。

万全堂从1930年以后凭借创新机制走向最为辉煌的时期，主持改革的是总经理刘逊斋，他有两项改革在今天看来也是先进的：其一是打破论资排辈的老规矩，代之以按业绩取酬，一下子就调动起伙计们的积极性；其二是实行股份制，在万全堂，东家不参与经营，经营者不是股东，其股份内容为共计25股，东家铺金12 000元为12股，经营方为人力股，亦计为12股，余1股为公积金。这一方法既保障了铺东的利益，又让大家觉得有奔头。对年老经理和员工，万全堂还实行养老金待遇，很是人性化。那时的员工伙计大都是农村来的，每两年半可回家探亲一次，假期为半年，给盘缠50两，另外发给半年休假金。

此后，万全堂在不长的时间里飞跃发展，以50万元赎回五十年前卖出的房产，又在家乡山西临汾和新绛各开一家分店。总经理刘逊斋是一个精明灵活而又老成干练的人，在社会上广交朋友，他联系名医施今墨、孔伯华、吴继拯、王开明等，采取收方送药、上门服务的方法，扩大业务。对老用户还可赊账，半年一结。种种努力，使万全堂在京城享有很高声誉。

珠市口南庆仁堂匾

万全堂匾

千芝堂匾

千芝堂与庆仁堂的绝妙打擂

　　千芝堂也是老铺，也在崇外大街，路东，与万全堂隔着花市西口相望。老铺的样子是真规矩，木阁楼、老铺面、老柜台、老药箱、老戥子、老铜钵，进得店来，药香习习，宛如回到老年间。匾是老掌柜吴霭亭自己写的，字出颜体，端庄朴厚。20世纪80年代的时候，千芝堂是中央和外宾特供点，在药界地位非常高，每天从早到晚来抓药的人不断线，每位员工一天要抓一百多副汤药。

　　1992年建崇文门外大街建金伦大厦，占用千芝堂地面，后来金伦建成，1999年，千芝堂借其一隅之地经营，其后这里又改成"搜秀城"，千芝堂迁出。

　　千芝堂之名，取"世有千芝，天下共登仁寿"之意。它原是一家不大的药铺，肇始于明万历丙申年（1596年），到现在已有四百年历史了。清光绪七年（1881年），吴振声以两千两银子买下千芝堂铺底，聘请懂药材懂制药又懂管理的王子丰当掌柜的。八国联军闹京城那年，王掌柜时低价大量收购大户人家存的参茸，囤于店内，以后卖出的即使是常价，也是大赚一把的了。千芝堂还有一高招：把京城最具名望的四大名医之一施今墨直接请到铺里坐堂，嘿！这买卖，您自己想吧！那时每年伏天，千芝堂都在门外张大棚，备下解暑汤、祛暑药，供来往路人免费使用。于是，千芝堂与同仁堂、鹤年堂、万全堂共为京城四大药铺。

吴振声去世后，吴霭亭接班，起初与王子丰合作得还行，后来闹僵了，王子丰一走了之，另外引资建店，就在千芝堂北侧开了"庆仁堂参茸庄"，与千芝堂唱开对台戏，千芝堂此时由吴受臣经营，也非常有本事。两边打擂，1915年，千芝堂在珠市口新开了"南山堂"，庆仁堂挨着它开了"南庆仁堂"；千芝堂又在阜内大街开"琪卉堂"，庆仁堂挨着它开了"大和堂"，甚至当千芝堂跑到山西大同开了南山堂分号后，庆仁堂也去凑热闹开了"大同庆仁堂"！

打擂竞争的结果，是两家的药品质量更好，对顾客服务更周到。千芝堂的自制成药很有名，德寿堂的"康氏秘制牛黄解毒丸"，就是委托千芝堂加工的，千芝堂的独家秘制"二母宁嗽丸""羚翘解毒丸"等，都是有口皆碑的传统成药，治疗感冒咳嗽非常有效，极受欢迎。而南庆仁堂有止嗽青果丸，大和堂有除痰止嗽丸，也是很有疗效的感冒成药。

庆仁堂与千芝堂竞争了几十年，20世纪50年代以后，只有珠市口的南庆仁堂留了下来，店面很大，堂皇得很。南庆仁堂曾改名为"复康药店"，这名号也获得了百姓认可。1998年，这里曾获得销售额3000万元的佳绩，很了不得。

现在，南庆仁堂在花市大街路北营业。

鹤年堂门前的法场与南庆仁堂的小巷

菜市口有鹤年堂，民间一直传说是明代奸相严嵩题的匾，字的确好，有风格。这传说比药还出名，可算作"无形资产"。大门两侧有忠臣戚继光书写的"调元气""养太和"的配匾，堂中有曾经因上疏严嵩五奸十罪而被严嵩害死的另一个忠臣杨继盛书写的抱柱联："欲求养性延年物，须向兼收并

菜市口鹤年堂

蓄家"。如此一来，可谓"忠奸一炉"了。鹤年堂现在的位置比过去稍稍偏西一点了，老店门前旧时是法场，监斩官就坐在药铺前，所以每有大事，鹤年堂二楼的座位是卖钱的。这也成为鹤年堂出名的一个理由，属"剑走偏锋"。

清代，法场设在菜市口，恰在鹤年堂前面。老北京围绕死刑犯的传说，有不少与这里有关。

珠市口南路东的南庆仁堂也是名店，它为人称道的原因之一是"以人为本"——它在店旁留了一个很窄的小胡同，通往东面的精忠庙街，使人们买药或是上大街不用绕大弯，很得口碑。2006年，前门地区拆迁，前外大街沿线至天桥都在拆改范围内，南庆仁堂现已被围起来施工，日后，那条留人便利的小胡同作为商家理念的证明，也将消失了。

三里河大街有个老药铺，民国样式的门面，很排场，其上的招牌文字用了两个医界典故："杏林春满，橘井生香"，让人看了很提气。

老药铺门店都有上好书法的匾额、楹联，已成为店面文化的组成部分，是人们所津津乐道的。只是，诸家都是老匾，唯有同仁堂，把个当年店里伙计从大火中抢下来的大匾毁于"文革"，现在挂的是启功所题。

北京的老药铺大都集中在南城商业繁华地带，这是因为帝制时代北京的内城不许经商，更甭提卖药了。药与日常生活中的其他用品相比，不是须臾不可离之的东西，为之跑趟远道，倒也不是大不了的事。但反过来，一些药铺倒是很替主顾着想，譬如珠市口南庆仁堂，建店时特地在南侧留了一条小巷，使东边街巷里的街坊们可以少跑路，真应了国医界"仁心仁术"的老话。

老药铺其实是很值得观赏的地方，外头的门面不用说了，店里应该说是所有店铺中最为整齐有序的，木柜台长长的，为的是便于给顾客抓药。有时一个方子要抓上好几副，店员把裁得方方的包装纸在柜台上一字排开，每秤一种药，都均匀地分在每一份上，不能此多彼少。

老药铺里铜药钵砸出的叮叮咚咚的声音，该是抓过中药的人所熟悉的，那声音好像能趋灾迎祥，给人希望。此外，盛放各味中药的柜子恐怕也是人们所不能忘的，那数也数不过来的小抽屉上，写着药名，那名儿都有一种诗意的味道，透着神秘。现在这种柜子也被嘀咕到卖古旧家具的地方了，形制有特色，又都是好木料的，自然有人愿意收藏，但有不少是新仿的，买时要认准。

长春堂大战日商

前门大街路东有长春堂，开业于乾隆六十年（1795 年），山东招远孙振兰所创，是北京商业中传奇最多的一家药店。

长春堂初时设在鲜鱼口里的长巷头条，前店后宅，北京人管这叫"连家铺"。孙振兰的绝活是"黄、白、紫、绿"四种颜色的"闻药"，芳香开窍、醒脑提神。其第三代孙三明就是药界赫赫有名的"孙老道"，他在永定门西城墙根盖了座道观，自己道袍加身，受戒做了道士，还创办义学，校内有贫苦学童百余人，包括纸笔书本一律免费。第四代交由孙氏内侄张子余经营，他也是道士，此人长袖善舞，在他手里，长春堂获得很大发展。第五代孙树

水之篇：商贾之门

长春堂砖匾（1）

长春堂砖匾（2）

发明了"万生油"和"薄荷锭"，并已经使用现代机器制作丸药，他一直经营至公私合营。

长春堂最著名的是其自创的"避瘟散"和"无极丹"，曾以这两样药大战日本药商并大获全胜，成为京师药界的美谈。20世纪初，日货倾销中国，其小丸"仁丹"和粉末闻药"宝丹"来势汹汹，中国城乡到处可见其广告。孙老道不服气，经反复试验，于1914年研制出新型闻药"避瘟散"，后来又推出与仁丹对抗的"无极丹"，在没有电扇、空调的年代里特别受欢迎，是夏日必备的解暑良药。1933年，"避瘟散"销售高达250万盒，出口东南亚和缅甸、泰国等国，终于逼得日本宝丹退出中国市场，国货取得商战全胜。1926年至日寇侵华前，长春堂获得空前发展，北京所有商店以及茶叶铺、油盐店、小摊都代卖"避瘟散"。长春堂在天津、太原等地开设了分号，在地安门开办了"仁和堂"药店，在鲜鱼口开设了长春棺材铺、庆丰饭庄和亿兆百货商店，在东晓市大街开设了东升木厂。这样，算上总店，长春堂一共有八家不同行业的商铺齐头并进，每年赢利 11 万元，创造出当时少有的商业奇迹。

掌柜张子余是最具传奇色彩的人，他接管长春堂后，坐着八台大轿，在前门大街一带游走，哪热闹往哪去，前面有乐队吹吹打打开道，后面跟一大群看热闹的小孩，他自己道袍俨然，不断向街上的人们散发避瘟散。在他手里，长春堂把孙老道的药业办到鼎盛。

长春堂秉持道家理念，"仁者为术，慈善为本"，在鼎盛时期曾同时办有三座义学，不但全包学杂费和学习用具，而且每年发给制服。

长春堂的走红也引来至今北京人有时还用得上的一句话："有钱？您买前门楼子去呀！"

这话是有出处的。"七七事变"后，日寇占领北平，长春堂因为与日本的商战，在日本人中是很出名的。一天，日军南城宪兵队突然把长春堂掌柜张子余押走，谁都知道，进了宪兵队很少有活着出来的，长春堂上下打点，最后，用 200 两黄金把人给赎出来了。据说，日本宪兵队硬要把前门楼子卖给他，这些黄金就是"买"前门楼子的钱。当然，此事现在无档案可查，但每年春节，长春堂拥有在前门楼子上燃放鞭炮的"特权"，别家都不许，京城百姓说，人家买下前门楼子了呗！

1942 年 9 月 19 日鲜鱼口的一场大火也使长春堂蒙受巨大损失。火因不明，那天早上，店里伙计们只听砰的一声，后院火光冲天，连忙给消防队打电话，同时全力去救，但转瞬间烧毁周围 150 多间房，旁边整个华乐戏园连同富连成班的道具行头烧个精光！火光之大，连远在永定门长春观居住的伙计们都看到了，连忙跑来救火。事后一算损失，长春堂赔偿华乐 12 万元、富连成10 万元，自身损失 80 多万元。

从 1950 年到 1996 年，长春堂的经营成绩在北京药业中一直名列前茅。1996 年 6 月 18 日，长春堂在前门大街路东的原庆颐堂旧址建新楼重新开业，洪学智、焦若愚、崔月犁、段君毅等到场祝贺，给予长春堂极大鼓励。

同仁堂几经沧桑终成行业魁首

同仁堂开业于清康熙八年（1669 年），最初是从游医做起的。旧时，游医手摇串铃，周游四方，负笈行医卖药，因此又称"铃医"，书上称"走方郎中"。铃医见多识广，头脑灵活，给人治病见效要快。明燕王朱棣扫北，其后宫廷政变成功，将政治中心迁来北京，于是，从南方跟来许多能工巧匠，同仁堂乐家始祖、铃医乐良才便是这时来北京的。

从乐良才开始，乐家人一共做了四代铃医，到了乐显扬这一代，转机来了，乐显扬的才能得到赏识，入选清朝太医院吏目，成为太医。从这时开始，他选取太医院配方制售丸散成药，于 1669 年康熙八年中，他开了一家药店，起名为"同仁堂"，同仁堂由此诞生。1702 年，第五世乐凤鸣在北京前门外大栅栏路南开设了"同仁堂"药铺，他利用乐氏人两代搜集的秘方、古方、验方 362 首，配制各种中成药。他所提出的堂训后来成为同仁堂恪守至今的信条，这就是"炮制虽繁必不敢省人工，品味虽贵必不敢减物力"，自他之后，同仁堂走上成为北京药界之首的道路。

同仁堂的成功，应该说归为两条：一条是人们挂在嘴边的药品质量和显著疗效；另一条是官药身份。在中国，"纯商"很难做大、做久，要想在行业内拔得头筹，不依靠官方力量几乎无法想象。

雍正元年（1723 年），雍正帝钦定由同仁堂承办官药，供奉御药房药材和代制内廷所需中成药，从此，同仁堂独办官药至清末近二百余年，其间，历经八帝，据说现在故宫里还有慈禧吃剩下的同仁堂乌鸡白凤丸。同仁堂因制作御药而获得特权，可以预支官银，调高药价，同仁堂的地位因而陡升，远非别家可比。皇帝赐给"同仁堂"入宫腰牌，同仁堂的人凭腰牌上达内廷供药，清末皇家尚欠同仁堂 40 万元巨债，而这对同仁堂来说，已是可有可无的事了。同仁堂的药方，除古方、民间验方外，大部分是出自名医之手和来自清宫的秘方，汇集了中医药精华。清光绪十五年（1889 年）同仁堂药目中所列的 459 种成药，其中一半就为宫廷秘方，如乌鸡白凤丸、参茸卫生丸等。同仁堂自制成药中的十大名牌：安宫牛黄丸、苏合香丸、再造丸、安神赞育丸、女金丹、至宝丹、紫雪散、活络丹、虎骨酒、参茸卫生丸等都是传统医药中的珍品。同仁堂获得官商一体的特殊地位，在药业形成垄断，财势两旺加速了同仁堂的发展，同仁堂到长江以北最大的中药材集散地祁州（河北安固县）采买药材，都是打着龙旗，排着车队，威风八面。 祁州药市上珍贵的药材，同仁堂一家即要采买九成。所以，祁州药市上如果没有同仁堂开盘定价，药市便不做买卖。客商们取货放贷也不收款，都以同仁堂在药市开盘后的药价为准。

打磨厂同仁堂制药厂，两楼之间的连廊非常独特

　　同仁堂还非常注重宣传，清代时每遇会试，同仁堂都要向全国各地来京应试的举人们赠送药品，经由他们向全国传播同仁堂的名声。旧时每年京城内要挖一次城沟，同仁堂就在四城开沟的地方设立"沟灯"，灯笼上都有"同仁堂"三个大字，如同广告。每年的药王生日，同仁堂都要请名角唱戏，免费欣赏。此外，冬设粥厂、夏送暑药，使同仁堂的名声深入人心。

　　同仁堂也并非一帆风顺，早期有创业之艰、中期有家事之难，后有 1900 年大栅栏的一场大火，烧了同仁堂，药铺里又住进八国联军，结果一蹶不振，濒临破产。同治皇帝死时，宫廷倾轧延及乐家，把乐家管铺的大掌柜绑到菜市

大栅栏同仁堂

口斩首。到乐松生已是乐家第十三代传人，在他手上实现公私合营。

同仁堂门店在大栅栏，制药厂在打磨厂。门店近年重建，已非旧貌，制药厂却是很有真正传统味道的建筑，砖楼两层，衔接处以木廊连接，上覆瓦顶，在北京胡同里几乎是孤例。

德寿堂的创业传奇

如果在街上随便问一个人，请他说说马上能想起的国药，我敢说，很多人会在他们所能提供的名单中列出"牛黄解毒丸"。

是谁创制出"牛黄解毒丸"，并使之大行天下的？

我知道你要说出的那家名满宇内的国药房，很遗憾，不是。

应该是花市小市口的德寿堂。

德寿堂，不是在西珠市口离阅微草堂不远的地方吗？

你说对了一半。西珠市口大街路北确有德寿堂，两层楼，文物保护单位，2000年建两广路时，为了它和阅微草堂还特意让新路绕了个弯。但那个德寿堂其实是家分店，主店则在花市南小市口59号。

德寿堂的创始人是康伯卿，他的成功之路当称白手起家的典范。

康伯卿的秘籍里有三样法宝。

第一样法宝：心计加吃苦。

康伯卿幼时在西单怀仁堂作学徒，他在干杂活的时候，暗中学得配制丸药的技术。长大成人，总不能老是给人打下手，于是，单干！自己在家和母亲、姐妹白天制药，晚上他出去串店销售，很是辛苦。为了销售，他常常要走出很远，走到大药堂力所不及的地方。他看准农村缺医少药，正是自己的用武之地，于是一方面通过乡镇商户推销自己的产品，另一方面研制专治常见病的成药。这期间，他筹集了90块大洋，于1920年在南小市口开设了一间门脸的德寿堂。

自己的铺子有了，康伯卿又把老中医吴鸿溪先生请来坐堂应诊。这吴老

西珠市口德寿堂

先生可说是帮了大忙了，在他的参与下，康伯卿研制出了牛黄解毒丸。牛黄解毒丸一出，畅行于世，德寿堂声名大振。我国民国期间，民众生活水平和医疗条件极其落后，像牛黄解毒丸这样适症广泛、价钱不高而又甚有疗效的成药，有着极广的市场。所以，以此药为主打，德寿堂的品牌一年之内在远近叫响，为以后的大发展打好了前站。

第二样法宝：时尚宣传。

用现在的话来说，康伯卿可真够得上时尚人物。你瞧，1921年，牛黄解毒丸推出的下半年，他就利用广告牌、报纸广告、电台广播以及各大影剧院广作宣传，就连有轨电车的车身上也不放过，"当当当"一响，"牛黄解毒丸"的大字，你算是想不看也不行了。影剧院里，像什么"庆乐""三庆""华乐""开明"，这些著名戏院的舞台大幕上，都绣有"德寿堂康氏秘制牛黄解毒丸"的大字广告。

1934年，东珠市口德寿堂南号开张了，一楼是前店后厂，二楼是宿舍和仓库，三楼呢？什么也不干，修成个西式钟楼，两边有小城门洞，一个电动小火车绕着钟楼和城门不停地跑。开业那天，人山人海，就为看看这跑来跑去的小火车！

你看，这康老先生弄的玩意儿多时髦！

德寿堂的名儿，能不远达四方吗？

第三样法宝：质量取胜。

康伯卿研制成药，有两点是他的出发点：一是古方为本，加以改进；二是药材地道，工艺讲究。康氏根据古方进行重新调整，使自更加适用，创出的新成药 200 多种，牛黄解毒丸、牛黄清心丸只是其中最为著名者，其他如舒肝丸、化虫散、犀羚丹、小儿咳嗽锭等亦为畅销品种。在德寿堂，所有丸散膏丹都须精制，从药材产地、药性到制成品的色、味、包装，无所不用其精。德寿堂的药，受到城乡百姓的普遍欢迎，集中到两个字，就是"管用"。

仅仅十年时间，德寿堂便实现了奇迹般的跨越。1922 年，德寿堂买下花市下唐刀胡同内 22 间房子做车间；1929 年，在东花市大街开设了德寿堂东号；1934 年，在西珠市口开设了南号。1936 年，又在沈阳开设分号，去时，不带本钱，只带账本，就地收上欠款开张。此外，又在北京广渠门外购鹿圈 11 亩，养鹿 80 多头，以采鹿茸。这些鹿，在日寇入侵北京后，都送给北京动物园和天津动物园了。

德寿堂待人以诚，在全国营造出一个发货网，本地设推销员，骑自行车遍走京城郊区，发广告，售药品，外地代销者来总部，一律免费食宿，总部则有电话值守，为消费者送货上门，外地邮寄一律免邮资。每年仅牛黄解毒丸就售出几万盒。农历四月二十八是药王爷生日，德寿堂减价销售三天，每天可售出成药一万多盒。

德寿堂，真是个奇迹。

1956 年，德寿堂交出牛黄解毒丸秘方，从此只作门店销售，不再生产了。又过了四十九年，它面前的大街展宽为两广路，周围环境将要大变，而它作为文保单位，特立长街，依然见证着过往的时代和一个创业的奇迹。

今天，当你走过那里，会看到德寿堂南号那座磨砖对缝的店面的。楼顶上一凤一松的彩雕，那是德寿堂的招牌，或曰商标。我尤其还要请你注意它的书有"德寿堂"字号的门额和"同登寿域，共跻春台"广告语，无论是词汇还是书法，都透着那么一种从容，一种瑞气，一种含蓄，一种踏实。那是中国数千年文化根基的一个很小的体现，它可能没有今天什么时髦商厦的墙体上悬着的"打折""优惠"的字眼刺目，但它的魅力是永远的。

大栅栏：
天下谁人不识君

纬道

大栅栏，北京无人不知的地方，即使在外地以至国外，这儿也是个名声显赫的要处。北京人去某个地方，如果带着点游玩的意思，会说成"逛"，譬如"逛大栅栏"。

如今，北京人自己已很少逛大栅栏了。他们逛的地方已经很分散：逛西单的中友、地下 77 街和明珠广场，逛阜成门外的万通和华联，逛建国门外的赛特、贵友和秀水街，逛朝阳门外的蓝岛、东直门外的华润，逛围绕这些商圈的小店或是别的什么地方。他们连王府井都不太常去，在他们的想法里，那儿已是供外地来京的旅游者观光的地方。

那么，大栅栏呢？这里我敢说，北京人差不多把这个地方给忘了！不信，问问身边的人：多长时间没去大栅栏了？

我相信，有些朋友的回答会让你大吃一惊。

几年、十几年甚至二十几年没逛过那里的会大有人在。

大栅栏，快成为北京人身边熟悉的陌生人了。

但大栅栏在北京以外的人们那里，仍是一个带有向往色彩的地方。一颗石子落进水里，近处已经平静，远处的波纹还在涌动。

这有点不公平，委屈了这条繁华了数百年的北京第一商街。但有什么办法呢？道路狭窄、交通不畅、无法停车、商品低档，让迟暮美人眼睁睁看着

大栅栏街口

大栅栏街里的雕塑

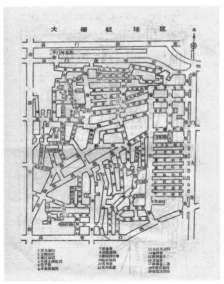

大栅栏地区

人们涌向一个又一个新锐的时尚小丫头那里。

大栅栏，带着一身的辉煌与疲惫期待着一场含有解放意义的二度花开。

但毕竟"船破有底"，大栅栏在几百年间积蓄起来的名声对天南地北的外来客而言，仍然存有不乏神秘的吸引力。

迟暮美人也是美人，尽管"迟暮"。

从正阳门往南走，只要站在谦祥益绸缎庄门口向珠宝市胡同里一望，你就会觉得，眼前满街的人群就只有"摩肩接踵"这四个字可以形容。珠宝市，这个大栅栏东口往北的第一条纵向的小胡同，这个当年曾因珠宝商云集而得名的地方，如今却成了整个大栅栏地区人气最旺的商街。胡同两侧，全是挨挨挤挤的商摊，箱包、衣服、旅游品，以多样和廉价吸引着到北京来的旅游观光者，冬夏不辍。

其实，整个大栅栏都应该是这样。

珠宝市的人气，为整个大栅栏商区保留着希望。

大栅栏对于北京来说，意义应非止一端，绝不仅仅限于商业。应该说，整个北京的历史格局，政治的、经济的、人文的和地理的，都曾与这里产生密不可分的联系。大栅栏属于前门商区，它与鲜鱼口同时崛起，但延续的时间要更长一些，从明永乐十八年至今，这里繁荣了570多年。

名字中既然有"栅栏"之说，实际上当初也确有栅栏。北京旧时几乎凡胡同口都有栅栏，打明朝起就开始有此设置。1644年，清兵入关后，为加强治安，更加强了栅栏管理，昼开夜闭，并实行宵禁。到乾隆年间，北京已有1746处栅栏，整个京城，可谓栅栏林立。大栅栏在以往称廊房四条，因为是条繁华商街，所以制作的栅栏也就比别处的更为壮观一些，久之竟成了这儿的一个特征，人们逐渐用"逛大栅栏"替代了"逛廊房四条"。

大栅栏的"栅栏"焚毁于1900年的庚子之变，后来又改制成铁栅栏。如今人们所看到的，只是象征性的一个铁门楣了，也挺好看。

大栅栏是旧京市井文化的集萃之地，它与北面的皇家文化恰成对应。它作为一个集商贾、娱乐、金融、餐饮于一身的地方，是与朝廷以鄙夷的态度把有关行业"轰"出城外分不开的。最早的时候，明朝政府筹划北京商业，在正阳门外西侧由官方出钱，建了称为"廊房"的商区，这就是沿革至今的"廊房头条""廊房二条""廊房三条"，而"大栅栏"则是"廊房四条"。在这四条街以及周边的一些胡同里，逐步形成了北京珠宝业、古董业、饮食业、布匹鞋帽业、娱乐业、旅店业以及其他零售业最具权威性的商区，这里的店铺，都有着"旗舰店"的意义。

大栅栏的形成，整个改变了以往朝代建都规划中"前朝后市"的基本格局，取代了城北鼓楼商区在世俗生活中的领先地位。从此，北京的世俗中心移到南城，京畿农民、晋商鲁厨、江南才子无不把大栅栏一带作为落脚创业的首选之地。于是，最堂皇的商肆建起来了，最诱人的菜馆开起来了，最气派的会馆盖起来了，最热闹的戏园搭起来了……

一个繁华商区的背后是要有一个巨大的产业支撑的，支撑大栅栏持久繁荣的，除外埠商货外，更多地是依靠京城手工业、运输业和加工业，这又与劳动阶层聚集的整个北京南城紧密结合在一起。这是一个生息之地，至少一半北京人，直接间接地受了大栅栏以及周围其他商街的惠泽。

产业之外，娱乐业、旅店业和服务业也是大栅栏持久繁荣的重要因素。那里曾经是北京戏园、旅店、饭庄、妓院最集中的地方，能为人提供最全面的服务。大栅栏是北京老字号最集中的地区，很多名店都是天下闻名的，同仁堂药铺、瑞蚨祥绸布店、张一元茶庄、六必居酱菜园等都是人们脱口而出的显例。街北的庆乐戏园、同乐电影院、前门小剧场，街南的大观楼电影院，东口六必居旁边的中和戏院，都是最好的娱乐去处，在那里可以听戏曲界最著名的演员演唱的大戏，看最新上映的国内外电影。这些娱乐场所，大都历史悠久，甚至有 200 年的沿革，是清代传下来的。现在仍在演出传统节目的前门小剧场，旧时叫广德楼，创建于清朝中叶，当年斌庆社科班在此长期演出，是名武生李万春的发迹之地。徐兰沅也曾在广德楼办"彩头班"，营业甚佳。这里的舞台有抱柱楹联为："忠义昭千古，试看一片丹心，当振今世；霓裳咏同日，共听九霄余韵，久在行云"，横额："和平以广　音德是茂"。

与戏界有联系的还有大栅栏东口路南的天蕙斋鼻烟铺。这个铺子直到"文革"中还营业，只不过卖的是烤烟叶子，而当初是经营鼻烟的。鼻烟在清代最流行，来天蕙斋鼻烟铺的顾客来自各地，戏界人士则是特有的老顾客，每天都有不少名角到这儿盘桓，成为这里的"一景"。那时，戏园和演员的住地都离大栅栏不远，所以谭鑫培、俞振庭、杨小楼、余叔岩、高庆奎、马连良、谭富英、王瑶卿、金少山、侯喜瑞、李多奎、李洪春、李万春等都是这里的常客，你来我往，大家总能碰上。于是这儿就衍生出另一功能：商量事儿。那时的店铺都是有座位的，伶人们闻着鼻烟交流见闻，说着最近的演出，彼此求个帮衬。旧时伶人都是搭班唱戏，时常需要凑角儿，遇到不熟的戏，又需要找人给说说，上哪儿最方便——天蕙斋见呗！这儿的老板、活计倒是合适了，天天听"说戏"，天天听秘闻。"说戏"，其实就是教师兼导演，在旁边听着看着，绝对是一件有意思的事儿！

粮食店北口六必居酱园

1905年，经历了戊戌变法和庚子之变的清政府，已感到一成不变是不行的了，必须推行新政、鼓励工商，便由商部主持，设立"京师劝工陈列所"，以展览各地工业品为主，同时附设劝业场，销售国货商

大观楼电影院

品，张扬"劝人勉力，振兴实业，提倡国货。"规定私人可以在此租地设摊，只许卖国货，不许卖洋货。辛亥革命后，改称"劝业场"。

最初的北京劝业场多灾多难，几年间接连失火，现存建筑是1923年留下的。它完全按哥特式打造，在一片南北向狭长地块上建成，内外都非常美观，是北京保存至今唯一的一座古典西式商厦。外观四层，内部实为三层，另有地下一层，钢筋混凝土砖混结构加钢屋架，是当时最先进的建筑技术。它的南门在廊房头条，气宇轩昂，北门则在正阳门西河沿，虽然地方狭窄，但设计精巧，采用了爱奥尼柱、花瓶栏杆阳台、圆拱形山花等西式古典装饰元素，远远看去，就非常夺目。它与路北的几家银行先后建成而又相互呼应，形成西河沿一道魅力非凡的景象。

还在"文革"前的时候，我不止一次从大栅栏穿过门框胡同，踏上劝业场北门光滑的石阶。

走在劝业场里，犹如走进18世纪的欧洲，走进一幅古典油画，走进福楼拜小说中的殿堂。它里面不是横平竖直的几何形，而是以"虚中"的天井将上下几层全都展示在你面前，那些欧式古典风格的栏杆娱悦着你的双目。无论你是走在哪一层，沿着环形走廊，两侧是大小不一的空间，其间的变化，曼妙生趣，适合不同的商肆。这里营业面积四千多平方米，除了一般的日用商品，还有休闲场所和戏园，堪称集商业、服务业和娱乐业之大成。最多的时候，里面有22个行业、180多个货摊，吃、穿、用、玩俱全。

劝业场是北京近代商业建筑的绝唱。

那里面的环境只是两个字：优美。包括北京当代新建的商厦，再也没有能够充分担当起这两个字的地方了。它们也许装金饰银，富丽堂皇，明艳照人，但它们少有劝业场里那种亲和力，那种无处不在的优雅和亲切近人的高贵。

北京劝业场建成之时，国内好几个大城市里也纷纷建起劝业场，最大的当属天津劝业场，由书界名宿华世奎题写名号，名声远震。此外，北京劝业场的建筑风格还进一步促进了中小商铺门面的西化倾向，今天，我们还能在大大小小的胡同里很容易地找到那个时代留下的风气。

1956年公私合营后，这里为国营商场，极其齐全的百货吸引着本市和外埠的人们。在王府井百货大楼建立以前，劝业场堪称京城第一商厦。

劝业场走向下坡路是从"文革"开始的，将近十年，这里封门停业。1975年，它被改为"新新服装店"，毕竟有着四千多平方米的营业面积，所以仍不失为北京最大的服装商店。

旧时的西河沿，紧临正阳门西火车站，位置得天独厚。后来，火车站拆除，整个正阳门外路旧巷窄，无法停靠汽车，难以适应新时期的特点，劝业场竟被改造成旅馆，有如名媛入柴门，让人有说不出的叹惋。

2005年年底，北京前门地区进入拆迁程序，劝业场两侧的房子已经被推倒，劝业场从来未被人看过的"腰身"裸露出来，无遮无盖。它对面，与它同时代的两座银行，已经人去楼空。许多年轻人，举起相机，数码的、单反的、"傻瓜"的，拍着夕阳残景。劝业场，虞姬虞姬如之何？

凭着大栅栏的凝聚力，南城成为明嘉靖以后最有活力的新区，它对北京建置的另一个重大意义也随之产生了：皇城由原来的京城南端变为京城中心，四方均有民居拱卫，愈发显出"核心"地位。

对大栅栏的领悟，不应该仅仅认定原来叫"廊房四条"的这条几百米的商街，它是一个商区，综合性的商区，它由廊房四条向周围发散开去，把"商气"辐射到周围几十条胡同中，其中最明显而又最大的街巷当属珠宝市、粮食店、煤市街、观音寺街以及廊房头条、廊房二条和廊房三条。

"珠宝市""粮食店""煤市街"，这几条胡同的名称就已告诉人们，当初它们主要是以经营什么红火起来的。

廊房头条、廊房二条和廊房三条，则一直是金银首饰和金融业最多的地方。廊房头条旧时别称"灯街"，

劝业场

煤市街沿街老店

煤市街北火扇胡同益顺兴商行

廊房二条老饭铺

一门一世界

聚集有二十多家灯笼铺，形成一条灯市。进入民国后，谦祥义、劝业场在这条街上成为领袖群伦的商业魁首。而廊房二条据 1919 年统计，在这条 260 米长的胡同里，有 1 家金店、5 家古玩店、11 家首饰店和 20 家玉器店和 2 家银行、2 家服装店等。铺面尺寸不大，但做工精致，颇为可赏。此外，廊房三条也是商家迤逦，密不透风。

纵向将这几条街劈开并通向大栅栏的还有一条小胡同：门框胡同，它的得名很是形象——狭窄如门。门框胡同是北京一条有名的小吃街，为整个大栅栏商区提供着辅助服务。

观音寺街干脆是大栅栏向西的延伸，也称大栅栏西街，一路沿街的店铺连绵毗邻。

大栅栏商区还有北京最窄最短的小胡同——钱市胡同，它隐藏在珠宝市里，是一条最窄处仅一尺有余的死胡同。别看是条死胡同，宽不过 80 厘米，长 55 米，却挤下 18 家银号，清末民初的时候，这儿可是全北京的金融中心，设在胡同里的钱庄决定着整个北京的白银与铜钱的兑换比率。每天清晨，全城大小商家都要派人到这儿来看钱庄挂出的水牌，然后才能开门营业。你看看，小小一条胡同，有多厉害的权威！

近代，西式银行出现了，也是在这附近——西河沿。民初的西河沿，是北京最大的金融街，十来家大银行都设在街里，人们现在还能找到几座有着民国风格的大楼，想象它们往日的风采。其中，尤以现为北京商业银行的大楼最显气派，当年，这里是交通银行所在地，建筑极有特色。

说大栅栏，不能不说这里的好几条斜街：棕树斜街、铁树斜街、樱桃斜街、杨梅竹斜街，此外，大力胡同、取灯胡同、炭儿胡同、南火扇胡同以及桐梓胡同等，也无不存有由东北而西南的斜向特征。为什么这里斜街这么多？在这里走一走，你会感觉到一些古意，感觉出它们都不会是人们刻意要"斜"的。的确，这些斜街都是历史上的北京人用双脚走出来的，是自然形成的。720 年前，忽必烈的骑兵踏碎了南宋偏安梦，在原金中都东北侧兴建了元大都，今天的正阳门稍北一些，即元朝皇城正南的丽正门。可是，世俗生活有自己的轨迹，住在新城里的人们，还是要到旧城去买日常用品。金中都废弃了，金朝统治者下台了，但旧地方的市场还在，菜农每天仍旧把鲜菜挑到老地方去卖，人们也习惯在那里买，于是，从丽正门到菜市口就踏出了一条条斜向的小路，再往后，又有人沿路筑房——斜街就这么固定下来，走过明，走过清，走过民国，走到今天。

其实我对杨梅竹斜街尽头的延寿寺街更感兴趣，那里不大引人注意，其实很有内涵。延寿寺早就没了，今天的东琉璃厂好大一片地方都是那座辽金古寺所在，香火可推知。然而这不重要，比寺更让人玄想的是当年金宋交兵时，卞梁城破，徽钦二帝以及数千余皇眷宫人就被押解到延寿寺安置。燕云十六州，北宋始终未能克复之地，不料竟以这种方式莅临了。难怪后来东西琉璃厂成为文萃雅集之所在，那恐怕是能书擅绘的二帝给带来的文脉吧。多有不恭了，一笑。

杨梅竹斜街尽头与延寿寺街相交处也值得一说，这地方很像一个小广场，因其短，旧称一尺大街，是北京最短的大街。一尺大街一头牵着大栅栏，一头牵着琉璃厂，市井文化与士人文化在这儿交会，像两段不同旋律之间的过渡。要搞胡同游，真是好地方。

大栅栏不仅仅是一条街，而是以这条胡同为核心形成的老北京最大的商圈，它是一个以诸多名店为号召而集商业、娱乐业、旅店业和其他服务业于一体的方阵，几百年间没有其他地方能够与之匹敌。它经历了许多兵灾、火灾和国难，但这个喧闹着的繁华商圈始终没有沉沦，它带着自己的故事一直走到今天，北京子民已经很少光顾这里了，远道而来的游客却形成新的人流，举着相机的"老外"逡巡在周围的大大小小的胡同里寻幽探景，他们喜欢这里的"老"、这里的"旧"、这里所散发的过往历史留下的一切原生态的气息。

鲜鱼口：
招幌连天几百年

纬道

北京前门大街东侧，有一条与大栅栏齐名的商街鲜鱼口。明代的鲜鱼口叫作鲜鱼巷，东面有条小河，河上有桥，渔民把鱼运送到桥头一带叫卖，这条胡同由此得名。

老年间，北京曾有一个传说：早先，有那么一天，鲜鱼口来了一位老翁，臂挎篮子，里面放着鲜鱼和几只白面火烧。老翁在街里边走边吆喝："鲜鱼大火烧！鲜鱼大火烧！"谁也没在意，顶多有人觉得奇怪，这老头儿怎么把这两样不搭调的东西放一块儿来卖？但后来人们明白了，老翁走后第二天，鲜鱼口沿街突起大火，救都救不了——敢情火神爷来给报过信儿了，谁都没听懂呀！

这悠远的传说，北京一代又一代的孩子都听长辈说过。

曾与大栅栏齐名

鲜鱼口曾与大栅栏齐名，它的繁荣程度一点都不弱于后者，往东，一路店铺迤逦，绵延三华里，经东西兴隆街而与崇文门外另一著名商街花市大街街口相接；向南，在长巷一至四条内曾有许多旅社和北京商业批发公司，又有肉市胡同、果子市胡同和布巷子等胡同，它们的名字就昭告着浓厚的行业信息；向北，与前门火车站商圈毗邻。此外，街南街北自明代以来形成的民

水之篇：商贾之门

居和会馆具有十分厚重的文化根基。名满天下的北京焖炉烤鸭最初诞生在这里的便宜坊，另一大众小吃"炒肝"则出自街心的天兴居，而兴华园浴池的气派足称冠绝京华，广和查楼和阳平会馆戏楼曾聚集了京剧鼎盛时期的顶级名伶，天乐茶园（后改为大众剧场）也在这条街上。1949年前，鲜鱼口内仅帽店就有七家、鞋店九家。20世纪五六十年代，黑猴鞋帽店、长春堂药铺、天兴居炒肝店、大众剧场、都一处烧麦馆、祥聚公糕点铺、正明斋糕点厂等仍是京城亮点。

鲜鱼口的式微是20世纪60年代之后的事。但这里至今底蕴仍在，走进这一带的街巷里，恍如走进了历史。当年的传统商业格局、老胡同的蜿蜒走向和临街屋宇的建筑风格，都在无言中显示着清末民初的风范，仅从鲜鱼口街到西兴隆街面上就有两层中式木结构小楼23栋，它们有的卷棚屋顶，风姿绰约；有的砖雕彩绘，极为精美；有的随街转角，别有情趣。走进附近的胡同，譬如草场一至十条、南北芦草园，从这些名字上就可以得知，这儿在老年间是官家存放芦草的地方。一点不错，早在元代，大都城垣是用土筑成的，为防雨水，城垣上用芦草苫盖，而所需芦草就存放在此。沿着南北芦草园胡同漫步，你还能它们由西北而东南的走向上看出明代三里河故道的遗痕。芦草园和草场一至十条的民居多为具有城南特色的小巧院落，街道不宽，行人不多，院子不像北京其他地方那样南北开门，而是东西开门，门楼也随街就巷，清雅有致。它们是老北京的另一种宅院建筑形式，不是北城那种官宦气息浓郁的端庄整饬的风格，它们绝不那般深不可测，而是随弯就斜，因地制宜，一派轻松自如的韵味。大太监李莲英的外宅也在这条街的东端，至今犹存，是一个坐南朝北的四合院，院落很大，西侧为南北通道，屋宇轩敞，现在由同仁堂使用，但有很大改动。

这一带贴近前门大街的布巷子、肉市、大江胡同等地方，清末民初时是北京著名的商街，尤其是纺织业的集散地，饭庄、布店、百货店等比肩而立，建筑多有中西结合的风度，本土的材料，本土的技艺，却揉进一些西洋的审

鲜鱼口老商号

鲜鱼口老商号砖雕

大蒋家胡同老铺华兴永匾

大蒋家胡同 20 年代老铺，一联三栋，楼内每层环廊相连，至为精美。楼外砖匾"兴华永"为晚清光绪、溥仪两代帝师朱益藩所书。

美元素，浑然一体，非常有味道。站在这些精雕细刻的艺术品面前看一看，就知道什么叫作"智慧"。

鲜鱼口是一条长街，其中段叫兴隆街，东段叫木厂胡同，这条长街西起前门大街，正对着大栅栏；东到崇文门外大街，正对着花市大街西口，把老北京两大商圈连接起来。鲜鱼口南北两侧，鱼骨似的伸展出许多小胡同，果子市胡同、肉市胡同和布巷子胡同的得名都是由商业而来，胡同里的铺户挨挨挤挤，连绵相接，名满天下的全聚德烤鸭店在没把门面设在前门大街之前，一直在肉市胡同里面经营了几十年。老资历的广和剧场也是在肉市胡同里。大江胡同、小江胡同和长巷一至四条、南北小顺胡同里，则是客店聚集之地。大江胡同、小江胡同以前叫大蒋家胡同、小蒋家胡同，"文革"中改了名，其实，这一带与水毫无关联。南北小顺胡同过去则叫南孝顺胡同、北孝顺胡同，在批判"忠孝"的年代里也改了名字。

相得益彰的邻街

鲜鱼口不是一个人在战斗，与它相邻的多条胡同也都参与了前门地区的商业和民俗繁荣，歌吟六百年。

鲜鱼口北面与之并行的打磨厂，也是横贯前门大街与崇文门外大街之间的三里长街，比鲜鱼口多一些民居韵味，但商业、馆舍也相当繁荣。它西头距离正阳门更近，著名的大北照相馆就是打磨厂西端的领航员，再往北就是护城河的河沿了。"大北"和月盛斋酱肉铺隔街相望,可谓天子脚下第一店。

打磨厂也形成于明代,最初有多家打磨铜器和石器的作坊,故而得名。《光绪顺天府志》记载这条街:"有玉皇阁、关帝庙,有粤东、潮郡、临汾、宁浦、应山、钟祥诸会馆。……铁柱宫本名灵佑宫,明嘉靖间建,祀许旌真人。萧公堂明万历间建,祀鄱阳湖神萧公,均江西公所。"可见,明代这里已是成熟街区。

打磨厂内养育出不少名店,著名的长春堂药铺就是在乾隆六十年的时候开设在打磨厂西段,后来由于失火,迁到崇文门外大街。打磨厂西头在清代时叫"戥子市",是个集中买卖戥子的地方。戥子是一种计量用工具,用来秤小型物件,譬如珍贵药材、象牙、珠宝、金银等。这种工具极为精巧,秤盘和秤砣通常为黄铜,秤砣很有趣,各种造型均有,有的刻有花纹、字号。细细的秤杆最为讲究,有骨质、象牙、虬角、乌木等。整个戥子装在一个红木盒子里,便于随身携带。现在,这东西已是一种收藏品了。

打磨厂中段以民居、会馆、饭庄、

打磨厂山西乔家院落大门

打磨厂山西乔家院落

杂货铺为多，东段则是旧京有名的书局一条街。街北是大有书局、义文书局、益昌书局、致文堂、瀚文堂、老二酉堂，街南是宝文堂、学古堂、文成堂、泰山堂、万居书局、文达书局、河北书局，从明清一直到抗日战争时期，这里出版印制的书籍行销全国，尤其是老二酉堂的课本，滋育了一代又一代北京、直隶的学子。如今，能张口念叨宝文堂和老二酉堂的人都已八旬以上了！如果说，北京的报业发轫于宣南，那么，出版业则起步于打磨厂。自明代到民国时期，这里的书局一条街是读书人必来的地方。

说起来，"宝文堂"是和中法战争名将刘永福有一定关系。这家店开创于清道光年间，原本经营账本，但后来业务不济，很难维持。1866年，刘永福出资，委托同族兄弟刘永和把宝文堂接收过来，经营上改为以出版、发行图书为主。进入近代，西方铅印技术来到中国，本土木版印刷遭遇空前挑战。宝文堂借款购置铅印设备，跟上时代潮流，业务得以继续发展。抗日时期，宝文堂编辑、出版了大量抗日文艺丛书，《大战喜峰口》《马占山抗日救国》等宣传抗日的书籍出版得非常及时、迅速。日本军队曾到宝文堂检查抗日书籍，但因宝文堂早有防备，使日军一无所获。老二酉堂创建更早，明朝末年就已立足打磨厂，光绪时靠一位太监的帮助，承揽了给清宫装订玉牒的业务。所谓"玉牒"，是皇帝的宗谱，清代玉牒记载了皇族子孙名谱，其中有婚嫁、生育、继嗣、封爵、授职、升迁、降革及死亡，按规定十年编印一次。玉牒所用的纸，是专门为皇家生产的特制榜纸，这种纸无论是印制古籍还是用于书画，都是上好的纸张，当时每张约合四块银元。老二酉堂在制作玉牒的机会中藏匿了大量的榜纸，以此积蓄了大量资本。老二酉堂一直经营到1956年公私合营。

那一带还有不少工艺品作坊。著名的戴廉增扇庄在这条街上经营了300多年，旧时行业都喜欢扎堆，除了戴记，曾经还有其他扇庄在这里，都是前店后厂的经营方法。折扇是一种雅物，扇骨、扇面都极其讲究，旧时南纸店专门有书画家挂笔单应活儿，如今大名鼎鼎的齐白石等都应过画扇面的活儿。

现在，民国以上的名人成扇已是天价了。

　　近年来，北京牙雕厂还在打磨厂路南小胡同里办公，从那里走过，谁料得到小院里面全是珍奇宝物呢？旧时这一带宫灯作坊也非常多，现在已无存。但同仁堂制药厂还在，这里原是同仁堂乐家的住宅，是1959年公私合营后，同仁堂要建自己的制药厂，于是乐家将打磨厂的住宅让出建厂。现在，我们还能看到那座在整个一条街上都非常抢眼的青砖红廊建筑。

永昌发在鲜鱼口与长巷头条相交处

老北京最浓的生活气息

　　商贾文化、民居文化、戏曲文化，在鲜鱼口一带构成了一幅凝聚在青砖里的北京民风。但毕竟天长日久，这里已经相当沧桑了。然而，鲜鱼口自有它的生命力，它还保持着几百年凝结起来的那种老味，你走在里面，不会感觉到拒人千里的森严和冷漠，它所给你的感觉，是家一样的温馨和亲切。

鲜鱼口永昌发老商铺砖匾

　　鲜鱼口有老北京最浓的生活气息，富人、穷人、商人、闲人，本地人、外埠人，都挤在这条长街和周围的胡同里，找寻着各自的生活。这里是拥挤的、喧闹的、开放的，红尘滚滚。它是世俗的，

长巷三条老饭庄，为三进院，旧时专办红事酒宴

鲜鱼口老铺

鲜鱼口天兴居

从来就与百姓的吃喝玩乐裹挟在一起。

就说"吃"吧，如果仅仅是几个大饭庄，那么它不会让人产生"过日子"的感觉。当然，鲜鱼口也不乏名满京华的食府，譬如便宜坊烤鸭店，但它更让人觉出市民生活味道的是那些小吃铺。小吃也能做出大名目，譬如"炒肝"。

炒肝是鲜鱼口对北京的一大贡献。同治元年（1862年），鲜鱼口路北新开张一家"会仙居"酒馆，除卖黄酒外，还卖"折箩"——所谓"折箩"，是把附近大饭庄的剩菜集中起来，重新加热，廉价卖给穷苦人。这"折箩"实属一种大杂烩，里面什么都有，在生活水平普遍低下的年头里，倒也不失一种解馋的方式。这中间还有一个传说：有一年，来了一位老者，要了两碗折箩，吃完一掏兜——没带钱，掌柜的说，您这么大岁数，白吃我两碗算不了什么！老人走后，伙计发现锅里的折箩越卖越多，大伙一想，刚才那位老者该不是什么神仙吧？甭管神仙不神仙的，总之生意是越来越好。后来，柜上对折箩又进行了一些改革，把其中的肥肠和猪肝挑出来用卤单煮，切成寸段，再勾芡加蒜末，于是，一种新的吃食诞生了，卖得不贵，很受老百姓欢迎。后来，会仙居又被旁边新兴的"天兴居"所取代，天兴居继承了炒肝，在选料和制作上更加求精，料鲜肉烂，卤味醇厚，用青花小碗来盛，使之成为一种独立的小吃，味道鲜美，远近闻名。

再说"买"。从清代到 20 世纪 50 年代，鲜鱼口一直是店铺联袂的商街，其中鞋帽店尤为集中，人们所熟知的"头戴马聚源，脚踩内联升"的马聚源帽店就在鲜鱼口街里路南。这家专为京城官宦制作朝冠领帽的老店创业于嘉庆十六年（1811 年），比后来的"盛锡福"整整早了一百年。马聚源是前店后厂的帽业经营模式，一贯的特色是用料讲究，做工精良，这里制作的朝廷官帽所用的红缨，专门取自西藏牦牛尾，用藏红花染色，缨丝匀顺，色鲜不褪。为保持质量，马聚源从来都是派人远赴西藏采购，绝不含糊。清朝被民国取代后，马聚源生产民用帽子，仍然工坚料实，深受四方欢迎。后来，马聚源迁到大栅栏。

此外，鲜鱼口还有田老泉帽店、天成斋鞋店等老字号，20 世纪 50 年代初尚有九家鞋店、七家帽店，是当时北京鞋帽业最集中的地方。最有意思的当数"黑猴儿帽店"，鲜鱼口路南，有一家杨小泉帽店，创于明代末年，店主为晋商杨小泉，他经营的毡帽作坊里养了个黑猴，这只黑猴很通人性，既可以给杨掌柜看家，也可以帮杨掌柜干活，让它拿什么就拿什么，让它送什么就送什么，成了杨掌柜的好帮手，所以杨掌柜十分喜爱这只黑猴。后来，黑猴死了，杨掌柜很悲伤。为了表示对黑猴的怀念，杨小泉请木匠做了一个坐姿的木质黑猴，并把这个"黑猴"摆在店前，很招行人和顾客喜欢。久之，人们就把这里称作"黑猴儿帽店"，杨小泉的生意较以前更加兴隆，以致自家伙计忙不过来，还长期从外面的毡帽作坊收活儿来卖。到了清朝初年，杨小泉的"黑猴儿帽店"旁边又冒出一个门前也摆着一只"黑猴"的帽店，这就是田老泉"黑猴儿帽店"。田老泉"黑猴儿帽店"规模更大，经营品种更多，除毡帽外还有皮帽、绒帽、呢帽、纱帽、草帽、毡鞋、毡袜等，生意也十分红火。

1958年"大跃进"中，两家帽店合并为震寰帽店，两店门前的"黑猴儿"也迁到震寰帽店门前。后来，帽店改为百货商店，人们仍把这儿简称为"黑猴儿"。黑猴成为商店的一个标志，店里的字号不大被人提起，人们一说"黑猴买的"，别人就知道是哪儿了。"文革"中，黑猴丢失，后来找到，作为文物被首都博物馆所收藏。

鲜鱼口旧时还有许多别的店铺，北京第一个经营"洋布"的天有信布店就在口内路北，那家店是清代道光年间创办的，经营百年之后，倒闭于日寇侵华时期。

再说"玩"。四五十岁以上的人都知道，20世纪五六十年代最红火最时兴的戏曲是评剧。那时的人们没有电视机，占领娱乐市场的是收音机，而其中的节目能够让男女老少都喜欢的则是评剧的播出，常常是一家的收音机播放，全院收听。比之京剧、梆子，评剧更宜编排新戏，用现在的话来说，就是"与时俱进"，马泰、魏荣元、筱白玉霜、新凤霞、喜彩莲、花月仙等，成为最受人们欢迎的演员，《秦香莲》《夺印》《向阳商店》《阮文追》等剧目的唱腔，很多人都能唱，就像现在的流行歌曲。

而那时评剧的大本营，就在鲜鱼口内的大众剧场。

鲜鱼口是老北京的一个标本。这里的老房已拆除不少，很多老居民搬走了，胡同里行人稀少。西段由于新开了一条南北车道，这条"鱼"被割断，远处传来东北大秧歌的声音，那大概是"刘老根大舞台"那边开锣了。

布巷子北口义丰泰老店，20年代是外国报界存放报纸资料的库房，后改为商铺

布巷子义丰泰老店

布巷子义丰泰老店大门

书香飘荡的天空

纬道

北京书多、书店多、书市多，自古犹然。所以，即便是西单路口、王府井大街这样"寸土寸金"的商区，也屹立着比之豪华商厦一点也不逊色的图书大厦。

北京是千年帝都，"天子坐明堂"，最高等级的考场设在这儿，全中国最有才华的文士学者都往这里集结，一代又一代；这里又有全国最高学府和最普及的教育，各类学校遍于街巷，一座又一座。在中国，哪里也没有像北京这样对图书有着无比巨大的需要量和辐射力，从古到今。

这，养育了京城图书业。

从大明门到琉璃厂

北京的书业远在元代就有了，到明代时，已成相当规模，集中在大明门右侧一带。大明门到清代改称大清门，是紫禁城最南端的大门，民国时称中华门，即今毛主席纪念堂所在地。《大清会典》载："大清门，三阙上为飞檐崇脊。门前地正方，绕以石栏，左右狮各一，下马石碑各一"，明永乐年间这座门建成，朱棣命大学士解缙题门联，解缙依古诗题为："日月光天德，山河壮帝居"。辛亥革命后，京兆尹王冶秋题写了"中华门"匾额。说起匾额，这里还有一件有意思的事，改悬"中华门"的时候，民国当局想省点钱，翻用旧匾背面，哪知取下大清门的旧匾，翻到背面一看：上面清清楚楚地刻有"大明门"三字：原来，此匾早在二百多年前已被"旧物新用"过一回了！

这座门的前面就是整个北京城的南大门——正阳门。进大明门，两侧是千步廊，中心御道直对着天安门。1954年扩建天安门广场，这座门连同千步廊及其外墙和东西两门拆除，原T字形广场变成正方形。而在明清时候，墙外，便是书肆扎堆的地方。中华门与正阳门之间，称"棋盘街"，是个商摊云集之处，再往西，是王朝的各部衙门，至今还遗留有"六部口"这一地名，此地官民往来甚多，朝官又同时也是读书人，书肆在此形成也便是很自然的事了。

清代除大清门外这一处书肆集中的地方外，当时还有广安门内慈仁寺（今报国寺），所谓"每值岁首，庙会甚盛，书摊罗列，城南词客往往流连于此。"王渔洋、孔尚任、朱彝尊等常到这里逛，留下许多题咏。孔尚任就有诗咏清初大文学家王士禛报国寺访书："弹铗归来抱膝吟，侯门今似海门深。彻车扫径皆多事，只向慈仁寺里寻。"但真正在北京形成规模并有重要和长久影响的图书集散地，是号称"东西两场、南北两街"的东安市场、西单商场、琉璃厂街、隆福寺街。此外，南城的打磨厂、宣外大街、杨梅竹斜街、廊房头条、广安门内大街，北城的地安门大街、鼓楼大街、东安门大街、翠花胡同、灯市口、东四北大街、头发胡同等街巷，也都是书肆、书摊和书局较为集中的地方，如果没有这些星罗棋布般遍布北京的"网点"，单凭"两场两街"支撑不起旧京满城的书卷气。但那些地方，或拆或改，早已不见当年的光景，有的连整条胡同都消失了。

古旧书和新刊古籍最集中的商圈是琉璃厂街。

琉璃厂卖古玩，这不假，但它的另一个重头戏则是书籍。琉璃厂的书在整个北京甚至全国都是最高品位的，为什么？因为它的"货源"和销售对象都是最高层次的。如果就刊刻印刷而言，北京并不能执全国书业之牛耳，北京令其他省区难以企及的地方在于，这里有最舍得花钱买书的最高层次和最多数量的图书消费群体。北京官宦多、文人多、学校多，又有各地来京赶考的举子们，他们传承着中国正统文化，也保藏着最好的书籍，他们是书籍最好的买家；同时，这里又有奇珍书籍最恰当的转让者——总有官宦显贵陷于没落，总有人通过各种渠道向市场输送货源。

大约在清代康乾年间，琉璃厂书市走向红火，成为整个北京最大的书籍集散地，最多的时候，这一带有书局、书摊71家，远远超出人们的想象。我们如果现在去琉璃厂，只能在东街把口的原海王村公园旧址看到中国书店，在西街看到古籍书店和其他几个显然很冷清的书店了。

琉璃厂书业的鼎盛时期是清代中期至20世纪中期。清代鼎盛时期编纂《四库全书》，受命于朝廷的文人们满世界访书搜珍，琉璃厂是最好的去处，出手阔绰的大员们一下子就让敏感的商家明白：商机到了！大量的售出，引来大量的凝聚，琉璃厂没法不火？"学者按图索骥，贾人饰椟卖珠，于是纸贵洛阳，声蜚日下，士夫踪迹半在海王村矣。"（云间颠公《纪京城书肆之沿革》）

辛亥革命前，科举制度又为这里凝聚了大量的"长线"顾客，进京赶考的士子们大都居住于正阳门外和宣武门外的会馆、客店中，距离琉璃厂很近，到那里逛摊买书该是文人们兼具休闲意味的乐事。此外，在朝中做官的人们，更是这儿的常客。辛亥革命后，几番动荡，又使这里祸福相倚，几乎成为社会变迁的特殊"晴雨表"。那以后的五十年间，琉璃厂经历了三起三落。

1900年，八国联军打进北京，京师藏书最富的翰林院惨遭战火。以前一直说是联军纵火，而后来有资料表明，是义和团和清军董福祥部联手攻翰林院隔壁的英使馆时，本欲从院里一侧施行"火攻"，结果反倒使包括《永乐大典》在内的无数皇家珍藏古籍灰飞烟灭。后来，院中残留的部分古籍以及民间特别是王府大户在战乱中散失的书籍经各种渠道流向琉璃厂，使之"货源"陡增。同时，这也刺激了书商的投入，据载，庚子之乱以后10年，琉璃厂仅新设书肆就达29家之多。此为"一起"。

1911年，辛亥革命震惊朝野，皇族权威一落千丈，北京作为"天子脚下"的敏感地带，人心惶惶，哪个还有心买书去读？于是，琉璃厂书肆立即萧条下来。此为"一落"。

20世纪30年代，是我国经济获得大步发展的一个黄金时期，琉璃厂也

琉璃厂邃雅斋古旧书店

迎来书业繁荣的新局面，这里新增书肆竟达71家，直到今天还在经营的"来薰阁""邃雅斋"等名店，就是那时出现的。此为"二起"。

然而，"七七"卢沟桥事变的枪声打断了这一发展的链条，日军侵华把整个中国经济发展的势头扭转了，琉璃厂一片荒凉。此为"二落"。

20世纪40年代初期，琉璃厂又出现一段恢复期，可称为"三起"，但1942年以后，"二战"进入更为激烈的全世界的震荡之中，琉璃厂终于再也没有达到往昔那种繁华境地。此为"三落"。

琉璃厂海王村旧址（今中国书店）

至于到了当代，整个北京商业和书业格局大变，琉璃厂以海王村中国书店为轴心的书业，仅以古旧书籍、国学著作、书法国画图册等为显业，新书市场的集散地则让位与西单和王府井的两大书城了。但每年的厂甸庙会上，图书仍是重要的项目，来这里买书的人很是不少。

说起海王村，那倒真是整个琉璃厂的镇街宝地。它本是一座公园，当初的大门是拱形的，现已无存，只有店前两株老槐向路人诉说古老的故事。如今，它的门面与一般商店几乎无二，不知根底的人甚至不晓得里面还包含着前后两个大院子。从大门进去，穿过很长一段甬道，就可来到中心大院。这里现在周遭是古董商店，围着中间的花园。花园十分雅致，最北边则是一个很大的展厅。从这里却不能到达后院，展厅把整个院落一分为二了。后院要从旁边的胡同里绕过去，院子也很大，每年的古

琉璃厂松筠阁书店

籍书市就在这里举行。北屋非常轩敞，很长时间里都是机关服务部，"文革"后到20世纪90年代，这里有许多在别处不大好买到的新书。说是机关服务部，其实谁去买都行，只不过知道的人不多。

琉璃厂在进入20世纪之后，还吸引各方人士来这里投资建店，康有为曾于1918年在这儿开设长兴书局，陈独秀也与琉璃厂的店铺有着瓜葛。至于到这里来逛街买书的，则从朝廷大员、文人墨客到中小学生都有，当年爱书的人，谁离得了到琉璃厂淘书的乐趣呢？漫说传统文化培养出来的文人、大学教授，即便是韦君宜这样的新知识女性也到琉璃厂旧书店去选购线装书，惹得书店的伙计用惊异的眼光看这位翻古书的少女。

琉璃厂书肆囊括书籍之多，可谓富甲天下，鲁迅先生称琉璃厂书肆为"开架的图书馆"，其言不虚。唐鲁孙评价琉璃厂："一家大书铺的存书，甚至于比一个图书馆的还多还齐全。旧书铺的服务，有些地方，比图书馆还周到，北京之所以被称为中国文化中心，由北平旧书铺，就可以看出一些端倪了。"

这可真不是今天所能想象的！

因此，琉璃厂又成为现代文人学者必不或缺的资料库，即便是"五四"时期那些把"打倒孔家店"喊得震天价响的新文化倡导者们，又有几个不是琉璃厂的常客呢？

对现代红学研究有巨大推动的胡适，其研究工作离开资料几乎不可想象，极为重要的敦诚《四松堂集》，就得自琉璃厂松筠阁。胡适曾经描述自己这一得书经过：

"我从大学回家，看见门房里桌子上摆着一部退了包的蓝布套的书，一张斑驳的旧书笺上题着'四松堂集'四个字！我自己几乎不信我的眼力了，连忙拿来打开一看，原来真是一部《四松堂集》的写本！这部写本确是天地间的孤本。因为这是当日付刻的底本，上有付刻时的校改，删削的记号。最重要的是这本子里有许多不曾收入刻本的诗文。……我这时候的高兴，比我前年寻着吴敬梓的《文木山房集》时的高兴，还要加好几倍了！"

之所以让胡先生这么高兴，是因为这部曹雪芹最亲近的朋友敦诚所作的书，是考订曹雪芹生平的重要材料，有了它，胡先生的"小心求证"便有了最有力的借助！

而这部书是胡先生托付书肆代为找寻的，书肆"受人之托，忠人之事"，全然视为己任。这其实是琉璃厂几百年传下来的商业传统，客人进店，几乎如同进入自家书房，尽可随意翻阅，你就是在那儿看上一整天，也不会有人打扰你。你累了，不想站着看，那么好，店里有条几椅凳，你尽可以坐下来心平气和地慢慢看。你要是学问够，点上某一种书，伙计会一摞一摞给你抱来，放在条案上，你慢慢看吧！此外，店里还备有茶水，供来客饮用，你如果想吃点什么点心，那你直接跟店伙儿说，他会跑去替你买来。倘或你在这儿买过一两次书，好，你的待遇还会升级，他们到了饭点儿，可能请你一同进餐！

像胡适先生得敦诚的书那样的待遇，也是平常事，很多文人教授都在自己的文章中回忆过彼时在家里翻看店里送来图书的往事。此外，您看完不买，没关系，店伙儿下次来再拿走就是了。还有，您留下书没给钱，不妨事，过后再结账，没人盯着您不放。

在那时，这里曾被沾点"洋味"的学者们亲切地称为"文化沙龙"，很多人的回忆录里深情地眷顾着琉璃厂。这是因为，这里不但是淘书的好去处，还是爱书者的一个聚会场所。用鲁迅在日记中的话来说："遇相识者甚多。"你能想象得出吗，于今被人们所景仰的20世纪的大文人们常常闲逛在这条小街上，与老掌柜聊着天，与老熟人打着招呼，或者就那么一个人静静地在路上走，有意无意地瞅一眼旁边老店玻璃窗里的物什。他们是胡适、陈独秀、李大钊、王国维、罗振玉、鲁迅、陈衡恪、陈寅恪、吴虞、周作人、林琴南、钱穆、沈君默、钱玄同、刘半农、朱自清、郑振铎……

老北京的琉璃厂，供养了编纂出《四库全书》那一代康乾盛世的士大夫，滋育了学贯中西的近代学者，熏陶了更多的不计其数的学子们。

这是无与伦比的光荣。

水之篇：商贾之门

243

厂甸庙会作家签名售书

厂甸庙会书摊

人人尽知朱自清是散文大家，其实他的旧诗写得也好，他有一首专说琉璃厂："故都存夏正，厂市有常期。宝藏火神庙，书城土地祠。纵观聊驻足，展玩已移时。回首明灯上，纷纷车马驰。"

周作人曾回忆说："厂甸的路还是有那么远，但是在半个月中我去了四次，这与玄同半农诸公比较不免是小巫之尤。"

这种读书人与琉璃厂蜜月一般的光景，自从"七七事变"之后，雾一样消散了。以后时局多变，琉璃厂跟着一惊一乍，气息不断小下去。

但一直到20世纪八九十年代，在劲松潘家园旧货市场未出名以前，琉璃厂还能给人以淘到便宜好书的惊喜。1992年，笔者在琉璃厂中国书店淘到一部《袁寒云住流水音名人题跋》，宣纸石印，是民国初"四大公子"之一的袁克文住在中南海时，请一群名流朋友雅集盘桓所作书画之影印。这部书，不过是袁二公子印来以文会友的，并不讲究什么"发行量"，所以应该说更不易得。那么多少银子？一十六元，我就把它请回来了！归来一看内页，尚有极漂亮的字写着"己丑三月廿五日得于宣内荒摊，价民券四十元"，己丑是1949年，当初不知是什么人让它流于街头"荒摊"，又不知是什么人把它买了回来，而后过四十余年经几多风雨又重回宣外，真是有趣。一部民国九年上海有正书局印行的宣纸石印的《宋拓苏书乐丰亭记》，厚厚一大本，书角被老鼠先生当早点吃去若干，但不妨事，字未损，也是十几元。一部民国五年石印的《刘石庵墨迹》，也是上海有正书局的，三块五，拿走！清末翰林潘龄皋的字帖，打磨厂文成堂石印本，一块钱，拿走！诸如此类，不暇细说，现在想来，跟白给差不多，只恨当时没多淘。

琉璃厂，勾过三百年爱书人的魂魄。这在全国是独有的。

隆福寺书肆

20 世纪初，北城隆福寺商街的书肆多起来。隆福寺的商气最初是由每月两次的集市带起来的，后来固定商店增多，成为北城最繁华的商品集散地。民国初，隆福寺的书肆获得很大发展，有三十多家贩书的专营店，这在今天看来简直是一种奇迹。而且，有些大一些的书店，如文奎堂、修绠堂等还自印新书发行。那时的隆福寺街是一条旧书铺林立的街道，有文奎堂、东雅堂、修文堂、修绠堂、粹雅堂、文雅阁、鸿文阁、稽古堂、三友堂、观古堂、宝荟斋、带经堂等书铺。

这里与琉璃厂一样，都以经营旧书为主，兼营新书。经营书肆的人，多来自河北南宫、束鹿、冀县等地，称为"河北帮"。

隆福寺地处北城,周围尽是吃皇粮的官绅、旗户,老北京人惯称他们为"宅门"。庚子之变乱了一通之后，辛亥革命接踵而至，"宅门"里再没有悠哉游哉的消停日子了，没了生活来源的"先前富过"的人们，纷纷从家里捣腾出箱子底来，或交给"打鼓的"换俩钱，或干脆自己直接拿到早市上摆摊去卖。那个时代，买书人真是赶上了千载难逢的好时候，漫说是善本、宋刻，就是皇家的藏书也照样上小摊。

著名的《红楼梦》庚辰本就是从北城旗人家中流出，由徐星署于 1933 年年初从隆福寺地摊上淘到的，当时花了八枚银币。这个本子公认是曹雪芹生前最后一个本子。保存曹雪芹原文和脂砚斋批语最多，脂批中署年月名号

厂甸南口民国京华印书局旧址　　　　　隆福寺旧书店

杨梅竹斜街世界书局旧址　　　　　琉璃厂商务印书馆旧址

的几乎都存在于此本。面貌最为完整，文字最为可信。1949年，燕京大学图书馆以黄金二两的价钱从徐氏后人手中购得，与原藏之明弘治岳氏奇妙全像西厢记（此书最古刻本）及百回钞本绿野仙踪（刻本皆八十回）并称燕大馆藏"三宝"。1952年北大与燕大合并，入藏北京大学图书馆。后来大量印行于世的《红楼梦》都是以此本为底本，补以其他版本而成的。

中国近现代那些在后来名声远播的大文人，胡适、鲁迅、李大钊、陈寅恪、钱穆、梁漱溟等，莫不以闲来逛书摊为平生最乐事。即以钱穆而论，他自1930年秋至燕京大学任教起，在北京八年，他后来回忆这段时光说："先三年生活稍定，后五年乃一意购藏旧籍……余前后五年购书逾五万册，当在二十万卷左右。历年薪水所得，节衣缩食，尽耗在此。"

这购书数量的确够惊人的，而这些书中有好多就来自琉璃厂和隆福寺。钱穆买书的方式今天看来很有趣，老先生自述其状："琉璃厂、隆福寺为余常至所，各书肆老板几无不相识。遇所欲书，两处各择一旧书肆，通一电话，彼肆中无有，即向同街其他书肆代询，何家有此书，即派车送来。北大清华燕京三校图书馆，余转少去。每星期日各书肆派人送书来者，逾十数家，所送皆每部开首一两册。余书斋中特放一大长桌，书估放书桌上即去。下星期日来，余所欲，即下次携全书来，其他每星期相易。凡宋元版高价书，余绝不要。然亦得许多珍本孤籍。书估初不知，余率以廉价得之。如顾祖禹《读史防舆纪要》之嘉庆刻本，即其一例。"

不知今天还有谁这样买书，亦不知还有哪家书肆这样卖书。

那时于书肆荒摊访书，不独对一般读者有益，即便对治大学问者也是一件不可或缺的事。钱穆作《先秦诸子系年》，便从小摊上多有所获。一次，他向胡适借阅所藏潘用微《求仁录》孤本，胡适让他和自己一同去另一间屋去取书，当着他的面打开保险柜，钱穆当即理解了胡适不便明言的深意：以此显示该书珍贵。后来，钱穆住在南池子时，一天傍晚，偶游东四牌楼附近一个小书摊，竟意外发现此书，仅以数毛钱购得。这岂不让同样嗜书如命的胡适大跌眼镜！

学者罗尔纲先生曾在《煦煦春阳的师教》中自述淘书往事说："本来我到了北平就养成访书的爱好，成为一个最感兴趣的生活。既囊有余钱，我到琉璃厂、隆福寺、头发胡同、东安市场各处书店、地摊、担子去访书的工作更走得勤了。那几本珍贵的曾国藩手批萧盛远所呈《粤匪纪略》，王韬手钞本谢介鹤《金陵癸甲纪事略》，左宗棠《致张曜书真迹》，明刻《今古奇观》残本，乾隆帝朱批《异域琐谈》，都是在这一年内访得的。此外，并专收清代军制的书。我历年陆续收得许多光绪、宣统年间创办新式军队的史料，后来我在中央研究院便得利用这些史料来写《晚清兵志》一书。"

由此可见，书肆、小摊对珍书秘籍的流传、对学界治学的贡献当不可磨灭。

正如钱穆先生后来回忆："北平如一书海，游其中，诚亦人生一乐事。至少自明清以来，游此书海者，已不知若干人。今则此海已湮，亦更无人能游而知其乐趣者。言念及此，岂胜惘然。"

是的，想当初，20世纪20年代中期北平图书馆建立之初，就从这里购买了许多书籍来充实库存，就连美国哈佛大学和国会图书馆，都有不少从这里买走的明清两代的地方志。隆福寺书肆的影响，不是今天能够想象的。

隆福寺近几十年几经变化，特别是20世纪90年代一场大火后，商气大减，现在除了白魁老号、明星影院等老地方和街面一排小服装店以外，别无所观。2003年，隆福寺东口外路西的新华书店也拆迁了，只是更远一些的灯市口路东，尚有一家古旧书店，然而亦有相当规模的一部分店面出租给服装业了。旧书业的馨香渐行渐远了。

东安市场和西单商场书商的崛起

北京旧日书业的另外两大重镇是东安市场和西单商场。

这么热闹的地界，哪能没有书肆呢？

当然有，而且还很多，很多老文化人都深情回忆过自己在东安市场淘书的经历。吴祖光先生在他的《一辈子——吴祖光回忆录》中专门写了《东安市场怀旧记》，里面说："当然不能不写一写东安市场的旧书摊，早在 30 年代中期，那条旧书摊集中的小街就成为我和同学们流连忘返的胜地，但那时毕竟年轻，看书只找些符合自己趣味的。到新中国成立后才和琉璃厂以及东安市场的书摊主人建立了深厚的友情，从 50 年代初期开始，书店老板们每逢星期天的早晨一定会来到我家。他们基本上掌握了每个送书对象的爱好和需求，把你喜欢的书，也包括一些字画和文物送到你手上。你买也好，不买也好，放下看一阵而仍叫他带走也好，他还会按照你的委托去为你寻求你需要的书，也会根据多方面的情况和别人交换或流通书籍材料…… 旧北京的文人，我们老一辈的名流学者大多享受过这样幸福的读书生活。"

诗歌评论家谢冕在《东安旧话》里这样说："东安市场是旧北京一景。清末竹枝词有句：'若论繁华首一指，请君城内赴东安'。那时游北京城，可以不去八达岭，不去十三陵，却不能不去东安市场。"

为什么呢？他细数了老东安的种种可人之处，当然其中便有书摊。他说："逛东安市场的旧书铺，也是人生一乐。在这里，只要有耐心，你想要的书，经过努力一般都能找到。我在解放前零星地购了万象书局印行的现代作家选集。这套选集共二十本，我那时已经积攒了十七八本。记得沈从文和周作人的两本，就是先后在东安市场配齐的。这套书我现在仍然珍藏着，闲时摩挲，总对春明书店的帮助心怀感激。"

一个地方，表面看来平平常常，但对有些人来说，是至关重要的，是与他的生命中的某一部分紧密相联的。所以说，一条街巷、一扇小铺甚至一个门牌，都是有生命的，它们是记忆的载体，是生活的印记，是情感的寄托，是灵魂的居所，是一代又一代人无言的传承。

然而近年来，我们的城，正被人极其简单地当作"地皮"、当作"面积"、当作抽象的"平方米"！

这无异于斩断城市的记忆和千百年来代代累积的文化血脉。

水之篇：商贾之门

还有人到东安市场去淘书吗？

说完"东边"，我们该说"西边"了。

西城的图书中心是西单商场。

现在人们所能看到的西单商场、华威商场已是现代商厦的模样，内里与别处商厦几无区别，而在民国期间，这里"埋伏"的书店竟有四十家之多！

这里书店的经营特点是教科书和文艺图书，吸引了更多的学生到这儿来买书。商场附近的学校有中国大学、民国大学、平大法商学院、平大工学院、北平市立师范、志成中学、师大附属女校等，每个学校都有学生千人以上，书的需要量相当大，西单商场的书店生意自然有了可靠依托。

然而，1937年春天的一场大火，使商场付之一炬，"七七事变"爆发，学校南迁，学生流失，西单商场书业陷入困顿。

书业，从来是盛世之业，与世道同浮沉。

走在今生的北京书业

最近50年，北京书业的大起大落，一点也不逊于过往的历史。

经过1956年"工商业改造"和1958年"大跃进""公私合营"地震般的动荡，遍布北京城的大大小小书店归拢起来，在此后很长时间中，北京的书业集中于"新华书店"和"中国书店"这两个系统之中，全都成为"大一统"了。书店的个性不见了，各处所不同的只是书的种类和数量之多寡。稍有差异的，是中国书店系统内的书店，新印古籍更多一些，但中国书店从总体上是呈大退步的趋势。尤其是进入90年代以来，随着"旧城改造"的遍地开花，原来遍布京城的旧书店一个接一个地从地面抹去了，没一个少一个，不会再重建。

"东西两场"中的东安市场，1993年推倒重建，1997年建成，叫"新东安大厦"，全是百货，唯独少了书的位置。后来在楼上添了占有很大空间的书店，但光顾者寥寥，2006年整栋楼又重新装修，再看吧！

西单商场，数十年中几经改头换面，一直是京城西半部的商业中心，书业却未能振作起来。2000年前后，西单图书大厦在西长安街建起，很有些像东安市场的书业没了之后王府井书店拆迁另建，总算在两条北京城里最繁华的地段保存了书业的种子。否则，那真是只能让人对空怅然了。

西单图书大厦

建东方大厦的时候，拆迁了东单头条、二条的整个街区和王府井南口东侧的肯德基快餐店与王府井书店，在王府井书店关门待拆的最后一天，北京爱书的人们久久站在它的门前，像告别一位远去的亲人。早已过了营业时间，但大门怎么也关不上，门里门外，店员顾客，谁都不愿离去，此情此景，在场者无不动容。

这在全国恐怕都是仅见的。

然而另一种情形却是此消彼长：一些民营书店多起来，甚至把触角伸进百姓社区，尤其是那些廉价书店，从出版社和书商那里"批来"的打折书，卖得很不错，有的还很有些名声。而买书人也学会了，直接去团结湖图书批发市场、海淀书城去买书，品种多，价钱便宜，许多在外面书店找不到的书，那儿却有。而且，你还能在那里"订书"，报上书名和出版单位，商家替你去找，然后通知你：您来取吧，有了！

读者在那里和一些民营小书店，倒是多多少少能找回点儿老年间书肆的感觉。

王府井书店

潘家园旧书摊 　　　　　　　　　　　地坛书市

　　当然还有连美国总统夫人都去逛过的潘家园旧货市场，你去挑吧，还能砍价，不是还不时传来谁谁淘到稀见珍品的新闻吗？那里的书，来自各个渠道，有不少是出版社的库底和小贩当废品回收上来的，对淘书人来说，有所发现，便是乐趣。

　　此外，北京的书市算得上是个创举，开始于1990年，最初在太庙，后来移到地坛，真是红火呀，那阵势比得上春节庙会，已经是北京文化的一道风景，绝不能少。每年春秋两场，在那里，各出版社直接亮相，作家们签名售书，各大书店唱着对台戏，数不清的民营小书店各具特色，卖书的、写书的、教书的、读书的，都来了，像过节一样。在书市上，你会感到，这真是一个爱书人结成的城市，老老少少，男男女女，读书种子绵绵不绝，你会不由得赞叹一声：到底是文化古都！

"八大祥"：
一街风流属谁家

纬道

清代统治者最初对商业是排斥的，刚进京时把所有的商业统统赶到外城，"凡汉官及商民人等尽徙南城"，内城只准旗兵及其家属居住。他们眼中有两个世界，满汉八旗是一个世界，绝对不允许做别的职业，平时吃皇粮，战时则出征；汉人是一个世界，工商娱乐之类由他们去做，朝廷是从来不关心的，只是收税。

可以说，北京老字号商业的崛起最先是民间自然生成的，它们的卓越代表是名播天下的"八大祥"。旧时北京有"头顶马聚源，脚踩内联升，身穿八大祥，腰缠四大恒"之说，"八大祥"是老北京最体面的绸布店。

"八大祥"都在前门大街和大栅栏一带，是山东孟氏集团字号中带"祥"字的绸布店。旧时人们的生活不像现在这样消费侧面五花八门，最重要的是穿衣吃饭，所以布店在人心目中十分重要。

然而，"八大祥"到底都是哪八家带"祥"字的绸布店，说法从来不一。

一个版本可以用侯宝林、郭启儒的传统相声《卖布头》里的一段说唱为代表，包括"瑞蚨祥、瑞林祥、广盛祥、益和祥、祥义号、谦祥益"，是六家。侯、郭二位先生都是"老北京"，不会说错，也不会犯"缺斤少两"的低级错误，事实上是它们中有的还有分号，都算上就多了。

一个版本来自天津，是孟氏集团的在津字号：瑞林祥、瑞生祥、瑞增祥、益和祥、谦祥益、庆祥、隆祥和瑞蚨祥。

253

一个版本来自孟氏的山东老家的发轫之地周村，分别为谦祥益绸布店、瑞蚨祥绸布店、鸿祥茶庄、瑞生祥银号、泉祥茶庄、阜祥当铺、春和祥致记茶店、瑞林祥绸布店。

在北京，祥字号绸布店最多时有 20 多家，而且，几十年间，增设、兼并、迁址、倒闭、重张之类的变迁从来没停过，"八大祥"所包括的绸布店一直是一个动态。它们都姓孟，但却不是一个主人，而是来自同治年间山东省济南府章邱县旧军镇孟姓家族。孟氏在山东获得商业成功后，向北京进发，最初设有两家：谦祥益和瑞林祥，都在前门，谦祥益在东月墙，瑞林祥在西月墙，经营丝绸锦缎和粗细布匹，大获成功。继而在打磨厂路南，开设了瑞生祥。至光绪初年，先后续开三家分店。谦祥益分支为益和祥，位于珠宝市路西。瑞林祥分支为瑞林祥东记，于前门大街鲜鱼口外。瑞生祥分支为瑞增祥，于打磨广西口外。19 世纪 70 年代，"祥"字号进入全盛时期。

光绪十九年（1893 年），瑞蚨祥绸布店在大栅栏开张了。它是孟氏集团在北京最晚开设的字号。

这很有趣，现存北京"八大祥"中连续经营一百多年未断线的只有谦祥益和瑞蚨祥了，一个是最早开设的，一个是最晚开设的。谦祥益在"文革"中改名为"前门丝绸商店"，但经营内容没变，近年把旧名又改回来了。

至于大栅栏里内瑞蚨祥东边的"祥义号"、西边的瑞蚨祥鸿记，都改过名称几十年了，也都曾作过普通百货商场，门面还在，但与"祥"无关了。前几年，瑞蚨祥还将用瑞蚨祥鸿记旧址做生意的一家公司告到法院，诉其冒用瑞蚨祥名称。官司是赢了，但"瑞蚨祥鸿记"的牌匾是文物，不能不让人挂着。

历史上八大祥最大的噩梦是庚子年的那场大火。1900 年，闹义和团，阴历五月二十，义和团大师兄带人进了大栅栏，见路北的大德记药房的货上有洋文，认定为"二毛子"所开办，浇上煤油就要烧，左邻右舍劝说无效，结果，火起大德记，却怎么也收不住了，任凭大师兄一劲儿念咒阻止，反倒越烧越旺。一天一夜，整个大栅栏外加附近的齐家胡同、观音寺、杨梅林斜街、煤市街、煤市桥、廊坊头条、二条、三条、珠宝市、粮食街和前门大街，烧成一片火龙，然后越过正阳门，烧过前门桥头、箭楼、东西荷包巷，直烧到东交民巷西口。这把火，烧毁民房 7000 多间、店铺 1800 多家。前外大街所有掌柜伙计和百姓，全被烧傻了，正阳门下，花团锦簇的半座城，只剩得满眼碎瓦炭灰，几缕残烟。

1900 年，北京的金融中心在珠宝市，银号、钱庄中所有的账簿、现银连同铸银炉房，全都葬于火海，整个北京市场陷入六神无主的混乱状态。

北京史上，除了李自成烧皇宫，这是损失最为惨重的一把火。

大火中，"八大祥"无一幸免。

此后，孟氏家族奇迹般地重生。孟觐侯以不足两万白银重建瑞蚨祥，十年之后，在大栅栏大街连开五个分店，走向新的鼎盛时期。瑞林祥并入鲜鱼口东记，谦祥益则迁至廊房头条，又在后门大街路东开设谦祥益北号。

调整后的"八大祥"地点是这样的：

瑞蚨祥：大栅栏

瑞林祥：前门大街

瑞生祥：前门外打磨厂

瑞增祥：前门大街

瑞成祥：（具体位置不详）

广盛祥：大栅栏

益和祥：珠宝市

谦祥益：廊房头条、后门大街

祥义绸布店：大栅栏

东升祥：东四牌楼

丽丰祥：西四牌楼

"八大祥"虽然都来自山东孟氏，各店却不是同一家掌柜，因此，它们之间有着激烈的竞争。最有背景的竞争是在瑞蚨祥和祥义号之间展开的，它们都有官场"内线"做后台。要知道，中国商人的成功之道，最高层的密码就是与官场的关系。

瑞蚨祥的东家是孟鸿升，起初，他在山东经营"万蚨祥"。从第二代传人孟洛川起，开始进京经商。光绪十九年，他投资 8 万两白银，委派在北京前门外布巷子经营山东"寨子布"的孟觐侯在大栅栏开设了瑞蚨祥，由于经营得当，越办越红火，而廊房头条的谦祥益一直想打进大栅栏，与瑞蚨祥争夺顾客。有一次，机会来了，大栅栏里的一家店铺倒闭要卖掉，谦祥益就要借此机会挤进大栅栏。最后，还是瑞蚨祥先下手通过同仁堂乐家把这个铺底接了过去，开了家东鸿记茶叶店，从而堵住了谦祥益向大栅栏的进发。

此后，瑞蚨祥不断买店占地，在大栅栏又开了西鸿记茶叶店、瑞蚨祥皮货店，占尽大栅栏的风光。那时，商家之间有经营理念和手段的较量，也有背景之间的较量。瑞林祥引来清宫总管太监李莲英的十几万两投资，而祥义绸布店的股东则是清宫大太监小德张。李莲英每来瑞林祥，店里上上下下直接称为"掌柜"，李莲英高兴得很。

现在，我们还能从这两家的门面上看出当年的激烈竞争。最初，两家的门面没什么特殊，1900 年那场大火后，各家都重建门面，瑞蚨祥围高墙，设前院，装铁门，气派非凡。东边的祥义号一看这样，也高档次建设，并且用了比瑞蚨祥还要漂亮的铁艺。不久以后，瑞蚨祥的铁罩棚可以升降，祥义号的比瑞蚨祥升得还高。正月十五，各商号大展自己的商品，瑞蚨祥和祥义号离得最近，早有准备，于是你红我绿、你方我圆、你美我奇，看谁的招人喜欢！

"八大祥"中，我们如今还可以找到瑞蚨祥、谦祥益、祥义号和丽丰祥。

现在的瑞蚨祥和祥义号还保持着那时的建筑风貌，从门外看就是整个大栅栏里最堂皇的门面。瑞蚨祥进门处当年为达官贵人购物时停车用的拴马桩、门面上的石雕、罩棚等仍保存完好。大门内首先是一个庭院式的过渡空间，你从拥挤的大栅栏一进入这里，立刻感觉清爽。店里有三个售货空间，前边的是给普通顾客预备的一般布匹柜台，里面是精细绸缎柜台，二楼则是高级顾客消费的地方，天井式的店堂，豁亮豪华。瑞蚨祥鸿记为西号，现在虽已

瑞蚨祥

瑞蚨祥鸿记门店

祥义号门面   祥义号店内

与瑞蚨祥无关，但其建筑仍是旧物，当年的风采依然可见。祥义号靠近大栅栏东口，是从前门大街进入这条古街以后看到的头一个最气派的古商建筑，精美铁艺赫然入目，谁都挡不住它的诱人魅力。

谦祥益在珠宝市北口，就在正阳门下。门面大方清朗，尤可宝贵的是北侧白墙上的金字广告语，一看就是老年间的味道。2006年春，这里要拆迁了，店员们不少都是几辈人在谦祥益柜台上工作的，最后的时刻到了，大家流了泪。他们说，这是没法向先人交代的。

拆迁工程的铁栏已在店前竖起，我按下快门，记下了这一时刻。

谦祥益，这个由孟子第66代孙、山东章丘县旧军镇孟兴泰于1830年创建的老铺，已走过176年。

谦祥益、瑞蚨祥等"祥"字绸布业的经营思想早已有不少文章予以总结，但有一点一直强调得不够：人们总是在谈晋商、徽商，出书、拍电视剧，然而，近代商业史上占有重要地位的浓墨重彩的一笔——鲁商，却谈得不够，远远不够！

早在明朝中期，山东商业已经萌发，清初，当晋商向省外进发时，山东商界也加快了抢占市场的步伐。瑞林祥和谦祥益在正阳门东西月墙的出现，是整个鲁商欲在京城唱响大戏的一个前奏。山东孟氏，只是鲁商的卓越代表，在他们背后，有一个强大的商业阵营，没有这个阵营作整体支撑，近二百年的风吹雨打，漫说"八大祥"，多少"祥"也会昙花一现。

鲁商不只是在北京做生意，他们的眼界和足力是全国性的。作为领军人的孟子后裔，明初迁居章丘，从农事转向商贸经济，陆续在周村和济南投资经商。到清嘉庆时，孟毓溪在周村开办的恒祥染坊兼布店，已嫌商圈太小，接连在北京、汉口和郑州等地开设分号。孟毓溪去世后，其子孟传珠继承父业，将字号改为谦祥益，引用进口颜料，生意越做越大，以后分号扩至北京、济南、烟台、天津、汉口、青岛等大城市，经营范围也由最基本的染坊、绸布、茶叶增至更大范围，同时，也积蓄了巨额资本。清末至民国年间，"谦祥益"先后在北京、天津、汉口及日本大阪等地开了 27 家分店，形成了一个庞大的商业连锁经营网络，此足以说明鲁商的精明和气魄。

从周村起步的绸布业谦祥益、裕茂公、八大鸿、六大瑞、荣德义、庆和永、三义太等，染坊业的东来升、东元盛、成记、义生永等，都在全国各地设有分号，其影响是全国性的，在中国近代民族工商业发展中居功甚伟，言其为民族工商业的摇篮，不为谬说。

绸缎布匹之外，茶叶也是孟氏家族的一个传统经营项目。"绸子，缎子，不如一把叶子"，茶叶的高额利润他们是早有体会的。还在周村的时候，茶店就与布皮共同为孟氏商业的左右两翼了，至今，1835 年由孟传珊创办的泉祥茶庄还矗立在周村大街老店原址，迄今已有 169 年历史，是"祥"字号经营历史最长的老字号之一。后起之秀瑞蚨祥，在大栅栏占稳脚跟后所做的第一等大事，就是接连在同一条街上开设了好几家茶店，这不会是偶然的灵机一动。

鲁商，是一个需要更多文字去解析的话题。

谦祥益店内

谦祥义珠宝市北口门店：正阳门下第一家

现代化都市的最初足音

纬道

最早的股份制企业：东直门自来水厂

北京市民告别水井的时间并不遥远，近几年的拆迁工程中，发现某个院子里有一眼水井，不算是新鲜事。旧时北京街巷里往往有集中供水处，唤作"水窝子"，水管进院是后来的事，最初哪个院子有水管，门楼上由自来水公司给钉上一个蓝色铁牌作标记。

20年前，走在一些胡同里，还能看到设在胡同不碍事的地方、几个院子合用的水龙头和下水池。大杂院里的居民有不少是全院合用一个水管的，冬天的时候，人们用草绳、旧布条缠在露出地面的水管上，给它"穿"上"衣服"以防寒，每天晚上还要记着"回水"，把水管里的水放尽，否则会把水管冻裂。就这样，第二天上午，太阳高照了老半天后，打开阀门，水还是冻的，需要用热水去烫开龙头和水管。不几天，水龙头周围就被冰包围了，小冰山似的，去打水须格外小心。相信每一个有过这种生活经历的人，都会有围绕水管子的故事。

北京居民用水现在已基本走完现代化的过程了，而最初的步伐是从1908年清政府筹建京师自来水有限公司开始的，其遗迹至今尚在，保存完好，十分难得。

慈禧太后"恩准"的股份制企业

让我们踏上京城最早自来水的寻觅之旅。

东直门交通枢纽，这个地方你一定不陌生，沿二环路从这儿继续往北，过几座居民楼，你从清水苑小区进去，就到了北京自来水博物馆。当然也有另一条路，从香河园路往东，也能到达。现在，这里一片静悄悄的，100 年前，却在这儿发生了一件开启北京市民饮水新篇章的大事，改写了北京人吃井水的千年历史。同时，也开启了北京股份制办企业的新方式。

那是在 1908 年，京师自来水有限公司由周学熙主持筹建，集资 300 万元，5 月开工，历时将近两年，建成东直门水厂、孙河水厂和 300 余里输水管线，1910 年 3 月 20 日实现首次供水。这项现代化工程还是慈禧太后"恩准"特批的，但她没能喝上自来水便归西了。

当初这样一个建水厂的动议有很大缘由是出于消防考虑。慈禧太后与袁世凯曾经有过一次议政，太后问京城出现火灾怎么办，老袁答曰：用自来水。于是，办水厂的事上了朝廷的议程。

京师自来水有限公司开始筹办了，有意思的是，它采取了民间筹款的股份制方式，当时叫"官督商办"，资金来源于"招商集股"，公司的股东会为最高权力机构，由清政府的农工商部负责监督。以股份方式集资运作公益和商务兼有的城市规划建设，这在今天看来也是一种先进模式。这一项目先由周学熙担任督办的天津官银号垫股本银 50 万两作为兴办专款，并每年拨银 15 万两作为保息，以保证公司信誉，另外 300 万元股金面向社会集资，很快被认购一空。

公司首任总经理周学熙曾是一位举人，在创办京师自来水公司之前办过中国最早的一批水泥厂和煤矿，还举办工艺学堂，培养中国本土技术人才，后来还两度做过北洋政府的财政总长。公司内部设董事会事务联络室、秘书室、技术室、总务科、会计科、材料科、营业科及供水科，成为完整的管理机构。

新开张的京师自来水公司曾免费赠水

京师自来水公司选定京城东北部的孙河（今温榆河）作为水源地，经 14 公里长、管径为 400 毫米的管道送到东直门水厂"来水亭"，经漂白粉消毒，进入如今已改成草坪的清水池中，然后用蒸汽机带动的水泵将水打到 54 米高的水塔，最终通过管线输送到各街道头水站。水站建有棚顶，设专人管理，配有专门给用户送水的水夫，市民多数人还是自己到水站购水。京师自来水股份公司发行"水票"，1910 年一个铜板可以买 4 张水票，每张水票可买水一挑，一挑水为 100 磅。

今天人们还可在这里看到搅拌漂白粉的两口水缸，约一米高，下端凿眼安有水龙头，想来，当年来水亭里的工人把缸里的漂白粉搅匀后，打开龙头，粉液淙淙流入水池，那情景虽很是"原始"，但却是当时的"先进生产力"了。

水厂于 1910 年建成后，北京城内 25 万市民开始改变饮水习惯。此前，人们都使用井水，当时市内约有 1200 多口水井，一些胡同就是因此得名的，譬如王府井、柳树井、大甜水井胡同、三眼井胡同，很多。自来水作为一个新事物来到人们面前，一些人还不适应，以前到井沿挑水出来就用，这回要花钱买了，再说，谁知这水怎么样啊？当时有传言说，此水是"洋胰子水"，不能喝。急得新开张的京师自来水公司向居民免费送水两个月，还花钱在媒体上做广告，同时四下里散发传单，才解除了市民的误会。

中德建筑风格的完美组合

京师自来水有限公司东直门水厂大院里，我们可以看到一组很有意思的建筑。

院子很大，这里早已不是生产单位，而成了北京自来水博物馆。人很少，周围一片静寂，远远地就看见一座奇特的建筑温和而又厚道地伫立在蓝天阳光下，红墙白柱，尖顶圆檐，窗低门阔，与北京街头偶然可见的教堂不大一样，但一派洋味却是不减的。

那是一座德式厂房，盖得一点都不含糊，看见它，你会想起自己所读过的德国童话，以为那是一座王宫，里面有王子和公主。

王子和公主是没有的，作为展品，大块头的水阀倒是有一些。当年这里是蒸汽机车间，巨大的蒸汽机作为动力源带动抽水机，将处理过的水灌到54米高的水塔里，从而沿着管线送往城内各水站。

走到厂房的侧面，你会感觉又有点像大礼堂或是电影院的门面。还有一样东西堪称一绝，车间东侧，是一座八棱形的烟囱，峻拔，精巧，檐口有很美的装饰，这让它保持着自己的"老味"。它是当年用糯米灌浆、磨砖对缝的中国传统方法建造的，当然结实得很。这种八棱形的烟囱在北京恐怕找不到第二份。它的不远处是近几年建的居民楼，两相比较，你会觉得新楼似乎并不比这根老烟囱美。

这种厂房和烟囱即使放在德国恐怕也是古董了。北京近几年的盖房热中，有一些楼盘喊着嚷着地标榜自己是"德式"，他们可能用了一些德式建筑元素，可要让人一眼望去便看出是

东直门自来水厂办公区大门

东直门自来水厂办公区老房

东直门自来水厂更房

东直门自来水厂来水亭

东直门自来水厂第一号水井

"德式"，恐怕难说。

而这墩墩实实的厂房却可以明白无误地告诉你，这是真正的德式。

大厂房后面是一个很大的后院，大片的草坪中，最北面的正中是一座外形很像北京展览馆剧场的建筑，那是建于1908年的"来水亭"，上下两层，周遭有雕刻精美的巴洛克石柱环绕，楼上覆绿顶，美丽得很。东侧拐角处是一座小巧的阁楼，也是两层，中式灰瓦顶，那是一座更楼，当年供值勤人员使用，也建于1908年，仍显得很结实。靠西头那座圆柱形建筑叫"聚水井"，是当年储水用的，建于20世纪30年代末。整个后院幽静极了，完全是一个庭园式的厂区，不亚于公园，置身其间，真有一种"又得浮生半日闲"的享受，让人不想走。当年，这一草坪所在地是水厂的蓄水池，整个北京的用水，在1949年以前都源于这儿。可惜，水塔已经不复存在，水厂的完整性受到损害。

大厂房前院是另一番景象，可以找到一些旧日的联排车间，显然简易得多，但那窗户与大厂房的窗户还是有着一致性的。

东直门自来水厂办公区门楼   东直门自来水厂车间

　　前院还有自来水公司的办公和宿舍用房旧址。门楼前有好几株美人松，
虽在严冬，枝叶也是一片绿色。它们靠门楼太近了，以致绕来绕去也不好拍
全这座有着精美细节的门楼。灰色和红色构成门楼的主体色彩，浑圆的门柱
和砖砌的装饰给它增添了几许洋味，而门额上的砖匾却是中国传统样式。

　　推门进去才知道，这是一个穿堂门，里面包容着三进大院子，里面正房、
厢房都十分俨然，檐下的花格木衬尤其好看。院里的房子现在用作旅馆，收
拾得很整洁，院心里还残留着积雪，此外别无杂物。很安静，遥想公司在宣
统年间开业时，院里该是进进出出的繁忙景象。百年过去了，开创北京现代
市政设施的人们也早已作古，办公室的房子却依然安好，把那样一个时代的
那样一群人以及他们的味道永远地留在院中，让今天站在院里的人去想象、
去揣摩。

中国铁路最初岁月的见证

　　来到北京正阳门的人都会看到位于东南方的这座清代末年的建筑，高耸
的钟楼帅气笔挺，浅灰色楼身舒缓悠然地横亘在便道旁，任人们从身边川流
不息，阅尽门里门外人间百态。

　　它就是北京前门老火车站，正式的名字镌刻在拱形楼额上："京奉铁路
正阳门东车站"，繁体字，从右往左读，透着一股老派。从这儿往北，穿过
正阳门城楼可到达天安门广场；往南，紧贴着热闹的前门大街；东边延伸出去，

京奉铁路正阳门火车站

以前是护城河，现在是前门东大街，街北的东交民巷过去是北京最早的使馆区，现在仍有许多旧房子，埋藏着过往的故事；西面相望的，以前也有一个火车站，叫前门西车站，是属于京汉铁路的，现在已不复存在，变成快餐店了，但那里的南侧，却是鼎鼎大名的大栅栏商圈。

　　老车站所在的地界真正是万金不换。

　　老车站始建于清光绪二十九年（1903年），由英国人修建，当时是全国最大的火车站。老车站本身就像是北京的一个大门，许多年里，南来北往的客人经由这个门各奔前程。老车站是见过世面的，1905年9月24日清廷五大臣出国考察，从这里刚一登上火车，就发生了安庆青年吴樾以炸弹刺杀五大臣的惊人事件。五大臣受伤，吴樾当场牺牲，刺杀大计虽未取得全面成功，却震惊整个中国，清王朝愈加感到末日来临。

　　五十多年当中，几乎所有来过北京的政界、商界、文化界、教育界的人物和平民乘客都是从正阳门车站进出这座古城的。1912年、1924年孙中山曾两次抵京，都是在东车站下车的，第一次是在1912年8月24日，孙中山来北京与袁世凯共商南北统一大事，交通部备好特制花车到天津迎接，东车站盛大的欢迎场面宛如节日。孙中山又于9月1日从这里乘专列视察了京张铁路。1924年直奉大战中，10月，直系冯玉祥突然杀回北京发动政变，推翻曹锟政权，迫使吴佩孚离职，同时将溥仪从紫禁城赶出，冯玉祥、段祺瑞、张作霖邀请孙中山来京共商国是。孙中山抱病北上，12月31日下午，乘专列抵

一门一世界

达北京东站，受到北京十余万人在站前及沿街欢迎。来年春，1925 年 3 月 12 日，孙中山因患肝癌在北京逝世，灵柩也是从前门东站上车运往浦口的。5 月 26 日，孙中山灵柩由杠夫从香山碧云寺徒步抬到前门火车站，移灵仪式从零点就开始，祭奠礼之后启灵，哀乐炮声同时响起。河北省政府主席、代理平津卫戍总司令商震骑马开道，迎梓队伍经西直门入城，穿越整个古城，经十余小时到达前门车站。下午 5 点，前面铁甲车开道，后面铁甲车护卫的灵车缓缓驶离北平车站。天安门广场鸣炮 101 响，向这一代伟人告别。专列在全市工厂的汽笛声及礼炮声中徐徐开启。这一仪式，成为前门火车站历史上场面最为隆重的历史事件。

前门火车站是许多重大历史事件的发生地，同时，它也是中国铁路发展史的见证。

铁路来到中国，恰是清王朝急遽走向下坡路的时候，经历了一番反复折腾才站稳脚跟。

1863 年，直隶总督李鸿章首倡从江苏的淮安到北京修建一条铁路，朝廷根本没有理会。1865 年李鸿章再与顺天府议妥，由英国商人杜兰德在宣武门外修了一条 1 公里的铁道，全部费用由英商出资，这是中国的土地上出现的第一条铁路。这条铁路出现后，国内保守派惊骇于火车"疾驰如飞"，视为怪物，不久就由清政府禁行并拆除。

1973 年，中国皇帝举行婚礼，英国机器制造商兰济，筹资 50000 英镑，拟购机车 2 辆。客货车 3 辆，铁路 30 里，准备作为婚礼送与清廷，被一口拒绝。1876 年，英国怡和洋行终于在上海修筑了一条营业性窄轨吴淞铁路，运营了 16 个月，运送旅客 16 万人，效果甚佳，然而却被清政府以 28.5 万两白银赎回，拆毁后废弃。

1878 年，力主洋务的李鸿章还是不死心，与英国商人议妥，从中南海紫光阁到北海静心斋修建一条 2000 米的御用铁路，为的是让"老佛爷"看明白火车到底是咋回子事儿！于是就发生了用太监人力牵引的奇怪景象，但慈

京奉铁路出城处，今东南城垣角楼入口

京奉铁路一号信号房文物建筑，位于崇文门与东南城垣角楼之间

禧到底有些明白了。1881年11月8日，中国第一条营运性的铁道在唐山到胥各庄的线路上开通，但开始时又出现奇闻：用骡马拉着车厢走，因为怕蒸汽机车的巨大声响惊动了东陵地下的列祖列宗！直到第二年才改用机车牵引。

京奉铁路最早肇始于清光绪三年至七年（1877—1881年）修建的唐山至胥各庄铁路，光绪十七年（1891年），这段铁路延展为津榆路（天津至榆关，即山海关）。二十二年（1896年）从英国借款修筑北京至天津的京津铁路，二十四年（1898年）竣工。二十九年（1903年），又从山海关延展到奉天（沈阳），至此，京奉铁路全线建成。

北京的火车站最早在城南马家堡，英国于光绪二十七年（1901年）接管了北京至山海关的铁路后，将火车站从马家堡推进到正阳门东侧，共有三座站台，其中两座是风雨棚。候车室在车站的两端，普通旅客在站内大楼候车，头等舱、二等舱则备有专用候车厅。站内设有问事房、客票房、行李房、公用电话、厕所、无线电报等。

光绪二十二年至三十一年（1896—1905年），京汉铁路各段相继建成通车，自北京正阳门西站通达汉口。光绪三十一年至三十五年（1905—1909年），修建了从北京西直门车站至张家口的京张铁路。1915年12月，从西直门经德胜门、安定门、东直门、朝阳门到前门东站的线路完工，京张铁路和京奉铁路接轨。1921年京张铁路延伸至绥远，全线改称京绥铁路。从此，全国三大铁路干线汇集前门车站，北京成为全国交通中心，正阳门东、西两座火车站对峙，成为北京城市建设的特别一景。

前门火车站一直使用到1959年9月15日，它为中国铁路运输效力了半个多世纪。它的存在和运营，也成为附近前门大街商圈持续繁荣的有力支撑，至今，我们还可以在前门大街左右的许多胡同里遇到旧式旅店、货栈和商铺。前门西车站在1958年被拆除，前门东车站停用后的很长时间里则一直作为北京铁路职工俱乐部内部使用。20世纪70年代北京修建地铁时，将老车站的建设有所改变。钟楼的位置由南侧变成北侧，但建筑整体外观仍保存了历史原貌。20世纪90年代这里改建成前门老火车站商城，2004年，前门东车站被北京市评定为文物古建筑，2008年筹备改为北京铁路博物馆，但仍有一部分临街房屋作为商场用房，出售旅游商品。

前门火车站成为很多人的历史记忆。北京作家老舍先生在他的小说、散文中一再出现这座正阳门下的老车站，他笔下的许多人物曾经以各自不同的命运出现在这儿。北京史专家侯仁之先生记述自己的印象最为感情深切："我作为一个青年学生对当时称作文化古城的北平，心向往之，终于在一个初冬的傍晚，乘火车到了前门车站。当我在暮色苍茫中随着拥挤的人群走出车站时，巍峨的正阳门和浑厚的城墙蓦然出现在我眼前。一瞬间，我好像突然感到一种历史的真实。从这时起，一粒饱含生机的种子就埋在了我的心田中。在相继而来的岁月里，尽管风雨飘摇，甚至狂飙陡起摧屋拔木，但是这粒微小的种子，却一直处于萌芽状态，把我引进历史的殿堂。"

与前门火车站属于同一时代的还有西直门火车站。旧时，它处在西直门外稍北些的巷子里，走过一段不短的路，到尽头的时候老火车站就在眼前了。

平绥铁路西直门火车站

现在，这里经过扩建，称为北京北站，一派现代景象，老车站作为文物不再使用，保留在新站旁。

最初，这里叫作平绥铁路西直门站，是1909年詹天佑大师修筑的京张铁路南起第二站。京张铁路南起北京，北至张家口，车从丰台柳村发出，首站为广安门站，第二站为西直门站。这条线路后来又有所延伸，到达绥远，所以改称平绥铁路，但人们还是习惯称它为京张线。京张线是中国工程师詹天佑以极大的智慧和毅力主持建成，有很多创造性发明，尤其是"人字形"轨道的成功策划，克服了北部山区山高坡陡的高难度问题，举世震惊，极大鼓舞了国人。西直门火车站端庄谨严，中规中矩，乘客去往张家口、齐齐哈尔、赤峰、隆化、通辽、满洲里一带均由此站上车。

北京市首批《北京优秀近现代建筑保护名录》将西直门火车站收入名录。老车站虽已退出实用历史，但它的象征意义犹在，它是中国人自主建设铁路的历史见证，与京张线上青龙桥等老车站共同成为铁路、文物和摄影爱好者特别钟情的地方，这条铁路与詹天佑的伟大名字一起成为国人自强不息的激励和骄傲。

木之篇：文翰之门

　　刘春霖从直隶肃宁来到京城住下来。这一天，他和同伴穿过崇文门，斜向里进入鲤鱼胡同，再往北，就是贡院了。这年真是刘春霖鲤鱼跳龙门的一年，他不但在贡院顺利完成考试，而且又从东华门走进紫禁城，在保和殿参加国家最高级别的考试。在汉白玉丹陛的台阶上，他只觉得眼前是一片白花花的石头海洋，没有朝着更远的地方瞭望，他让自己的心往下沉，往下沉。

　　皇榜张贴在长安左门，一等一甲赐进士出身就是他刘春霖。

　　后来听说，殿试后，主考官先报上的头名为朱汝珍，西太后问：哪儿人啊？主考官答曰："广东。"

　　广东？

　　西太后不悦。这几年天下很不稳，闹得最厉害的就属广东，那个叫孙中山的乱党不就是广东的么？让朝廷头疼的几个人都出自那个地方，太平天国的洪秀全、戊戌时候在朝廷搅浑水的康有为和梁启超，都是广东人。慈禧听到朱汝珍的名字，不由又想起死去的珍妃——那也是一个令她不快的人。

　　"还有谁？"

　　于是又呈上"三甲"中的另一个名字：刘春霖。

　　这一年，举国大旱，赤地千里。朝廷太需要一场好雨了，这名字，听上去就祥瑞。直隶肃宁人？好！于是，"春霖""肃宁"的好字眼终于博得太后的首肯。

　　1904 年，刘春霖成为中国科举制度最后一位状元。

　　此后几天，在天安门东侧的长安左门看皇榜，到孔庙拜祭，观看历代进士碑，进国子监太学——从进入北京到荣登进士之首，所有的活动大体都在帝都的东城。

东方甲乙木。

整个北京城是按照《周礼·考工记》来营造它的城市体系的："匠人营国，方九里，旁三门。国中九经九纬，经涂九轨。左祖右社，前朝后市。"城市的各个部分都有堪舆学的依据，如果按中轴线把北京分成两半，所有与"文"有关的设施都在东部，所谓"左文右武"，正阳门东边的城门是"崇文门"，而西边的是"宣武门"，在皇城之内，东边是文华殿，西边是武英殿。皇家藏书楼文渊阁，也建在靠近东华门的地方。

这正是我们把所有"文"的东西归于"木"位的缘由。

从元代到清代，"文"的建筑都置于皇城东侧，举世皆知的《永乐大典》和更多珍贵典籍是收藏在台基厂翰林院的，只有一个地方——皇史宬，安排在皇城西侧的南池子大街里。为什么呢？

皇史宬，皇家的档案馆，最重要的收藏是石室金匮中的皇帝御像、实录、圣训、玉牒153台。按中国古训，"左文右史"，所以，作为图书馆的翰林院、国子监和文渊阁在左，那么，作为历史资料库的皇史宬置于皇城之右，方得圆满。

历史给北京留下太多的文翰，文化的印痕深深沁入这块土地上每一块青砖灰瓦当中。它们中有些幸运之极，一直流传至今；有些则是刚刚逝去，就在昨天。

17世纪开始，外国传教士已带来西方科学，利玛窦、南怀仁、汤若望等几十位多年在华传教士的墓园至今还静静地掩映在车公庄党校大院里的绿柏中，证明着中西文化交流最初的华章。

墓园的那座石坊，石门已经不见，坊柱上只剩下一个石狮，也已残缺，远看还能见出整体轮廓。这是中国皇帝赐给利玛窦的安息之地，石坊和御制巨碑标志着极高的规格。石坊北面由栅栏围起的几十座墓碑，记录着这些来华高等级教士的生平业绩。

这是一个独特的石头坊门。它也是一种门，它的命运与它所象征的中外交流一样，起伏跌宕，一言难尽。

石坊和它背后那些石碑在 20 世纪 60 年代曾被打碎砸烂，近些年重新收拾起来，恢复成墓园。这么僻静的地方，忽然来了一群人，高呼口号，抡锤就砸。哄然而至，又哄然而散，俨如玩笑，留下的是历史的裂痕。

各种文化人在北京聚集。砖塔胡同西口那座小门里，曾经有万松老人出入，那是位大元帝国的"帝师"。过了 600 多年，另两位文化人住进这条胡同：鲁迅和张恨水，不错，他们虽是两路人，但他们又暗地里互相读过。

自明朝而起一直活跃到民国的各地在京会馆，成为北京南城的一道异彩，它们把民俗、人情、文化和商业高度凝聚于一堂，留下一座至今尚未充分开掘的文化富矿。

元明清三代的文踪艺迹荦荦大端，数之不尽。马致远那样的元曲家、李卓吾那样的思想家、纳兰性德那样的词人、曹雪芹那样的小说家、李笠翁那样的园艺家、朱彝尊那样的文史学家、孔尚任那样的剧作家、王懿荣那样的文字学家、王国维那样的词论家、梁漱溟那样的儒学家、胡适那样的教授、鲁迅那样的文学家、齐白石那样的画家、邵飘萍那样的报人、蔡元培那样的教育家等，无不是国内相关领域内的第一等奇才和领军人物，我们在北京都可以找到他们的遗迹。

推开他们留在北京的门，一座又一座，让历史的熏香环绕着我们，告诉我们是从哪里来的，到哪里去？

古槐下的读书声

这是一条古香古色的胡同，西起安定门内大街，东抵雍和宫，一路绿槐逶迤，四座冲天牌楼，撑起这条胡同超凡脱俗的天空。它是北京最古老的胡同之一，从元代流传至今，平时，街上少有人行，居民不多，占地最大的是两处古代学问机构：国子监和孔庙，成为这条胡同的骄傲，以致胡同的名字都直接叫作国子监街。

虽然我住的地方离这里很远，但一有机会，我便在这条街上走一走。整洁、清静、文雅，营造出这里古意悠悠的味道。这在别的地方很难寻到。

国子监是古代的最高学府，监管全国教育行政。汉代开始在京师设太学，隋代以后改称国子监，隶属礼部。国子监还具有一定程度的监国功能，可以弹劾官员，议论国政。北京的国子监是元代于1306年建立的，东邻孔庙，体现着古代"左庙右学"的规制。明清两代全面承袭了国子监功能，直到戊戌变法来临，1898年成立了京师大学堂，1906年设立全国最高教育行政机构的学部，国子监才退出历史舞台。

仅仅一百年前，这里还是全国最有学问的人进进出出的地方。

站在国子监的门前，你可以看到，按照传统方式，一座国家机构建筑物的大门应该是什么样子。

国子监的大门称为"集贤门"，比一般的王府大门高出一个级别。门柱

大门现在复旧为黑色　　　　　　　　二门里琉璃牌楼正面

黑色，庄重肃穆。对面留出一个空场，有八字照壁围拢，极为弘阔。旧京凡重要建筑大门前都要有这样一个空场和照壁，绝不会直接让对面有建筑物遮挡视线。这是一种规格。

国子监整体建筑坐北朝南，中轴线上分布着集贤门（大门）、太学门（二门）、琉璃牌坊、辟雍、彝伦堂、敬一亭。东西两侧有四厅六堂，构成传统的对称格局。

进太学门，迎面可见的琉璃牌坊是北京现存的最漂亮的琉璃牌坊之一，为三间四柱七楼庑殿顶，正面额书"圜桥教泽"，阴面为"学海节观"，彩画极其华美，整体造型雍容华贵。

辟雍是最为独特的一处建筑，建筑方式为北京所仅见，是国子监的中心建筑，坐落在圆形水池中央，呈天圆地方之势。桥下有水，汉白玉桥栏重重围拢着这座方型重檐攒尖顶殿宇，四面开门，台阶六级。乾隆皇帝之后，每逢新帝即位，都要来此做一次讲学，以示朝廷对教育的重视，对人才的尊重。

辟雍两侧为六堂，分别是率性堂、诚心堂、崇志堂、修道堂、正义堂和广业堂，是贡生、监生们的教室。现在，这些教室里陈列着当年的设施和用具，看到此情此景，你会觉得，仅仅一百年，天下已经大变。也有不变的，那就是尊师重教。

辟雍之后的一排房子是彝伦堂，元代时候叫崇文阁，明代永乐时改名为彝伦堂，乾隆建辟雍之前，历代皇帝是在彝伦堂讲学的，后来这里改为藏书处。

这种藏书功能一直延续到 21 世纪初。清帝逊位，民国建立，教育部在

木之篇：文翰之门

双层外圆内方汉白玉栏杆清水环绕的国子监辟雍

教室之一的博士厅

师长授课席位

博士厅内景

敬一之门

北京建图书馆、博物馆，时为教育部社会教育司二科佥事的鲁迅负责寻找合适地点，来到国子监考察。鲁迅在 1912 年 9 月 5 日的日记中记载："上午同司长及数同事赴国子监"，等等。鲁迅在国子监详细清点所存文物，共计 57 127 件。后来在很长时间里，国子监变身图书馆，而紧挨着它的孔庙变身博物馆。国子监和孔庙重新独立出来，是最近十年以内的事。

我对作为图书馆的国子监印象极深。20 世纪 80 年代我上大学的时候，北海西侧的"北图"和国子监院内的"首图"都是课下常来的地方，国子监这边特别有意思的是，整个彝伦堂是一个阅览室，简直一望无际！我在这里查阅到不少老书，几十年没人动过的很冷的书，封面绝不像现在的书那样火爆热闹，而是沉静得近乎冷酷，里面藏着的往往是神秘的历史一角。

借书出来，在院子里的绿荫下阅读，简直是一种奢侈。蓝天古树，红墙旧屋，俨如画中。

国子监院里的古槐和古柏是非常壮观的一景。这里的古槐大多种植于元代，距今已七百多年。最著名的一棵古槐是彝伦堂前西侧的那棵伸展着双臂的"吉祥槐"，为元代国子监第一任祭酒许衡所植。

许衡是有大学问的人，但此槐却没有叫"许衡槐"，李白说得不错："古来圣贤皆寂寞。"之所以称"吉祥槐"，是因为明末此槐已死，清乾隆十六年初夏，忽又重新发芽长叶。此时正值乾隆生母 60 寿辰，人们忙不迭地认为此乃吉兆，百官题诗庆贺。更有大学士蒋溥奉旨到孔庙祭先师时，得知此事，夜宿国子监，连夜绘出一幅古槐图，呈给乾隆皇帝，乾隆皇帝一高兴，也作《御制国学古槐诗》，群臣应和，一时热闹得很。乾隆的古槐诗和蒋溥的古槐图及众大臣的诗文刻在碑上，立在树旁，现在移到孔庙西侧碑林中了。

国子监最有名的文物是十三经刻石 189 座，加上"御制告成"碑共 190 座，非常壮观，原立于东西六堂，现移到国子监与孔庙相邻的空房里，都是国宝级的文物，来者不可不看。

孔庙则是与国子监完全不同的场所，国子监兼学校与国家机构与一体，而孔庙是祭祀孔子的庙宇。我国祭孔活动最早始于公元前478年，即孔子卒后的第二年，鲁哀公将孔子故宅辟为寿堂，开始对孔子的祭祀，然而那还只是"诸侯之祭"，真正"国家之祭"始于公元前195年，那一年已经统一天下的汉高祖刘邦在鲁国故地首次以等同祭天等级相同的礼仪即"太牢"之礼祭祀孔子，自此，"祭孔""祭天""祭黄"一起成为绵延2500年的"三大国祭"。

北京孔庙始建于元大德六年(1302年)，大德十年(1306年)建成，为中国元、明、清三朝祭祀孔子的场所。1307年元成宗铁木尔特诏命孔子加谥为"大成至圣文宣王"，并刻"加号诏书"石碑，此碑现仍耸立在大成门前。1331年，元文宗又下诏恩准孔庙配享宫城规制，许孔庙四隅建角楼，清乾隆二年（1737年），清高宗亲谕孔庙使用黄琉璃瓦顶，北京孔庙的建筑规格提升到皇家级别。北京孔庙可谓是一座"跨时代"的建筑，清代末年，天下已经乱成一锅粥，朝廷还不忘修缮北京孔庙，直到清朝覆亡，工程仍在继续，一直延续到民国。

全国县级以上行政单位都有孔庙，这也是中国文化一大特色。北京孔庙在诸多孔庙中规模位列全国三大孔庙之一，门内院落共有三进，中轴线上的建筑从南向北依次为大成门、大成殿、崇圣门及崇圣祠。孔庙从1928年起对外开放，供人游览。大门称先师门，保持元代风格，这在北京是不多的。大门对面是黄瓦红墙琉璃影壁，院墙外有下马碑，都昭示着孔庙的至高规格。

孔庙的大门是北京留存不多的具有元代风格的建筑，斗拱壮伟，风格质朴。二道门"大成门"则金碧辉煌，尤其值得一提的是门内两侧陈设着24柄古代兵器，故此门也称"大戟门"。

这里最令人乐道的有三点，一是收藏有元、明、清三代的进士题名碑198块，题刻历代进士5万多名，中国古代科举精英历历在目。二是大成殿前有一株600余年树龄的古柏，名"除奸柏"，亦名"触奸柏"，相传有一年明代奸相严嵩前来祭孔，走到大成殿前的台阶时，头冠被这株柏树碰掉了，于是得此令名。三是大成门放置的先秦陈仓石鼓。陈仓石鼓为国宝，现存于故宫博物院，目前列于大戟门的十面石鼓为乾隆仿刻石鼓。

具有元代风格的孔庙大门　　　　　　　大成门前八字影壁

　　唐贞观元年（627年），石鼓在陕西宝鸡岐山北坡出土，以其地命名为"陈仓石碣"或"岐阳石鼓"。十座石鼓上都刻有两寸见方的文字，数字不等，共700多个，为当时金石学家所未见，多有不识，人人惊奇。经研究，认定为小篆之前的古文字，因见于石鼓，称石鼓文，其实乃是大篆。

　　这批石鼓文的内容俱为四言诗，描述了秦地先民田猎游乐往事，字则古朴朴质，周正谨严，填补了小篆之前古文字的空白，后世书法家多有临摹。至今，最早的天一阁北宋拓本已毁，稍后的北宋拓本《前锋本》《中权本》和《后劲》本又流失于日本河西氏处，殊为可惜。近代郭沫若在日期间用甲骨文初拓本换来有关照片。

　　最初，这笔国宝并未被朝廷重视，久置旷野而任由风雨。唐肃宗西狩凤翔时忽记起此事，将石鼓搬到城内，其后安史之乱发生，石鼓流落。韩愈任国子博士，曾强烈要求将石鼓搬入太学加以保护，但直到元和八年（814年）建议才被采纳，然而十面已丢其一，剩余九面被移入凤翔文庙。五代十国，天下纷争，石鼓再次失落，到宋仁宗时始下诏在全国征集失落之石鼓，最终仍是十缺一，皇祐四年（1052年），有金石家从原拓片中得其线索，在一屠户家找到被用作杵臼和磨刀石的遗失石鼓，但此鼓已被切去了上半部，仅存下半部四行残字。至此，十面石鼓可以辨认的文字仅有432个，为防字迹再遭损坏，雅好文翰的宋徽宗下令用黄金填注石鼓文。不久，靖康之变发生，石鼓被金人掳至燕京，金人只看中文学上多填黄金，将黄金剔去后，石鼓尽

大成门匾额以金龙环绕

大成门正面

大成门背面

墙外的下马碑，上刻"官员人等到此下马"

大成殿内匾额与正位

藏于孔庙内的石鼓

大成殿前曾经挑下奸相严嵩官帽的触奸柏

历代进士碑林

弃荒野。直到元大德四年（1300 年），国子博士虞集在北京郊区的一片淤泥中发现了这些石鼓，于是将其迁往孔庙大成门内保存。历经 373 年风雨飘摇，斧劈刀剔，陈仓石鼓终于得救，以后在北京安家，度过元明清三代。

乾隆五十五年（1790 年），清高宗有感于石鼓文字岁久漫漶，多有不清，下令集石鼓文尚存的 310 字，重排石鼓诗十首，仿制原鼓重刻，与《集石鼓所有文成十章制鼓重刻序》、张照书《石鼓歌》卷并跋，勒刻成碑，一起置放于北京孔庙大成门外。

20 世纪石鼓又经历一场磨难。1936 年抗战期间，石鼓随第四批故宫文物南迁，在天津和湖南酉阳两次遇险翻车，所幸石鼓无伤。1950 年，石鼓再度回到北京。

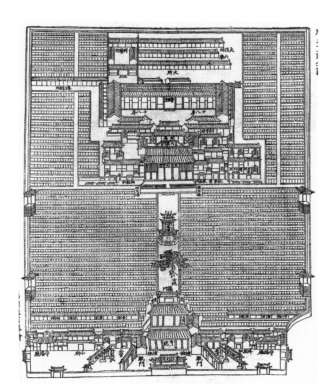

《光绪顺天府志》贡院平
面图，原址为今建国门内
社科院所在地

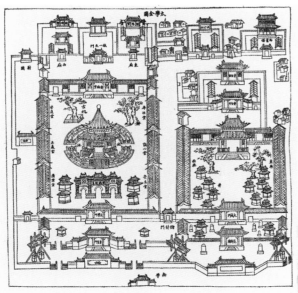

《光绪顺天府志》孔庙、
国子监平面图

会馆：故乡情里聚精英

1415 年，明王朝发生一件让天下读书人无人不知的大事：全国科考会试从南京迁到北京。此举意味着，每三年一次，全国各地意欲一跃龙门的举子都要在北京大汇集。最终，上榜三百余人，但参加考试者要有六七千人。

这么多人呼啦啦齐聚北京，住在哪儿？吃在哪儿？复习功课在哪儿？而且，每三年就这样来一次，绝不是临时凑合一下就可以的。

于是，会馆应运而生。

会馆的历史和功用

在北京的各地会馆最初为举子赴京应试而立，后来有了同乡联谊、借宿和婚丧嫁娶等公益功能。随着京城商业的发达，各地纷纷建立了许多专为本乡商务用途而设立的会馆，其后又因各地同行业商家之间的交流和统一规范管理而出现打破地域界限的行会性质的行业会馆。历史可追溯的明代的行业会馆有弓箭会馆、山西颜料会馆、山西油盐粮商的临襄会馆、山西杂货五行的临汾东馆、浙东药商四明会馆、徽州茶业漆业的歙县会馆、山西铜铁锡炭业的潞安会馆等。清代以来则有康熙年间成立的金行会馆和绍兴银号会馆正乙祠、雍正年间成立的山西烟行河东会馆、山西布商晋冀会馆和梨园会馆、乾隆年间成立的玉行长春会馆和福建纸商延邵会馆、嘉庆年间成立的药行会馆和绦行会馆、道光年间成立的靛行会馆、同治年间成立的书业会馆、光绪年间成立的当业会馆等。清末，商业格局由于洋货、洋商进入和工商业向着现代转型，出现了比行业会馆更高一层的总商会组织。

光绪三十二年（1907年），北京成立京师商务总会，总揽北京民间商务。

明清两代，在北京设立会馆成为各地政务、商务的一件绝不可少的事情。在北京设立的各地会馆到底有多少呢？按光绪《顺天府志》记载，当时会馆达到445多所。1937年，《北京游览指南》记录为323所。1949年，北京市民政局曾经有一次官方统计，在册数量为391所。这些会馆集中在南城的崇文、宣武两区北半部的狭长地带，密度非常惊人。明代会馆也曾在北京内城存在过，有人认为府学胡同的文丞相祠最初就是会馆。清兵入关后，汉人一律不准在内城居住，连带商业、娱乐等尽行迁往南城，会馆随之也建在南城，尤以宣武门南为多，约占70%。近年来宣南文化口号的提出，相当重要的缘由就在于此。

到1949年，北京存在的391座会馆中有明代所建33座、清代所建341座、民国所建17座。此外，还有一些会馆和附产没有包括在那次统计数字中，因此，实际数量应该超过400所。

如此庞大的数量，成为北京文化中一道特殊的风景。

当这些会馆尚未成为大杂院之前，可以说，走在南城的胡同里，随时都可遇到会馆。

各地在北京所设会馆很像驻京办事处，但性质又决然不同，会馆是一种民间行为，而驻京办则是官方行为。营建会馆的资金来源为各地私人捐集，功用体现为同乡公益，既非官方，也非私人。明清时期这种民间"自助"的力量和作用，在今天已经不易体会了。

会馆最大的作用是在京同乡联谊、商务和居住。其中居住一项，最初主要是为科考举子提供方便，后来逐渐演变为到京文化人的临时住所。康有为住南海会馆，谭嗣同住浏阳会馆，鲁迅住绍兴会馆，就是最现成的例子。

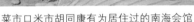
菜市口米市胡同康有为居住过的南海会馆　　南半截胡同鲁迅居住过的绍兴会馆

　　各地在京会馆的功用是一件很有意思的事情，会馆的旗帜上最显著的特征为三个字："情""商""文"。

　　会馆首先是在京同乡的联谊之所。每逢年节、月之朔望和神祇吉日，大家在远离家乡的会馆中欢聚一堂，满室乡音，话旧叙情，说古道今，听戏唱曲，其乐也融融。

　　可以说，会馆参与了北京南城的形成和繁荣，是其中一个不可或缺的力量。北京南城是伴随商业发达而形成的，明代嘉靖年间，北京原有内城的土地已不够使用，一些外来到北京寻求生路的人在正阳门、崇文门、宣武门外"京门脸儿"管束不严的地方落脚谋生，形成最初的商业。这一情景，极像改革开放之后永定门外形成的"浙江村"，现在，永定门外地区已经演变发展成集中了窗帘城、服装城、皮鞋城、纺织品城、小商品城的商业集聚区。这是明代初年前门大街商业崛起的再一次上演。

　　满清入关以后，北京城内的商业、娱乐业和各地会馆尽行赶到正阳门外，几百所会馆在当时南城中的地位和作用可以想象。

　　从明到清，山西的晋商、安徽的徽商、山东的鲁商、广东的粤商等各地商贾，在前门外摆开发展竞争的阵势，异地求发展，同乡人必然"抱团取暖"，形成保护家乡人的力量。这样逐步形成以商业联络为核心内容的地区商务会馆，它们有的是综合性商务会馆，譬如至今享有盛名的平阳会馆，当初就是山西平阳府所辖六州二十八县共同建立在前门外小蒋家胡同里的综合性商业同人会馆。另有一些会馆有明确的行业性，前门西河沿胡同的正乙祠，与平阳会馆一样，都有戏楼仍在使用，当初就是绍兴银钱业所建的银号会馆。其他如"颜料会馆""梨园会馆""弓箭会馆""鲁班馆"等，都是以某一行业为特征的。行业会馆未必在会馆名称上明确标出，但外界都知道。

数量最多的当然还是文人会馆。文人会馆是各地在京会馆最初的滥觞，是随应试而出现的，由各地乡绅、在京官吏以及有号召力的人士集资购地营建。每三年一次的京城会试，使各地士子集中北京，他们中有的还携带书童、家眷，会馆就是他们留宿的地方。他们中有的考试完毕便打道回府，有的则留下待三年后继续参加考试。尤其是路途过于遥远、家境困窘的士子，根本禁不起折腾，干脆就在本乡会馆长期住下。逢考之年，各地在京会馆堪称人满为患，平时借住在这里的其他同乡人会主动搬走，等待会考结束后再回来。

会馆可以是省级的，可以是府级的，也可以是县级的，全凭财力。有的地区在北京同时有几所、十几所会馆，甚至不断建新馆，譬如广东地区，在京有会馆 36 所，其中省级 2 所、府级 11 所、县级 23 所，房产 2479.5 间，另有墓园义地 4 处。安徽在京有 29 所会馆，2278.5 间房屋，墓园义地 20 处 200 多亩。山西在京有会馆 38 所，2067 间房屋，墓园义地 14 处 126 亩。此三省可谓"前三鼎甲"。有的地区则只有省级会馆 1 处，县级没有。

有些会馆既非商务会馆又非应试会馆，而是专门负责同乡人在京丧葬事宜的。大多数会馆都在北京城外购地营造义地，供不便回乡安葬的同乡人使用，其中有些实力雄厚的省级会馆则专设另一会馆管理这类事宜，类似殡仪馆。北京龙潭公园内的袁督师庙就是 20 世纪 50 年代以前的广东义地，再北一些的广渠门内花市斜街则有袁督师墓，现在辟为爱国主义教育基地，安葬着明末抗清名将袁崇焕遗骨。此地原来即为广东在京会馆之一，因当年将袁崇焕遗骨冒险偷出的义士为佘姓，后代守墓三百年不改其志，这一地名被称为佘家馆。

广东会馆改成的袁督师墓祠

袁督师墓祠栅栏式大门

袁督师墓

会馆的建筑规模和特色

会馆关乎一地之在京形象，所以建筑规格非常在意，通常为民间建筑的最高形式——广亮大门，突破这一界限则为王府大门和官衙大门，那是财力多么雄厚也不能做的事。

至今我们还能看到的保存较好的会馆大门有正乙祠、湖广会馆等，更多会馆由于已改作学校、民居等，面目大变，有的门楼尚在，但年久失修，凋敝衰败，幸而存在有待整修的著名的有珠巢街中山会馆、米市胡同南海会馆、北半截胡同浏阳会馆、南半截胡同绍兴会馆、海柏胡同顺德会馆、长巷二条汀州北馆、大蒋家胡同台湾会馆、樱桃斜街贵州会馆、珠巢街云南新馆、南半截胡同湖南会馆、后孙公园胡同安徽会馆等，至于其余300多座各地会馆，已无足观。

一座会馆是什么样子？

烂漫胡同湖南会馆广亮大门

烂漫胡同湖南会馆门内影壁

烂漫胡同湖南会馆院内景象

宣武区海柏胡同顺德会馆中非常独特的一座 正在重建的中山会馆
建筑，古风犹存

　　它们与民居四合院是有差异的。四合院讲究的是家庭生活的私密性，而会馆的公益性质决定了它比四合院要开放得多。最主要的区别在于二门和游廊的设立。作为民居，单单四围一圈房屋是不能称为四合院的，那只能说是四合房，而四合院最低也要两进院，前院为书塾或工人居住，前院与里面的正院之间有垂花门或月亮门隔开，叫作"二门"，进入二门，才到了院子的主要空间，周围有游廊相连，从垂花门向两边延伸，再沿两厢直通正房。由于很像一个人抄手的样子，所以俗称"抄手游廊"。大一些的院子有三进、四进甚至五进院子，最后是后罩房或是后罩楼。再好一些的有花园，用太湖石假山、花厅、亭台和花树装点。而会馆往往在其他主要方面与私人四合院无太大差别，但是不必有森严的二门和唯美的游廊，院子要宽敞，便于众人活动。

　　我曾走进中山会馆去拍摄，在这个已变成大杂院的院子里，还可以看到中间部分有非常大的一座四角垂脊的大型亭子样房子，隔成了好多住户，当年应该是很美的类似礼堂的建筑。如果是私宅，断不会在院子中间建一座亭子样式的大房间。

　　旧京会馆的形制是多样的，商务为主、行业为主、文士为主、官宦为主的各有与之相协调的具体配置。

后孙公园胡同的安徽会馆可谓官宦特征明显的例证。

老年间，安徽会馆曾号称"京城第一会馆"。这一会馆联袂三座大院，连同院前的前孙公园胡同的极大地盘，在明代是孙承泽的别墅，孙承泽就是那位有传世之作《天府广记》和《春明梦余录》的大学者，他的著作是明代北京地方史志最重要的参考文献，后来清代文人朱彝尊编纂《日下旧闻》，很大程度上参考了这两部巨著。孙承泽本人生活于明末清初，是明崇祯朝的进士，在刑部做官，后来赋闲，就在宣武门外买地筑屋，规模很大，所以这一带便以"孙公园"作为地名了。80岁时，他完成了《天府广记》，所有研究北京史的人都该感谢这位好学一生的老者。继孙承泽之后，清代曾有许多名人在此居住，如乾隆朝内阁大学士翁方纲、刑部员外郎孙星衍、以藏有甲戌本脂批《红楼梦》而闻名的刘位坦等。

清同治五年（1866年），安徽籍官员吴廷栋等75人倡议兴修安徽会馆，清同治七年（1868年），以李鸿章为首的安徽籍官员和淮军将领开始捐款集资，到清同治十年（1871年），如日中天的李鸿章兄弟操办买下孙公园后半部分，耗银33350两，建成安徽会馆。宣武门外下斜街龚自珍卖出两座大院兼一大片空地，才值银2000余两，安徽会馆工程之大可知。

安徽会馆财大气粗，在朝为官者甚多，权势熏天，所以会馆规模庞大，共占地9000平方米，有219间半馆舍，另附设戏台花园，其规模居在京会馆之首。它有左中右三路套院，东路为五进四合院，每进院有北房7间，左右厢房3间。中路为聚会、议事、祭祀的场所，主体建筑为文聚堂、魁星楼、碧玲珑馆、藤间吟室、戏楼和祭祀朱熹和皖籍名贤的神楼等。戏楼是中路规模最大的建筑。东路为乡贤祠，有思敬堂、奎光阁等建筑。东夹道设习射的箭亭。

安徽会馆北部花园面积1300余平方米，有假山、亭阁、池塘和小桥等，有晚红堂、兰韵堂、研山堂、云烟收放亭、子山亭等。整个会馆富丽堂皇、气宇轩昂，是北京城区罕有的园林式建筑，馆内建筑设计独具匠心，与南方苏杭一带的园林有异曲同工之妙，在建筑上独具特色。李鸿章曾在此接待过朝鲜使臣。光绪二十一年（1895年）中国近代史上维新派的第一张报纸《万国公报》（后改名为《中外纪闻》）在北京安徽会馆创办。康有为等人在北京安徽会馆内还创立了早期组织强学会，这是中国近代史上维新派的第一个政治团体。当时众多维新派的仁人志士云集于北京安徽会馆内集会演讲，共商国是，北京安徽会馆也就成为戊戌变法的策源地之一。1900年八国联军侵占北京，北京安徽会馆被德国侵略军占领；1937年日军侵华，北京安徽会馆又落入日寇之手。其后会馆主要建筑又毁于失火。如今会馆现存建筑大部分改为民居，但戏楼仍保存完好。

与普通会馆不同的是，安徽会馆既不是专为进京赶考的举子设立的试馆，也不是促进工商业发展的行业会馆，而是专供安徽籍淮军将领和达官贵人在京活动的场所，只接待在职的州、县级官员和副参将以上的实权人物。至于这里的戏楼，自建成后便以搬演精品大戏名扬京师。清康熙年间，著名戏曲家洪昇创作的《长生殿》就在这里的大戏楼进行首场演出。这座戏楼小巧玲珑，三面有楼，围以朱漆栏杆，近年有所维修。

李鸿章曾为此戏楼题联："依然平地楼台，往事无忘宣榭警；犹值来朝车马，清时喜赋柏梁篇。"

另一副不知何人所题的戏楼抱柱楹联更为绝妙："安、庐、凤、颍、徽、宁、池、太、滁、和、广、六、泗，八府五州，良士于今来日下；金、石、丝、竹、匏、土、革、木，宫、商、角、徵、羽，五音八律，新声袅袅入云中。"上联嵌安庆、庐州、凤阳、颍州、徽州、宁国、池州、太平八府与滁州、和州、广德、六安、泗州五州，皆为安徽地名，下联为八种古代乐器与五声音阶，都与音乐有关。"日下"即北京代称，上联说安徽胜地的人都来到北京，下联说戏楼聚集新戏乐音飘向云天。全联概括得当，寓意祥瑞，用字极其巧妙，气韵不俗，毫无牵强之感。

不少会馆除了房屋、花园外，都有戏楼。正乙祠、湖广会馆、安徽会馆、

西打磨厂颜料会馆　　　　　　　　　　　　北芦草园山西平遥颜料会馆院后的戏楼

平阳会馆是我们今天还能欣赏的四大会馆戏楼，其中正乙祠、湖广会馆、平阳会馆的戏楼现在还有京戏、昆曲和其他艺术演出。安徽会馆则一直在修缮之中。

现存四大戏楼之外，当年还有很多会馆设有戏楼。北芦草园西口的平遥颜料会馆的戏楼至今还在，但已随着整个会馆改为旅店而失去原有功能。站在胡同远处，尚可看到戏楼高大的坡顶。

东晓市大街的浙慈会馆，为浙江慈溪成衣行所建，清末曾是"春阳友会"票房，管理清宫缎匹的樊永培为浙江人，其子樊棣生雅好京剧，工老生，亦是当时的著名鼓师，他在此创办了这一票房。一时彦俊陈德霖、王瑶卿、梅兰芳、余叔岩、言菊朋、朱琴心等都是这里的会友。樱子胡同延郡会馆为福建延平、邵武两郡纸商会馆，业中人以船舶自海上运货抵京，馆中特建天后殿祭祀妈祖，院中也有戏楼，非常宽大。这些戏楼连同会馆早已成为大杂院而湮没无闻。

崇文门外三里河街北原有织云公所，为绸缎布业商会，是瑞蚨祥绸缎庄老板挑头建起的，特别富有商业会馆特征，这一会馆在民国时名声甚炽，最明显的是馆内餐饮和戏曲活动。此院饮馔在当时颇有名声，长期"营业"，无论是自家会员还是外界借地儿宴请，这里都能拿出上佳席面。北京绸缎布业多来自鲁商，有家乡的鲁菜做底子，饮馔岂能有差？业内人士商务活动中宴请客人多在此馆，体面而又方便，当时社会名流请客也多来此间，奉军张作霖等军界名人都曾在此院举行过宴会。

戏曲活动是织云公所的又一大特色，院内戏楼堪比北京著名戏院三庆园，包办大型酒席饮馔时可同时请戏班演戏，戏楼演戏兼包饭，这一特色使这里甚为红火。每有演出，因有饮馔相佐，能够日场连带夜场连轴转，为京城所罕见。1912年孙中山来北京时，五族合进会等组织在此院举行欢迎孙中山大会，孙先生发表讲演。其后，正乐育化会会长谭鑫培等汇集梨园界同人在此举行欢迎黄兴、陈其美北上，北京梨园界名人悉数出席。1919 年，梅兰芳为其祖母举行八十大寿庆典也在此院戏楼内，演出一场至今为人们津津乐道的空前大反串，陈德霖、高庆奎、程砚秋、王凤卿、程继先、钱金福、余叔岩、姜妙香、芙蓉草等一时名家俱以反串角色出演，轰动整个北京城，至今为京城耆老所乐道。织云公所 20 世纪 80 年代拆掉房屋盖大楼，为劳保用品公司，近年又由新东方外语学校使用。惜乎此一重要行业会馆保留到 80 年代被拆，无可追及。

宣武门外大街中部路东原有江西会馆，20 世纪 90 年代盖长城风雨衣大楼时拆除，甚为可惜。那也是一个拥有戏楼的会馆，戏楼规模极大，可容 2000 人集会之用。1916 年 11 月 19 日，政学会在江西会馆举行成立大会，国民党议员 300 多人到会。同月 26 日，全国公民大会成立，也在江西会馆举行。此可见这一会馆在京城的重要地位。江西会馆匾额由辫帅张勋所题，因为他也是江西人士。袁世凯的二公子袁寒云是个出名的票友，每演昆曲常在江西会馆。大画家陈师曾去世后的追悼会，就是在江西会馆举行的。

广州新馆、全浙会馆、福建会馆等大型省级会馆，都有自己的戏楼，除了本乡集会娱乐外，还供外界饮宴交往。

各地在京会馆除本馆院落房屋外，往往还有附产、义地。譬如福建泉郡会馆，为晋江等 7 县联合建立于后孙公园今 31 号，院为四进，并有义园 40 亩，规模甚大，同乡一百余座墓冢在这里。此外，这一会馆还在别处有房产 7 处，租予商家。

各地在京会馆的日常开支费用，往往由附产租金得来。会馆有成熟的章程和管理方法，对附产予以监督管理。义园则为公益，客死京城的乡人如不能回原籍安葬，便有会馆帮助操办，葬于本邑义园。

文人试馆比行业会馆、商务会馆要雅静，建筑布局以居住为主，有些客人一住就是几年，文人习惯喜欢给自己的居所起名号，所以一座会馆里常常

"斋""堂""轩""馆"林立，譬如南海会馆里康有为的"七树堂"、浏阳会馆里谭嗣同的"莽苍苍斋"，等等。

旧时官场普遍重文轻商，所以文人试馆比商务会馆、行业会馆更容易与朝官联系紧密，凡入京投试的举人往往就是未来的官宦，在会馆里是他们的"潜伏期"，每届200多名进士和前三鼎甲从他们中产生，政治前途不可限量，所以，在京本乡朝官对他们分外照顾，与之结交。况且不少举人在家乡有不小的权势、财力背景。以戊戌变法殉难的带头人"七君子"为例，全部是省级军政大员的子弟，所以，振臂一呼，应者云集，朝野共同形成威胁慈禧保守派的威慑力量。

试馆举子在京结社雅集、访书会友，形成文化古都的活跃人群。宣武门外书肆、隆福寺书摊的长期红火，崇文门外打磨厂印书坊连街缔巷的不衰生意，都与这一庞大的读书人群息息相关。

结社唱和是文人不可或缺的文化生活，北京陶然亭旧时并非公园，而是一片有特殊风景的荒地，水潦迤逦，墓园散落，寺庵点点，亭台高结，那里距离宣外菜市口、南横街很是近便，成为居京文士雅集踏青所乐往的地方。

具有数百年历史的京师会馆具有浓厚的文化含量。北京的各地会馆都是尚雅的，即使是纯粹的商务会馆、行业会馆，也都敷设得雅致文气。

旧时有一种传统习惯，各地都以本乡名望卓著的卓越人物、诗文俱佳的才子墨客和德行高尚的忠孝节义之士为骄傲，在会馆中特别加以弘扬，以使本乡在京人士"与有荣焉"。弘扬方法则大体有两个：一是请本乡名士题匾高悬馆内，二是以本乡出色人物、典故、物产撰写抱柱楹联。

会馆与近代中国政治风潮深深缔缘，开启中国近代革故鼎新序幕的戊戌变法所掀起的冲天浪潮，是来北京参加科考的各地举子合力为之的，"公车上书"彰显出国事危急面前的文人集体觉醒，从此，中国开始了百年图强，一直延续到今天。

会馆内的供奉与祭祀

各地试馆普遍在馆内建有先贤祠，本省、府、州、县历来所涌现的人杰才子、英雄人物成为一地之骄傲，在京会馆引为荣耀，往往在馆中专门辟屋纪念，积蓄文物，经年累月，成为一笔可观的文化财富。福建人之于林则徐、广东人之与袁崇焕，成为最显见的例子。

匾额和房屋的抱柱楹联是弘扬家乡光荣的最好媒介，会馆中往往于各种不同功用的房间高悬匾额，言简意赅，书法出众，成为宝贵的艺术品。楹联是最浓缩的文学作品，是对作者文字水平的考量，中国最佳楹联出现在明清到民国期间，而这段时间恰恰是会馆发展的黄金时期，各地文人到了天子脚下，岂能不各尽文采，一逞王勃才思。历史悠久的会馆往往积蓄很多家乡才俊所书的匾额、楹联、诗词，文采丰赡，书法精美，用于营造会馆优雅脱俗的环境。于今，我们已无法领略试馆风采，但从保留至今的正乙祠、湖广会馆、平阳会馆的戏楼楹联中约略揣摩往日芳华。

各地会馆还把家乡城隍请到会馆，城隍爷在此，自己也犹如身在故乡。

行业会馆常有用于祭祀"祖师爷"和保护神的殿宇，逢时奉祀，聚拢人气，成为团结业内人士的精神皈依。

行业祖师爷是中国传统社会中三百六十行各自尊奉的神祇，神祇来源和尊奉理由种种不一，是一种民俗特色非常浓郁的文化现象。前面所述的浙慈会馆实则为成衣业会馆，便有三皇殿、老爷殿等专门供奉祖师的殿宇，以周武王宫婢为祖师。神祇未必有典籍可考，但却是一件很有意思的事。

北京广渠门内白桥 20 世纪六七十年代曾有天龙钢铁材料市场，后在改革开放后成为最早登上证券市场的"天龙股份公司"，与天桥商场的"天桥股份公司"并称"两天"股，一度非常红火，老股民俱知。此一"天龙"之名来自此地原有的金华天龙寺。这一地段在 20 世纪 50 年代时尚为东花市大街东端末梢，极为偏僻，多为义园坟地，浙江金华在此建有管理同乡丧葬事宜的会馆，馆中祭祀天后、关圣，得名天龙寺。旧时以"寺"为名的场所未必是佛家禅院，朝廷法律部门取名"大理寺"即为显证。

这种建有圣殿神堂的会馆在京不少。

前门外金鱼池西岸的梨园会馆是北京戏曲界的总会，这一会馆另一名称为"精忠庙"，广为人知，以致成为那一带的地名。精忠庙最早建于何时，学界有不同说法，一些文章认为建于清康熙年间，但据日本学者仁井田升 20世纪 40 年代来精忠庙考察，发现庙内岳飞像前铁香炉上铸有"天启六年立春吉日承造"字样，可证此庙明代天启年间即有。殿内并有"尽忠报国"匾额，落款有"崇祯三年庚午中元毂旦梨园子弟献"字样，殿外亦有一匾，镌刻"忠武岳鄂至训词：文臣不爱钱，武臣不惜死，天下太平矣"，上有"崇祯三年庚午九月"字样，可证明代晚期已有梨园子弟在此展开业内活动。

精忠庙内奉祀宋代抗金英雄岳飞，庙前有秦桧夫妇生铁跪像，所谓"白铁无辜铸佞臣"，后移至历史博物馆收藏。京城梨园同人在院内建有"天喜宫"，奉祀梨园界祖师老郎神。至于老郎神是谁，其说不一，大多数人认为是唐明皇，也有人认为是后唐庄宗，据《五代史》中《伶官传》，后唐庄宗曾与诸伶官串戏，自扮丑角，后世以庄宗为祖师。清代戏曲家李笠翁则认为是二郎神。

关于精忠庙何时成为京剧界的会馆，亦有不同说法，不少人认为从同治年间程长庚为庙首时开始，但据道光七年《重修喜神殿碑序》记载，可考的较早精忠庙庙首为高朗亭。

精忠庙自乾隆五十五年（1790 年）高朗亭领衔主演的"三庆班"进京以来直至民国期间，一直是京城京戏班的总会馆。会馆内戏曲文物极多，最珍贵的为七幅戏曲壁画。这一会馆负责管理整个北京戏界事宜，宫内西太后每次听戏都由这里派出演员。主持会馆的首领称"庙首"，由业内推举并抱内务府批准，高朗亭、张子久、王兰凤、程长庚、徐小香、杨月楼、田纪云、刘赶三、谭鑫培等都当过庙首。

20 世纪 50 年代，精忠庙改为小学。我 6 岁时还曾到此报名入学，但因年龄不够而未遂，然而大门道之宽敞给我留下长久印象。该庙 20 世纪 60 年

山西太平试馆石匾

代建华北光学仪器厂时拆除，成为永远的憾事。

以"庙"为名的行业会馆还有不少，陶然亭附近的哪吒庙便是其中一座。该庙为京城绦行建于乾隆年间，一直延续到20世纪50年代后改造陶然亭公园时。这一会馆建立缘起为绦行人士有感于本行人士常有在京亡故而无钱理丧的凄凉事情，于是汇集同行，集资购地，建成哪吒庙并附近义园及其他庙产，管理同行丧葬事宜。庙有正殿，供奉哪吒神祇，并有左右侧殿，附近父老极其崇拜哪吒，香火不绝。之所以奉哪吒为绦业祖师，大抵为哪吒曾将龙王打死抽筋，筋与绦类同，故而有此说法。

崇文门外兴隆街的药行会馆也是一个行业会馆，建于嘉庆年间，馆内有三皇阁，供奉神农、药王孙思邈和韦慈藏。玉器行的会馆叫长春会馆，在东琉璃厂沙土园，供奉的神位为道家祖师丘处机、财神爷赵公明元帅和鲁班爷。正月十九和七月二十八都举行祭祀大礼。相邻为北直隶书业会馆，称"文昌会馆"，有趣的是，这一会馆是买下原地的一座火神庙建立的，所以馆内大殿顺便同时供奉文昌帝君和火帝神君，每年二月初三为祭祀日，邀请戏班演戏，至为热闹。

祭祀神明更多的要数当业会馆，馆在前门外西柳树井路南，21世纪初北京奥运会之前尚存，为北京当铺业200多家于光绪二十八年（1902年）集资建造，馆内供奉火神、财神、关帝，每年三月十五祭祀财神，六月二十三祭祀火神和关帝，也演戏娱乐。1908年，京师商业总会迁此办公，近年拆迁前这里仍归工商局机关使用，可谓"商气"绵绵。

宣南：北京报业的发韧之地

我国之有报纸，当自汉代"邸报"算起；至于"报业"，那可晚近得多，直到清末才紧追慢赶地学习西方，创起基业。北京作为大清朝廷所在地，必然成为报家必争之地，而其安营扎寨的地方，就是宣南一带。

我们今天还能看到的近代报业遗迹，有三个具有标志性意义的地方：一是达智桥松筠庵内《中外纪闻》活动地；二是魏染胡同内邵飘萍的"京报馆"；三是棉花头条林白水故居。

正阳门外：我国近代报纸的诞生

我国史书明确有"邸报"是在《全唐诗话》里："韩翊久家居。一日，夜将半，客扣门急，荷曰：'员外除驾部郎中知制诰。'翊愕然曰：'误矣！'客曰：'邸报，制诰阙人，中书两进君名，不从，又请之。'"

这发生在唐德宗年间。当时各地在京城大都驻有类似今天"驻京办事处"的机构，负责人称"邸务留后使"，以各藩镇大将担任，看来是很重视的。邸报则通过驿马传送各地，其内容为传抄下来的朝廷诏令和百官章奏，有点类似今天的"红头文件"。唐代邸报是用雕版印刷的，我国以活字制版印刷报纸是很晚近的事。

有意思的是，我们今天常听到的"小报"的说法，远在宋代就有了。《海陵集》记载："小报者，出于进奏院，盖邸吏辈为之也。"并对"小报"的妄传失实痛加申斥："比年事有疑似，中外不知，邸吏必竟以小纸书之，飞报远近，谓之小报。如曰：'今日某人被召，某人罢去，某人迁除。'往往以虚为实，以无为有。朝士闻之，则曰：'已有小报矣！'州郡间得之，则曰：'小报到矣！'他日验之，其说或然或不然。使其然耶，则事涉不密；其不然耶，则何以取信？"这段话，简直是对虚假新闻的批判，其人甚至上书朝廷，要求皇帝下诏，禁止这类小报的传播，以达到"国体尊而民听一"。看来，宋代的有识之士已对新闻真实性的作用有了深切体验和认知。

"新闻"一词，最初也与宋代的"小报"有关，《朝野类要》载："所谓内探、省探、衙探之类，皆衷私小报，率有漏泄之禁，故隐而号之曰'新闻'。"

"新闻"之始，竟是一种恶名，这恐怕是人们所始料不及的。

邸报在我国延续了千年之久，一直流通在官宦之间，与民间并无联系，明清两代由朝廷把控，从录制到传送都属官方内部事宜，稍有变化是从《京报》的出现开始的。

提起《京报》，人们但知邵飘萍主办、设在宣武区"京报馆"里的那份著名报纸，其实比这时间更远一些的清代，就有一份叫作《京报》的报纸了，而且，那是一份非官方的报纸。

清代《京报》最初是一家与朝廷有一定关系的荣禄堂南纸铺主办的，但内容仍是上谕、奏折一类"宫门抄"，所不同的是在正阳门外设立报房进行发行，定价出售。开始时，《京报》用活体木字排版，大概是由于压缩成本，竟以煤汤为墨，字迹必然模糊不清，后来由书局印刷，效果才有所改观。

只是到了近代，在"数千年未有之大变局"中，由列强敲开中国大门之后，把社会化的报业观念带进我们这个东方古国，我国报纸终于有了质的飞跃。

最初是由外国人在北京办起报纸，清政府也看到报纸所具有的巨大作用，头脑稍稍灵活一些的朝臣终于说动慈禧太后，于光绪三十二年办起《政治官报》，后又改称《内阁官报》，专门宣布朝廷政令。同时，民间办报也在各地涌起。

我国近代报纸是伴随 19 世纪与 20 世纪交替的社会大变革而兴起的，最早的民办报纸为同治十二年汉口出版的《昭文新报》，接踵其后，民报蜂起，尤其是甲午中日战争之后，受到强烈刺激的国人议政之风横生，一时，300多家民报活跃在从南到北的中国城市里，而最具影响力的应该说是强学会所办的《中外纪闻》。

　　我们现在来看《中外纪闻》创办的参与者，差不多都是当时思想最为进步者：当康有为等在南方大办"桂学会"鼓吹改良时，北方以文廷式为首，办起"强学会"，黄绍箕、汪康年、黄遵宪、岑春煊、陈宝琛和陈三立等为前台主力干将，工部尚书孙家鼐和湖广总督张之洞则为官方内部人员的支撑。这也可看出，当时改良呼声其实是遍于朝野的。这些人中，办报最内行的是汪康年，他后来在张之洞捐助下，还办过另一张甚有影响的《时务报》。

　　光绪二十一年，康有为来北京加入强学会，该会此后实力更强，由袁世凯为最大捐金者，强学会力办报社和图书馆，工作地点就在宣外后孙公园胡同。

　　今天看来，这些人并非来"拆台"，他们是要"补天"的，千疮百孔的大清朝遭遇到亘古以来中华民族所从未遇到的最大挑战，最优秀的中国人"睁眼看世界"后，猛回头，却发现中国在整个世界上竟处在破败不堪的最落后之列，再迟疑，这个国家就要被瓜分鲸吞，万劫不复了！

　　于是他们要"补天"，要发出警号，要喊出声音。此其所以要办报纸、做出版。比起他们的前代遭劫的那些人，康有为们政治意识要强烈得多，前者为的是娱乐，后者则是要救国，然而对清朝守旧派来说，办报救国更可怕。

　　光绪二十一年，强学会在后孙公园胡同办起会所，报纸和图书馆开始着手，办报由梁启超主持，木版印刷，这就是在中国报刊史上赫赫有名的《中外纪闻》，同一年，强学会上海分会发行《强学报》。

　　当时办报的宗旨可由康有为所作的序中领略到："一人独学，不如群人共学；群人共学，不如合百亿兆人共学。学则强，群则强，累万亿兆人皆智人，则强莫与京。吾中国地合欧洲民众倍之，可谓庞大魁巨矣，而吞割于日本。

盖散而不群，愚而不学之过也。"

一是"学"，跟上世界大势；二是"群"，让民众团结起来。但在朝廷中的守旧派看来，这该算是"其心不可测也"，当然要围而诛之。果然，第二年，朝廷就下谕："据称文廷式在松筠庵广集徒众，妄议朝政，及贿同内监，结党营私等事，虽查无实据，事出有因。文廷式著革职永不叙用，并即行驱逐会籍，不许逗留。"

下手够狠的，《中外纪闻》和《强学报》同时封禁。

这里所说的松筠庵，正是康有为等人聚集进京举子"公车上书"的地方，它也是我们现在凭吊报业前辈的地方。

魏染胡同：京报馆里的魂魄

骡马市大街在北京 20 世纪 90 年代以前，一直是北京的一条名街。著名的厂甸、菜市口都与它相交，这里要说的魏染胡同是它街北面的一条小胡同，东有珠市口，西有菜市口，但它这里恰恰是最安静的一段。

进胡同南口往北行走，两边浓密的槐树枝叉相交，让整个胡同都在浓荫笼盖之下。行人很少，更让胡同显得古意悠悠。真看不出，几十年前，一群编辑、记者曾天天在这条胡同里匆匆而来，匆匆而去。他们或是长袍，或是西装，但不管怎样，大概都与胡同里辈辈居此的老户不大相同。

在各种职业中，报人总是比较另类的一群。他们是最趋新的人，眼睛整天盯着社会。有人说，知识分子就是专门关心与己无关的事情的人。那么报人在这一点上，则是把这一特点发挥到极致，并以此为职业。

《京报》总编辑邵飘萍甚至把命交给了"与己无关"的事。

有人认为，中国近代报业有三位人物最具胆魄和血性：《京报》总编邵飘萍、《社会日报》社长林白水和《申报》总经理史量才。前两位都在北京为记者的天职而奋斗并献出生命，第一位就是邵飘萍。

邵飘萍注定是恶黑势力的死敌。他一生结下三大生死冤家：一是逆历史而动的袁世凯；二是镇压爱国学生的段祺瑞；三是土匪军阀张作霖。其实这三个人，没有一个是邵飘萍的私敌，最后将他推向刑场的张作霖，几年间曾前后两次派人给他以巨款，没提任何明确的条件，只愿他的一支笔能有所默契，给自己这个"帅"留点面子。

但他不，他要完成自己作为报人的职业理想：权力之外的"第三种人"，一切黑恶势力和腐朽行为的揭露者，一切公众的眼睛和嘴巴！

他其实是一个天才：

1886 年出生，1926 年就义，在生命最为充弥的年华里，电闪雷鸣一般耀亮震响于黑暗的夜空。他五岁入私塾念书，十四岁中秀才，20 岁考入浙江省立高等学堂（浙江大学前身）师范科，与陈布雷、邵元冲等人为同学，并结识了革命志士徐锡麟，与秋瑾有志同道合的交

魏染胡同京报馆旧址和邵飘萍故居

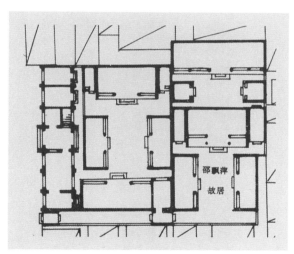

魏染胡同京报馆、邵飘萍故居平面图（据《宣武鸿雪图志》）

往，秋瑾殉难前五天还给他写过信件。

1912 年，邵飘萍任《汉民日报》主编，袁世凯称帝后，为《时事新报》《申报》《时报》撰稿，竭力抨击袁世凯的倒行逆施。

1918 年 10 月，邵飘萍促成北大成立了新闻研究会，蔡元培聘他为导师，成为中国新闻教育的开端。他一边创办《京报》，一边坚持去北大授课。他向学生提出，记者要"主持公道，不怕牺牲"，品性要独立，人格有操守，做到"贫贱不能移，富贵不能淫，威武不能屈""泰山崩于前，麋鹿兴于左，而志不乱"。他一方面张扬"探究事实不欺阅者"的记者精神；另一方面传授采访、组稿、编辑、校对等具体的办报知识，还指导创办了《新闻周刊》。1919 年 10 月，得到一年结业证书的有 23 人，得到半年证书的有 32 人。这些中国近代第一批由国人自己培训的新闻人才中，有毛泽东、高君宇、谭平山、陈公博、罗章龙、杨晦、谭植棠、区声白等，他们有的后来成为政坛巨人，有的成为中国新闻界的股肱。

毛泽东生前多次称自己是邵飘萍的学生。青年毛泽东当年曾多次拜访邵飘萍，并得到过慷慨资助。1919 年 12 月，他来北京时就住在《京报》馆内，完整地听了邵飘萍的新闻讲座。毛泽东终生都没有忘记邵飘萍，他在延安的窑洞里对前来采访的斯诺说："特别是邵飘萍，对我帮助很大。他是新闻学会的讲师，是一个自由主义者，一个具有热烈理想和优秀品质的人。1926 年他被张作霖杀害了。"毛泽东在逝世前两年，还再一次深情地提到邵飘萍。而邵飘萍大约未能料到，当时在听他讲课的青年中，有一个人后来揭开了中国历史新的一页，让整个中国改变了方向。

邵飘萍是腐朽黑暗势力的猛烈抨击者，他一生短短 40 年，从事新闻活动 15 年中，四次被追捕、三次入狱、两次逃亡日本。1926 年 4 月 26 日死于反动军阀张作霖之手。

他生于乱世，对自己所遭逢的兵匪统治者视如仇寇，一个也不放过。

袁世凯预行称帝时，他作《预吊登极》：

"京电传来，所谓皇帝者，不久又将登极。呜呼！皇帝而果登极，则国家命运之遭劫，殆亦至是而极矣！但二月云云，尚需多少时日，各处反对之声势，再接再厉。所谓登极者，安知非置诸极刑之谶语乎！记者是以预吊！"

抓住一个"极"字，骂得可谓痛快淋漓！

八十载以后的今天，我们还可感觉到一介书生面对社会黑恶势力如磐的威压所拿出的弥天大勇，"虽千万人，吾往矣！"

这是中国近代报人给后来者留下的永远的骄傲和参照。

报界勇者邵飘萍，从1915年年底到1916年6月的半年间，共发表社论36篇、时评134篇，矛头直指袁氏，刀刀见血。《吾民不得不去袁氏之理由》《同迫退位》《十五省劝退》《呜呼袁世凯》等文章，代表了全社会进步力量向倒行逆施者鸣鼓而击之。

以时评而为公众所激赏、为社会共瞻望，邵飘萍在中国报业史上是罕见的。

袁氏之外，段祺瑞、张作霖也都遭到邵飘萍疾恶如仇的揭露和抨击。"三一八"惨案发生时，他领导的《京报》，印制了30万份"首都大流血写真"特刊，翔实地报道了执政府卫队"平暴"的真相，揭露段卫队"以国务院为小沙场，弹无虚发，尸横满院"的血案恶行，以"唤醒各党各派，一致起而讨贼"，引得冯玉祥将军的赞叹："飘萍一支笔，胜抵十万军！"他对邵飘萍的评价，可谓前所未有、后世难及："主持《京报》，握一枝毛锥，与拥有几十万枪支之军阀搏斗，卓绝奋勇，只知有真理，有是非，而不知其他，不屈于最凶残的军阀之刀剑枪炮，其大无畏之精神，安得不令全社会人士敬服！"

"其勇"之外，"其智"也是当时所罕有的。还在孙中山欲将总统一职让给袁世凯的时候，他便指出，这种私相转让总统之职，实属违背约法的荒谬之举："总统非皇帝。孙总统有辞去总统之权，无以总统让与他人之权。袁世凯可要求孙总统辞职，不能要求总统与己。"人们多拥孙恶袁，但能指出孙中山法理失当者，却是很不多的。同时，他以新闻记者的锐利眼光洞悉到袁氏"共和其名，专政其实"的本意，向人们发出警示，后来终为历史所证明。

作为优秀报人，邵飘萍面对封杀、屠戮，发出掷地有声的宣言："报馆可封，记者之笔不可封也。主笔可杀，舆论之力不可蕲也。"

1918 年 2 月，张作霖抢劫政府军械，邵飘萍撰写了报道《张作霖自由行动》，直斥张为"马贼"。

后来，邵飘萍还促成奉军重要将领郭松龄于 1925 年 11 月 24 日倒戈，发生滦州事变，与冯玉祥强强联手，讨伐张作霖。这一时期，《京报》发表了大量历数张作霖罪状，声援郭、冯二将军的新闻、评论。

1926 年 4 月 24 日，张作霖以两万块大洋外加造币厂总监之职为诱饵，收买了邵飘萍的旧交、《大陆报》社长张翰举，由他打电话蒙骗邵飘萍从东交民巷六国饭店返回《京报》馆，随即，邵便落入敌手。

4 月 25 日，是决定邵飘萍生死的关键一天。我们现在追溯发生在那一天围绕邵的性命攸关时刻里人们的举动，犹能感到官僚军阀对民主的阴冷无情。邵飘萍被捕的消息在那一天传遍京城，各界名流当然知道军阀的阴毒，立即全力进行营救。全国报界在京的十三位代表前往石老娘胡同求见先行进京的张学良，张直言相告："逮捕飘萍一事，老帅和子玉（吴佩孚）及各将领早已有此种决定，并定一经捕到，即时就地枪决。此时飘萍是否尚在人世，且不可知。余与飘萍私交亦不浅，时有函札往来。惟此次碍难挽回，而事又经各方决定，余一个亦难做主。"再三恳请之下，张学良心无所动，说："飘萍虽死，已可扬名，诸君何必如此强我所难。……此事实无挽回余地。"看来，要邵飘萍之命，是奉军进京之前就"内定"了的。

仅仅半夜之后，凌晨一时，邵飘萍经"严刑讯问，胫骨为断"，被秘密判处死刑，罪状为"勾结赤俄，宣传赤化，罪大恶极，实无可恕"，凌晨四时三十分，邵飘萍被枪杀于天桥刑场。

邵飘萍是因新闻而死的中国现代报界第一人，也是开罪军政当局而不经法律程序便被处死的文化人。有法不依的杀戒自此而开，仅仅三个月后，另一著名报人林白水被害，再后，江苏镇江《江声日报》"铁犁"副刊的编辑刘煜生、《时事新报》驻京记者王慰三等——遭军政当局杀戮，皇权时代因言获罪的噩梦在告别帝制后又接连上演。

棉花头条：风采飘然林白水

这真是一件十分凑巧的事：从魏染胡同南口沿骡马市大街西行，十分钟步行距离，就是另一京城著名报人林白水的故居所在地——棉花五条。

两位大腕报人在世的时候居住的地点距离很近，而他们的离世竟也接踵而行，用当时人们的说法："萍水相逢百日间。"

作为报人，林白水和邵飘萍有许多相似之处，目光锐利，走笔如刀，一腔正气，殉职不悔。而林白水更多一些文士气，他精于书法，尤擅钟鼎篆籀，当时已悬例收润，卖字贴补办报费用；他玩金石、字画、碑帖，所藏"生春红"为旷世名砚，《社会日报》副刊即以此为名，足见林白水对此砚之珍惜；他恃才傲物，从不随流，其女林慰君回忆说："有时他穿西装，系领带，脚穿皮鞋，手拿手杖或洋伞，走起路来，威风凛凛。但有时他却不修边幅，衣冠不整，完全是名士作风。他交游广泛，为人豪爽，所以许多人都以能与先父交友为荣。"

这便是林白水，从内到外风采飘然。

1925 年，日本人后藤朝太郎约请北京藏砚家雅集，在太和俱乐部举行名砚展览会。白水先生携其藏品中的六方石砚前往，现场众砚一时失色，无砚可与之匹敌。他对金石所作考订，有《生春红室金石述记》一书传世。

林白水生于 1874 年 1 月 17 日，在世 52 岁。他出身官宦人家，其叔父为大清海军扬威舰管带，在大东沟海战中与日军英勇奋战，与舰同亡。林白水少时就显示出极高天分，13 岁已熟读十三经，19 岁时被浙江石门知县林伯颖聘为家庭塾师，讲新文学，而另一位同时被聘主讲旧学的是林琴南。林家是大户，在林白水这里受业的有后来出了大名的林长民、林觉民等。名师高徒，

棉花五条 1 号院林白水故居

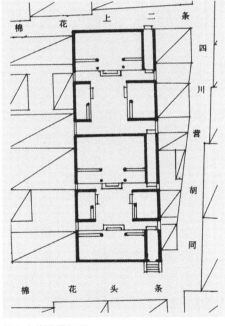

林白水故居平面图

在这里是极为恰如其分。

1902 年，林白水办起福州第一所新型学校，分中学和小学两部，学生一律住宿，并设有军事课程。学校所有费用，都由林白水筹措。林白水在教学中向学生灌输了大量先进思想，培养出许多革命志士，其中有一二十人成为著名的广州起义黄花岗七十二烈士中的英烈。林白水在风起云涌的大革命前夜，一直活跃在最前沿，在那段时间里，他和鉴湖女侠秋谨成为志同道合的朋友。

也就是在这一年，林白水与蔡元培在上海创办了鼓吹革命的报刊《学生世界》。而在前一年（1901 年），他实际上已迈出了报人生涯的第一步，任《杭州白话报》主笔，那张进步报纸的发刊词就是林白水写的。此外，他还经常给发表过邹容《革命军》的《苏报》写文章。1903 年，他和蔡元培等创办了《俄事警闻》（后改称《警钟日报》），不久，他又独自创办了《中国白话报》，以唤醒民众为办报宗旨。

《中国白话报》在当时社会上所起的作用，我们可以从后来在北京前门火车站用炸药刺杀慈禧所派出国四大臣的吴樾曾说的话看出，吴樾在写给妻子的信中说："自阅《中国白话报》，始知革命宗旨之可贵；自读《论刺客》一篇，始知革命当从暗杀入手。"而《论刺客》一文，便是林白水所写。

　　一张报纸一篇文，引发出一番震动朝野的四大臣被炸案，这就是林白水！

　　1904 年冬，慈禧七十大寿，朝廷大事"庆祝"之时，林白水作了一副"贺联"：

　　"今日幸西苑，明日幸颐和，何日再幸圆明园？四百兆骨髓全枯，只剩一人何有幸？

　　五十失琉球，六十失台湾，七十又失东三省！五万里版图弥蹙，每逢万寿必无疆！"

　　真是令人叫绝！一时间，多家报纸刊载，人们争相传诵。

　　但你如果把林白水只看作一介书生，那就非常错误了。白水先生在福州主管四所学校时，一次去送经费，走到僻静处，蹿出四个大汉拦住去路，欲行打劫，哪知白水先生是练过功夫的，竟把四个劫匪打得落荒而逃，身上背的银元却一块没少！

　　中国近代民主革命早期，对罪大恶极的官僚进行暗杀，曾是革命党用于鼓舞民气、震慑腐朽势力的重要手段。白水先生对此既有"言"，又有"行"。1904 年，广西巡抚王之春出卖铁路、矿山开采权，勾结外国军队镇压农民，后又将粤汉铁路出卖给俄国。林白水和几位志同道合的朋友决定刺杀王之春，以儆效尤，虽然事情进行过程中出现意外而未果，不但当场有人被捕，后来还使章士钊、黄兴等十多人也落入敌手，但事后因林白水等人大造舆论，在几次会审中对王之春的卖国罪行予以深刻揭露，使官府不得不下令将王之春驱逐回籍，被捕人士大多释放，行刺人也轻判了事。1905 年，林白水在日本加入同盟会，辛亥革命中，福建于 1911 年 11 月 9 日宣布独立，他任法制局局长，他所起草的选举法，成为我国最早的选举法之一。

　　林白水在整个辛亥革命中，一直处于火热的社会变革最前沿，他一面呐

木之篇：文翰之门

喊着唤起民众，一面冲锋陷阵。从他那些投身革命的事迹来看，仅仅把他视为报人是不妥的，他还是革命活动家。所以，他的报纸才在当时众报蜂起中，始终保持一种严肃的办报态度和论政风格，成为社会舆论最敏感的晴雨表。

林白水的遇害也正缘于此。

他是袁世凯、段祺瑞北洋政府腐败混乱最激烈的反对者。他敢于逐个揭露内阁成员贪污受贿的丑行，让那些道貌岸然的贪官在报纸上原形毕露；他的报馆多次被砸、被封，但他总是向亲友筹措款项，从头再来，对军阀高官没有过一点畏惧；他满腔热忱支持五卅运动，号召公众起来，反抗俄、日、英各帝国对中国的欺凌，对卖国政府作坚决的斗争。所以，1926 年 8 月 5 日，当林白水撰写的一篇时评《官僚之运气》终于引来杀身之祸时，那其实是迟早要来的所有黑恶势力对他的总报复。

他的死是吴佩孚、张宗昌及其狗腿潘复所营构的。

8 月 6 日凌晨 1 时，白水先生被军警从家中带走，4 时写下遗书，未及天亮便被枪杀于天桥。

与邵飘萍之死一样，法律过程缺位，人权无从说起，纯为擅杀。

"萍水相逢百日间"，中国现代报业史上最杰出的两位报人在三个月之内先后遭到虐杀，紧随其后，《世界日报》社长成舍我也被捕入狱，《民立报》被封，社长成济安幸运逃脱，报界一片危厄。

白水先生的遗体是在龙泉寺装殓的。那所庙宇，也曾是关押章士钊先生的地方。今天，我们还可在陶然亭路找到原址所在地。

1928 年 8 月 19 日，北平新任市长何其巩为林白水、邵飘萍举行追悼会，地点在宣武门外下斜街全浙会馆，各界一千多人到会。会场上高悬横额"国家正气革命先驱"，左右楹联为"以身殉报""为国捐躯"。

从辛亥年林白水入京为参政院参政至其于 1926 年被害，他在北京战斗、生活了 15 个年头，他一生最重要的年华奉献在北京了。

白水先生在京期间所居住的地方，是棉花头条东起第一个院落，那是一个"三岔口"：东侧，为四川营胡同，与魏染胡同并列而邻，亦为南北向宽街，老北京只简称"四川营"。

北京有不少叫作什么"营"的胡同，细究起来，当初在形成的时候大都是明朝军队营房所在地，譬如西湖营、外廊营、安南营、汾州营、校尉营、帐垂营、车子营、储库营、鞍匠营、弓匠营、铁匠营、斧钺司营等，还有的地方干脆就叫"营房"。

四川营这个地方的形成，与明末著名女将秦良玉有关。秦良玉为四川忠州人，《明史》载："良玉为人饶胆智，善骑射，兼通词翰，仪度娴雅。"她本是石柱宣抚使马千乘的妻子，后来丈夫去世，由她代领其职。明崇祯年间，关外努尔哈赤屡犯京师，秦良玉多次率兵赴京勤王，付出哥哥战死、弟弟和儿子身受重伤的惨重代价，保得京师安全。崇祯皇帝曾赋诗称赞："学就西川八阵图，鸳鸯袖里握兵符。古来巾帼甘心受，何必将军是丈夫。"秦良玉部队所驻扎的地方就成为后来的"四川营胡同"。这一带还曾设有四川会馆，里面专设祠堂供奉秦良玉。此外，四川营周围的胡同也与她有关，她的部队在防务空闲时于驻地附近纺棉织布，于是有了棉花头条至九条的胡同。

清末著名的女革命家秋瑾曾怀着敬佩的心情写道："执撑乾坤女土司，将军才调绝尘姿。靴刀帕首桃花马，不愧名称娘子师。"

白水先生的《社会日报》就在紧靠四川营的院子里，1926年8月5日夜晚，有邻居亲眼见他被军阀从这里押走，后来写文章述其"神色自若"。白水先生就义后，遗嘱和血巾等物由好友张次溪保管，张次溪曾请社会名流章士钊、叶恭绰等题字，其中章士钊的题诗写得非常好。张氏一家将这些文物一直保存，竟然安度"文革"，1984年，白水先生的女公子林慰君从美国归来，得以重睹旧物。白水先生的灵柩于1930年由其从弟林建书扶归福建闽侯故里，葬于白水山。当年孙中山题赠白水先生的"博爱"条幅，也一直在闽侯青圃村其族侄那里保存，至今完好，1986年，这件条幅和白水先生遗物共39件文物由林慰君捐献给福建省博物院了。

著名文字学家、书法家容庚先生曾被白水先生延聘为其女林慰君的篆字教师，在其考古丛书中为林白水所著《生春红室金石述记》写过一篇跋，论到白水先生之为人时说："……豪迈轩举，人有一艺之长，辄屈己下之，而视权贵蔑如也。其所办日报，抨击军阀，笔锋犀利，如挝渔阳之鼓……其身世与祢正平略同。"

这种有古风的文人，有祢衡击鼓骂曹风范的勇者，该是中国知识分子和报人永远的楷模。

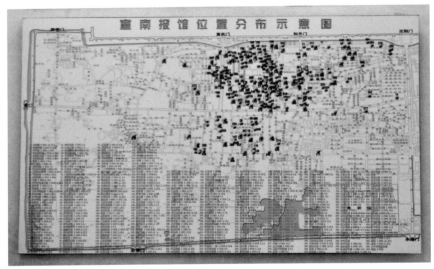

晚清民国 368 家宣南报馆示意图

北京最美的学校

纬道

　　北京自古是教育之都。有两座最古老的学校堪称北京教育史上的文化遗产之宝。

　　若论北京最美丽的胡同，东城区府学胡同应该算是一个。从西口进入胡同不远，就能看到顺天府学的大牌楼挺立在路北，接着是学生们进进出出的府学胡同小学，高大漂亮的门楼里，一片古香古色的校舍。这里绝对够你驻足看上一会儿的，当然，路南还有现在的北京文物局大院，那里是明代田娘娘家，再往东，是著名的文天祥祠，两侧的民宅也都规整得很。

　　院中建筑实际上兼孔庙与校舍为一体，与距离此处不远的国子监太学风格相近。这座保存尚好的古老学校里，棂星门、奎星阁、大成殿等构成完整的建筑建筑，非常珍贵。

　　府学胡同小学是北京历史最长的学校，它最初是明代的大兴县学，后又称为顺天府学，从明洪武二年（1369 年）算起，至今已有六百多年历史。此地在元代是一座正在建设中的庙宇，名曰报恩寺，不料还未建完，燕王朱棣率领的明军已经攻克大都。朱棣对孔子还是很崇拜的，下令军队不准进入孔庙。报恩寺僧人灵机一动，把一座木制孔子像立于刚建成的大殿中，硬说报恩寺是孔庙。庙宇算是保住了，但不得不将错就错，正式成为孔庙，并办成大兴县学。

木之篇：文翰之门

315

府学胡同小学大门

棂星门

第二道门为大成门

后院的魁星阁

大成殿

院内殿宇之间

说起"大兴"，现在的人们容易想到丰台区以南的大片地区，那是现在的大兴，明清两代的"大兴"比这可大多了，北至昌平、顺义，东至通州，南至固安。

　　大兴县一名，起于金代天德五年（1153年）。元灭金并定都大都后，改金之大兴府为大都路总管府。明代初年建都南京，将元之大都路管府改为"北平府"。明永乐元年（1403年），改"北平"为"北京"，把元朝的"北平府"改为"顺天府"，下辖两个大区，以中轴线为界，东为"大兴"，西为"宛平"，宛平县辖中轴线以西至西郊部分，宛平公署在积庆坊，即今西城区地安门西大街东官房中国妇联干部学院处。1928年，宛平县改隶属河北省，第二年，县属由市内迁至卢沟桥拱极城，即宛平县城。大兴县辖中轴线以东至东郊部分，县署在教忠坊内，即今大兴县胡同内东城公安分局院内。民国十九年（1930年），大兴改属河北省，大兴县署迁至黄村。大兴县学在1421年改为顺天府的直属学校，称顺天府学。此院近年施工中新挖出12块石碑，有8块分别是明朝洪武、万历、天启和崇祯年间的，另4块分别是清朝康熙、嘉庆和咸丰年间的，碑文记载着明清年间管理、修缮顺天府学事宜。

　　府学胡同小学院中石碑证明，自明代洪武年间以来，这所朝廷直属学校传承有序，地址未变，发展脉络清清楚楚。在明代，这里是皇帝直接指导的学校，洪武六年碑额为"圣旨"的石碑上刻着的洪武二年三道圣旨中，不但规定了教学内容、态度、学生年龄（15岁以上），还要求把学校教学计划上报给他。有意思的是，我们还可从院中石碑中读到诸如"每人日支米二升，柴盐油酱在内"的伙食规定。其中还有两块石碑专门记载了明崇祯和清嘉庆年间府学金榜题名的学生，仅在崇祯元年到七年，这里就有10名学生中进士。

　　顺天府学在明清两代一直作为府衙门的直属学校，学生来自全国各地，在经历了500多年后，1903年，清政府颁布"奏定学堂章程"，宣布改革教育，把府学的东半部改为"顺天府高等小学堂"，成为中国首座具有现代意义的新型小学。当时，学校规定设九门课程：修身、读经、中国文学、算术、中

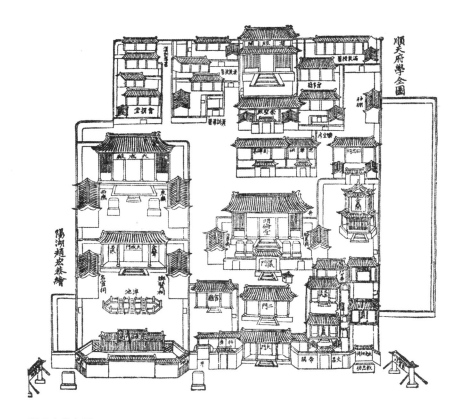

顺天府学全图

国历史、格致（声、光、电、化等自然科学）、图画、音乐和体操。每周上课 36 小时，学制三年，年龄 13～15 岁。这在遍地私塾的 20 世纪初，具有了不起的开创意义。从那以后，借鉴欧美模式的新型小学与国内传统的塾馆此长彼消，经过半个世纪的并存和竞争，塾馆终于全面退出历史舞台。

1905 年学校改名为"左八旗小学堂"，1923 年，又改名为"京师公立第十八小学校"，1934 年，改称"北平市市立府学胡同小学"，在全市是校舍、设备、教师力量等方面最好的小学。

顺天府学在明朝万历年间就有了奎星阁、名宦乡贤祠、明伦堂、东西庑、文天祥祠等建筑，一直完好地保存、使用到今天。现在，学校形成前后两部分的格局，前面是历史建筑群，北面是面积巨大的操场和现代化教学楼。

位于崇文区东晓市大街的金台小学是"岁数"仅次于府学胡同小学的古

金台书院大门

金台书院教室

老学校。它的前身"首善义学"创办于清康熙三十九年（1700年），至今有300年历史，乾隆年间改称"金台书院"，光绪三十一年（1906年）废除了科举制度后，这里改为"顺直学堂"，1912年改为"顺直中学"，后又改为"师范学校"、公立第十六高等小学校。20世纪50年代，这里为崇文区第一中心小学，"文革"后改称东晓市小学。现在，院中三进大院保存依旧，朱子堂、大堂、官厅六间、东西文场、东西厢房、南罩房和其他杂用房等还相当完好，给后人留下我国古代书院建筑的规制参考。

这所学校的校舍有三点可说：其一，它曾是清初明降将洪承畴的住房；其二，它是旧时"义学"的罕见遗存；其三，它是北京历史上20多座书院的唯一遗存。

清初，天坛北墙外的金鱼池并非一个大水池，而是散布着许多小水塘的湿地，朝廷在这里赏给降清明将洪承畴一所赐园。康熙三十九年（1700年），京兆尹钱晋锡在这里租用一部分洪园房屋设大兴、宛

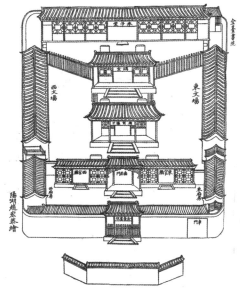

金台书院全图

平两县的义学，称为"首善义学"，学生都是贫家子弟。据说，最初义学难寻合适的地方，钱晋锡想到洪承畴的这所赐园。那时，洪家在北城南锣鼓巷一带还有房子，南城这里常常闲着，康熙四十一年，新上任的京兆尹施世纶想出一招：到康熙皇帝跟前夸奖洪家出以公心，捐园兴学，怎样怎样好，康熙帝果然很高兴，于是赐"广育群才"御匾。一群人敲锣打鼓送来，从此，洪园糊里糊涂地全归义学了，洪家有苦难言。

乾隆十五年（1750 年），首善义学进行了修缮扩建，以燕昭王筑黄金台招才揽士的典故，将这里改名为"金台书院"。直属顺天府管理，学生由寒童改为京师和各省准备参加会试、殿试的举人、贡生等。这样一来，学校等于升格了，书院后来常由名士担任院长，每逢重要考试，京兆尹及在京官员等到书院监考，奖励、发现人才，定时上疏推荐给皇帝。

金台书院在清代大修过两次，一直用作学校。"文革"后这里停用很长时间，幸无别的单位占用。现在，院中三进大院保存依旧，朱子堂、大堂、官厅六间、东西文场、东西厢房、南罩房和其他杂用房等还相当完好，给后人留下我国古代书院建筑的规制参考。

明清两代留给北京的最高学府当然是国子监了，它在雍和宫西面的胡同里，现在叫国子监街。它是并排两个大院，一是太学，一是孔庙。

戊戌变法在政治上最终失败，但却强烈刺激起教育改革的浪潮。光绪二十八年（1902 年），管学大臣张百熙拟制《钦定学堂章程》，由朝廷予以颁布。按夏历，1902 年为壬寅年，故称《壬寅学制》，但正式颁布后未及施行。1903 年，朝廷命张百熙、张之洞、荣庆重新拟定《奏定学堂章程》，制定出全国统一的从小学到大学的完整学制，颁布全国，称"癸卯学制"。这是中国近代教育学制改革的一个重要起点，自此，社会教育机制为之一变。1905 年 9 月 2 日，袁世凯、张之洞、端方等六大臣奏请立停科举。第二年，全国开始停止所有乡会试。用严复的话来说，此为"数千年中莫大之举动"。废四书五经、重科学新知，向西方学习，成为一时趋向。

京师优级师范学堂丽泽楼

　　首先是成立于 1898 年的京师大学堂重新调整教学内容，剔除旧学，设 7 科 13 门。当时一大批新型高、中等院校和师范院校涌现出来：高等实业学堂（1904 年）、贵胄学堂（1905 年）、法律学堂（1905 年）、政法贵胄学堂（1908 年）、京师优级师范学堂（1908 年）、女子师范学堂（1908 年）、清华学堂（1911 年）等。

　　有三股力量参与了北京办学：官方、教会和民间私立。1909 年之前，北京已建中学 22 所、小学 239 所。

　　它们中有些是由原来清廷为了培养八旗宗室子弟而设的贵族学校改成的。现北京一中、二中和三中即是。

　　东城区鼓楼东大街宝钞胡同里面的北京一中原是清人入关以后设立的高等宗学，已有 350 多年历史。雍正二年（1724 年）清政府又分设清室觉罗八旗左右两翼宗学。八旗左翼宗学位于如今的东城内务部街，右翼宗学始在西城小石虎胡同，后来又迁往祖家街（现富国街 3 号），把明末清初降将祖大寿的宅子改成了校舍。1912 年，它们分别改为京师公立第一、第二、第三中学。

　　北京三中所在的祖大寿宅邸中轴线有府门三间，过厅三间，正厅五间，东、西配房各三间。垂花门和后院相连，后寝五间，东西配房各三间，建筑格局是清代官僚住宅的典型布局，1769 年重修。右翼宗学后由石虎胡同迁此，民国时改为"京师公立第三中学校"，老舍曾于此就读。论起来，曹雪芹的好友敦诚、敦敏也都是北京三中的校友呢！

　　北京第一所平民子弟中学是顺天府中学堂，民国元年京师中学堂重新排座次时，它被排为四中。

木之篇：文翰之门

321

祖家街祖大寿故居，现北京三中

东城新太仓胡同旧小学

原师大附中、师大附小门前

原师大附小教室楼

那以后，北京还办起许多私立中学，著名的有志成中学、弘达中学、求实中学、正志中学、畿辅中学、四存中学、孔德中学、师大附中、辅仁附中、翊教女中、华光女中、春明女中、协化女中、惠中女中等。

志成中学是一所创办于1924年的学校，男女分置，男校在西城区二龙坑内小口袋胡同，女校在西城区丰盛胡同。抗战前达到高峰时期，学生超过2 700人。该校教学质量相当好，每年都有一些毕业生考上名牌国立大学或教会大学，我国原子弹研制功臣邓稼先就是从这里毕业去读大学的。

还有一些是外地在京官员联合同乡办起的，如山东公立学堂、河南豫章学堂、四川公立中学堂、江苏公立学堂、湘学堂、豫学堂和滇学堂等，这些学校在经费上由同乡会的资助，在教师和学生中，凡本省籍者要受到一些优待。这些学校中，和平门内顺城街的山东公立学堂办得最兴旺。

教会学校之多，也是京城一道风景，其中有基督教教会学校汇文中学、慕贞女中、潞河中学、富育女中、育英中学、贝满女中、崇实中学、崇慈女中、笃志中学，天主教法文中学。慕贞女中是现在的一二五中学，育英中学是现在的二十五中；贝满女中是现在的一六六中；崇实中学是现在的二十一中；崇慈女中是现在的一六五中。

汇文中学后来一直很出名，因为有关"五四运动"的电影资料片里最显眼的镜头就是这个学校的学生们打着"汇文中学"的横旗在街上游行。汇文中学始建于 1871 年（清同治十年），初为美国基督教美以美会设立教堂时附设的"蒙学馆"，后更名为"怀里书院"。1888 年又增设大学部，名为"汇文书院"。从 1902 年起，校址设在崇文门内船板胡同，1904 年改名为"汇文大学堂"。1918 年，汇文大学部与华北协和大学合并为燕京大学，迁到海淀区今日北京大学的校址，原校址转给汇文小学和汇文中学。汇文中学原址在现北京火车站的地方，建北京站时迁到崇文区培新街了。

1872 年美以美会创办的慕贞女校是北京最早的女中之一，最初叫"慕贞书院"。慕贞女校的第一届毕业生只有 3 人，一张文献照片上，三名女生身着滚边旗袍站立，记录下北京女性走进学校接受新式教育的最初风采。慕贞女校后改名为女十三中，现在是北京第一二五中。

民国初年有几所专门学校后来发展为北京重要的艺术、体育类大学。林风眠、徐悲鸿前后任校长的北平艺专最有名，这所美术学校最初称"国立北平艺术专科学校"，1918 年 4 月成立，这是我国历史上第一所国立美术学府，于 1925 年改为"北平艺术专门学校"（简称"北平艺专"），聘请留法归来的林风眠任校长兼西画系主任，陈师曾、王梦白、萧谦中等艺术大师都曾在这里任教，后来在画坛有很大影响的王雪涛、李苦蝉、刘开渠等，都是这个学校毕业的。1926 年，年轻的冼星海考入北平艺术专门学校。先农坛还有一所三年制体育专科学校，创办于 1928 年，是在体育社、国术馆的基础上成立的，专门培养小学体育教师，是北京体育教育的先行。

中法大学礼堂

原为敬谨亲王府，地处西单教育街，晚清后征为清学部，后为民国教育部，蔡元培、严修、朱家骅、蒋梦麟等先后在此任部长，现存大门和少量建筑

北大后楼

那些行动者、思想者和记录者

纬道

"浩然之气"是他们的名字

　　北京作为元、明、清三代帝都，在每朝的初始阶段，都曾强征江南士大夫北上进京，其用意一是笼络，民间的汉族才学之士大量进入各级政府任职，以补充官吏之不足；二是看管，江南才士多地方大户子弟，使其来京，便于监视要挟。明代之外，另两朝都是少数民族入主中原，突出的民族矛盾使手无缚鸡之力的文人在北京唱出传响许久的激越声气，为北京文化增添了一笔别样的色彩，使北京文化含量中增加了深刻和凝重。

　　元代南北文人汇合大都，北方原有文人早已经历了辽、金两代摧折，锐气大减，虽不乏"响当当一颗铜豌豆"（元曲家关汉卿语）的性格，但大体已麻木、习惯了自己的地位，他们在"蒙古人、色目人、汉人、南人"的四等级中，排在第三，毕竟不是垫底的。所谓"南人"，处境最卑，但其气节——这一传统文人可支配的"最后的晚餐"，表现得也最为泾渭分明，其两端之典型可举赵孟頫和文天祥、谢坊得，他们在北京都有行迹。

　　文天祥是人们太熟悉的人物了，他的名句"人生自古谁无死，留取丹心照汗青"已成为整个中华文化和民族精神中最精粹的组成部分，明朝灭元后在顺天府学东侧当年文天祥被囚禁的土牢旧址建祠，今天，人们还能在东城区府学胡同 63 号院里去追思这位民族英雄。院子至今仍保持明代的

文天祥祠正堂

建筑风格，院中一株古枣树，枝干斜向南方，相传为文天祥被囚禁期间亲手所植，向南歪斜的树身象征文天祥"臣心一片磁针石，不指南方誓不休"的精神。

文天祥在大都柴市就义，也正是现在的府学胡同附近。就义时，在他的衣带中发现遗言："孔曰成仁，孟曰取义，唯其义尽，所以仁至。读圣贤书，所学何事，而今而后，庶几无愧。"明初建起文天祥祠，列入国家正祀，每年春秋两季都有祭祀。景泰年间，朝廷赐文天祥谥"忠烈"，将此地定名"教忠坊"，以此训导后学"位非文丞相之位，心存文丞相之心"。

明代北京共有三十六坊，已知现存的只有"教忠坊"这一块匾额了。这是明初将元时柴市街道改名为"教忠坊"的石匾原物，原来镶嵌在胡同的巷坊上，1937年被重新发现时，已沦为享堂角门的阶石，当下立起嵌于享堂墙壁上供人瞻仰。

提起谢枋得的名字，也许有人感到陌生，但一说《千家诗》，几乎无人不知了，而这部普及极广的诗选，就是谢枋得选编的。谢枋得是江西弋阳人，南宋宝祐四年第二甲第一名进士，德祐元年为江东提刑江西招谕使知信州，曾参加抗元军事。元灭南宋，先是大肆野蛮屠戮，后又招江南文士到北京做官，自至元二十三年开始，三年间四次"举荐"谢坊得到北京"赴诏"，谢坚辞不去，最后一次，以强力迫其北上。临行，与亲友唱和，张叔仁赠诗"人皆屈膝甘为下，公独高声骂向前。"有人送寒衣，他不受，以诗答："此时要看英雄样，好汉应无儿女情。"到北京后，拘于悯忠寺（今法源寺），见壁间有曹娥碑，感慨道："小女子犹尔，吾岂不汝若哉！"绝食而死。他死后，妻子李氏携子隐匿山中，元军扬言：不抓到李氏，就把当地人杀光。李氏为保护无辜百姓，勇而走出，直面元军。押至金陵监狱后，有一个军官要强纳李氏为妻妾，李氏宁死不肯受辱，从容自杀于狱中，多年以后，才得以由其子归葬。明代思想家李贽只表彰过三个女性，其中就有谢坊得妻。夫妻二人，在国难当头之际表现出的气节，闪电般炫彩惊人。谢坊得曾把自己收藏的刻有岳飞写的八个字："持坚，守白，不磷，不溜"的石砚送给文天祥，文天祥又刻了一句铭："砚虽非铁磨难穿；心虽非石如其坚；守之弗失道自全。"最终，他们都践行了这种可贵的精神。

而同此期间，身为宋朝宗室的赵孟頫也来到北京。赵孟頫，传统楷书"颜柳欧赵"之"赵体"的创始人，秉持"赵官家"文翰风流的才华，史留其名，今东岳庙内还存有他题写的碑文，但其脊梁骨实在缺钙，乖乖降元，还在北京给灭了自己家国的新君歌功颂德，粉饰太平。南郊草桥一带有元巨宦廉希宪别墅万柳堂，一日，廉希宪在万柳堂置酒筵请名士卢挚与赵孟頫，席间，一位名叫"解语花"的歌伎"左手折荷花持献，右手举杯，歌《骤雨打新荷》之曲"，赵孟頫"喜而赋诗曰：'万树堂前数亩池，平铺云锦盖涟漪。主人自有沧州趣，游女犹歌白雪词。手把荷花来劝酒，步随芳草去寻诗。谁知咫尺京城外，便有无穷千里思。'"

同是"南人"，谄媚求生的赵孟頫何可望文、谢、李诸臣子之项背？

府学胡同、法源寺，人们到得那里去的时候，会在一片肃穆中感受心灵的荡激。

通州李卓吾墓

通 州－狂 禅

北京老城正东 20 公里是通州，通州有个公园叫西海子，西海子东北角靠近燃灯塔有座墓——李卓吾墓。

通州在古代是北京最重要的京畿之地，那里是大运河的北端，整个北京所需要的粮食和其他物资都经由通州供给。通州城墙之内最多的建筑是粮仓，老北京最大的粮仓不在北京城内，而是在通州。通州的建置等级非常之高，至今李卓吾墓附近一个居民小区叫作"司空小区"，一百年前，那里还是司空署衙门所在地。

30 年前，我第一次见到李卓吾墓是一次偶然路过，那是从顺义往通州走，在路上看到了它。墓丘很高，就在道边的田地里，周围麦黍青青。碑也很高，非常显眼，我是看了碑上的字才知道此为何处的。后来又知道，那个村子叫大悲林村。李卓吾墓在最近几十年已迁移两次了，如今，墓移进公园一隅，周围风景还是不错的——李老夫子地下若有知，听到这话该笑了，不会是诸如欣慰、高兴之类的笑，而必是他那种奇智大勇笼罩下睥睨一世的微微一笑，唇边将要说出的话，不定又是怎样的别开生面！他曾自道："余自幼倔强难化，不信学，不信道，不信仙释，故见道人则恶，见僧则恶，见道学先生则尤恶。"
这个中国思想史上少有的最大程度的异端，愈到晚年，愈有惊世骇俗之举，
用今日话说：不按"规矩"出牌，他做官钻进庙，十天半月不出，断案办公
也就在梵宇；著书先想到难传于世，命名《藏书》《焚书》；论女人，说卓文
君私奔不"失身"，是"获身"；论历史，讲陈涉、吴广乃"匹夫首创"；论道学，
称不能以孔子之是非为是非，诋毁儒家经典，卑辱圣人孔子；晚年入佛门，
却骂尽佛祖，甚至收女弟子于门下，竟使她们痴迷颠倒，他整个变成一个狂
禅……既往的一切"规范"到他这儿都"听唱新翻杨柳枝"！54 岁，他在
姚安知府任上，以病告退不许，索性入鸡足山，披阅佛经，长住不出。后迁
居湖北麻城龙潭湖上，索性剃度，自称"和尚"，并把自己的居地改为禅院，
日与僧人居士谈经说法，引来数万男女信徒归附。晚年，他应朋友之邀到通
州讲学，"大江南北几燕蓟人氏无不倾动"。终于，朝廷按捺不住，一顶"倡
言乱道，惑世诬民"的帽子给 76 岁的李卓吾扣上，打入通州大牢。李卓吾
在狱中义不受辱，做出最后选择，持刀自刭，时年七十六岁。那是 1602 年，
仅仅四十二年后，清军入关，整个明王朝覆灭了。

　　明代，应该算是秦皇以来两千年帝制时代对文人比较开放宽容的时期，
但其限度还是容不下一个李卓吾。李卓吾所著的书，后来屡禁屡出，总是有
人要看的，他的思想不因他的死而漫灭，反倒"名益重，而书益传"，世人
的思想"反弹"给他树立了最好的纪念碑。

　　"生泉州、葬通州，千里羁身，奋斗精神垂史册；
　　撰《藏书》、著《焚书》，万言立论，革新思想耀文坛。"

　　这是 1987 年 11 月，在福建泉州召开的第一次全国李卓吾研究学术讨论
会会场上悬挂的一副对联，非常恰当，概括、评价了李卓吾的一生。

　　李卓吾年轻时就来过北京，1552 年，他 25 岁，考中举人，在北京任国
子监博士、礼部司务，后来宦游至云南任姚安知府。比起做官，他更爱学术
和传播，他的死，也是死在学术的离经叛道和新奇思想的传播上。因思想而死，

真正恐惧的是朝廷，而不是李卓吾。他受许多人敬佩，直到今天。

但他死后也是不太踏实的。碑两次被推倒，两次移墓，到今天才算得了"正果"。1602年，他下葬时轰动通州城，12支送葬队伍把他安葬在北关外马厂村西的迎福寺旁。过了310年，刚刚进入民国，1912年，马厂村民受人煽动，听信"马厂好，石碑倒"的谣传，把题碑推倒了，碑身断为三节。1926年，日本有人想把断碑运回本国，县长张效良一看，这事升级了，一面马上予以制止，一面命人将断碑再立，还添建了硬山卷棚顶的碑楼，在背面詹轸光序文的下端，添刻了重立简记。

1953年，卫生部要在李卓吾墓地所在地建北京结核病研究所，墓被迁到通惠河北畔大悲林村南，移建碑楼，撰写并镌刻了迁葬碑记，却把1926年添刻的记文逐字敲毁。我怎么也不能理解，以50年代之地旷人稀，何以非要与墓地抢一隅之地？再者，距离市中心非常近的车公庄北京市委党校院内尚可容一群外国传教士的墓园，远在郊区通州的研究所就容不得李卓吾墓？还有，何以要敲掉1926年碑记？那是国人阻止一次国耻的记录，何以留不得？没有那一次行动，后人就要到日本凭吊卓吾先生了！

这还不是李墓漂泊的结束。1966年"文革"中，墓碑再次被推倒。1974年"评法批儒"时，李卓吾被加"法家"冠冕，意外走运，碑又站起来了。此为两倒两立。

1983年，为便于保护和瞻祭，先生的墓迁至今址。此为两移两建。

整个20世纪中，忽如草芥之卑，忽如九天之高，李卓吾在身后也大起大落，现在终于尘埃落定。墓园是清肃的，这西边的湖，这北侧的塔，都无声地陪着他，哦，东邻是孔庙，不知这倔老头要说出什么来，嘿嘿！

还在70年代"评法批儒"之际，中华书局奉命出了一套大字本的《焚书》，那么大的字恐怕空前绝后，我买了一套。在无书的年代，借着"运动"而有古文可读，可谓疗饥之幸。那也是一种启蒙，怎么不是呢？

今天，再次站在先生墓前，又是一个时代了。

刑部大堂的铁锥

同为在北京留有足迹的思想巨子，与李卓吾前后呼应的是黄宗羲（1610—1695）和顾炎武（1613—1682）。

最近几年，"黄宗羲怪圈"的概念在政治、经济和学术界不时被人提起，国家领导人直接提醒各部门决策者不要进入这一怪圈。那么，黄宗羲说的是什么呢？三百年前，黄宗羲在考察了历代统治症结后发现：中国历朝赋税制度改革都是虎头蛇尾，"并税"之后，却无法回避"积累莫返之害"，农民负担减轻不久，"养之者众"，新税又来，直至再一次超越负担能力，"天下之赋日增，而后之为民者日困于前"（《明夷待访录·田制》）。

"黄宗羲怪圈"还只是他思想发现之一小部分，他更为可贵的地方在于对整个社会制度的怀疑。

黄宗羲喊出"凡为帝王者皆民贼也"，在他所经历的明清交替之际，这已超出对"恩主"的选择而上升到对制度的思考层面。他锐利地指出，天下之治乱与一朝之兴替是无关的，"盖天下之治乱，不在一姓之兴亡，而在万民之忧乐"。他也曾是反清复明的斗士，与顾炎武一样，都参加过反抗清军的武装斗争，也都在以后的时间里终身不与清廷合作，但后来都进入创立新学派的思想高度，目标不是一朝一代——那都是换汤不换药的，他们思考的是制度的更新。这是更高一级的思考，着眼点是"万民"而非"一姓"，它已经接近埋葬整个封建制度的边缘，是对一种新的社会类型的呼唤。

他一生的著作有六十余种，一千三百余卷，数千万字，学术巨著《明儒学案》为我国历史上第一部学术思想史巨著，《明夷待访录》为启蒙主义杰作，他甚至还有二十余种科技类著作，在天算、地理、水文等方面展现出高深造诣。

黄宗羲认为，"我之出而仕，为天下也，非为君也；为万民，非为一姓也。"这与顾炎武的"天下之说"不谋而合，顾炎武把"国"和"天下"区分开来："有亡国，有亡天下。亡国与亡天下奚辨？曰：易姓改号，谓之亡国；仁义充塞，而至于率兽食人，人将相食，谓之亡天下……是故知保天下，然后知保其国。

保国者，其君其臣肉食者谋之。保天下者，匹夫之贱，与有责焉耳矣。"这句话后来被浓缩为"天下兴亡，匹夫有责"，但其更要紧的精华有意无意地被忽略了，那就是"天下"与"国"是两回事。黄、顾等人所思所想具有的超越性极其可贵，蔡元培1903年在《绍兴教育会之关系》中称黄宗羲为"东方卢骚"，刘师培称为"中国的卢梭"，胡适则从《明夷待访录·学校》中看出议会思想的萌芽，黄氏"公其非是于学校"的公众参与政治的主张，尤为胡适所激赏。戊戌变法前夜，黄宗羲《明夷待访录》被秘密刊印，隔代本土思想家给刘天华、梁启超、谭嗣同、唐才常等维新人士以极大的精神营养。

黄宗羲十四岁就随父亲黄尊素来到北京，父亲因弹劾阉党魏忠贤被害，他扶棺回乡后，十九岁时袖藏铁锥赴京为父讼冤，在刑部大堂当场锥刺魏忠贤死党许显纯等八人，轰动海内外。

明代刑部大堂在今民族文化宫一带。旧时的长安街西端到西单牌楼就到头了，再往西变成胡同，旧刑部街是其中的一个。那条胡同是在20世纪50年代后期，为扩展长安街而拆除的。民国时有名的哈尔飞大戏院就建在这条街东口路北，后来改成西单剧场，1994年11月，以一出1949年以后从未演出过的老戏《大劈棺》告别观众后拆除了。八九十年代，北京有不少人在那儿看过电影，说起来还会有记忆。

民族文化宫一带从来都是长安街上最安静的段落，街南，有沿线最后的老胡同区域，詹天佑的中华工程师学会、京剧四大须生之一的马连良故居等老房子在街上就看得见。跨过去还有察院胡同，而北边则有按院胡同，明代属阜财坊，2003年这里进入拆迁，立刻牵动许多北京文化热爱者的心，那儿的房子太好了，著名诗学院士叶嘉莹女士200年的祖居就在察院胡同里，那一年，她想在自己的院里建一个中国古典诗词博物馆，等着她的，是推土机隆隆地开进。我在那条胡同里还拍下过一家中西合璧的院落，只有两个字："惊艳"！全北京独一无二！明代刑部曾经占有那一带南北一大片地方，附近还有京畿道、都察院、大理寺、燕山左卫等朝廷机构和"管着"整个北京的城隍庙，清代仍将这一带的胡同称为按院胡同、察院胡同和学院胡同。自从那一带建金融街以来，历史的记忆开始抹去，最后，连地名都化作青烟。

就在那条街上，375 年前匆匆走过袖藏铁锥的黄宗羲。

那时，他心里只有两个字："报仇"。北京不会给他留下多好的印象，除了那些迫害他父亲的奸佞，整个王朝都好不到哪儿去，败象像痈疮一样开始溃烂。但清兵入京后，他还是忠于那个没给他什么好印象的大明朝，他参加了抗清武装，后来复明无望，他也断然不会折腰。他和顾炎武都是"读万卷书，行万里路"的人，北京留不住。

他们都是北京的匆匆过客，怀揣着各自的使命，在胡同里疾行。

报国寺中的顾炎武

李闯进京，明朝覆亡，清人入关，那样一个转瞬之间"城头变幻大王旗"的动乱年代，腥风血雨，杀机四伏。这当口，一代大儒顾炎武匆匆朝北京走来。

他是来反清复明的。印记就是报国寺。

报国寺是北京文化见证性的标本。其意义有四：

其一，该寺从辽天祚帝乾统三年到现在，已越九百年。它的地理位置，在辽金到元明清的北京城址变迁中恰好处在一个结合部，是辽金北京的东北角，元代越过它继续往东北方向建成大都，明代建南城又把它囊括进来。报国寺成为一个重要的地理标志。

其二，这里因大殿前生有两棵奇松，始称双松寺。元世祖忽必烈统一中原后，为表彰开国元勋，改称这里为"报国寺"。明宪宗成化二年（1465 年），国舅在此出家，皇帝敕命为大慈仁寺，石匾今天还在寺东侧立着。1900 年庚子事变中，这儿是义和团所在地，被八国联军炮轰，主殿炸毁。同时，东交民巷台基厂祭祀清开国功臣的昭忠祠在战乱中被奥国使馆占据，1902 年，慈禧从西安返回京城，荣禄上奏章吁请重建昭忠祠，就把报国寺顺势改为"昭忠祠"。日寇占据北京时，大庙变成日军的军需库。20 世纪 50 年代后，这里

顾亭林祠

先后归粮食部和北京高熔金属材料厂使用，成了工厂和库房。"文革"后由商业部管理，前面辟为文化市场。它与北京荣辱与共，报国寺可谓国运标志。

其三，南明败亡之后，大学者顾炎武住在寺西一隅，后来大书法家何绍基将这儿立为顾亭林祠。顾炎武是有清一带数一数二的大学者，在此写下《昌平山水记》《京东考古录》《天下郡国利病书》《肇域志》等重要著作。他满腹经纶，却终身不仕清，康熙七年（1668年）春，顾炎武住进报国寺，但大部分时间都是在北京郊外度过的，去明朝历代皇帝陵墓所在地昌平最多。顾炎武以大半生的时间和精力著成80万言的《日知录》，对整个清代学界产生重大影响。他提出的"天下兴亡，匹夫有责"，一直被灾难深重的中国人所强烈认同。因此，这里又是爱国精神和文人风骨的标志。

其四，报国寺庙会的盛衰对北京文化商业布局产生影响，清代时草桥一带盛产花卉，而报国寺地近丰台，故庙会中形成花市。清康乾时期，报国寺是名士出没之地。每月初五、十五、二十五的庙会集市上，图书、文玩等最多，大文人王士祯、宋荦、朱彝尊、孔尚任等常来淘古籍，甚至留宿僧舍，做松下夜谈，吟诵酬唱。清康熙十八年，报国寺因地震被毁，花市转至下斜街土地庙，书市则移到琉璃厂。下斜街庙会因此繁荣了很长时间，而琉璃厂则一直延续下来，成为北京文翰之地。报国寺衰而琉璃厂兴，历史在不断演进。

木之篇：文翰之门

直到 1997 年，报国寺修复后又重新成为文玩旧书集市、艺术品展览场馆和文物拍卖的综合文化场所，与潘家园东西呼应而又显得更为精致一些，在北京文化市场格局中占有一席之地，报国寺的雅玩标志越发彰显出来。

宣 南 诗 社 的 呼 唤

顾、黄之后二百年，北京来了又一位后继者，这就是近代睁眼看世界的第一人龚自珍（1792—1841）。

龚自珍 11 岁随父进京，1820 年，龚自珍在朝廷作内阁中书，十年后，考中进士，与在京同住宣武门外的林则徐、魏源等组成"宣南诗社"，在京城士大夫中影响很大。那是鸦片战争的前夜，整个中国死一般地沉寂，有史以来最残暴、最黑暗、最禁锢、最落后的清代朝廷已把中国带入一条死巷，宣南诗社的人们把目光投向世界，寻求救国救民之道，龚自珍率先提出禁止

当年几乎户户是会馆的上斜街

一门一世界

鸦片和废除科举的主张，被清朝统治者打压了 200 年的思想界酝酿着爆发，龚自珍那首传遍全国的名诗喊出了暗夜中的企望："九洲生气恃风雷，万马齐喑究可哀。我劝天公重抖擞，不拘一格降人材！"

仅凭这一首，龚自珍就可以名垂诗史。

这首诗作于 1839 年龚自珍辞官回杭州家乡途中，第二年，鸦片战争爆发，他的老朋友林则徐已经在广州虎门销烟前沿。龚自珍非常关注林则徐查禁鸦片之举，曾欲随其同往，未果，便写信建议林则徐加强军事设施，做好抗击英国侵略者的准备。事实证明，他的建议是有预见的。龚自珍是我国 19 世纪上半叶杰出的思想家和文学家。他在整个中国诗歌史上具有划时代的意义，他以自己的叛逆性和创造性成为中国古典诗歌最后一座里程碑和终结者。他的诗，腾着火焰，是一场辉煌的落日，在他之后，近代诗歌的探索者上路了。他的诗极其高产，从 15 岁编年到 47 岁，曾有 27 卷之多，流传到今的却只有 600 多首。他《乙亥杂诗》作于 48 岁，一年之中就有 315 首。他有很深的家学渊源，外祖父段玉裁是具有里程碑意义的文字训诂学家、经学家；其父亲龚丽正著有《国语补注》；母亲段驯是一位女诗人，著有《绿华吟榭草》。他从文字、训诂入手，后涉金石、目录、诗文、地理、经史百家，作为古文家，他受春秋公羊学影响极深，其学问当时就负有盛名。无论诗、文，他的作品都是雄奇超绝的，他的《病梅馆记》至今还是中学语文教材篇目，他的"避席畏闻文字狱，著书都为稻粱谋，""落红不是无情物，化作春泥更护花，"是一再被人引用的佳句。他还是当时名望甚高的收藏家和鉴赏家，留有不少故事。

想着龚自珍的诗，我去寻找他所住过的宣武区上斜街 50 号。这条街我以前来过许多次，自信到那儿就能寻着，结果，从上斜街找到下斜街，一路上门牌断断续续，时有时无，眼看天色已晚，便是找到也没法拍了！不料这一放下就隔了三年，为什么没着急？因为我估量，像上斜街这样离繁华干线很远的地方不大可能拆迁，但事实上我错了。2006 年 10 月，我再次前去，进街找人问 20 号，人家顺手一指推土机："就那儿，坡上！"

木之篇：文翰之门

337

我的天，推土机来了！

这里是一个高台，两侧都有台阶，奇怪的是没有门，只有两座房山之间的一个过道。但房子确实是高高大大，站在街上朝上望去，一眼后窗透出天光——显然，房子已经开始拆了，只是后墙还在。那窗户很好看，"冰炸"花格窗棂，和我先前在顺德会馆朱彝尊故居里看到的一个样子。

院里有人在扫地，我走上前去搭话："这儿是龚自珍的故居吧？"

"是啊。"

"应该有门楼吧？"我问出我的疑惑，这偌大一个院子怎么会从一个豁口进进出出？

"有啊，你回身，那屋子就是，你在马路上看见的两棵杨树中间就是！"

两棵杨树，我是看见了。树后是高高的台子和后房山，那么，一定是拆了门楼重新盖起的。

这条街上，老会馆一家连着一家，门楼虽旧，但都可看出以往绝对是气派不凡的。龚自珍在这里居住了五年。后来把这所宅院卖给了广东巨商潘仕成，潘后来将它赠予了广东番禺的同乡会，成了番禺会馆。院里人讲，从前这儿还有假山、亭子、后花园和戏台，"文革"时拆掉全改建成住房了。

"这院为什么要拆迁呢？"

"要修一条南北的马路！"

原来如此！

推土机已经到了，马路还会远吗？

那么，龚自珍的另一处故居情况如何？

简单说吧，一样！

西单手帕胡同 21 号，是龚自珍在北京期间另一个居住时间较长的地方。那个院子也非常大，后院的门开在复兴门内大街 20 号（原报子街 85 号），整个大院三进院落，另有东西跨院。院内当年曾有道光御笔"福"字匾和"耕读堂"匾。而今，这条胡同正一片繁忙：东头一截胡同已经全无，一个工地围栏从复兴门内大街一直围到南边的教育街，而手帕胡同东段被包在里面了。一栋大楼的主体已经封顶，围栏上的字样告诉人们，这里是武警招待所。教育街的这个院子，原是清代敬谨亲王府，1905 年清政府为戊戌变法所促进，设学部于此，管理全国学政，辛亥革命改为教育部，鲁迅当年就因为要在这儿上班才来北京，并在此做了好几年佥事兼第一科科长的。现在这儿仅存的老门楼油饰一新，就等着里面的大楼投入使用了。

与这一片隆隆声不同的是，稍西一些的胡同里正在拆除旧房的农民，正从院里往外搬运木件：坨、檩、门、窗，每一件还都是邦邦硬的！青砖都很整齐，随着半倾的墙扭曲着，即使倒坍在地，也没有什么碎掉的。从那些式样别致的窗户可以断定，这是一个非常可观的院落。

男人女人都低头干活，没人说话。站在院里成堆的青砖上，我也无语，全体都像一群哑巴。

外面的卡车已装得满满，木条整理得非常整齐，会干活的人，善待这些砖木吧，它们是有来头的！

龚自珍在北京生活了三段时间：11 岁至 21 岁在京学习，同乡吴同绶为他所作的年谱中记载了他初来北京在法源寺游玩和在门楼胡同与人结交的逸事；28 岁至 32 岁，在京作内阁中书的文字工作；38 岁至 48 岁，殿试获三甲十九名，辞知县职仍作内阁中书，44 岁时作宗人府主事，48 岁为摆脱与著名女诗人顾太清无法辩清的暧昧传言而离京南下。1841 年 9 月 26 日，龚自珍在丹阳书院讲席任上猝亡，年仅 50 岁。

他从北京走时，一车自载，一车载书，无余财。165 年过去了，车又来了，把这座城市对一代思想家和诗人的记忆也载走吗？

一街无人，静得很。我往西走了几步，突然又折回——我想起来了，与手帕胡同西口联袂的，是 2003 年就已拆迁的察院胡同，不看也罢！

如今，杭州市龚自珍纪念馆有这样一副对联：

"振聋发聩，批尽两千年专制腐败黑暗，梁任公祝作前驱；

荡气回肠，谱成五十年春秋倜傥风流，柳亚子誉为第一。"

这该是他的定论了。

他们用文字留住北京

关于北京，历史给我们留下了文字记载，那些作者是值得尊敬的，借助他们的记录，我们得以追根溯源，了解百年前、千年前的北京城，了解这座城池的传承和变异。这样的书，非史非经亦非诗，在以往是不属正流的，几乎纯为个人爱好。然而历史翻过那一页以后，缺少这样的书，我们甚至不知昨日之家园为何等之家园！

这样一些人和这样一些书，用文字留下自元以来的北京：

元熊梦祥《析津志》；

明沈榜《宛署杂记》；

明张爵《京师五城坊巷胡同集》；

明刘侗、于奕正《帝京景物略》；

清顾炎武《昌平山水记》《京东考古录》；

清孙承泽《春明梦余录》《天府广记》；

清朱彝尊《日下旧闻》；

清厉宗万《京城古迹考》；

清吴长元《宸垣识略》；

清戴璐《藤荫杂记》；

清于敏中等《日下旧闻考》；

清佚名《日下尊闻录》；

清潘荣陛《帝京岁时记》；

清震钧《天咫偶闻》；

清昭梿《啸亭杂录》；

清缪荃孙等《顺天府志》；

清朱一新《京师坊巷志稿》。

这些人的这些书中，距今最远的是元代《析津志》，已失传，规模和体例无从知晓，北京图书馆 20 世纪 30 年代和 80 年代两次对《永乐大典》《顺天府志》等书中引用的《析津志》条目进行整理，辑成一部《析津志辑佚》(北京古籍出版社，1983 年版)，虽非全璧，亦足珍贵。

最为难写的是《宛署杂记》。作者沈榜是明万历时宛平县知县，他将在任期间所见所闻的经济、县政、民俗、地理、方物等尽呈纸上，非史非志，亦史亦志，极为难得，可视为北京最早的系统完整的宛平县志。此书有三大难点：其一，对朝廷乱政祸民的披露；其二，县政浩繁事宜和民间琐细的记录；其三，全书完备的体例和撰写。顺天府尹谢杰为其作叙时说他敢于"书多微词"，其自序说："宛平建县以来二百年余，无人敢任纪述之责，其中固有呐于心而惴于辞者尔……尽使人人避事而呐且惴焉，然则何时而可任其责乎？"譬如，他在书中对皇室、勋爵、巨寺无偿侵占田亩给予了详尽披露，宛平三千四百二十七顷田地是怎么在二十八年中缩为征粮地仅二千八百六十五顷，"曾几何时，宛地遽少额六百余顷？"谁占了哪一笔，他写得清清楚楚。仅此足以看出，沈榜是担了个人前程风险来做此事的，与居闲勾佚写掌故绝然不同。用今天的话来说，这是个负责任的人。他初来任上时，"适当宛平大耗之秋"，县政仅有令人难以置信的五十几两银子，而每年支出需六千多两，在他管理之下，逐渐积累千两以上。这部书，沈榜是以一人之力毕其功的，为宛平知县三年，政事之余，他悉心考察记录，卸任之际，此书已呈顺天府尹，沈榜之为官为文，可谓勤矣！而此书最大的特色，在于对明代地方经济状况的具体记述，这为后人考察明代经济提供了宝贵的文本。《宛署杂记》在我国一度失传，1962 年，北京出版社根据从日本尊经阁藏本拍摄的胶卷排印出版，算是失而复得。

专述街坊胡同，便于查览的是明代嘉靖时张爵所著《京师五城坊巷胡同集》。这是一部纯写胡同的著作，对人们认识明代北京各坊四置及所辖胡同非常有用，作者对每一胡同内的井、桥和学校、寺观、仓场、官衙等都记录在案，文字简约明朗。

文笔最为优雅的是《帝京景物略》。其书全是对北京名胜的记述，别无它骛。它是明代崇祯年间刘侗、于奕正合作完成的，说来很有意思，两人不是一同出去寻访，而是分头活动，然后回来各述所见。全书对每一景物的描述务求准确精当，每篇都是精美的散文，书前《叙》中说："事有不典不经，侗不敢笔；辞有不达，奕正未尝辄许也。"读其书，确乎晓畅生动，饶有文采。

最具全景意义的是明末清初孙承泽（1592—1676）的《春明梦余录》《天府广记》和清代康熙年间朱彝尊的《日下旧闻》。《天府广记》也曾险些失传，这部记录北京最为翔实的著作，从未刊印过，只有几个抄本流传。1962 年，北京出版社根据北京图书馆、北京师范大学图书馆和北京大学图书馆的残本互相参照，荟成四十四卷的全本印行于世。作者孙承泽，一直住在厂甸南边，现在那里名叫"前孙公园胡同"和"后孙公园胡同"，"后孙"要短一些，左右各有一条夹道通往"前孙"，人们从"前孙"走过时，很容易错过夹道而找不着"后孙"。这种有点怪异的地形，恰恰说明两夹道之间，包括"后孙"北侧的地面以往都是孙家花园的范围之内。那座园子可真够大的，现在"后孙"街北的安徽会馆旧址已经让人觉得大院联翩，甚为宏伟，而这实际上只是当年孙园后面的一小部分。

孙承泽于明崇祯四年考取进士，明朝灭亡后，在清朝任吏部左侍郎，后因保举大学士陈名夏担任吏部尚书引起顺治帝不满，于是"引疾乞休"，退出政界。其后，他在琉璃厂与骡马市之间的闲地上建起了别墅，人们称这儿为孙园。孙园中有研山堂、万卷楼、戏台和花园，是当时城南少有的花园大宅。孙承泽爱结交，朋友中多为顾炎武、朱彝尊、钱谦益、纳兰容若一类名流，孙公园门前常有这些人鞍马往来。宣武门外地区会馆和文人住宅极多，像孔尚任的岸堂、李渔的芥子园、朱彝尊的古藤书屋、纪晓岚的阅微草堂，还有王士祯、翁方纲、钱大昕、罗聘、孙星衍等都曾聚居在这一带，而孙承泽是其时退休赋闲的年长者，这里自然成为一个方便优雅的活动中心。

清末，孙公园已化整为零，被几个会馆分而用之，其中有安徽会馆、泉郡会馆、台州会馆、锡金会馆等。其中安徽会馆最大，它是同治八年由李鸿章提议，淮军出资购得孙公园一部分地面，建立会馆，改建为一座包括神楼、戏台、多重套院和花园的活动场所，内有碧玲珑馆、奎光阁、思敬堂、藤间吟屋和包括收放亭、子山亭、假山、水池的花园。再后，这里还一度是康有为、梁启超、谭嗣同等戊戌变法人士的聚会场所。

近几十年，这一带的会馆都成了大杂院和工厂，戏楼曾变成椿树整流器厂的仓库。孙公园彻底地成为地名了，但是，那一带旧时商贾气息和南城生活老味犹在，走在胡同里，大宅壮美的门楼、旧式商肆的铺面，还可找到不少，走在胡同里，你会感觉像是回到许多年以前了。

北京文献的另一部巨著是清康熙二十五年朱彝尊（1629—1709）所写的《日下旧闻》，其书从一千六百多种古籍中选录历代有关北京的记载和资料，故曰"旧闻"；"日下"则出自王勃《滕王阁序》中"望长安于日

朱尊彝辑《日下旧闻》

顺天府大堂

顺天府大堂北侧

下"，指京城。《日下旧闻》堪称是一部北京文史的资料大全，到乾隆三十九年，清高宗又命于敏中领衔对该书作了修订和补充，主要是增添了不少皇家宫苑的材料，为《日下旧闻考》，算是钦定本，实际工作是窦光鼎、朱筠等完成的。朱彝尊是清初名流，诗与查慎行齐名，又与顾贞观、陈维崧并称词家三绝，和当时一般名流曹寅、纳兰容若、孙承泽、陈维崧、严绳孙、顾贞观、姜宸英、吴兆骞等都有来往。朱彝尊与曹寅交谊甚深，常在一起唱和，朱彝尊的《曝书亭集》就是曹出资刊印的，曹出《楝亭词钞》，序言是朱彝尊所作。说起来，孙承泽比朱彝尊年龄大很多，但孙极推重他，两人初次互访后，孙承泽感叹："吾见客长安者，争驰逐声利，其不废著述者，惟秀水朱十一人而已。"

　　朱彝尊是住在宣武门外海波寺街（今海柏胡同）时写成《日下旧闻》的。康熙二十八年（1689年）朱彝尊从这里迁出，在朝官员温汝适等人集资购下这所院子，改为顺德会馆。海柏胡同那一带近年拆迁了很多胡同，西边是庞大的"庄胜崇光百货"，北面东面也都是新楼，南面前青厂只剩半条街，垂垂老矣的顺德会馆已如釜底之鲫。顺德会馆是海柏胡同16号院，市级文保单位，2002年我去寻访时，周围已开始拆迁，院里只剩两户人家，"就是这间房！"一位中年妇女指着四外无所依傍的房子说。这就是赫赫有名的"古藤书屋"了，屋宇很高，气势尚在，想那1684年，一代文坛巨擘就是在此完成《日下旧闻》的每一篇。回看院子大门，满眼苍然，门板斜倚，石墩半残，旧窗断烂。那就乘着住户都已搬走，随便转转吧！这一转悠，发现东西了：院西南方向有一四角阁，后面一角已坍，前面门窗却还大体完好，窗棂"冰炸"样式，古色古香，在周围的一片凌乱中，此阁风味独标，那么，这是朱彝尊的"曝书亭"了？

　　孔尚任也是在这院里住过的。三百年前，不知有哪些硕儒文彦从这条胡同里进过此院，现在，一院空寂，恰好任人漫天玄想。

寻找曹雪芹

纬道

谜一般的红楼梦 雾一般的曹雪芹

曹雪芹,中国最卓越、最天才的文学家,你仅以一部尚未写完的《红楼梦》,就令世人魂牵梦萦,为中国在世界文学领域争得最高荣耀。假使没有这部书,中国人会失去许多饶有趣味的话题,在世界文坛上也不免亏损了一些底气。有了你的这部书,中国人说起自己民族的文学代表作,可以不假思索,脱口而出。

然而,大名鼎鼎的曹雪芹,你的身世,你在生前的行踪,为什么竟也同你的书中的人物一样,谜一般地让人费劲破解呢?正史中不见倒也罢了,一部二十五史,从来没有《小说家列传》,就不必劳神去翻了;但连野史中亦语及廖廖,好像你和你的书犹如城边一个胡同口的小卤煮摊,这事儿上不了哪个部门的"年鉴"。

你像街上人群中偶然闪过的一个风流俊逸的人影一样,转瞬之间湮没于十里红尘,再也难寻踪迹。你的道骨仙风,任凭人们想象。

那么曹雪芹,你明明就在北京度过了几十年,仅增删《红楼梦》便"十年辛苦不寻常",最终"泪尽而逝",难道一点点生活的痕迹也没有留下吗?

很多人都在寻找。

木之篇:文翰之门

345

西山故居：人们宁愿它是真的

北京香山黄叶村，一度曾引起人们的一阵惊喜。的确，以黄叶村所处的环境来说，这儿作为曹雪芹晚年住过的地方，倒是不悖情理。

黄叶村现在是被围在北京植物园里靠东边的一个地方。但这黄叶村也太偏僻一点了，不刻意去找是寻不到的。植物园最打眼的地方是那个巨大的热带植物温室，不是发烧友，不会到这几间荒村野舍来。

所谓"村"，实则是几户人家的房屋聚在一起，而周围全是植物园的绿地。还别说，走到黄叶村的近前，一股老味就自自然然地开始团绕着你，空气是潮湿的，极粗的老树枝叶蔽天，投下一地的影子。人们所传的曹氏故居就在最南边的一排，房子是老房，院子很干净。引起人们争议的题壁诗就出自此屋的墙上。

题壁诗一面世，专家旋即形成两派，一派当然是肯定，言之凿凿；另一派则坚决否定，也是言之凿凿。结果，弄得平常只读晚报不钻考据的老百姓一头雾水，不知听谁的为好。

其实，存疑归存疑，在谁也没有权威正式取消黄叶村为雪芹遗址之前，来寻幽的人不必拘泥，你就爽性将这里当真事儿，放下包袱，尽着意让自己的心驾着红楼一梦去飞吧！政府官员不是还陪着外宾"畅游"右安门那座假大观园吗？而这儿多少还有点古味，有点野趣，说雪芹先生最后的年月是在此度过的，从感觉说也不会离谱到哪儿去。

这里属香山的大范围里，周围古迹极多，说得上跟曹公有关的首推樱桃沟。这樱桃沟在卧佛寺后面，沿寺西北的山路一直往北走，一路的好景色冠绝京华，涧流汩汩，碧树参天，真个恍如世外。人到哪儿，水到哪儿，树到哪儿，石到哪儿——可着北京难寻其二。在你觉出累的时候，一块大石头迎头而立，上书三个大字："水源头"，你别走了，往西看，一石危立，石上一树，绝对天造地设：这便是"木石因缘"的来头了。说曹公当年见此景而生情，感悟出一段"宝黛"悲歌，怕是说得过去的。

黄叶村一带的古碑

曹雪芹塑像

西山黄叶村风景

西山黄叶村曹雪芹纪念馆中据传为曹氏家居

黄叶村古井

木之篇：文翰之门

红学家周汝昌先生充分肯定樱桃沟为曹公晚年栖居之所，他还指出，那一带曾经是山峦深处，野径难行，但却多隐奇景，全不似近世大修公路以后景象缺失的样子。

雪芹先生后半生的光景每况愈下，他是一步步由市内而西郊，最后竟致"举家食粥"。最后的那一年，北京正流行痘疫，只要上街，就能看见有人抬棺出京。雪芹先生在乡间最要好的诗友张宜泉兄弟两家四个孩子竟病死三个！而他在城内的老友敦诚、敦敏，合家有五个少儿被夺去生命。本来就"文章憎命达"，厄运岂能放过曹雪芹？终于，他所挚爱的幼子也染上了这种时疫，据说得用犀角、牛黄、人牙等息热，这哪里是穷途末路的雪芹先生所能办到的？

时正寒秋，孩子死了，雪芹先生每天都要去荒坡上的小坟上去看一看。又过了几个月，年根底下，正是除夕之夜，雪芹先生永远地放下了他的笔，"泪尽而逝"。而此前的时日里，他每天都在用旧黄历的背面为稿纸，写那部千古不朽的《红楼梦》。

据说雪芹先生晚年是与湘云、麝月一起度过的。当然这说法属于"索隐派"，用力在书外找对得上号的"本事"。如果我们还奉行"不拘泥"的方针，何妨就如此认定，让我们的文学巨子凄清的晚境保留些许浪漫的迷雾，也让我们的心境跟随这番迷雾从哀婉低徊中走将出来。须知那湘云，才学不让钗黛，天真或有过之；果敢比肩探春，似乎更加爽利；美丽有十二钗正册为证，心胸则在女孩里是最豁达的。仅凭"醉卧芍药圃"，就可说湘云是《红楼梦》里的新新人类。

话说那雪芹先生与"湘云""麝月"坐在"水源头"闲说天宝旧事……得，往下您自己编吧！

感慨完了，下山去看看曹雪芹纪念馆，算是作了一回完整的雅游。真好。

张家湾：注定和你有缘

通州张家湾，一个自辽代至清代红火近千年的古码头，它对整个北京的重要意义，远非今天的人们所能想象的。

远在秦汉时期，潞河自此东折，永定河东支又在此汇合，水足湾宽，具备了天然港口的良好条件。因此，当辽代朝廷在蓟城（今广安门一带）建陪都时，为调运辽东粮草，从蓟城向东开凿了一条通往潞河的运河，赫赫有名的萧太后主其事，所以人们称为"萧太后河"，直到今天还这样叫着。自海路而来的运粮船队沿潞河到张家湾港口，再换小船走萧太后河至大辽陪都。元朝灭宋金后，建起当时足称世界第一的大都，所用粮草更巨，著名水利学家郭守敬主持修凿了由张家湾直通什刹海的通惠河，张家湾漕运码头的地位更升为国脉所系的高度。那时，元大都的用粮，全凭海运船队浩浩荡荡运来，供应朝廷调用。最初，船队经由张家湾，通过通惠河抵达什刹海。明代，又达东交民巷。到清代，通惠河失修，船队则以张家湾为终点码头，粮食、货品卸下后再走旱路进城入海运仓。直至清末，通州张家湾仍是京城的军事咽喉和经济重镇。僧格林沁率蒙古骑兵扼守北京，与八国联军开的第一仗，便是在这儿进行的。

在整个冷兵器时代，可以说，张家湾不保，通州危矣；通州不保，北京危矣。甚至只要张家湾一破，整个北京的粮源就断了，这样，我们就不难理解，为什么离京城五十里地之外的张家湾仅凭一个村庄会有一座四门城池，成为京东第一村；同样，我们也就不难理解，为什么那里屡有与曹雪芹有关的文物干系了：

张家湾有曹家当铺，门店台基尚存，就在南门里西拐角处的花枝巷——今人认可；

张家湾有曹家染坊，在当铺西北的小花枝巷口，曹家井今存——今人也认可；

张家湾有曹家盐店，在十里街东侧，有旧房可寻——今人也认可；

张家湾有曹家房产，离当铺不远的北侧——今人也认可；

张家湾出土了曹雪芹碑，那么曹公身后是否埋在这里——引发了一场真伪之辩；

张家湾十里街东侧有小关帝庙，因布局似葫芦形，俗称葫芦庙——据称《红楼梦》第一回"葫芦僧判断葫芦案"构思源泉于此；

木之篇：文翰之门

"林黛玉一进荣国府，从哪儿下的船？"你猜对了，张家湾——有论者论证过这一书中细节。

这很有趣。

曹公真是和张家湾结下了不解之缘。

然而，当我从市里来到通州张家湾时，兜头就挨了一闷棍：整个张家湾村拆光了，一个赫赫有名的古村落变成了一片榛莽荒蒿。

拆迁，农村也拆迁！

张家湾本是一村一镇，以萧太后河为界，南镇北村。我从公路上下了车，路边太阳的暴晒下有三几个卖冷饮水果的小摊，我向其中一位中年汉子打听往村里怎么走，他开口就说："没了，拆光了！"

我这才知道，"一村"没了，仅剩"一镇"。

公路东侧就是张家湾镇,所谓"镇",是一条长街,两边是不新不旧的铺子,什么特点都说不上，汽车一过，满街是土。镇中值得一看的是古清真寺，绿色琉璃覆顶，从很远的地方就能看到二门坐西朝东，垂花门，门旁一棵古槐甚是了得，树身需两人合抱，枝杈横逸，绿荫遮蔽了半座庙宇。

庙宇像是近年修缮过，深绿的琉璃瓦顶在阳光下非常耀眼，但院内狭促，很难拍摄，我走到外层的南院才看清屋顶——这倒让我发现了一个有趣的景观：望月楼的宝顶上赫然挺立着一个弯月形伊斯兰标志。这可是北京城里的几家著名的大清真寺都没有的景象，它一下子让人联想起遥远的异域风情。

大殿与二门之间是非常整饬的小院，三合房，有回廊相与沟通，保持着明代以来的格局。原先就得知，大殿内的六扇窗户为世界仅有，窗棂分别为阿拉伯文"仁、义、礼、智、信、孝"六字，而眼前则不见此奇观了，旧窗杇坏后，新窗未按原样修复。一处阿拉伯文化与儒家文化奇妙结合的建筑名物，还未来得及让公众得知就消失于无形，这太可惜了。

往东一直走，到十字路口往北拐，进入一条很宽的胡同，一街无人，到北端才见一老者坐在墙下乘凉，一打听，原来已到张家湾老桥。

通州张家湾古桥

通州张家湾明代御制圣旨碑

通州张家湾古桥石狮

通州张家湾村小路一侧隆起部分为曹家老井

确乎是座老桥，石板桥面俨如一滩大小不一的鹅卵石铺成，凸凹起伏，蒿草丛生。这是一座明万历年间的老桥，算来已有五百岁，该算整个北京地区罕有的了。桥面的老态震撼人心，它寂静无语，横亘在"大辽国"开凿的萧太后河上，一身沧桑。我相信，所有第一次见到它的人都会像听到一曲古远幽渺的歌谣。

老桥的桥栏和石狮是一绝，石栏板雕有宝瓶为饰，为京城所仅见，已成"孤本"，石狮已不全，但仍神采飞扬。人们常说卢沟桥的石狮雕得好，那么你到张家湾老桥来吧，这里堪与卢沟桥石狮媲美。

我当时见有的桥栏弯曲如弓，很不解，就教于桥边的人，告知"镰刀磨的"，我的天，这要多少代、多少人麦收时节在这儿磨镰刀才能磨成这样啊！

古桥西边原为客运和盐运码头，东边是粮库，如今粮库的南墙仍是城墙的模样。桥北有龙座巨碑，皇家规格，想必曹雪芹也曾从碑侧走过吧。

碑后，三位老汉在村口乘凉聊天，我上前以曹宅旧事相问，未料几人竟如数家珍，说曹家当铺、染坊和古井，说花枝巷，说古庙，说周围曾经有过的十三教四十八庙……

"只剩下一口井了！"

我按老汉们提供的线索进村，在路边找到镌有"花枝巷"的石碑，放眼望去，全村已荡为平地，甚至更进一步，"挖地三尺"，村里地上的土已卖掉，挖走筑高速公路了。"花枝巷"碑后，青草一人多高，一条弯曲的小径把我带到曹宅也是全村仅余的井旁。旁边的土都挖走了，井成了"地上物"，一人多高，上面也长着草，像个坟墓。

这就是曹家院里的井了，当铺、染坊连同地基下的土都"飞"得不知去向了。我穿过草丛，走到古井近旁，再也上不了井沿，也无从看到井口和井水。低头看去，我发现井边的土里嵌着一块破碎的瓷片，忙拾起来看，是一片精细的青花，胎很薄，像是有些年份了。我有个朋友是专门研究瓷片的，我得带回去给他看看。于是注意看看周围，还有一些，便又拾起收好。

"自将磨洗认前朝"，想起这句诗当然是很有"现场感"的感慨了。

庙是找不到了，那个据说被曹雪芹写进书中的"葫芦庙"荡然无存。所幸的是，古城墙的南墙还有遗迹，村北通往皇木厂的运河古桥剩有一拱，那座拱桥叫作虹桥，老年间皇家所用的木料沿运河舶来后存放在桥北码头，后来形成唤作"皇木厂"的村子。

过虹桥，未见本该是庄稼地的乡野景象，却是到处蒿草连天。少有人行，也就踩不出路，只好趱着蒿草北行。前面高埠隆起，一丈多高，土山一般，寻土坡而上，眼前竟是一个完整的农家院落，老槐树下几只母鸡咯咯咯地觅食，院前很干净，一老者闲坐，我忙走上前去搭话，方知此间便是皇木厂的全部遗存了。老者的儿女都已搬走了，只有老人热土难离，守望在四野寂静之中。言语间，得知我也在通州地面上生活过，话题就更多了。

皇木厂，这个当年泊放修建北京城所用木材的料场，只有眼前这一围土地是从老年间延续下来的了！夏风吹过，老槐飒飒，鸡犬安然。面对残桥剩景，心里默念着这里或许曾有曹公走过，这里与《红楼梦》有着朦朦胧胧的联系，也就不枉此行了。

蒜市口：十七间半的发现

曹雪芹当年在北京城内到底生活在何处一直是一个疑团。曹雪芹向世人贡献出他的《红楼梦》后谜一样地无踪无迹，让后人追摹至今，寻访至今。自有"红学热"至20世纪末，人们一直未停止寻索的脚步。近年来，围绕曹雪芹遗迹真真假假冒出一些，但大都经不起推敲。然而使许多人惊奇的是，文学巨匠曹雪芹生前真正居住多年并写下《红楼梦》的地方，就在崇文门外蒜市口街路北的至今尚存的一座小院内。按有关文献记载，红学家们称为"十七间半"。

围绕蒜市口曹家故居的认定和去留，成为2000年至2001年不大不小的一个新闻热点，因为附近广安大街的拓宽而要将其拆除。

结果是大家都已知道的，拆而后建，先把两广路展宽修直，将来在原址

木之篇：文翰之门

353

花市斜街卧佛寺石碑底座

蒜市口 16 号院门道和二门

蒜市口拆除 16 号院时发现的井圈

北面的一个地方，规划一处曹雪芹纪念馆。

推土机掩埋了所有争论——也就这样了。

出于对曹公的景仰，人们其实从几年前就"未雨绸缪"了。1999 年，北京市崇文区政协文史委员会牵头，组织了两次有众多红学专家、文史专家、建筑专家和有关官员参加的学术论证会。6 月 8 日，政协崇文区委员会、北京市政协文史委员会和中国红学会，在龙潭湖龙吟阁联合举行"曹雪芹故居遗址研讨会"，著名学者冯其庸、张书才、蔡义江、胡文彬、杨乃济、周思源、顾平旦、杜春耕、赵书等到会并发表见解，崇文区政府有关负责人和市、区两级政协及文化文物部门人士参加会议，市政协主席陈广文到会并讲话。与会专家一致认为，蒜市口曹氏故居是曹雪芹遗迹中唯一一处有清朝官方档案文字明确证实的极其重要的现存史迹，经与乾隆北京地图核实，匡定围绕 16 号院的三所院子中的一处，而 16 号院为首选。

曹雪芹故居遗址在沉寂多年之后，终于迎来一次显露庐山真面的机会，北京市尤其是崇文区面临一次文化增辉的机会，热爱《红楼梦》的人们终于有了可以凭吊雪芹巨匠的可信之所。

此前，笔者作为崇文区文史委员会成员，与诸成员一同造访过该院，并向年事已高的老房主进行了有关调查。第一次论证会后，笔者又以第一时间通过自己所供职的报纸发布了消息，该文旋而又由影响更大的报纸《作家文摘》作了全文转载。

方方面面都在努力，事情在沿着保护这一仅存的重要文化遗迹的方向发展。

然而结果却极为出人意料。

"十七间半"什么样

史称"十七间半"的曹雪芹故居遗址，位于崇文门外大街南端东侧蒜市口街。被称为"蒜市口"的这条小街，西起崇外大街南端（今为十字路口），

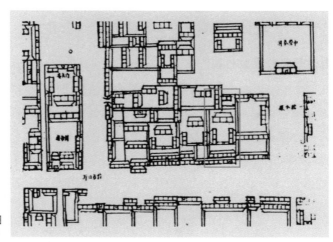

乾隆年间北京地图中的蒜市口 17 间半

木之篇：文翰之门

东接缆杆市，通长不过 200 米。据乾隆《京城全图》所绘，街北面仅有六个院落，其中东西两个院落院内空旷，只有中间四个院落房屋布局规整，曹宅即在这四座院落中。

所谓"16 号院"，是一个刀把形院落，进大门后有狭长夹道通往后面院落。按乾隆《京城全图》所绘，该院临街房六间、前院南房三间、中院北房三间、东西厢房各三间，后院空旷，共计 18 间房，其中或有一小间，故有"十七间半"之称。该院在"文革"前为马家私宅，据原房主马允升老先生述，其太祖于清嘉道年间买下此院，迄今已有 170 多年。当初临街为染坊，其后与中院之间有院墙，中间是四扇木刻屏门，上有"端方正直"四个大字（专家认为此极重要），中院有假山，北房堂屋正中有"韫玉怀珠"横匾；后院是座大葡萄架，有水井一口，西北角院墙向内凹进一段（这也极重要，与乾隆地图相合）。

另据马老先生讲，该院于 1926 年和 1933 年将中院、前院作过修建，而后院北屋始终未大动，当初堂屋装有楠木乳白色雕花隔扇八扇，中间和东西两边都有黑檀木刻花落地罩，上有"富贵荣华"匾，各屋炕前有木隔扇，有的还有碧纱橱。各屋还有大小不一的各色匾额，如"日月增光""紫气东来""静观""端宁"等。可惜马家祖上传下的房契、簿册、古书字画等都在"文革"中烧毁，失去了对这所小院历史沿革的连续性资料。

有关曹宅的原始档案

除乾隆《京城全图》外，更有力的文献证据是清雍正七年内务府原始档案，这件档案题为"刑部为知照曹　获罪抄没缘由业经转行事致内务府移会"，其上载明："原任江宁织造员外郎曹頫，系包衣佐领下人，准正白旗满洲都统咨查到府。查曹頫因骚扰驿站获罪，现今枷号。曹頫之京城家产人口及江省家产人口，俱奉旨赏给隋赫德。后因隋赫德见曹寅之妻孀妇无力，不能度日，将赏伊之家产人口内，于京城崇文门外蒜市口地方房十七间半、家仆三对，给予曹寅之妻孀妇度命。除此，京城、江省再无着落催追之人。"

一门一世界

这是最有力的一件证据。

由此可知,蒜市口"十七间半"是曹宅获罪被抄将家产人口赏给隋赫德后,隋出于"怜悯"而将此房给予曹雪芹祖母度日的。此事有内务府文件,并由隋赫德于此前奏明雍正帝,可谓皇帝批准的事,曹家不能不住,又岂敢不住?

由这份文件还可知,曹家当时无论是京城还是江南的房产人口,俱已由朝廷或赏人或遣散,曹家已无退路。

曹雪芹在蒜市口写作《红楼梦》

蒜市口"十七间半"为曹雪芹由江南入京后居住之所,他自十几岁随祖母入京后成长在这里,直至中年,大约有二十年光景,尔后才赴西山。那么,曹雪芹在此酝酿并写作《红楼梦》是完全可能的,住在西山期间则是这一工作的继续和删改加工。

中国红学会副会长蔡义江先生认为,曹雪芹写《红楼梦》应在搬往西山之前,他是在20岁至30岁时写完初稿,而在嘉庆年间把五、六稿转借弄残的。《红楼梦》在蒜市口写作完成,住西山则是他最后十年,而且,到底是西山的什么地方,尚须考察。

北京语言学院周思源教授说:"我是个爱怀疑的人,对'遗址'一概不信,惟独信'十七间半',确信就是曹宅。曹雪芹有极大可能住在这里,有清代档案,有乾隆地图,除非找出同样权威的文献推翻它。即使不是16号院,也不会太远,所以定为故居遗址是科学的。曹雪芹在此创作《红楼梦》的可能性极大,'披阅十载'是二期创作,在西山继续修改是可能的。"

中国艺术研究院顾平旦先生认为,曹家有一段时间住在蒜市口是绝对没问题的我相信还会有证据。《红楼梦》中的卧佛寺(今花市东口原有卧佛寺)、兴隆街(今崇外大街西侧)以及倪二金刚等人物,都具有北京南城特色,加上二闸及更远一些的曹家在通州张家湾的钱庄,可以联系起来考证,具有更大的意义。

学者张书才先生认为,曹雪芹在蒜市口至少居住十余年,这对探讨曹雪

木之篇:文翰之门

芹的成长道路和《红楼梦》创作素材的来源取资，具有重要价值。蒜市口一带既多市集庙会，又多车马客栈、梵宇琳宫，还有收养婴儿的育婴堂和赈恤穷民的粥厂。崇外一带充溢着中下层社会的生活氛围，既是估衣百货、农副产品的集散之地，也是商贩农夫、游民乞丐、市井豪侠乃至僧尼道士、三教九流的荟萃之区。这种生活接触对曹雪芹的人生体验和社会体验有深刻影响，他能写出醉金刚倪二、香料铺掌柜卜世仁、江湖道士王一帖、包揽诉讼的老尼静虚，乃至将秦可卿写成是从养生堂抱来的孤女，无疑都与住在蒜市口、寓居卧佛寺时期的生活经历和对社会众生相的了解有着必然的联系。

　　一些学者还提到蒜市口一带故老传说与曹雪芹和《红楼梦》的关系。用红学家杜春耕先生的话说：所有的"影子"都有。故老传说，曹雪芹家道败落后曾寓居卧佛寺。1931 年，国画大师齐白石与张次溪先生曾前往花市东口寻访遗迹并题诗作画。张次溪有诗句"都护坟园草半漫，红楼梦断寺门寒。"齐白石取其意绘《红楼梦断图》，题诗为"风枝露叶向疏栏，梦断红楼夜半残。举火称奇居冷巷，寺门萧索短檠寒。"

　　专家们还指出，蒜市口故居遗址的重要意义对文化学、民俗学、红学的研究是多方面的，譬如蒜市口临街染坊与江宁织造的关系、曹雪芹与高鹗的关系等。

珍贵的井圈

　　"十七间半"的研究和确认，是红学史上一件大事，其意义非止一端。

　　雪芹故居有档案可查，有地图可考的遗址仅蒜市口一处，为全国所独有，是不可重复的"唯一"，是一个具有权威意义的红学文化基地，是人们凭吊曹雪芹、研究《红楼梦》的重要场所，是具有较高文化品位的重要的北京城市文化遗存。

　　雪芹故居遗址就在北京城区之内，这一重大发现和确认在当时是激动人心的。

　　于今，1999 年至 2001 年围绕雪芹故居遗址的考证和议论已随着蒜市口所有临街房的拆除而尘埃落定。后来，在蒜市口 16 号院的下面挖掘出三层地基，其中第三层的规置恰与清代档案所记相吻，同时，文物工作者发现古井一口，上有石井圈一个。现在，这一井圈已移至广渠门隆安寺院内保存起来。

知道这一发现的人并不多，很有可能，石圈将来会成为人们凭吊曹雪芹的唯一的曹宅原物。

西单：满眼繁华寻静寂

北京的西单，是市区最繁华的所在，可出人意料的是，你能在这十丈软红中找到凭吊曹公的地方，这就是商圈里裹着的清代右翼宗学。

从西单文化广场往北，路东第一个商厦"中友百货"的后面，是一条不宽的小街，人最挤，从这儿横着进去可达另一个吸引人的"明珠市场"，而中途有一处稍显冷清的地段，路北极"另类"的有一个老式门楼——这便是我们要找的右翼宗学了。再早，这儿是西单往北的第四条胡同，叫"石虎胡同"。

右翼宗学的规模其实很大，往西接近西单大街的房子都属于它，房子大得出奇，绝非一般民宅可比，现在靠路口的步行大院式服装箱包市场就是利用它开办的，人们在里面逛摊儿会有一种逛庙会的感觉，那就是其间宽敞的老瓦房、婆娑的古藤树带来的气息。东半部被某单位占用，一般人是进不去的，要想看看全貌，你得登上中友大厦二层。也真得感谢大厦的设计者，在二层的北面设置了一圈宽敞的露台，站在那里凭栏而望，右翼宗学尽在眼底矣！

一大片恢宏的灰瓦屋脊绵延开去，战阵一般。近前，你还能发现有个商肆白底红字的招牌上赫然三个大字：石头记，大抵是卖首饰的，想来是要借一借《红楼梦》的别名，让曹公"与时俱进"，也搞点市场经济。

想那曹公当日，若还能在这等灯红酒绿之处开办首饰店，也就不会饿死西山了。

言归正传。清代时候京城有两所宗学，是朝廷为宗室子弟开办的学校，位于东城金鱼胡同（后迁史家胡同）的是左翼宗学，位于西城石虎胡同的便是右翼宗学。皇室支系则另有"觉罗学"，等级要差上一些了。

西单右翼宗学旧址 　　　　　　　　　　　　　西单右翼宗学旧址古枣树

　　右翼宗学所在地是一处老宅，传说是清朝北京四大凶宅之一。它在明朝时最初为常州会馆，后来又成为太师周延儒的府第。清兵入京后，为吴三桂之子吴应熊的驸马府。后来，吴三桂叛清兵败，吴应熊赐死，曲终人散，这所大宅子又空了下来。于是，雍正二年，当清廷开办右翼宗学的时候，这里派上了用场。

　　雪芹先生在右翼宗学是做教师，还是职员，甚至更等而下之的杂役？由于缺少有关史料，也是很迷离的事，但有一件是确实的：他在这儿结识了对他一生都很重要的朋友敦诚、敦敏兄弟。他们兄弟俩是清初赫赫有名的和硕英亲王阿济格的第五代孙，敦敏生于雍正七年，比曹雪芹小五岁，敦诚生于雍正十二年，比曹雪芹小十岁。按满人规矩，曹雪芹的出身属"奴"的地位，与敦敏兄弟在一起是要分上下之礼的，但雪芹的才识胸襟早令二人折服了，所以终其一生，他们都是极其要好的平等朋友。

　　按当时规矩，宗学里的学子是要"住校"的，而敦敏兄弟家住西单瞻云坊往西的太平湖，即今中央音乐学院东北方向紧邻的一所院子（1949年后改为中学，近期已拆迁），离宗学也不远，所以，无论是什么日子，他们兄弟和曹雪芹畅饮阔论的时光都极多。那么，雪芹先生在聚会场合是什么样子呢？有意思得很，他不像自己在《红楼梦》里塑造的任何一位"泥做的男人"，而是语惊四座、朗笑诙谐、极具吸引力的"大侃爷"！

　　周汝昌先生曾这样描绘曹公：

　　"有机会和他接近的人，最容易发现的是，他善谈，会讲'故事'。只要他高兴起来，愿意给你说，那他可以说上一天，说者不知倦，也更能使聆者忘倦。裕瑞《枣窗闲笔》记载过：'其人（雪芹）身胖，头广而色黑，善谈吐，风雅游戏，触境生春；闻其奇谈，娓娓然令人终日不倦，——是以其书绝妙尽致。'

"而且，他的能谈是有特色的。第一是他那放达不羁的性格和潇洒开朗的胸襟，能使他的谈话挥挥霍霍，嬉笑怒骂，意气风生。这就是古人所谓'雄睨大谈'，听之使人神往、色动的那种谈话。第二是他的素喜诙谐，滑稽为雄，信口而谈，不假思索，便能充满幽默和风趣，每设一喻、说一理、讲一事，无不使人为之捧腹绝倒，笑断肚肠。第三是他的自具心眼，不同留俗，别有识见，如鲠在喉，凡是他不能同意的，他就和你开谈设难，绝不唯唯诺诺，加以他的辩才无碍，口似悬河，对垒者无不高竖降旛，抑且心悦诚服。第四是他的傲骨狂形，嫉俗愤世，凡是他看不入眼的人物事情，他就要加以说穿揭露，冷讽热嘲，穷形尽相，使聆者为之叫绝称快！

"有了这几个特色，结合在一起，我们可以想象曹雪芹的谈话是如何地妙语如环，奇趣横生，是如何地精彩百出。无怪年纪还很轻的敦诚，一会到他，立刻就为他的'奇谈娓娓''高谈雄辩'吸引住了，立刻就爱上了这个人物性格。

"相处得久了些，慢慢地发现，曹雪芹的可爱绝不止这些，他'嘴'上的妙处固然过人，'肚子'里的妙处更是不一而足，同时'手'头也有绝活。越是和他相处，越是发现这个人的更多的了不起。"

西单，右翼宗学里的曹雪芹，就是这样一位虎虎有生气的才华横溢的京华奇人。所以，朋友，当你走过这里的时候，推想当年，曹公举酒雄论，也许就是在你身旁的一个酒馆里。

可别把曹公想得那么期期艾艾，总是一副愁肠百结的样子啊！他是言室满室，笑堂满堂的无忧才子的派头。

他就走在北京的街巷里，左边是敦诚、敦敏，右边是湘云、麝月，一路欢声笑语，在蒜市口、在东花市斜街、在西单、在太平湖、在后海、在京东张家湾、在西山樱桃沟……

浏阳会馆与源顺镖局：
士人文化与侠义文化的
最后一次悲怆联盟

纬道

侠义之风

"今游侠，其行虽不轨于正义，然其言必信，其行必果，已诺必诚，不爱其躯，赴士之厄困，既已存亡死生矣，而不矜其功，羞伐其能，盖亦有足多者焉。"

这是司马迁在《史记·游侠列传》里给侠客下的定语，评价相当高。两千年以来，侠客作为中国文化中的一个最具传奇色彩的形象，一直被世人所想象着，钦佩着，景慕着，甚至渴望着。尽管人们在世俗生活中得遇侠客相助的事几乎只是一种想象，但人们在传诵侠义故事时神飞魄动的向往却丝毫不见减少。

人们景仰那样一种"重然诺,轻死生,挥金结客,履汤蹈火,慨以身许知己"（柳亚子语）的精神。这种精神最集中的体现就是"信"和"义"，作为精神层面的东西，公允地说，还是道德规范中不可或缺的，尤其是当社会正义需要有人挺身而出的时候，侠肝义胆显得弥足珍贵。

所以，"大刀王五"虽然不是显要人物，但他的名字在民间广为流传，就是明证。

大刀王五并未作出什么惊天动地的大事，但他与20世纪的中国土地上一件的确惊天动地的大事——戊戌变法连在一起了，他为那件纯粹高层的政治风云增添了几许生动的民间传奇色彩，冷酷的政治与温情的世俗碰撞出美丽的故事。

源顺镖局

让我们先走进北京前外大街珠市口东侧的西半壁街胡同吧，历史的隧道至今还在那里停留下一些可让今人得以寻到的踪迹。

这是一条不长的胡同，1958 年以前，东西半壁街是通着的，在"大跃进"时，胡同里建起了大厂房，番号为"218"的华北光学仪器厂横空出世，所以，进得西半壁街，就能看到厂房横亘在前，好在我们要去的 13 号院并不远。但是，可能会使你感到意外的是：大门口堵着个公共厕所。

厕所正是占去了院门的恰好一半，并挡住了临街的 13 号院北屋的房山。

这就是赫赫有名的"源顺镖局"了，大刀王五和本篇另一个主人公谭嗣同曾经经常出入的地方。

123 年前的一天，这所院子换了新主人，这个新主人把一块写有"源顺镖局"四字的大匾高悬门楣之上，从此，一段燕市侠风的故事真实展开。

新主人正是大刀王五。他本名王正谊，字子斌，出生于 1844 年，河北沧州人，因在十八位盟友中排行第五，又惯使一把大刀，所以人称"大刀王五"。沧州是中国著名的武术之乡，王子斌幼时便拜当地名师李凤岗学习武术，24 岁时，走上了押镖之路。

在火车尚未成为我国主要交通工具前，南北通商的往来货物通常要靠车载驴驮，千百里陆路，安全是个大问题，于是就有了专管护行运输的镖行。镖局，实际上就是武装运输组织，像北京前门大街这样的商业聚集、辐射全国的地方，当年有五六十家镖局。镖局为客户运送货物，赚取的是运输费和安全费，在护送过程中，不误期、不丢失、无损坏，如有货物丢失，须按价赔偿。这是这一行的行规。所以，镖局往来江湖，结交广泛，对各色人等都能对付，为的是不致丢镖。

砌上一半的源顺镖局大门

源顺镖局院内

珠市口西半壁街源顺镖局原貌绘图

《老残游记》中第七回，写老残受申东造之请，雪夜围炉吃松花鸡火锅，说起江湖世道，老残有一段话专说这盗贼与镖局："大概这河南、山东、直隶三省，及江苏、安徽的两个北半省，共为一局。此局内的强盗计分大小两种：大盗系有头领，有号令，有法律的，大概其中有本领的甚多；小盗则随时随地无赖之徒，及失业的顽民，胡乱抢劫，既无人帮助，又无枪火兵器，抢过之后，不是酗酒，便是赌博，最容易犯案的。譬如玉太尊所办的人，大约十分中九分半是良民，半分是这些小盗。若论那些大盗，无论头目人物，就是他们的羽翼，也不作兴有一个被玉太尊捉住的呢。但是大盗却容易相与，如京中保镖的呢，无论十万二十万银子，只须一两个人，便可保得一路无事。试问如此巨款，就聚了一二百强盗抢去，也很够享用的，难道这一两个镖司务就敌得过他们吗？只因为大盗相传有这个规矩，不作兴害镖局的，所以凡保镖的车上有他的字号，出门要叫个口号。这口号喊出，那大盗就觌面碰着，彼此打个招呼，也绝不动手的。镖局几家字号，大盗都知道的；大盗有几处窝巢，镖局也是知道的。倘若他的羽翼，到了有镖局的所在，进门打过暗号，他们就知道是那一路的朋友，当时必须留着喝酒吃饭，临行还要送他三二百个钱的盘川；若是大头目，就须尽力应酬。这就叫做江湖上的规矩。"（人民文学出版社，1957年版）

这虽是文学，但却是切实的描述，并非夸张和想象。

1875年，王正谊来到北京，先作镖师，几年之后，于1879年选中离前门大街很近的西半壁街这套宽敞的院子，开办源顺镖局。他为人豪爽，办事认真，武艺超群，在大江南北、长城内外朋友极多，所以业务非常好。后来他又对院子进行了翻盖，从现在该院的格局和留下来的图纸可以看出，镖局与北京常见的四合院不同，更不同于庙宇、王府等地方。

从源顺镖局的大门进入，东侧是一排马棚，约占南北向围墙的三分之一，余下的地方可停放多驾马车；西侧有三个跨院，最北端一个只有一排西房，是王正谊沐浴礼拜之用；第二个跨院很大，西屋是镖师住房，北侧另有一个

木之篇：文翰之门

小门可通街外；再往南的跨院里是一排南房，也用于镖师居住；在二、三跨院之间有一个很大的草料库。大院最南端为后院，其中三间西房为内柜房，南房和东房为存镖房，西房又向外院延伸出几间，是客房。

"镖，就是货！"大刀王五的后人站在院子里这样对记者解释。那么，镖房其实就是为客人周转存货的库房了。

通观整个源顺镖局，共含五座院落、三十余间房，布局甚合镖局之用。其中，外院和第二跨院的空场最大，我想，这里在当年恐怕是镖师们每天习武练功的地方了。

至今，虽然一百多年过去了，但旧屋尚在，各院都增建了不少不成样子的小房，拥堵不堪，但重归旧貌应该是不难的。

嗣同拜师

源顺镖局在全盛时期有镖师五十多人，成为京师八大镖局之一。大刀王五遇贼能胜，遇危能扶，名声远播，江湖上见插有源顺镖旗的运输队伍，不论当时是哪位镖师押送，从不对镖队寻衅，甚至如遇初涉江湖的强人不明就里，将源顺的镖队劫了，自有路上老于此道的江湖中人前去索回货物。"任侠之流皆奉为祭酒，于是有大刀王五之称。大刀者，非以刀名，人以此尊之耳。"

1880 年，著名镖师胡臻廷向大刀王五推荐了一个人，这个人就是湖南巡抚谭继洵的公子谭嗣同。这一年，王正谊三十六岁，谭嗣同十五岁。

一段为后人引为传奇的侠义文化与士人文化的悲壮联盟，开始了动人心魄的故事。

少年谭嗣同向大刀王五学单刀和七星剑，但不以师徒相称。这可能是由于谭嗣同出身宦门的缘故吧。谭嗣同习武两年后，尽得真谛，武功超群。两人相互敬重，成为挚友。

1884 年，谭嗣同离开北京，前往新疆，入巡抚刘锦堂幕。此后又遍游南北，远至台湾，这使他对中国的危局和百姓的苦难有了清楚的认识。这一时期的大清国，内外交困，危若垒卵，在列强觊觎面前已是风雨飘摇，人民的苦难到达数千年以来的谷底。甲午海战更如重拳击在羸弱病躯一般，国势颓靡，几乎不可收拾。

危困的时局激起仁人志士的疾呼。1897 年，已在南京为候补知府的谭嗣同奋笔著成《仁学》一书，对封建制度和传统道德展开激烈的批判。这一年前后，他结识了梁启超、黄遵宪等一批具有变法图强的同道，中国当时最激进的思想新锐走到一起。

也就在这一时期，大刀王五的心里所装的，已不只是他的"镖"了，京城里所听到的尽是清廷丧权辱国的消息，他一贯秉持的正义感使他的胸襟更为阔大，1895 年秋，他这个"武人"也向"文"靠拢了，在京城开办起"文武义学"，免费招收有志青年入学，延聘著名学者讲授新学，他自己则教授武功。1896 年，也就是谭嗣同在湖南设学会、讲新学之后回到北京结识梁启超这一年，谭嗣同来到源顺镖局，得知大刀王五办了义学，非常高兴，便一边到"文武义学"讲授新学，一边继续练习剑术。

来自不同道路的两股力量在一种崇高的境界中编织在一起了。

杀身成仁

1898 年，从 6 月到 9 月，是变法人士的黄金百日，光绪皇帝将康梁变法主张付诸行动，陆续颁发维新法令，推行新政。光绪帝极为倚重谭嗣同，命为四品衔军机章京，成为军机四卿之一。当时维新人士有"三公子"之说：翰林学士徐致靖之子、翰林院编修徐仁铸，时为湖南学政；湖南巡抚陈宝箴之子、吏部主事陈三立；再就是湖北巡抚谭继洵之子、军机章京谭嗣同。

维新变法让一批血气方刚的年轻人登上大清国的政治舞台，一时间，让顽固派瞠目结舌的言论、法令闪电般耀亮朝野，同时，也激起守旧派空前的恐惧。终于，早已宣称归政的那拉氏要对光绪帝和维新党人下手了，一张巨大的暗夜中的罗网向他们袭来。

逼迫光绪帝退位的绳索已经拉紧，维新危在旦夕。

那拉氏的军事魁首为荣禄，维新派则把保卫光绪帝的希望寄托在袁世凯身上，帝党和后党将要兵戎相见。

历史的结局是众所周知的，变法维新仅以百日而终，愚顽奸滑的袁世凯欺骗了所有的人。

这里所要强调的是，在整个危局的前前后后，表现最勇敢、态度最果决的当数谭嗣同。政变前夕，他只身夜访袁世凯，密传斩杀荣禄救命；政变之后，断然谢绝一切援手，安坐浏阳会馆莽苍苍斋，坦然等待将到的厄运。

9月21日，光绪帝被囚禁，康有为、梁启超及日本朋友劝谭嗣同到日本避难，谭以对友人、对事业均为得体的态度表示，走是应该的，留下也是必须的："不有行者无以图将来，不有死者无以酬圣主。"最终被荣禄逮捕。事实上，谭嗣同非常清楚下一步是什么，但他从容坐待，这缘于他对死生的观念，他有一段永彪史册的千古名言：

"各国变法，无不从流血而成，今中国未闻有因变法而流血者，此国之所以不昌也。有之，请自嗣同始。"

这是担荷天下危厄于一身的大仁大义大勇大信。佛经中的释迦、西教中的耶稣，其事略精神，怕也就如此吧。

还在谭嗣同为变法奔走于朝野时，大刀王五从自己的角度给予了极大支持，他说："维新变法是富国强民之路，也是王五所愿，能与复生同道同志，乃王五之福分！"他常随谭嗣同左右，并向自己周围的人们宣传变法，有意识地团结更多的武林中人。

谭嗣同被捕后，大刀王五曾密谋劫狱营救。9月26日晚，他在源顺镖局召集39名好友，按中国传统方式摆好香案，歃血盟誓，王五举酒向大家说："我等武林人物所看中者，侠、义、勇！君危不扶，国困不救，何其为人？谭嗣同乃巡抚之子，不享富贵，而以其才为中华变法四处奔走，身陷囹圄，我王五舍命救之于刀下，绝不避畏！”众人齐饮血酒，共盟誓言。不料，朝廷为防意外，提前下了手。被人们后来称为“六君子”的谭嗣同、杨深秀、林旭、杨锐、刘光第、康广仁，喋血菜市口，为维新变法献出了生命。

此时，闻讯赶来的王五在刑场伏尸大哭。后来有人记录当时情景：“戊戌时，谭嗣同之受刑也，人无敢问者。侠客伏尸大哭，涤其血敛之。道路目者，皆曰‘此参政（以职衔指称谭嗣同）剑师王五公也’。”

黑云压城之际，这是需要大勇气的，王五不愧是信义之侠。他将谭嗣同遗体装殓后，在源顺镖局设置灵堂，行七日祭典之礼后，亲自扶棺送往浏阳安葬。返回北京后，联络同道好友，进行刺杀载漪、荣禄的活动，惜因二贼在镇压维新党人后行动极为审慎，屡不得手。

两年以后，1900年8月，又一件大事发生了——八国联军入侵北京，那拉氏和王公大臣扔下京城不管，只剩下逃跑一途了。10月25日，大刀王五和义和团首领张德成在源顺镖局聚会，商议反清灭洋的行动，王五倡言：“太皇专权，权臣卖国，清军不御外，反戮同胞，令人心寒。灭洋必反清，不反满清中华无兴，黎民无生。”正计议时，上千清兵包围了镖局，于是，几十位镖行豪杰和义和团首领与清军展开生死搏杀。但终因寡不敌众，大刀王五被清军俘获，送进联军司令部，酷刑之下，被夹断左腿，继而在前门东河沿被枪杀。

对于大刀王五之死，还有一个说法：八国联军侵入北京后，一日正在围攻百姓住宅，王五恰巧路遇，奋身与敌人搏斗，手刃数敌，最终身中数弹，被执不屈，英勇就义。

两年前，谭嗣同被捕入狱后，在囚室墙壁上题诗，中有“我自横刀向天笑，去留肝胆两昆仑”的句子，按照梁启超的解释，“所谓‘两昆仑’，其一指南海（康有为），其一乃王五也。”

大刀王五为冷兵器时代的侠义之风留下最光荣的终曲。中国古侠的故事，到他这里画上了句号。

菜市口南半截胡同浏阳会
馆旧址门前

　　大刀王五与谭嗣同，这两个从不同文化体系中走来的英杰，共同完成了
一段19世纪末风雨同舟的悲歌，仅于事功而言，他们中道而折，但他们的
义勇之气当长留天地。

　　有一段时间，我每天上下班，源顺镖局和菜市口恰恰是必经之地，这两
个地方处在同一条大街上。到菜市口东侧紧临的铁门胡同，我就该拐进狭窄
的胡同了，脚下的这个将拐未拐的路口，就是当年的行刑处。戊戌年的那一
天，六君子就义前，谭嗣同居首位，就站在铁门胡同南口，其他五人依次向
西排列。这个地方，往东，通往珠市口南侧的西半壁街，源顺镖局在那里；
往西，通往菜市口南侧的南半截胡同，浏阳会馆所在之处；往南，进米市胡
同，不远处即康有为住过的南海会馆；往北，不出二里地，便是当年一千多
举子公车上书的出发地达智桥。谭嗣同是熟悉此地的，向着这块他所熟悉的
土地和街市，他留下千古不灭的雄强胆气："有心杀贼，无力回天，死得其所，
快哉快哉！"

　　为这句话，这儿应该立块碑。

　　同样地，源顺镖局，也该立块碑，留住古侠之风的最后遗迹。

　　相望相守，让冲天浩气长留人间。

书斋中的梁启超

纬道

1928 年 10 月 12 日，病榻上的梁启超正在赶写他一生中的最后一部著作《辛稼轩年谱》。他已经写到稼轩 61 岁这一年的事略，那一年稼轩的朋友朱熹去世了，稼轩前往吊唁并著文，这篇追思亡友的文章后来散逸，梁启超考证后写下："全文已佚，惟本传录存四句云：'所不朽者，垂万世名，孰为公死，凛凛犹生。'"

这几句话，未料成为任公笔墨一生的最后的文字。

辛稼轩吊唁朱熹而仅存的十六个字，移于梁启超又何尝不可？

朱熹不那么招人喜欢，他的理学于大宋王朝的兴亡无补，于人间众生是多了几条束缚手脚的绳索，于儒家是再一次扭曲孔子，把儒学引入一个"新"的死胡同，他一生只有吟哦"胜日寻芳泗水滨"的那首七绝还算有点意思。

辛稼轩则大不同，那是真英雄，只是志不得伸，醉里挑灯看剑，孤愤之下，填词寄怀。对中国词史来说，没有辛稼轩是根本不可想象的。他是宋词豪放派的领军人物，放翁诗、稼轩词，成为有宋一代的号角般的声音和传至今日的民族的魂魄。

已经无从知晓梁任公拖着病体写下"凛凛如生"四字时，头脑里涌起了怎样的联想。未久，他走入另一个世界，去重会其师康有为、弟子蔡锷和同事王国维了。

371

眼前这条胡同便是梁任公最后的居所和书房所在的地方。

如果不是刻意寻找，很多人都不会到这条胡同来，因为这里实在是北京城里的偏僻地带。

这儿是东城区北沟沿胡同，从繁华的东四北大街东侧进入十四条，巷子长长，像总也走不完似的。那一带的街巷都是这种劲头，像十三条、十二条、十一条、辛寺胡同以及门楼胡同，都是一般宽窄的长街，从元代到今天，模样就没有大变过，巷里也少有行人，走在其中，恍如时间是静止不动的，定格在许久许久的"从前"，就像老婆婆讲的老年间的故事。

一直走到十四条最东头，一个小小的十字路口出现了，往北，就是我们要找的梁启超故居所在地——北沟沿胡同了。

胡同里真安静，道旁的槐树都像挽着手臂似的，九月，正是枝繁叶绿。梁任公故居的大门在路西，对面路东则是他的书房，外面的墙上都有标志。故居的门楼是砖砌的欧式门，特别厚重，铁皮包门，透着十分结实。迎门当然是影壁了，当初应该很宽大，院中的人借它为墙搭出一间屋，使它上面"文革"期间用红漆写上的"为人民服务"五个字只剩下一个半字迹了，但仍可想见其壮硕的体魄。影壁上方回字沿口上还立着汉白玉屏栏，这种形制已是不多见的了。

从影壁这儿往北看，是一个长方形的院子，院心里正当中有居民搭起的小房，其上，还建起高高的鸽子笼，真真叫"叠床架屋"。各自为政的大杂院就这样子，谁还管全院的整体风貌呢？然而透过杂七杂八的东西，还可看出原有的房子高高大大，绝非寻常小院可比。

影壁这一侧，杂乱的什物里竟还有一座垂花门夹在其中，虽漆皮脱落，但木件和瓦垄还好。我想，垂花门里面该是另有风景吧！果然，那里面是一个跨院，一条游廊把人往纵深引导，廊子有些地方残损了，缺檩少瓦，不得不用几根临时柱子支着。然而很多细节还能让人看出当年的风采，墙头屋檐都曾是精意打造的。再往前，高墙窄巷之后，一条小径的尽头，是一处全院

梁启超宅院门　　　　　　　　梁启超宅内院

最为幽静的地方，一排五楹北房，门窗保留着旧式，屋前杂树扶疏，在杂物中挣扎出几分雅趣。

这是由四合院而变成大杂院的一个"范例"，处处都插进了不协调音，院子被改造成为四不像。每户都只管自己的居住空间，至于全院的面貌，不干任何人的事。整个院子被切割了，建筑的通常规则和美感成了最不受重视的问题，因为那是个谁也管不了的事，没有人会操这份心。

这是这座城市一个尴尬的"特色"。

梁任公当然是早已顾不得这些了，这座院子变成这个样子恐怕是他没有想到的。其实说起来这里在北京还不算太糟糕，好歹其规模和屋宇没有遭到灭顶之灾。到目前为止，北京的"危改"采取的还是剃光头的方式，推倒平房盖楼房，好像"皆大欢喜"，但城市文化之根却发生断裂，并不能随着新楼一同到来。人们像是原地换了一个城市，经纬度未变，胎记却蒸发了。

梁任公如果在此，他要发一通宏论的。其实他的公子梁思成已经表过态了，现在人们都肯定他说的对，但无论当初还是今天，那个著名的"梁陈方案"一直是束之高阁的，从没有人要认真实现它。"文革"前就不必说了，后来，北京要大发展，要"现代化"，要办"亚运会"，要办"奥运会"，一个又一个机会接踵而来，一个又一个机会擦肩而过，最后剩下的还是对"方案"的遗憾和追慕。

梁思成是以建筑思想而名世的，中国缺少这样的洞悉历史、高瞻未来的建筑思想家，但他的思想至今仍只是一种"思想"。思想家的力量时时是孤零的，思想家的命运没有好的，古今中外皆然。

父子皆有大名于世，而又都是以其思想对社会产生重大影响，他们都不是那种一头扎进书斋的人。著书，在他们是"余事"，然而，他们的学术成就却在各自的领域光焰照人。尤其是梁任公，在中国发生千百年未有之大变革的历史性时刻，半个世纪的知识分子都受了他的影响。

梁任公的一生有三大亮点：其一，与康有为一起发起了中国近代史上的第一场狂飙——戊戌变法；其二，当袁世凯开历史倒车而愚顽称帝时，毅然策划蔡锷联手川、桂、粤、湘举义讨袁，遏制了一场大倒退；其三，以最好的学问头脑投身变革，又因变革之需而秉笔著述，终成著作等身的大学问家。

后来，梁启超的著作都编入《饮冰室合集》与《饮冰室诗话》了。他死时，有挽联赞道：

"三十年来新事业、新知识、新思想，是谁唤起？

百千载后论学术、论文章、论人品，自有公评。"

然而几十年以后，一些辞典的有关词条却不动脑子地说他既反对孙中山，反对"五四运动"，又反对共产党，云云。其实真实的梁启超正如他自己所说："吾生平最惯与舆论挑战，且不惮以今日之我与昨日之我挑战者也。"这位"思想界陈涉"一生处于自身思想的不断锐进之中，虽然其间有反复、有游离，但从不是一个头脑顽固的人。他与康有为结交27年，无论从戊戌政变中他们结下的生死友谊还是从梁启超始终恪守的传统伦理道德来说，他对于乃师都是极尽笃诚的，但在原则问题上，他并非盲从康氏，对康有为后来的保皇行为，他直接反对；对孙中山的民主革命，他避开康氏而与其联络。两人自从亡命日本之后，思想上便分道扬镳，关系上亦越走越远。"吾爱吾师，吾尤爱真理"，他正是如此。

1902年年初，梁启超写了《保教非所以尊孔论》，论点已与康有为殊为两途，下半年，又写了《拟讨专制政体檄》和《释革》，历数封建专制的种种罪恶，说革命是"天演界中不可逃避之公例""救中国独一无二之法门"，应将封建制度"掀而翻之，廓清而辞避之"。梁启超认为："孔学之不适于新世界多矣，而更提倡保之，是南辕北辙也。"

自此，他在思想上已与乃师分途，走上了不断自新的道路。

他也有一些决策让人一时不解，譬如对生死仇敌袁世凯，他竟接受其邀请而出任司法总长，但究其实他是想制约袁氏而走上共和道路，同时也借机回国大张旗鼓地继续实现自己的政治主张。

后人看前代历史常会有一个误区，认为敌是敌，友是友，实则在真切的生活中敌友关系常常是交错复杂的，"小葱拌豆腐"的话是有的，真的"一清二白"其实少见。

梁启超是"五四运动"之前中国学界的领袖人物，胡适、鲁迅以至毛泽东，都受了他思想的影响。郭沫若有一段话说得十分中肯："梁任公的地位在当时确是不失为一个革命家的代表，负载着时代使命，标榜自由思想与封建壁垒作战。在他那新兴气锐的方论面前，差不多所有的旧思想、旧风习都好像狂风中的败叶，完全丧失了它的精彩。二十年前的青少年——换句话说，就是当时的有产阶级的子弟——无论是赞成或反对，可以说没有一个没有受过他的思想的洗礼的，他是资产阶级革命时代有力的代言者。"

作为报人，不该忘记梁启超是近代中国的报业先驱。

1895 年 8 月，他在北京创办双日刊《万国公报》，初为一千份，旋即三千份，每期均有梁任公一人撰文，宣传强学会的改良思想。发行方式为赠阅。年底被朝廷禁。

同年 12 月，在李鸿藻、翁同龢暗中斡旋下，改办双日刊《中外纪闻》，由向官绅赠阅变为向社会售阅，为发行一大跨越。不久被朝廷查抄。

1896 年 8 月，张之洞支持、汪康年出面协助，在上海办旬刊《时务报》，抨击时弊，传播西学，梁任公为主笔，通编译稿并撰文。

再一年，即 1897 年，康有为在京酝酿变法进入关键时刻，急召梁任公入京，一场中国近代政治大风暴来临了。

梁启超书房

梁启超书法

山雨欲来风满楼。

梁启超是促成这一大风雨的不遗余力的鼓吹者。

我们现在来看梁启超的报业生涯,仍不能不佩服他的过人精力和献身精神。他不是职业行为,而是事业需要使然,所以他的努力远远超出"敬业"的范畴。他所经办的报刊,他一个人就是全部编辑部,八月的上海,暑热灼人,任公蜷居阁楼,工作和生活都在这里,无日无夜,每旬三万字的编写,都在挥汗如雨之中完成,从这里传出的声音,如惊天之雷,矛头直指当时的一切弊病和腐朽。梁任公著文从来是才情弥满的,读他的文章,无不受到至情至理的感染,"虽天下至愚之人,亦当如之蹶然奋心,横涕集慨而不能自禁",其《时务报》成为最畅销的报纸,发行一万三千份,其文章传诵极远,有些进步教师甚至直接把这些文章用作教材。黄遵宪称梁任公为"旷世奇才",说读了他的报纸,"益为神往";严复则赞道:"一纸风云,海内视听为之一耸";张之洞甚至在信中呼这为尚未谋面的24岁的书生为"卓老"(梁启超字卓如),并命湖北全省官销《时务报》。当然,以后梁启超的笔下对封建官场的揭露抨击愈来愈犀利时,张之洞又连连惊呼"悖谬"了。

梁启超是与造成中国愚昧落后的清朝腐

败官场势不两立的人，他办报如此，做人亦如此。还在与康有为等一同赴京参加会试时，朝廷已有人力欲排除所有言辞激烈者入选进士，有此等嫌疑的试文一律不录，康有为到底城府谋深，写了一片十分平和的卷子，竟骗过睁大眼睛的考官，中了进士第八，害得主考官徐桐连夜自参一本。梁启超的卷子则被徐桐一眼看穿，这份学问才情卓然高标的卷子，非康有为亦其一党所作，当即撇到一边！

一直以来，"康梁"并称，其实他们是很不一样的。康是要"补天"，梁是要"换天"，看到这个"天"已经不行了，是他们的一致处，如何改变却有分歧。后来康终生"保皇"，越来越失去变革锐气，也越来越与梁分道扬镳，其实从根本上就是有区别的。梁启超自己说："有为是太有成见，启超是太无成见"，则是对此种情形的另一种表达。他的这两句话，用今天的一句说得很热的话，就是"与时俱进"的问题。"无成见"的梁启超在时事的发展变化中不断校正自己，使自己大体上总站在趋向进步的潮头，即便是晚年退入书斋，即便是安安稳稳地作清华大学的"四大名师"之一，他在学术研究的道路上也是屡发新见，登上时代的最高学术巅峰。

他晚年倾心佛学，但他对佛学的解释是卓然不群的，他说："我确信儒家佛家有两大相同点:（一）宇宙是不圆满的，正在创造之中，待人类去努力，所以天天流动不息，常为缺陷，常为未济……（二）人不能单独存在……所以孔子'毋我'，佛家亦主张'无我'。"他这样认为佛教："佛教之信仰乃智信而非迷信；佛教之信仰乃兼善而非独善；佛教之信仰乃无量而非有限；佛教之信仰乃平等而非差别；佛教之信仰乃自力而非他力。"

这正是一个卓越的思想家的见解。

梁启超从儒佛两教看见的是"变化"和"群体奋斗"，他自己的一生也正是如此度过的，他把中国的呼声带到国际外交舞台上，也把国外风云人物引来中国，让国人跟上世界大潮。他大声疾呼："我奉劝全国中优秀分子，要重新有一种觉悟：'国家是我的，政治是和我的生活有关系的。谈，我是谈定了，管，我是管定了。'多数好人都谈政治，都管政治，那坏人自然没有站脚的地方。"

他一生又都是乐观的。同样是看出世界的缺陷，他的同事王国维（那也是一位值得尊重的大学问家）走向的是无望的黑洞。王国维的梦在过去，梁启超的梦在未来。

他在讲演中说："教育是什么？教育是教人学做人——学做现代人。"这话多像是今天说的，然而出自80年前。

但他说的做现代人又绝不是不讲原则。他的学生徐志摩与陆小曼闹婚外恋而后再婚，徐志摩托胡适说情，请任公出席婚礼并做证婚人。任公此番当着满堂名流嘉宾，讲了古今中外绝无仅有的证婚词：

"徐志摩，你这个人性情浮躁，所以在学问方面没有成就，你们都是离过婚，重又结婚的，都是用情不专，以后要痛自悔悟，重新做人！祝你们这次是最后的一次结婚。"

这就是梁任公。

在这一点上他与后来的胡适倒是有共通的地方。他们都是走在时代前面的人，统率最新锐的力量对中国旧有的东西发起最猛烈的抨击，胡适更明确地表示要"全盘西化"，然而却又都恪守古老的私德，"糟糠之妻不下堂"。他们都在各自的游历中遇到过"恨不相逢未嫁时"的心仪女子，怦然心动，但却又强摁下胸中腾起的爱火，使自己的生活不离旧轨。

于公于私，梁任公都算得上是一位"真人"。

"雷鸣怒吼，恣睢淋漓，叱咤风云，震骇心魄，时或哀感曼鸣，长歌代哭，湘兰汉月，血沸神销，以饱带感情之笔，写流利畅达之文，洋洋万言，雅俗共赏，读时则摄魂忘疲，读竟或怒发冲冠，或热泪湿纸，此非阿谀，惟有梁启超之文如此耳！"

这是时人所论梁启超。

此际，站在梁任公故居遗址，似又见风云际会的一代哲人。

砖塔胡同两大师

纬道

从西单一直往北走，靠近西安门丁字路口的地方，路西就是著名的砖塔胡同。那条胡同很静，但却是两位文学大师住过的地方。

砖塔胡同 61 号：学术的鲁迅

1923 年 8 月 2 日开始，鲁迅从八道弯搬出，住进砖塔胡同。

与熙熙攘攘的西四大街恰好相反，砖塔胡同幽静极了，行人很少。北京胡同的妙处就在这里，胡同外热热闹闹，透着都市气象，而一进胡同，宛然另一世界，时间就像静止了一样。带着这样的感觉在砖塔胡同里走，想快一些，好赶紧找到鲁迅住过的房子，又想慢一些，以便细细感觉那幽雅的老味，那可说得上是一种享受。

走到胡同深处，是一个往南拐了一下的"胳膊肘"，砖塔胡同 61 号就在拐弯处的东侧。门前的地方挺宽敞，而门楼显然是后改的，从 20 世纪六七十年代以来，北京老门楼一旦重修都是这个样子，"简装"的。

站在这座不能再普通的院子外面，却可以进入一种享受状态。这所院子的旧照片是老式门楼，不是如今这个样子。当年的院门是开在北面的，对面是一位皇亲的大宅门。现在则把门开在西面了，原来大门的地方改成了一间屋，虽如此，但院子的格局未大变，北房和东西厢房大体依旧，尤其是屋顶，

木之篇：文翰之门

379

砖塔胡同拐弯处为鲁迅故居

这棵古槐见证着砖塔胡同的变迁

这座护国关帝庙是砖塔胡同另一古物

从外面望去，一派静穆中的青灰色，像把时间凝固了似的。鲁迅有将近一年时间是从这座院子里出出入入的——这就够了。

正当我在凝望着的时候，吱呀一声，绿色的木门从里面被打开了，一位三十来岁的妇女推着自行车走出来。我顺势走上前去。

"请问这是鲁迅故居吗？"

"是啊，就这院。进去吧！"

遇到这样大度的住户是采访者的一种幸福，他们不但心无疑虑地让你看眼前所有的景象，还能热心回答你的所有问题，甚至给你说出你通过其他途

一门一世界

经所难以知晓的事情。住在这儿的几户人家就是这样。

院门是开在正房的右掖，进得院子，就感到院子不大，但却是四合，院心狭长，不大，当中还种着葫芦、瓜篓。时令已是晚秋，绿色不多了，夏天时该是满院绿荫的。房子很老，门窗是后改的，瞧不出旧迹了，这多少让人遗憾。此外，院南部原有一土堆，鲁迅住这里的时候，同时还有三位俞姓女孩儿住在西面两间房里，常在土堆上玩耍，鲁迅告诉她们，土堆当是花池坍塌而成的。如今，土堆早已没了，取而代之的是一排南房，显得院里更挤了。

"常有人来看，前些天有个日本作家来过。"院中一位中年人告诉我。

我读过三位俞姓女孩中一位叫俞芳的 1980 年所写的关于这里的回忆，当时她已是六七十岁的老人了，说起五十多年前同小姐妹们一起缠着鲁迅做玩具、改作文的往事，让人觉得如在眼前。俞芳在幸福回忆之余，深悔自己那时是小孩子不懂事，耽误了鲁迅的宝贵时间。我倒觉得，其实来自童稚的"捣乱"，说不定能为鲁迅带来一点轻松和愉悦呢。那一年，正是鲁迅因兄弟交恶而对生活做出大调整的转折点，搬家，接着又四处看房，同时还在北大、北师大、女师大和世界语学校授课，既忙且累，而 61 号小院里小孩们的天真，对他何尝不是一种精神上的调剂呢？

鲁迅是 1923 年 7 月 26 日上午"往砖塔胡同看屋"，下午就开始打理行李了。8 月 2 日是个雨天，雨刚停，鲁迅就搬出八道湾，住进砖塔胡同 61 号院。

我曾在《鲁迅日记》里逐行查看，想知道谁是鲁迅搬家后第一位到访的人。出乎意料，竟是鲁迅的母亲周太夫人。5 日，星期天，早晨周太夫人便来看自己的儿子了。隔了一周时间，又来了一次。不几天，鲁迅又邀朋友出去附近看房了，有确切地址的从"日记"中可得知有菠萝仓、贵人关、都城隍庙街、前桃园、南草厂、半壁街、德胜门、针尖胡同等。太夫人愿跟鲁迅住在一起，鲁迅从八道弯一搬出，那所大院里就剩周作人夫妇了，太夫人显然不想与他们一起生活，头一个月里就几次来砖塔胡同，有时还索性住下。鲁迅明白，所以他必须找一个比砖塔胡同 61 号更大的院子。

阜成门内大街鲁迅故居

阜成门鲁迅故居院内

绍兴会馆

鲁迅在砖塔胡同的最初三个月，在周围看房一二十处，最终于 10 月 30 日看中阜成门内 21 号旧屋六间，那是鲁迅在北京的第四个也是最后的住所了。

8 月 5 日那天晚上，孙伏园来砖塔胡同，这是朋友中第一个来此的人，由此可见，他与鲁迅当是最为密切的了。所有往来的朋友中，孙伏园是来得最多的人，郁达夫是名声最大的人。

鲁迅在砖塔胡同居住的时间并不长（1923 年 8 月 2 日——1924 年 5 月 25 日），但在这里整理出版了《中国小说史略》。这本书原是鲁迅在北京大学授课的讲义，几经补充、修改，它的出版，在中国现代文学批评史上是一件有深远影响的大事。小说在中国历来不算是什么正经事，文化人首要的功课是经史子集，作为消遣是作诗，至于写小说，则更是类似游戏的闲事了。这样一种地位，当然不可能得到严肃的系统的研究。另外，中国古代文体把"诗"之外都视作"文"，分类十分粗疏，从没有人把小说起源和发展的来龙去脉做一番梳理和评判。直到近代"西学"浸濡东土之后，情形才开始起变化。而鲁迅，则在日本留学期间便对西方文学发生兴趣，对日本文学、俄国文学和欧美文学都有所涉猎，并把自己所感兴趣的作品进行汉译，反过来对中国几千年的文学和现代中国文学的发展方向作出自己的判断和研究。鲁迅在"五四"新文化运动的早期贡献，不能不提他这种新文学的"引进"和新理论的建树。他在北京大学开设的中国小说史课程，使他得以从"专史"的更集中的角度阐述了自己对中国古代小说的评判。这一工作在整个鲁迅学术生涯中是难得的黄金时期，众所周知，后来他更是一个"战斗的鲁迅"，而"学术的鲁迅"只好隐退了。

鲁迅在砖塔胡同还写了《宋民间之所谓小说及其后来》的讲义，校勘了《嵇康集》，也是他学术方面的重要探求。在新文学的创作上，对现代文学产生重大影响的《祝福》是在这儿写的，这部小说无论从思想还是从艺术上讲都堪称精品，后来被改编为电影和多种戏剧，成为鲁迅一生创作中最深入人心、最受普通民众喜爱的作品。此外，还有《在酒楼上》《幸福的家庭》和《肥皂》等也是在这儿完成的，都是鲁迅小说中的名篇。

鲁迅并非全然陷在纷乱的杂事和悠远的古典中，他的锐利的思想从来不离开当下的现实话题，他在砖塔胡同所写下的《娜拉走后怎样》就是典范一例。

砖塔胡同至今仍是宁静的，站在61号院外的转弯处，很长时间才有一两个过客匆匆走过。若想实现"大隐隐于市"的美妙，这儿倒是一个理想的地方。

鲁迅在这里躲开了周作人夫妇，那场至今还让学界考证不休的兄弟失和之谜，就留在八道湾吧——我倒觉得这古老安静的砖塔胡同里浸透平民气息的狭促的小院与"学术的鲁迅"和思考祥林嫂、娜拉命运的鲁迅才是相配的。

鲁迅到北京后最初住在南城绍兴会馆，后来买了八道湾的房子，把弟弟周作人接来后又有了兄弟阋墙的意外，便租房住进砖塔胡同这里，此后，他再次买房，携带老母亲和朱安女士搬到阜成门内大街路北胡同里那个院子，现在那里已是鲁迅博物馆了。

张恨水，你果真"恨水"吗

砖塔胡同里住过思想家鲁迅，也住过小说家张恨水。1950 年，他 55 岁时搬入西四砖塔胡同 43 号（今 95 号），直到去世。

张恨水是鲁迅之外的另一种风格。他很传奇，后来，连他的名字都成了一段佳话，北京人说他年轻时曾热恋另一作家冰心，不果，羡慕嫉妒恨，"冰，水为之而寒于水"，于是就恨"水"了。

这当然是谬传，但谬得有趣，很得文人之道。

张恨水的文才实在让人佩服，传说他打牌都不误写稿，传递生在牌桌旁边等候，一俟写好，飞驰而去，回报馆发稿。他一生有 120 部著作 3000 万字，实在高产得很。现在人们已经很难想象，民国时期的张恨水在当时读者心里，曾经占有多高的位置。

对张恨水的重新认识是近十几年的事。1985 年 9 月，桐城派学术研讨会发起筹备张恨水研究会。（桐城派，一个多么遥远的名字！）1990 年 5 月，张恨水研究会在安徽大学召开成立大会，秘书处设在恨水故乡潜山。1997 年在北京召开的研讨会上，来自全国的研究者从多个方面探讨恨水的文学价值，人们形成这样的共识：

"张恨水上承以《红楼梦》为代表的章回小说的优良传统，下启赵树理、金庸、琼瑶等人的通俗小说，以对旧章回小说成功的改良与革新，延长并拓展了章回小说的生命，推动了通俗文学现代化的进程；他以促进新文学与通俗文学的联系、竞争、交融、互补与整合的独特创造与卓越成就，独树一帜，揭示了通俗文学与新文学互动发展的轨迹；他的小说不但极大地满足了人民大众精神生活方面的要求，而且大大地提高了中国传统的通俗文学的品位，使通俗文学在文学史上的地位得到了显著的提高；他的作品具有丰富的社会认识价值、思想启迪价值和文学审美价值，是一笔不可小看的文化遗产，特别是小说艺术方面成就卓越，一些代表作在通俗文学中是出类拔萃的，构造了一个古今交融、中西合璧、雅俗共赏、与时代共进的文学世界，对包括纯文学作家在内的后起写作者，产生着积极有益的影响。这表明了他不仅有足够的美学力量问鼎于"五四"载道文学和纯文学，而且在现代通俗文学中一枝独秀，具有别人无法取代的地位，是通俗文学的一面旗帜。"（资料来源：无尽的爱纪念网／张恨水研究十件实事）

通俗文学的一面旗帜——张恨水当得！

但此前很多年里，他被人"遗忘"了，他的书像"地下读物"一样只有在信得过的人中间才能传来传去。

他是"鸳鸯蝴蝶派"，这还了得，天生的不合时宜，所以这一派几十年间都在水里揿着。后来琼瑶的东西打进来，引得人们当新鲜物儿来看，其实，祖师爷就在此地，而且，比之后来者，他是一座很难逾越的高峰！

与老舍先生一样，张恨水先生是写过北京的。1919年，由商人投资兴建的城南游艺园出现在天桥东经路北端西侧，位置就在今天的友谊医院门诊楼一带，这里实际上是先农坛的外坛所在地，面积相当大，园内有电影院、游乐场、京剧场、杂技场、文明戏场等，通票两角，游客可在园内各场随意观看。此外，这里还有花园、餐馆、购物市场，成为一个综合性娱乐场所，吸引许多市民前来，每天形成的热闹景象，在北京是空前的。

城南游艺园有个"水心亭"，里面的落子馆叫"藕香榭"，很是淡雅。清唱茶社的名字也很好听，如"天外天""环翠轩""绿香园"等。三五好友，相邀前去饮茶听曲，大概就像今天去三里屯泡吧、去朝阳门内簋街吃小龙虾吧！与水心亭结缘的便有鼎鼎大名的小说家张恨水。他是常到水心亭游玩的，据说，《啼笑因缘》中的关寿峰就取材于水心亭武术茶社的创始人李尧臣镖师。近年，张恨水的作品在沉寂50年之后，重出江湖，有一连串的小说被改编成电视连续剧播出，专有观众喜欢他那种鸳鸯蝴蝶的故事和场面。

恨水先生是报人，有40年的新闻生涯。他的文学成就总算有人在研究，而其主业——新闻业绩，受到的重视仍不够。他在北京有两段长时间的生活和工作，1919年到1936年是一段，1946年到1967年是一段。

恨水先生在砖塔胡同住了17年，这期间，他活得很安静。

大约他被人遗忘得太久了，竟因此"得福"。

恨水先生是1967年仙逝的，与老舍不同，他是善终。那年他女儿从外地赶来看他受冲击没有，老人从容说：我不怕，他们来，我跟他们说，是周总理让我上中央文史馆的。他的确就是那么跟红卫兵说的，还拿周总理签发的证书给他们看，也就过关了。他有满屋子的书，家人也曾想办法要"处理"一下，但放哪儿都不合适，恨水先生让他们用白纸把书柜糊上，居然也就通过了。或许是"寂寂无名"救了他老先生，当时扎武装带的中学生哪里知道，早20年，眼前这位可是名满天下的"鸳鸯蝴蝶派"的大将！

他一直任文化部顾问、中央文史馆馆员、中国作家协会理事。他没有新闻，没有创作，没有惹眼的活动，他蛰伏着，被人遗忘着。

直到近年这条胡同被拆迁，人们忽然记起：张恨水曾经在那儿住过。

更多的人已失去这种记忆，川流不息的西四大街只有万丈商气，很少有人瞥一眼古塔旁边的这条不起眼的小胡同。

"燕市书春奇才惊客过，朱门忆旧热泪向人弹。"

这是张氏代表作《金粉世家》中一个回目的对联，于今再读此联，真如夫子自况，不能不让人感慨良多！

有研究者认为，张恨水和鲁迅是新文学史上的两座高峰，各具风采。有意思的是，鲁迅本人是买过张恨水著作的，那是他给自己母亲买的，已知一部是《金粉世家》，一部是《美人恩》，别的可能还有。"鸳鸯蝴蝶派"打进了鲁迅家里，可见双方并非冰炭不容。事实上，后来抗日战争烽火燃起，"鸳鸯蝴蝶派"的作家们都表现出不俗的民族气节，学界对他们的研究一直是不够的。譬如周瘦鹃，宁可种植花草去卖钱，也不替日寇做事。他写过散文《花花草草》，薄薄一本，美极，雅极，现在不好找了，我在"文革"中偷读过——这是题外话。抗战期间，张恨水离开被日寇占领的北京，到重庆办报纸宣传抗日去了。

1967年正月初七清晨，72岁的恨水大师在砖塔胡同家中溘然长逝。

把北京带到台湾的林海音和
把北京带到美国的林语堂

梁实秋是"台湾的北京人"，这一圈里还有先做"北京的台湾人"，后来又做"台湾的北京人"的林海音。与梁实秋同命，近几十年先勾白脸后又逢春的还有大名鼎鼎的林语堂。

林海音有大作《城南旧事》，拍成电影后，简直"天下谁人不识君"。

英子，这名字就是咱北京味的。圆圆的小脸，捧着书念"我们看海去"，多招人喜欢！

人们认定，"英子"就是林海音！

实际上也是，林海音原名林含英，小名就是英子。

林海音当初是住在宣武门外的，从五岁起，她在北京生活了25年。1948年，她离开北京，那时她已在北京做了12年记者。她的童年、少年、青年时期和北京紧紧地贴在一起，她的职业、恋爱、建立家庭都是在这儿完成的，难怪即使后来远在台湾，她写起北京故事仍是那么轻松，如信笔拈来。林海音少小时在厂甸小学、春明女子中学读书，她回忆在北京的生活时写道："在椿树街二条开始了我成为一个北京小姑娘的生活。清晨起来，母亲给我扎紧了狗尾巴一样的小黄辫子，斜背着黄色布制上面有'书包'二字的书包，走出家门，穿过胡同，走一段鹿犄角胡同，到了西琉璃厂……到了厂甸向北拐走一段就是面对师大的附小了。在晨曦中我感觉快乐、温暖，但是第一次父亲放我自己去学校，我是多么害怕。我知道我必须努力地走下去，这是我人生第一个教育，事事要学着'自个儿'。"

现在，师大附小几经改建，院里树起新楼，老房子还有一些。当年，这里北半部是师范附中，南半部是师范附小，马路对面则是北京最早的师范学校，1908 年为京师优级师范学堂，即后来的北京师范大学。在那片旧址中，有许多老校舍藏在里面，非常有味道。2005 年冬，南新华街扩路，两侧很是伤筋动骨，无比地"新"。

春明女子中学在宣武门南端路西，那里最早是全闽会馆，1902 年由福建籍邮传部尚书陈玉苍改建为京师闽学堂，大翻译家福建人琴南曾任学堂教习。1928 年这里改为"北平春明公学女校"，1932 年改名为"春明女子中学"，并设立高中。女作家石评梅在 1920 年代初曾在该校执教。由于这所学校的"老根"是福建，所以对福建籍学生特别优待，一般学生的学费为 25 元，而福建籍学生只须 18 元。1931 年的时候，林海音的父亲去世，家道瞬间中落，在这里入读是最合适的。在这里上学时，她与著名京剧演员余叔岩的两个女儿余慧文、余慧清与林海音是要好的同班同学，另一著名京剧演员言菊朋的女儿言慧珠比她晚两年

南柳巷晋江会馆遗址大门

南柳巷现 40 号与原福建晋江会馆是一个院

在这里入读。1950 年该校改为"北京市第五女子中学",后又改为"菜市口中学"。

中学毕业后,林海音又到《世界日报》社长成舍我创办的北平新闻专科学校上学,1937 年,正式进入《世界日报》工作,采访文教和妇女新闻。从此,她走向延续一生的文学道路。

林海音在台湾文学界是"祖母级人物",她的作品被译为多种文字,一生荣获众多文学奖项,在 1998 年"第三届世界华文作家大会"上荣获"终身成就奖"。电影《城南旧事》让内地的人们记住了这个远在台湾的"北京女作家",让观众长久地回味老北京南城的味道,"城南旧事"已不再仅仅是一部电影的名字,它是一个概念、一种回忆,一种文化覆盖。借着那部电影,弘一法师填词的那首老歌再次被"激活",悠长悲悯的歌词和旋律润泽着人们的向善之心。

1988 年,林海音回北京曾重走旧地宣南:南柳巷、椿树上二条、琉璃厂、厂甸、虎坊桥,那是她小时每天走过的地方。椿树上二条的福建永春会馆、虎坊桥大街的广东蕉岭会馆和南柳巷的福建晋江会馆,都是她曾经住过的地方。近几年,宣外大街两侧大拆,旧迹荡然无存,如今,只有腹心之地的南柳巷还在。回到儿时旧地的林海音站在昔日的晋江会馆门前说,电影里那个等着爱人回来的疯女人,当年就在这里老对着自己笑。说着,林海音忽然想起来:"我的城墙呢?"

如果说,林海音把北京带到了台湾,那么,林语堂则是把北京带到了美国。

林语堂和梁实秋有一些相似之处,他们都是在北京做教授后走上文学之路的。林语堂对北京的情感,都写在他的《吾国与吾民》《辉煌的北京》里了。除了散文,他还有《京华烟云》等小说。这些作品,近年来在内地非常流行,电视剧《京华烟云》还拍过两版,赵薇版播出时,反过来又带动了观众对赵雅芝版的再次寻找,许多观众在争论哪一个版本更符合林语堂的本意,更像是北京的东西。

从这点来说,林语堂又有些像张恨水了。

其实林语堂不是北京人,他的那些重要著作甚至是在美国用英语写的,但这不妨碍他对北京所怀有的深深的眷恋和文字的现场感。他写北京,虽有数千里的地理距离,但让人觉得他就在现场作着"素描"。这是功力,更是情感使然。他爱北京，爱古都的一切，甚至缺点。1922年秋，他从莱比锡大学博士毕业，回厦门片刻，便携家眷来到北京，住在崇文门内船板胡同。他在北大做英语教授，在女子师大做教务主任。闲时他到处走，到处看北京。他是北大"语丝"那一拨人里的，每周六都到中央公园来今雨轩去聚会，他们中有鲁迅、钱玄同、周作人、刘半农、郁达夫、孙伏园等。所有这些朋友，谁也没有林语堂对北京爱得深。他那么了解北京，了解北京人，完全是一派欣赏的眼光，笔调平和、大度、机智、幽默，不是仰视，不是幻化，不是局外人的冷峻，也不是"学者"惯有的指手画脚。

这很难得。

所以，他讲北京的书，吸引了国内国外无数读者。

1939年年底，英文版《京华烟云》在美国出版，倾倒了海外读者，短短半年内即行销5万多册。美国《时代》周刊称，这部小说"极有可能成为关于现代中国社会现实的经典作品"。

他是用英文写的，这就难免也有遗憾，读者无法感受他的母语风范。他写完《京华烟云》，谁来译成汉语，成了大问题。以林语堂的汉语功力，别人怎么追摹？当时，他是看中郁达夫的，而且预先付了稿费，但郁达夫也是个大忙人呐，他自己的东西还写不过来呢！双方都是君子，不催不急，后来，郁达夫译出了前面几章，林语堂很满意，但日寇侵华后，郁达夫去了南洋，在那

林语堂住过的船板胡同

儿被日寇杀害。还是郁达夫的儿子郁飞用十年时间把这部书完整地译出来了，用了《瞬息京华》的书名，于 1991 年出版，算是"父债子还"，前面用的是郁达夫译的那部分。现在看来，这是最好的一个译本了。但是，仍然让人觉得遗憾，如果由郁达夫自己译成全璧，那么，这部书真该堪称中国现代文学史上难得的双美合一了。

林语堂在美国用英语写北京的风土人情和故事，对中国人来说，看的是"二手"的，对美国人来说，看的就是"一手"的了。他让美国人通过他的书了解中国，了解北京，这是一件居功甚伟的事。他是两方面的内行：北京文化的内行、英语表达的内行。林语堂是散文大家，语言高手，他的不疾不徐的笔调、温文尔雅的文风，最得悠闲三昧，让人在轻松愉悦中体会东方古国的神韵。

林语堂是学者型作家，他写的东西方文学、历史、哲学等著译多达 80 种，传播甚广，其中《生活的艺术》从 1937 年发行以来，在美国已再版 40 次以上，英、法、德、意、日、韩、越等译本同样畅销，几十年间长销不衰。他是获得诺贝尔文学奖候选人的很少几个中国作家中的一位。

1989 年 2 月 10 日，美国总统老布什对国会两院联席会谈到他访问东亚的准备工作时还提到林语堂的作品，他说："林语堂讲的是数十年前中国的情形，但他的话今天对我们每一个美国人都很受用。"

林语堂不想作官，却以自己的文学影响了美国的政治。

1936 年 8 月起，林语堂开始客居美国，这一下就是三十年，但他始终没入美国籍。1966 年，林语堂先生定居于台湾阳明山。1976 年 3 月 26 日，林语堂在香港驾鹤，享年 82 岁。他的故乡漳州，建起纪念馆。他的祖父那一代，还是纯粹的农民，而他创造出一个奇迹。

林语堂当年写出的北京，已经变成了一种历史。消逝了的北京故事，活在他的文字里，成为永远。

内务部街的梁实秋
和劈柴胡同的闻一多

纬道

这梁实秋有"大名",中学生都知道,因为被鲁迅点过名,骂为"资本家的乏走狗",那篇文章在几十年里一直是语文教材。

梁实秋的的确确是生于北京的,原籍浙江杭县,1915 年秋考入清华学校,在校期间开始写作,第一篇翻译小说《药商的妻》1920 年 9 月发表于《清华周刊》,那年他十七岁。1919 年,他作为学生参加了"五四"游行,后来终身从事文学创作、翻译和教学。他是莎士比亚全集汉译本第一人,仅此便可称译界鼎甲,他主编的《远东英汉大词典》更是华人学者研读西方文化的必备参考词典。但此君在内地的留名首要的却是新文化运动中与鲁迅等人的论战,他在很多年间是被勾了白脸的(勾了白脸的很多,胡适、林语堂都是)。

文学是表现纯粹人性的,还是有其阶级性的,恐怕在"尘埃落定"的今天,也很难"一言以蔽之"。

所以,为了给梁"翻案"而否定鲁迅,也是片面的,不能从一个极端跑到另一个极端,正像不能因那场论战就闭眼不认梁的文学成就。好在当代人越来越宽容,就连汉奸胡兰成的书也能心平气和地接受了。正是"古今多少事,都付笑谈中"。

梁实秋在北京的故居是东城区内务部街 20 号(今 39 号)。那条胡同很整齐,梁宅的院子在胡同中段路北,从街上看,这所院子明显地比别的院儿

梁实秋故居

要好些，临街南屋的后檐是出厦双重檐，这在普通民宅中并不多见。门楼好像在整个院子的中间，其实不是，进院就会发现，大门是靠东的，合乎北京盖房的规矩。

那天我一走过门道，心里就一沉——院内与院外，简直两重天！

对着大门的应该是靠山影壁，现在有一大半被自搭的小屋遮住了，左手是第一层院，一排南屋，有一道门墙，成了院中院。迎面是二道门，穿过去是后院，四合房子，屋宇相当高大，满坡老瓦仍见气势。廊前红砖接出新墙，显然是为扩大使用面积而为，原有风貌和韵味严重受损。院心里香椿树高挑，还有别的绿植，满满地遮着窗子，瓷的、瓦的、大的、小的花盆依墙摆放。铁丝上，挂着新洗的衣物。

这正是北京百姓的典型生活，拥挤，顾不得观瞻，但也须植点花种点草，让心灵透透气儿。

院子显出老态，尽管临街还很光鲜。

梁实秋的女儿梁文茜曾描述过这个地方。39 号一左一右的 37 号和 41 号当年也是梁家的，37 号另有一个门，进去后往西拐，就是在胡同里能够看到后房山的南屋，当时是客厅。39号进大门后，原来左边是一个屏风门，进去后还有一个带屏门的短墙，当年梁实秋就住在这个前院里，后院是他父母住的地方。

一百年前，梁实秋出生在这个院里，1923年，他第一次离开家远赴美国留学，1927年归来与出身名门的程季淑结婚，婚礼在欧美同学会举行。十年后，"七七事变"爆发，梁实秋上了日寇的黑名单，他只身逃离北京。1943年，梁母去世，程季淑带着孩子们也离开北京，到大后方找到梁实秋。这之后，夫妻在美国安度晚年，直到1974年程季淑死于意外事故。

这一年，梁已经71岁，未料"第二春"竟向他走来，他热恋了！

他和小他三十岁的影星韩菁清爆出"黄昏恋"，台湾媒体获得猛料，掀起一场新闻风暴。

新鲜胡同小学

他不管那些，自兼司仪、自读结婚证书、自己致辞——结婚了。

他给韩菁清写的情书，比他文学作品的读者更多。

梁实秋当年就读的新鲜胡同小学，现在还在。这地方最早是明朝恶宦魏忠贤的生祠，清末改成小学校，规模屋宇都大致依旧。李敖也在这儿读过书，在台湾，李与梁有过交往，但就性情来说，梁要保的是"最后的晚餐"，早年和胡适在一起的书生意气已然不存，与李的"热"不同，他"凉"，所以，虽住得很近，难免"比邻若天涯"。

梁实秋到底是北京人，对北京的民俗乐趣清楚得很。抗战时期重庆一次募款劳军大会上，他与老舍连续两天在会上合演相声的事，很多年以后还有人记得。两位文学家演的是传统段子《新洪羊洞》和《一家六口》，演出大受欢迎，平素受人尊敬的大作家，整个换了一副面孔，两位的北京话绝对地道，其中一个环节是老舍用扇子假意去打梁实秋的头，但老舍太像真打了，梁在躲闪时被打掉了眼镜，赶忙伸手去接，结果，手捧眼镜的梁实秋顺势僵在台上，意外的效果一下就出来了，观众大叫其彩。

对俗文化不仅有深切的体认，而且身体力行，有很强的"动手"能力，课上说得，台上演得，这在当下的文学教授中是太少了。

梁实秋是新月派，那么他一生中谁是最说得来的朋友呢？

不是徐志摩，也不是林语堂，而是"既制了，便燃着"的"红烛"闻一多。

1920 年，梁在清华发起组织了"小说研究社"，后改名为"清华文学社"，吸引了一些文学爱好者参加，闻一多任书记，梁实秋任干事。两人那时投稿给《晨报》而无果，就将各自的论稿合在一起，梁实秋的父亲梁咸熙拿出 100 元"赞助"其出版发行，帮他们圆梦，这就是成为"清华文学社丛书第一种"的《冬夜草儿评论》。

按性格来看，这两人一个平和、一个激烈，但却建立了非常融洽的友谊。闻一多这样说："实秋啊！我的唯一的光明的希望是退居到唐宋时代。同你结邻而居，西窗剪烛，杯酒论文——我们将想象自身为李杜、为韩孟、为元白、为皮陆、为苏黄，皆无不可。只有这样，或者我可以勉强撑住过了这一生。"

先是北京，后又出国，再后上海和青岛，这两人一直携手同行。他们是比较倾向贵族化文学的，很不屑胡适，认为太俚俗。

闻一多是诗人。澳门回归时举国尽唱根据他的诗谱成的歌曲《七子之歌》，人们再一次领略了他江海一样的诗情。但他最初是一个画家。1925年，留学美国三年的闻一多回国，徐志摩推荐他到北平国立艺术专门学校任教务长，就出于这种考虑。

后来，他的诗却比他的画更有名，而且，他竟成为新格律诗的开拓者。不仅如此，对诗着了魔的闻一多，还在自己身边聚集起一群爱新诗的人，最核心的被人们称为"四子"：朱湘（字子沅）、饶孟侃（字子离）、杨世恩（字子惠）和刘梦苇。这些满怀理想的年轻诗人经常在闻一多家里纵论横议，一多先生也着力把自己的寓所装饰得别有样貌，使到这里聚会的朋友们身处一种别样的情调中。

那是在西城劈柴胡同（后改为"辟才胡同"），如今这条胡同已改成一条大街，住户几乎没有了，沿街尽是写字楼，原先它与北面丰盛胡同之间鱼骨形的胡同阵营都已不见，唯有西头跨车胡同还留着齐白石故居。站在这座故居的老房前，往东望去，直到西单北大街，全是劈柴胡同故线。

徐志摩在1925年《晨报副刊》上开设《诗刊》时，首期的《弁言》中就忙不迭地对这儿作了详细的描绘：

"我在早三两天才知道闻一多的家是一群新诗人的乐窝，他们常常会面，彼此互相批评作品，讨论学理。上星期六我也去了。一多那三间画室，布置的意味先就怪。他把墙壁涂成一体墨黑，狭狭的给镶上金边，像一个裸体的非洲女子手臂上脚踝上套着细金圈似的情调。有一间屋子朝外壁上挖出一个方形的神龛，供着的，不消说，当然是米鲁维纳斯一类的雕像。他的那个也够尺外高，石色黄澄澄的像蒸熟的糯米，衬着一体的背景，别有一种澹远的梦趣，看了叫人想起一片倦阳中的荒芜的草原，有几条牛尾几个羊头在草丛中转动。这是他的客室。那边一间是他做工的屋子，犄角上支着画架，壁上挂着几幅油色不曾干的画。屋子极小，但你在屋里觉不出你的身子大；带金圈的黑公主有些杀伐气，但她不至于吓瘪你的灵性；裸体的女神（她屈着一只腿挽着往下沉的亵衣）免不了几分引诱，但她决不容许你逾分的妄想。白天有太阳进来，黑壁上也沾着光；晚上黑影进来，屋子里仿佛有梅斐士滔佛利的踪迹；夜间黑影与灯光交斗，幻出种种不成形的怪相。"

他还无比佩服地议论道："这是一多手造的'阿房'，确是一个别有气象的所在，不比我们单知道买花洋纸糊墙，买花席子铺地，买洋式木器填屋子的乡蠢。有意识的安排，不论是一间屋，一身衣服，一瓶花，就有一种激发想象的暗示，就有一种特具的引力。难怪一多家里天天有那些诗人去团聚——我羡慕他！"

如果拿我们今天的观点来看，一多先生这间屋里墨色镶金边的大墙可太怪诞了，但当时却得到盛赞。由此可知，"五四"时期的文化界，思想之狂放已不是今日所能轻易揣摩出来的。

抗战爆发后，梁实秋与闻一多走上各自的道路，闻一多终于更激烈，直至"前脚跨出大门，后脚就不准备再跨进大门！"

在上海时，梁实秋主张文学当描写永久不变的人性，鲁迅以阶级性与之辩，其实，鲁迅为文，又何尝缺少过"人性"——"救救孩子"难道不是更为沉痛的人性？

另一个倒霉蛋徐懋庸，一直与鲁迅相交甚宜，不料在鲁迅临死前，徐懋庸不知深浅地挑起了后来影响了几十年的"两个口号"的争论，被鲁迅兜头一棒，此后却再无一剖心曲的机会。其实鲁迅与不少人都是既辩且友。鲁迅死时，徐懋庸写的挽联堪为文学界许多人，也包括梁实秋、林语堂的尴尬写照：

"敌乎？友乎？余唯自问；

知我？罪我？公已无言。"

北平女师：一座校园的记忆

纬道

宣外大街西侧第一个胡同叫新文化街，平时安静得很，走在里面，一种北京老城的味道扑面而来。东西向的街，很深，路两边尽是有年头的老槐，夏天满街树荫，冬天脱尽树叶的枝条婉如屈曲的蟠龙，另是一番风景。

这里曾经叫"石驸马大街"，1949 年以后，改称新文化街。路北，有一处与众不同的建筑，带着西洋风格，但却又是中国式的青砖砌成，不但用了"磨砖对缝"的老派作法，而且布满精妙绝伦的雕镂。北京的好砖雕有不少，然而像这种水平的却是只有数得过来的几处。民国时，此地是北平女子师范学院，鲁迅曾在这里授课，而且，著名的"三·一八"惨案中牺牲的刘和珍、杨德群烈士当时就是这所学校的学生。对此，鲁迅在《纪念刘和珍君》里有详尽的记述。

历史已经翻过那黑暗的一页，细数近八十年的时间流逝了，但这所学校还在，更难能可贵的是它的格局和建筑没有受到任何破坏，也没有什么"旧貌换新颜"的"升级"和改变。

站在它的大门外来观赏，绝对是一种享受：

你看，厚厚的围墙，上面有俗语称作"盘肠"的图案，它与近年流行的"中国结"是一脉相承的东方民间美术。

墩实的门柱尽显稳重、肃穆，有"塔"的感觉，但却是故意延伸了"塔基"，

大门　　　　　　　　　　　　　　　原校名

而白色的柱顶恰成一种调剂，以避免给人过于沉重的印象，同时，整个门柱又与后面主楼的边柱形成一种映衬，就像餐桌上吃饭的碗要与盛菜的盘是"一套"一样。

　　主楼的"门脸"在基座上分三层，下面两层是独拱，雕花，而上面一层则是偏窄的双窗，拱上又挑出尖形，显出挺拔向上的气象。边柱是菱形的，这一方面是为了适应"砖"的工艺；另一方面，若换成圆形的，恐怕就像权势人家的府第了。

　　墙、门和主楼，灰白两色，方圆相间，当初设计的时候，一定是用了匠心的。

　　拾级而上，就到了主楼拱门下。砖雕是真漂亮，上边弧圈内按西洋花饰雕镂，而两侧像中国门联似的又用了传统的"梅兰竹菊"。中西合璧，作得那么自然，一点也不让人感到生硬。门额上有"鲁迅中学"四字，似为集鲁迅字，甚为儒雅，但不尽妥帖，鲁迅先生连诺贝尔文学奖都不放在眼里，他向来对"名人"不屑，又怎么能赞许后人弄出赝品的"自题校名"？说起来，只有一个人合适：周恩来。同乡同宗，名望相匹，别的人就很难扛得动了。郑振铎也行，既是鲁迅的挚友，又在解放后任文化部长，惜乎死于意外。郭沫若不合适，他头脑发热时攻讦鲁迅的文章尽显其人格上的重大缺陷，由他来题字，鲁迅在地下会笑出声来的。

　　主楼是一栋两层的楼房，但并非一字直线排开，而是让门楼部分向后稍退一步，从而增添了变化。所有的窗户都用了拱顶和砖雕花饰，楼檐则以砌砖的凸凹变化出很多几何图形。精美的砖雕、欧式的窗户、磨砖对缝的工艺，无不显示着淑女般的优雅与清朗。

谁要是由这里径直走进大门，那他不是个对美缺少感觉的粗汉，就是心里被一件十万火急的大事所焦急着，因为两侧的砖雕实在太精美了！我不知道这座楼在当时是由中西两方人士组成设计师班底的，还是总工程师本人兼具中西建筑艺术的双重造诣，你看，该"洋"的地方是那么地道，该"中"的地方却又如此妥帖。

主楼是亮给街上的人看的，是脸面，当然要讲究，院内该重在实用，所以朴素大方即可。这是中学院内第一层院，鲁迅坐像后面是教师备课室，两侧有游廊。通过游廊可以走到第二层院落，这里就是学生们的教室了，很明显，教学楼红绿相间的廊柱、栏杆都与游廊保持了一致的风格。院里有一个阁楼很有意思，从教学楼的二层通道可以来到这里，出了阁楼便是通往第三层院和操场的游廊，也就是说，人在院内各处行走，可以不致曝晒在阳光下，下雨的时候，当然也不会受雨淋之苦了。

第三层院又与第一层院基本相同，它西侧连着宽阔的操场这个院中的南楼却并不是前面一层院的简单克隆，它取消了二层的栏杆和通道，以大型垂花护檐板和窗棂式装饰相罩，疏朗大方，打破了单薄的空间，给这一加高了的游廊增加了许多美感，令其妥帖而不致陷于危耸。

第三层院的西面是操场，而第二层院的西面则是一个跨院。从游廊折进，一个四方小院就在眼前了。

院中央靠北面有矗立在石栏中的"三·一八遇难烈士刘和珍、杨德群纪念碑"。四周一片寂静，刚刚下过一场小雨，所有的绿植都在阳光下抖着精神，偶尔有鸽群鸣着响亮的哨音掠过。一切都显得十分平常，学生们都在上课，他们现在已经是带着智能手机的了。

站在这静寂的校园里，我忽然又想起当年对学生们实行封建管制的校长杨荫榆。鲁迅有关"三·一八"的文章历来是中学语文教材中的必讲课目，想来知道杨荫榆这个名字的人会是非常多的，而且，一定会把她定格在一个

主楼侧墙砖雕：喜鹊登梅　　　　　　　主楼侧墙砖雕：水草飞鸟

面目可憎的恶女人形象上。但这种面目却并非杨荫榆的全部。

　　20世纪初的时候，能够在社会上崭露头角的女子还如凤毛麟角，然而那不多的女子中便有杨荫榆。她于1907年公费赴日留学，四年后从东京女子师范学校毕业并获奖。1913年至1914年，她在苏州女师任教务主任，1914年她来到北京，便与使她后来被人诟病的北平女师生涯结下魔缘。开始时任学监，四年后由教育部选送美国公费留学。1923年，获哥伦比亚大学硕士，转年回北平女师任校长，成为中国的第一位女大学校长。1926年，她刚刚当了两年校长，"三·一八"惨案就爆发了。

　　杨荫榆在后来下台了，回到老家苏州，仍是从事教育。但历史如果就这样结束，"杨荫榆"这三个字简直一片灰暗，谁也不曾料到，世事让她在生命的最后竟奇峰突起：日寇侵华，侵略军奸淫掠杀，杨荫榆舍生取义，用一

头进院教室

二进院北楼

跨院

个亮色结束了自己的一生。

作为杨荫榆的侄女，著名学者杨绛应中国社会科学院近代史研究所之邀，中写了对自己三姑母的回忆。她写道：

"日寇髦占苏州，我父母带了两个姑母一同逃到香山暂住。香山沦陷前夕，我母亲病危，两个姑母往别处逃避，就和我父母分手了。我母亲去世后，父亲带着我的姐姐妹妹逃回苏州，两个姑母过些时也回到苏州，各回自己的家（二姑母已抱了一个不认识的孩子做孙子，自己买了房子）。三姑母住在盘门，四邻是小户人家，都深受敌军的蹂躏。据那里的传闻，三姑母不止一次跑去见日本军官，责备他纵容部下奸淫掳掠。军官就勒令他部下的兵退还他们从三姑母四邻抢到的财物。街坊上的妇女怕日本兵挨户找'花姑娘'，都躲到三姑母家里去。1938年1月1日，两个日本兵到三姑母家去，不知用什么话哄她出门，走到一座桥顶上，一个兵就向她开一枪，另一个就把她抛入河里。他们发现三姑母还在游泳，就连发几枪，见河水泛红，才扬长而去。邻近为她造房子的一个木工把水里捞出来的遗体入殓。棺木太薄，不管用，家属领尸的时候，已不能更换棺材，也没有现成的特大棺材可以套在外面，只好赶紧在棺外加钉一层厚厚的木板。"

还有人的记述则更加具体：杨荫榆在街上亲见被日军刺死的自己的女学生，悲愤之下，一身贵重黑色装束，满口道地日语，直赴日营对敌酋斥责，敌人当面不敢动手，采取了阴谋杀害的方式。

历史给了杨荫榆一个富有传奇色彩的终局。

这不能不说是她一生中的一个以民族气节为背景的大亮点。

其实，杨荫榆一生中还有一个亮点：反抗包办代替的封建婚姻。还在她十几岁时，家里做主把她嫁给了一个姓蒋的少爷，那是个丑陋痴呆的男人，永远是一副合不上嘴唇、收不住口水的模样。杨荫榆誓死不从，她大闹一场，整个无锡城都知道有这么个从婆家跑出逃婚的大胆女孩。杨荫榆勇敢地摆脱了足以误人一生的婚姻，而走上外出求学的道路。那个时代，像她这样的人，完全可以看作争取个性解放的先锋。

她后来一生都在从事教育，但有所偏颇的历史表述给她的名字罩上了一层抹不掉的阴影。但杨荫榆怒斥敌寇的民族气节，是不该被人们所忘记的，那是她生命尽头的凛冽之光。

杨绛后来写道："一九三九年我母亲安葬灵岩山的绣谷公墓。二姑母也在那公墓为三姑母和她自己合买一块墓地。三姑母和我母亲是同日下葬的。我看见母亲的棺材后面跟着三姑母的奇模怪样的棺材，那些木板是仓卒间合上的，来不及刨光，也不能上漆。那具棺材，好像象征了三姑母坎坷别扭的一辈子。"

鸽哨再一次掠过鲁迅中学的上空，天色瓦蓝，很多年月和很多故事都已成为过去，只有这所精美雅致的校舍还沉静地立在这里，它见证着一个时代的建筑风范，见证着20世纪初中国最初的教育改革。从那些美得让人窒息的建筑细节可以看出，那一代人是怀抱希望开创新教育的，未料后来却发生了那么多缠绕不清的故事，到现在还议论不休。

金之篇：弦歌之门

老北京从皇家到百姓都爱听戏，锣鼓点一响，四方凝神。

为伺候皇家听戏，内务府专门设有一个机构，叫升平署，负责人赏戴二品顶子，您瞧，爵位还不小，是吧？

这升平署在哪儿？

从人人都知道的天安门往西走，到南长街往北刚刚一拐，就到了。换句话说，是在中南海东南角。它是个独立的院落，现在改成中学了，主要建筑犹存，只是不让人进去参观。慈禧是出了名的爱听戏，也懂戏，所以，戏班受升平署传唤到宫里唱戏，得格外加小心，卖力气。

升平署在西，如是之故，把与戏曲有关的内容置于西方之位，这是有所本的。

西方庚辛金。

北京人的"玩"天下出名，最显豁的词儿是"提笼架鸟"。北京人种花养鱼，营造花园，这不算什么，有几样现在是快绝迹的，譬如熬鹰、养虫。鹰是猛禽，岂是笼中物？但在北京人手里，能把它训练得听人话，首要的法子就是一个字："熬"。夜里不睡觉，人不停地干扰着鹰，让它踏实不了，直到它心里认可了人是大爷，它是奴婢。虫，可不是什么青菜虫，而是蟋蟀、蝈蝈之类，而且，不但夏天玩，冬天也要玩，天寒地冻，揣在怀里的葫芦中发出脆响的鸣声，那才叫给劲——不懂这个，北京人有个现成的词儿给你预备着："棒槌"。

这可以讲上好几宿夜话，按下不表，只是想说，这么爱玩会玩的人遇上鼓书戏曲会怎么样？

绝对是天下第一的观众，天下第一的票友，天下第一的内行。

京评曲梆，各大剧种在北京都有广泛流传。提起京戏，人们总爱从四大徽班进京说起，其实，在那之前，徽班已经在京师唱了有些年，而且把原来占老大地位的昆曲挤兑到一边去了。但其后，来了个唱秦腔的魏长生，扮相、唱腔、做打样样精彩，把徽班压了下去。没料到朝廷嫌魏长生演的玩意儿有伤风化，加以限制。恰好这时正逢 1790 年乾隆帝八十大寿，徽班再次得到压倒秦腔的历史性机会，高朗亭率三庆班进京凑热闹祝寿，一唱，挺对味，是"绩优股"，接下去别的徽班跟进，"四大徽班"纷纷进了北京，之后又与来自湖北的汉调相融合，昆曲、秦腔、汉调的精华与徽调相融合，开启了京戏 200 年的风光史。

朝野的一致追捧，使北京的戏曲舞台红红火火。三庆、四喜、和春、春台四大徽班成为梨园代表，他们的表演主要在大栅栏一带的戏院里，而戏班就近住在附近。"唱戏的不离韩家潭"。直到 20 世纪五六十年代，珠市口西大街以北、大栅栏、观音寺以南，都是戏曲界的大本营，戏班、戏校和演员住地都集中在那一带。

让人多少有些尴尬的是，旧京的青楼也汇集于此。我去寻找从程长庚、余三胜到近世名声远震的几十位京剧名家踪迹时，总是在"八大胡同"一带转悠，不是故意，是躲不开。但同时我发现，昔日的青楼建筑格外精美，它们是北京建筑文化中风格特异的种类，不容忽视。那么，我们这里只谈建筑，不谈风月。

北京戏曲：从古到今的妙音

砖塔胡同，北京有文字记载可上溯到元代的老巷，元杂剧中的传奇故事记住了你，万松老人圆寂之地依傍着你，文学大师鲁迅在巷子深处的小院里思考着嵇康、娜拉和祥林嫂，现代通俗小说巨擘张恨水在进出胡同时盘算着自己的美妙故事，更多的寻常百姓一代又一代地在这里的青砖瓦舍中生儿育女，辛苦地积蓄着须臾不可离之的柴米油盐。

砖塔胡同不算太长，是个辘轳把儿形状，往南稍微弯一下，然后再往西口去，东口是热闹的西四大街，但胡同里却很静，越往西越静。在这儿住，算得上"大隐隐于市"了。

这条胡同如今幽静至极，元明两代，却是戏曲艺术的灿烂之地。

"勾栏""瓦舍"聚集地

元曲《沙门岛张生煮海》里，两个年轻男女之间互相打趣，张生的家童与龙女的侍女梅香开玩笑，家童问："梅香姐，你与我些儿什么信物！"梅香答："我与你把破蒲扇，拿去家里扇煤火去！"家童又问："我到那里寻你？"梅香答："你去那羊市角头砖塔儿胡同附近在总铺门前来寻我！"

这是有文字记载的确证，它说明，砖塔胡同已有700多年历史，堪称北京最老的胡同之一；又说明，这条胡同附近在元代时就已是繁华地带了。

所谓"角头"，指偏僻地方，有点像今天北京人口中说的"旮旯"；"铺"，元朝城市行政管理单位，整个北京分为若干个"铺"，"总铺"则有点像现在的"派出所"。你看梅香姑娘选的这地方，"派出所"门口，量那坏小子敢怎么样？

老北京很多胡同都可以按名字揣摩来源，砖塔胡同亦然，即用此名，必然有塔，此塔就在胡同东口，至今犹存，而且确为砖塔。

这座塔全名应该叫"万松老人塔"。万松老人当年实有其人，本姓蔡，名行秀，河南洛阳人。15岁时，他在河北邢台的净土寺出家为僧，后来云游四方，在河北磁县大明寺专攻禅学，后来又重返净土寺，建万松轩，自称"万松野老"，人称"万松老人"。万松老人绝不是平平常常的和尚，而是个有思想的僧人。他后来北赴燕京，受到金章宗赏识。不久元朝定都北京，元世祖、名臣耶律楚材慕名参学。在与元代皇室的交往中，万松老人对当政者最高的警诫是"以儒治国，以佛治心"，切勿乱施暴政，祸国殃民。元世祖深以为然。老人与元世宗的关系几如朋友，以致可以席地而坐，给世祖弹琴吟曲，世祖还曾将宫中承华殿的古筝和"悲风"乐谱赠给了万松老人。

万松老人圆寂后，人们在这里为他建了这座砖塔，按照元代地理典籍《析津志》的记载，最初称为"羊市塔"，后来紧邻的巷子形成，随之而得名"砖塔胡同"。但此后几百年间这座塔屡次被民房围困，又屡次被人解救出来，清乾隆十八年（1753年），干脆由朝廷下命令按照原样重修一回。到民国年间，此塔又逐渐被民居商铺围困。1927年的时候，叶恭绰等社会贤达在塔侧开了一个小门，门额上书"元万松老人塔"，为叶恭绰所书。

砖塔胡同自元代起一直是勾栏瓦肆的集中地带，明朝时一仍其旧，清初有一段时间为神机营所在地，后来又成为歌舞之乡。1900年这里曾为义和团总部，庚子之变时，莺燕南飞，纷纷躲避乱局，此后仅仅成为民居了。砖塔又被围困局促的小院中，外界无法走近。历史上，砖塔曾沦为酒馆、羊肉铺，前些年还成为胶卷洗印部，后来成为北京市第五批文物保护单位，终于得以

砖塔胡同西口万松老人塔

明嘉靖皇帝敕令在砖塔胡同建造大德显灵宫所树石碑

廓清周围，恢复堂皇面貌。

万松老人塔是一座九级密檐砖塔，是北京市区二环路内唯一的古代砖塔，越千年而存，为整个北京的历史地理提供了无可替代的坐标，是极其难得的城市发展史见证。

元代天下承平之后，砖塔胡同一带是个热闹地方，长期是戏曲活动的中心地区，"勾栏""瓦舍"聚集。元代是杂剧艺术的繁荣时期，元大都是北方杂剧的中心，城内有众多的大小勾栏，演出杂剧，砖塔胡同就是其中之一。勾栏内有戏台、戏房（后台）、神楼和腰棚（看台），就是设备齐全的露天剧场。大的勾栏可容数千人，台上锣鼓喧天，台下欢呼喝采，真是热闹非凡。

元代散曲家杜善夫有一支套曲《庄家不识勾栏》，说的是一个农民进城逛勾栏的事，从中我们可以感受到元代勾栏的大概样子："风调雨顺民安乐，都不似俺庄家快活。桑蚕五谷十分收，官司无甚差科。当村许下还心愿，来到城中买些纸火。正打街头过，见吊个花碌碌纸榜，不似那答儿闹穰穰人多。见一个人手撑着椽做的门，高声的叫'请请'，道'迟来的满了无处停坐'，说道'前截儿院本《调风月》，背后么末敷演《刘耍和》'，高声叫：'赶散易得，难得的妆哈！'要了二百钱放过咱，入得门上个木坡。见层层叠叠团圞坐，抬头觑是个钟楼模样，往下觑却是人旋窝。见几个妇女向台儿上坐，又不是迎神赛社，不住地擂鼓筛锣。"

从这段节选中，我们可以得知有关勾栏里演戏的很多信息。庄稼人眼中的"花碌碌纸榜"，实则是招帖，上写剧目和伶工名字，当时叫"花招儿"。"椽做的门"，应是木制的勾栏门；"层层叠叠团圞坐"，看来观众是把演出场地围在中间的；"钟楼模样"，就是戏台了，上面有几个女演员，按杂剧的规矩，那叫"座排场"，凡无事的女演员都要坐到戏台上，包括"擂鼓筛锣"的乐队，以显示团体阵容。

这就是元代勾栏的样子，完整的露天剧场，一直到今天，我们在庙会、集市上看到的演出场地还大致如此。

砖塔胡同临近羊市，那一带至今有羊市胡同，商业繁华，人聚如潮，勾栏自应不少。元代政府有教坊司，杂剧演员多为教坊司所属的官妓。我国历史上有记载的著名演员是从元代开始的，譬如后人熟知的珠帘秀，多才多艺，可扮演各种角色，时人称之"杂剧当今独步"，因其本姓朱，后辈尊为"朱娘娘"。元杂剧大作家关汉卿与珠帘秀情谊颇深，北京人艺的保留剧目《关汉卿》对此有生动的表现。元代夏庭芝在《青楼集》中记有名妓116名，多为杂剧、说唱演员；同时代的钟嗣成在《录鬼簿》中记有元杂剧作家111人，剧目500多部。那些作家和演员以元大都为最重要的基地，他们中有的就是大都人，《录鬼簿》记载"前辈已死名公才人有所编传奇行于世者"56人，其中关汉卿、马致远、王实甫等大都人就占了18位，他们是元代的北京文化人，他们的名字为北京历史文化增添了光荣，他们的作品如《感天动地窦娥冤》

《孤雁汉宫秋》《崔莺莺待月西厢记》等，在中国戏曲史上永存异彩。杂剧作家和演员联手创出我国戏曲的第一个高峰，可谓千古不朽。

北京最早的娱乐场所盛景的出现在元大都时期。元代统治者是极喜欢逸乐的，对天下的管理算是"粗放型"的，容得下天南地北而来的人相与杂处，不似后来的清代朝廷那样搞"门前清"，把商业、娱乐业统统赶到外城去。

元大都勾栏瓦舍之多，成为一时之盛，又因元人官吏制度另搞一套，不事开科取士，反将文人置于"九儒十丐"之列，且在"七盗八娼"之后。倍觉冷落的元代文人不再有心情于学而优则仕之余吟诗作赋，而转身求向民间，嬉笑怒骂，一腔忧愤、几分理想，都寄与散曲杂剧，竟演成中国历史上少有的以文人为主的制曲编剧大高潮，终使元曲一跃而与汉赋、唐诗、宋词等比肩而立，成为中国古代文学史上一大奇观。

那以后就不再有一朝文人与艺人的整体合作了，虽然偶尔还有佳话如清人洪升编《长升殿》、孔尚任编《桃花扇》，但毕竟属于少数人的行为了。

我国古代文人体系与官宦体系是一个互为表里的大系统，文人是官宦的准备力量和退出"场所"，"学而优则仕"；官宦则是文人的"致用"之地，所以中国古代知识分子的独立系统难以建立。元代却让它们成为两张皮，皇帝认为舞文弄墨的文人不如制作弓箭的匠人有用，"文人何用"四字是不用解释的"判决书"。于是，从统治系统中被放逐的元代文人走向民间，做了集体的柳永，把他们的才情学问泼洒在戏曲中。文人进入勾栏瓦舍的后台，雅文化与俗文化联袂"百年好合"，度过整个中国历史中唯一的一次雅俗结合的蜜月。由于大批文人的介入，元代戏曲的辉煌，空前绝后。但那只是短暂的百年，更多的岁月里，戏曲在民间，它是俗文化系统中的组成部分。明代以后，文人重回"学而优则仕"的旧日系统，戏曲的文学性和思想性大减。

明朝戏曲在北京的命运

元朝被明所灭，北京风气为之一变。明代朝廷一上来就露出暴戾面目，把演戏圈禁在很小范围内，顾起元《客座赘语》中记载："洪武二十二年三月二十五日，奉圣旨：'在京但有军人学唱的割了舌头，下棋打双陆的断手，蹴圆的卸脚，做买卖的发边充军。'"（双陆是古代一种棋艺，一套双陆主要包括棋盘、黑白棋子各 15 枚，骰子两枚。今已失传。蹴圆亦称蹴鞠、踏鞠，我国古代足球运动。"蹴"和"踏"都是踢的意思。"圆""鞠"指的是球，中间填满毛发一类有弹性的东西，清代失传。）事实上，明朝就是这么做的，一军士吹箫唱曲，"将上唇连鼻尖割了"，一军官让下级蹴圆，苦果是"卸了右脚，全家发赴云南"。对民间剧本除少量歌颂太平的以外，永乐帝下旨："限他五日都要干净将赴官烧了，敢有收藏的，全家杀了。"

对民间唱戏，简直到了恨之入骨的地步！

在此种情形下，杂剧在北方日趋衰落，勾栏瓦肆岂能善存？只有在天高皇帝远的吴越地区，另一剧种：南戏，慢慢发展起来。后来有吴越戏班到北京演戏，被锦衣卫抓住，明英宗亲自审问并令当堂演戏审查，演员耍了个小机灵，上台就来了两句开场白："国正天心顺，官清民自安。"英宗一听，觉得还不错，于是把戏班一干人等收编为教坊在籍优伶。

然而，"群优耻之，上崩，遁归于吴"。演员们为什么"耻之"？缘由在于明王朝的乐籍制度下，演员没有任何人身自由，视为"贱人"，形同奴隶，男子须戴绿头巾，系红褡膊，穿带毛猪皮靴，走路不准走路当中。至于女乐，更不可说矣。

明中期以后，朝廷禁令稍弛，南戏在北京活动得多起来。以大奸魏忠贤为描写对象的明末小说《梼杌闲评》中，有一段文字写少年时的魏进忠（忠贤）跟着生母侯一娘在北京伶人居住集中的胡同里去找也是伶人的生父魏云卿，来到宣武门内，"西边有两条小胡同，唤做新帘子胡同、旧帘子胡同，都是子弟们的寓所"。又找到宣外椿树胡同，"进忠走进巷来，见沿门都有红帖子贴着，上写某班某班"。

这些描写对研究北京戏曲史来讲，是极重要的佐证。作为小说，作者对

清代升平署旧址

樱桃胡同梨园会馆门簪为名伶时慧宝题写

人物故事会有一些自己的设想，但涉及北京地方的细节，应该是有所依据的。由此我们可知，新帘子胡同、旧帘子胡同以及椿树胡同在明代是戏班聚群居住之所。

新帘子胡同、旧帘子胡同是绒线胡同以南的两条很长的胡同，现在被新华街拦腰截成东、西两部分。新华街是民国初年新修的南北向大街，沿线过去是一条河，我们在乾隆十五年北京地图上可看出，这是从西长安街路南的双栅栏胡同和六部口两个源头流过来的河沟，向南穿越琉璃厂过虎坊桥而入南面水洼，成为著名的龙须沟之源头。椿树胡同是琉璃厂西街最西端路南的一条胡同，与南柳巷并排，都是南北向的明代胡同。

照《梼杌闲评》的描述，这两个相隔不远的地方都是梨园弟子的聚居地，这是完全可信的。从帘子胡同沿河沟往北，出双栅栏胡同到西长安街，再往东几百步就是清代管理艺人事宜的升平署。另一个具有凭据性的事实是，椿树胡同到清代以至近世，都是戏曲艺人的居住地，从徽班进京时期的程长庚、余三胜、张二奎到后来的"四大须生""四大名旦"等许多梨园中人都曾居住在那一带，梨园会馆也设在河沟东侧的樱桃斜街和韩家胡同。

新帘子胡同、旧帘子胡同和绒线胡同，都是很长的横胡同，那里地处西长安街与宣武门城墙之间，老房很多，一直非常幽静。绒线胡同东口正在人民大会堂后身，近年那一带在拆迁，新建起的国家大剧院恰在那里，弦歌悠悠，岂有数乎？

明中期以后，戏曲活动在北京有所恢复，主要剧种是昆腔、弋腔。万历年间来华的意大利传教士利玛窦亲眼得见当时中国戏曲的繁荣景象，在他的《利玛窦中国札记》中描述甚为详细，他写道：

"我相信这个民族是太爱好戏曲表演了。这个国家有极大数目的年轻人从事这种活动，有些人组成旅行戏班，他们旅程遍及全国各地；另有一些戏班则经常住在大城市，忙于公众或私家的演出……凡盛大宴会都要雇用这些戏班。听到召唤，他们就准备好上演普通剧目中的任何一出。通常是向宴会主人呈上一本戏目，他挑他喜欢的一出或几出，客人们一边吃喝一边看戏，并且十分惬意，以致宴会有时要长达十个小时，戏一出接一出，也可连续演下去直到宴会结束。"

明代中后期，戏曲无论在豪门富户的宴会中，还是民间乡野戏台上，都是重要的娱乐活动，尤其重要的是，已经有了卖票入场的听戏方式，戏曲进入商业化操作模式中。明代官方专司戏曲、为宫廷服务的机构在明中期以后出现，教坊司和演出中心设在东城的本司胡同、演乐胡同和勾栏胡同（今内务部街），这些胡同名称的形成即因演艺事宜。

清代戏曲的崛起之地

明亡清兴，对戏曲的态度是：内城不留戏。这是清朝上层的一种政治考虑，早在赶走李自成之时，八旗官兵便永久地占据了内城，并且按旗分区，集生活与戍守于一体，团团拱卫着紫禁城，而将汉人悉数迁往外城，连商肆都不留，岂论勾栏瓦舍？在很长一段时间，清廷对汉人极不放心，屡屡而起的文字狱，动辄灭门九族、将"罪犯"发往天寒地冻人烟稀少的宁古塔，就是这种恐惧和戒备心理的反映。人们常说的所谓"康乾盛世"中，这类杯弓蛇影的过度敏感还远未褪去，哪里像现在一些搞笑的电视剧里所瞎编的一团和气？人们完全可以这样看待清时的内城：那整个是一座兵营！而汉族居民则全部迁往南城。

再后，到康雍乾时期，社会稍有和缓，北京的外来戏班多起来。雍正十年《梨园会馆碑记》上记载了19家昆班、弋班集资在京购置义冢用地，这至少向我们透露两种情形：一、各地来京戏班数量已相当多，戏曲品种也多；二、外地伶人长年在京甚有老死北京者，而且为数不少。

像给一大群文士官宦带来横祸的《长生殿》事件，演的就是昆腔。那是康熙年间，大剧作家洪昇所写的《长生殿》大受欢迎，为戏班带来巨大收益，班里为表酬谢，特为洪昇专演一场，演出那天京师上层名流云集。未料事后有小人揭发，说那天是皇太后忌日，于是，一场空前因戏而起的大灾难从天而降，五十多名去看戏的士大夫革职下狱，太学诸生夺去功名，赵执信、查慎行等名流均在此列。

那是一次震动朝野的大事件，影响极大。

乾隆五十年，精忠庙梨园会馆《重修喜神祖师庙碑志》中显示，参与重修的有宫廷戏社11家、民间戏班35家、戏园8家，比之雍正十年增多近一倍。再往后，到乾隆五十五年，四大徽班进京，北京戏曲史上一个辉煌时期开始了，被后人称为"国剧"的京剧艺术登上历史舞台。

砖塔胡同清代时成为神机营所辖右翼汉军排枪队的营地，清中期以后，内城管理逐渐松弛，砖塔胡同又成为曲家聚集的地方。清人震钧在《天咫偶闻》中描述当时的盛况为"间阎扑地，歌吹沸天。金张少年，联骑结驷，挥金如土，殆不下汴京之瓦子勾阑也"。1900年，八国联军侵入北京，这里的戏班乐户纷纷逃往他乡，砖塔胡同渐成民居。

清代朝廷演出机构则称"升平署"，设在南长街南口，有关建筑现在仍存，被一所中学使用，里面还遗存一些旧建筑。

时下总有人说京剧是高雅艺术，其实错了，京剧从根儿上讲是俚俗的，一旦脱离了民间的脐带，它的生命力就堪忧。那么，京剧原生态中为人所痴迷的"魂"到底是什么？

玩！

紫禁城畅音阁院墙壁画京剧《群英会》

紫禁城畅音阁大戏楼

乾隆皇帝看戏的座位

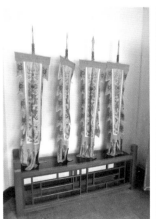

故宫藏京剧乐器

畅音阁戏曲文物

故宫藏京剧道具

京戏——我们这里还是别老京剧京剧的，老百姓和爱好者的嘴里从来都认"戏"是一种"玩意儿"。

戏唱得好，功夫了得，听戏的夸一声："玩意儿好！"

非专业演员甚至公子王孙偶尔粉墨登场唱一出，叫"玩票"。

离不开一个"玩"字，玩的成分在京戏里是太多了。

而这，与京师民俗深处的情结渊源深矣。

四大徽班进京，为皇帝献艺，京城市民敏锐地发现这来自远方外埠的玩意儿与旧有的昆曲是不一样的，它热闹，它花哨，它的玩法多。其实皇家把这一点也看得很清楚，宫里由升平署与设在外城的精忠庙戏界公会联系，中间隔着一层，从骨子里还只是把戏曲看作前门外月盛斋的烧羊肉、天福号的酱肘子一样的"好玩意"。官家从来不让戏班、戏园子在内城扎下营盘，世家子弟中爱唱戏的也不被人看得起。有人可能要搬出红豆馆主溥桐来说事，其实，一来那已是清末，什么都有点乱套了，再者，时人也还是视之为另类的。

所以，清代戏班、戏园子都在南城。

京戏是在胡同里长大的。这胡同就是南城的胡同，也就是称为"宣南文化"圈中的大栅栏以南地区的纵深之处。有人会想起，那不是"八大胡同"一带吗？不错，正是那里。我国文献自古有"倡优"一说。"倡"最初指称歌舞人，与指称以戏谑调笑为能事的"优"常并用，《史记》："优旃者，秦倡，侏儒也。""倡"又通"娼"，白行简《李娃传》："汧国夫人李娃，长安之倡女也。"后"倡""优"又分开用，近世称名演员为"名优"，"优"又与"伶"互用，"名伶"是也，也并用，为"优伶"。语源属近亲，但后世分别开来，至近代文明社会以后，以演艺为职业的演员具有了真正的独立意义。这是历史的进步。

久远的年代里，"卖艺"与"卖身"之间纠缠了上千年，其原因，恐在于二者的出处都从民间娱乐中来，都是大都会市民文化的产物。这样，我们也就不难理解，何以京戏以及其他戏曲、曲艺在北京都从宣南发轫了。

风云际会一楼春

电视时代的人们已经很难想象戏曲繁荣时期是如何吸引观众为之痴迷的。

中国的戏曲自宋元时期走向世俗，无论是宋时的南戏还是元代的杂剧，即使以现代戏剧观来审视，也是非常成熟的，故事结构、唱腔念白、舞美动作，无一不美，讲究得细腻极了，而演出场地更是显出都市色彩，那便是专门演出舞台和场地，宋元时期称作"勾栏瓦肆"，也单称作"勾栏""瓦肆"。"瓦肆"在百姓口里也叫"瓦子"更为通俗一些。

中国传统戏曲最得意处在于悦耳动听的歌喉、缭人眼目的服饰和难度极大的肢体动作。它的"做"和"打"把造型、武术、舞蹈、杂技甚至魔术糅合在一起，每每看得人目瞪口呆。这对中国式戏台的形成产生明显作用，它要求戏台必须"三面示人"，不丢失审美展示的一切空间，如若仅仅是"唱""念"，那么，观众与演员正面直对边可以了，从侧面看，则会索然无味。不，中国人不会让舞台资源就这么被白白浪费，千年之久的戏台传统历久不变，直至今天，我们还能从清代沿袭下来的老戏台看到那种三面合围的传统模式。在北京，这样的戏台还很容易见到，尤其珍贵的是，有几处完整地保留了整个戏楼。

戏台与戏楼是有区别的，凡戏楼中都有戏台，而有戏台处未必有戏楼，庙宇、村社中也有戏台，那是适宜露天演出而设置的，而戏楼则往往建在规模较大的会馆或者王府之中。

老北京的民俗文化集中在南城，从明代起，商业、娱乐中心和会馆都集中在正阳门外，清代仍旧，所以，现在依然存在于北京街巷中的民间戏楼、戏台大都在这一带。北京南城的几家老戏楼证明着当年三面合围的观剧方式，他们存在于湖广会馆、正乙祠、安徽会馆、平阳会馆和恭王府，此外，清代皇家留在紫禁城、中南海和颐和园中的几座戏楼也是这种格局，紫禁城的畅音阁，中南海的颐年殿和紫光阁，颐和园的德和园和听鹂馆等也是这样。露天戏台则在白云观、隆安寺等处。

让我们走上探寻北京老戏楼之旅。

平阳会馆戏楼

平阳会馆戏楼始建于明代，现在的样子是清乾隆年间时保存下来的，非常完整。它使我们得以看到清代民间戏楼的规制和风格。整个戏楼为十二檩卷棚式，前后双步廊，悬山顶。平阳会馆位于正阳门外小江胡同，清嘉庆七年（1802 年），由山西平阳府及周边二十余县商人联合修建，会馆由戏楼和三进四合院组成。

这是北京民间现存规模最大、建筑最为精致考究的戏楼，是一处不可多见的文化遗产。戏台很老，但风韵犹存，它像是一个超级大衣柜突兀立在前面。两根台柱，悬有抱柱匾，当初应该是黑底金字的。这戏台，你不看则已，一看，就得叹为观止！它上下共有三层，上有通口，下有坑道，整个戏台简直太讲究了。戏楼两侧的壁面上，当初还绘有戏剧壁画，并设有神龛，供祭祀神祖之用。后壁正中嵌有 4 联石刻，记载会馆建置沿革和修葺情况，可惜年深日久，字迹已模糊不清。此外，这里还存有木匾 2 方，其中一方为明末清初著名书法家王铎题写的"醒世铎"，堪称珍贵。

观众席这边方池规整，一楼的池座、二楼的包厢，都呈现一种从容的格调。二楼包厢还有很好看的木栏，正中对着戏台的，是一座卷棚顶前轩式官厢，那是神楼，供奉戏神的地方。两厢看廊相当宽敞，可放置方桌凳椅，一侧有

平阳会馆

木栏杆、雕花栏板和望柱相护，楼梯则在后角两侧最不起眼的地方。楼下的方形池座更为平展，可放置几十张方桌，大家围着方桌看戏。戏楼墙壁上有木窗，几缕阳光正是从那里斜射进来的。

　　平阳会馆是晋商设立的，它的戏楼当初并不是对外卖票的剧场，往来看戏的当然在京晋商"圈里人"居多，几十年前，不知曾有几多体面的先生和惹眼的美妇在那里用着茶点，听着戏。在这儿听戏，绝不像在现代剧场里那样——那太像开会了，你须正襟危坐；而这里，在平阳会馆戏楼，你是主人，嗑瓜子吃甜点喝俨茶你可尽着性儿来，戏文唱到哪儿了，你其实全知道，有个高腔挑上去了，你喝一声"好"，唱的主儿没白卖力气，你也解气一样显出派头，透着"懂"。这是国产的看戏方法，大家一律放松得可以，甚至越放松，越是"懂"；而在现代剧场，越是身板绷直、一脸俨然，越是轻易不鼓掌，越是"不外行"。

　　平阳会馆戏楼给人的感觉像是在家里，所有的木件都显着亲切。它们旧了，老了，漆皮脱落，浑身是土，一缕阳光从屋顶罩棚的窗口斜射进来，照出尘飞滚滚的样子，像要复活一个古老的故事。

　　另有一个问题一直是悬案，这里到底是叫平阳会馆还是阳平会馆？说起来，整个山西，并没有一个称"阳平"的地方，有人说，这儿是曲阳和平定两县合建，合称"阳平"或"平阳"均可。但是，以当年此二县的经济实力和交际需要，建这样一座包括三个大院落和一个大戏楼的会馆，可能性不大。因此，另一说法更为靠谱一些：这里是山西平阳府及二十余县商人联建的。据此，称"平阳会馆"更为可靠。

正乙祠戏楼

　　出和平门往南走，不远处的街东有一个胡同，那是前门西河沿，东头是前门外大街，西头是新华街，也就是老北京习惯上叫作厂甸的那条街。从新华街这头进前门西河沿，不几步就是正乙祠。

　　正乙祠门口是一个广亮大门门楼，比旁边别的民居高出一些。院内很是整齐，但不像寻常院落那样有一个大院心，进院稍西一点一间倒座房，现在是戏曲资料室，很有情调。与门楼并排的则是梅兰芳纪念室，房子前廊深广，南北房中间的过道里是依次落地大红长型宫灯，路中间放置一面红腰大鼓，你要是晚间去，会觉得特别有一种民族传统味道，

平阳会馆戏楼内顶

平阳会馆戏楼彩绘

正乙祠大门　　　　　　　　正乙祠庭院

简直"未成曲调先有情"。

从戏曲资料室旁边的过道走进去，就到了戏楼。

正乙祠戏楼建筑全部为木质结构，坐南朝北，戏台为三面开放式。戏台对面和两侧均为上下两层敞开的包厢，戏台前约有百平方米看池，可容纳二百位观众看戏品茶。坐在戏楼里的座椅上，眼观对面戏楼两侧的抱柱楹联："演悲欢离合当代岂无前代事，观抑扬褒贬座中常有剧中人"，戏没开场，先让人有了感觉。戏台一侧是乐队所用的台子，看戏时，你不仅能看到演员一笑一颦，还可看到乐队京琴、月琴和单皮等在那里随着剧情和演员的演唱疾徐起伏。

这个地方原为明代的一座古庙，清康熙六年（1667年）被浙江在京的银号商人购置，改为银号会馆，内设神殿、戏楼、厅堂、客房等建筑。历年每逢春秋吉日，同乡聚会大摆酒宴，都要约请戏班演戏。清代京剧鼻祖级大腕程长庚、梅巧玲、卢胜奎、杨小楼等名家，都曾在此登台献艺。1881年正月，朝官张文达在正乙祠搞新年同拜，约四喜班唱堂会，当时的班主梅巧玲，就是后来名满天下的梅兰芳的祖父。1919年9月的一天，一代宗师余叔岩在此大摆宴席，唱堂会戏，为老北京留下至今脍炙人口的掌故。那天日场曲艺杂要，夜场大戏《春香闹学》，全场演员大反串，妙趣横生。花脸李寿山饰春香，旦角英蓉草扮强盗，武花脸钱金福扮村姑，令人忍俊不禁。《辕门谢戟》中梅兰芳反串武小生，饰吕布，别有英姿，令人大呼过瘾。此外，京剧大师奚啸伯、言菊朋等也都曾在这里登台演过戏。

富有中国情调的正乙祠古戏楼里上演越剧《红楼梦》

正乙祠戏楼宫灯

正乙祠戏楼一侧乐队位置

正乙祠后来赋闲很久，1995年10月修缮完工，重张那天，开幕式由梅葆玖、梅葆玥、王树芳等名家演出传统戏《大登殿》，空前火爆。社会各界名人到场祝贺。那段时间，这里京、评、梆、曲、越等剧种接连上演，很火了一阵。最近，这里又重新推出，有专场古琴演出，展示中国最古老的乐器——古琴的悠悠妙音。

湖广会馆戏楼是在正乙祠南面一公里远的虎坊桥，你沿着厂甸大街走到南头十字路口就到了。

湖广会馆是湖南、湖北两省人士为联络乡谊而创建的同乡会馆，当初作为同乡寄寓或聚会之用。建于清代嘉庆十二年（1808年），至今也有200多年啦。这里总面积达43 000多平方米，大门东向，门嵌精美砖雕。与前两个会馆不同的是，这里院落阔大，不仅有住房、议事厅、乡贤祠、戏楼，还附有后花园，功能十分齐全。院内的文昌阁、宝善堂与风雨怀人馆成为著名文物建筑，博物馆门前有一口井名为"子午井"，称其为"子午井"是因为据史书记载，在子时（零点）与午时（正午12点），从此井打上的水异常甘甜，而其他时间井中的水皆为苦涩的。井的两侧立有两座石碑，分别由梨园名宿时慧宝和徐兰沅所书，记载了梨园前辈为贫苦的同行购置义园的（坟地）的过程及捐款数目。戏楼在会馆的前部，北、东、西三面有上下两层的座席，可容纳千人。中国伟大的革命者孙中山先生曾五次来到北京湖广会馆，在这里召开了国民党第一次大会宣布了国民党的成立，此后多次在此召开会议。许多梨园界著名的表演艺术家都曾在此登台献艺，如谭鑫培、余叔岩、陈德霖、京剧名票王直君等。

1996年4月北京湖广会馆经过修复，于1996年5月8日大戏楼正式对外开放。修复后的戏楼，四周墙壁是博古彩绘，戏台上方为"霓裳同咏"匾，古香古色，一片歌舞升平景象。戏台两侧抱柱楹联长达一丈六尺，上联为"魏阙共朝宗，气象万千宛在洞庭云梦"，下联为"康衢偕舞蹈，宫商一片依然白雪阳春"，文气十足。

湖广会馆全景

湖广会馆文昌阁

子时和午时有水的子午井

湖广会馆大戏楼的观众席分为上下两层，按老年间规矩，一排排八仙桌整齐排列，桌上布置香茶小吃。尤其重要的是，经过长时间的文物征集，1997年9月6日，北京湖广会馆作为北京市第一百座博物馆"北京戏曲博物馆"宣布成立。

安徽会馆戏楼

后孙公园胡同在南新华街西侧，那一带居民稠密，通往大街的是前孙公园胡同，进去后往北有条岔路，很细，特别容易滑过，走进去往西拐，你才能找到这个曾经赫赫有名的安徽会馆。

清代，安徽会馆曾号称"京城第一会馆"，现在是全国重点文物保护单位。这一带连同前孙公园胡同在明代是孙承泽的别墅，孙承泽就是那位有传世之作《天府广记》和《春明梦余录》的大学者，他的著作是明代北京地方史志最重要的参考文献，后来清代文人朱彝尊编纂《日下旧闻》，很大程度上参考了这两部巨著。孙承泽本人生活于明末清初，是明崇祯朝的进士，在刑部做官，后来赋闲，就在宣武门外买地筑屋，规模很大，所以这一带便以"孙公园"作为地名了。八十岁时，他完成了《天府广记》，所有研究北京史的人都该感谢这位好学一生的老者。继孙承泽之后，清代曾有许多名人在此居住，如乾隆朝内阁大学士翁方纲、刑部员外郎孙星衍、以藏有甲戌本脂批《红楼梦》而闻名的刘位坦等。

安徽会馆戏楼自建成后便以搬演精品大戏名扬京师。清康熙年间，著名戏曲家洪琛创作的《长生殿》就在这里的大戏楼演出。这座戏楼小巧玲珑，戏台在南面，后接扮戏房，其余三面为楼座。建筑采取双卷勾连之悬山式屋顶，东西两侧各展出三米重檐，形似歇山。清代徽班进京，三庆、四喜等四大徽班在京都立足，曾借助北京安徽会馆。同治、光绪年间，著名的徽班三庆班及名角程长庚、刘赶三等常在此演出。后来的京剧表演艺术家谭鑫培也曾在此登台献艺。

2000年8月，戏楼等主体部分进行了修缮，2014年初夏开始接待参观。我去那天，遇到恰有一群少年由老师带领着排练剧目，虽然未穿戏装，但台

安徽会馆戏楼

安徽会馆戏楼碧玲珑馆前孩子们练习舞剑

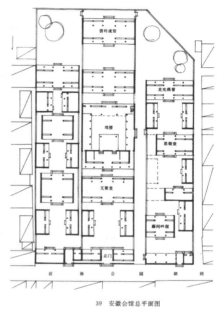
39 安徽会馆总平面图

安徽会馆平面图（据《宣武鸿雪图志记》）（1）

安徽会馆平面图（据《宣武鸿雪图志记》）（2）

白云观戏台

上台下都很认真。没有观众，家长们站在后台门外等孩子，看他们唱念做打。戏楼北面的庭院是碧玲珑馆所在地，戏曲老师在指导一群女孩舞剑，旁边出出进进的全是来排练的孩子，老院子、少年人，生机勃发，很是有趣。

　　旧京北京南城会馆中有许多都建有戏楼，留下不少掌故韵事，惜乎天长日久，会馆多改作民居，戏楼失去作用，湮没于无闻。近年崇文三里河地区山西颜料会馆戏楼按原样重修，又重现往日风采。

北京的戏台

　　戏楼之外，北京还有一些戏台遗存，最完好的在西二环外的白云观和东二环附近的隆安寺。

　　白云观是全国数得着的北方敕建道观，奉祀道教诸神，也是北京最大的民俗活动场所，这里的春节庙会是北京最古老的庙会之一。白云观规模极其宏伟，后院花园中有一座戏台，坐南朝北，前面地面开阔，是香客露天看戏的地方。戏台两侧延伸出抄手游廊，给周围环境增添许多诗情画意，雅致风情陡然而生。同时，漫坡微升的游廊还成为演员准备登台的台口，妙趣无穷。

另一处是隆安寺。它在广渠门内，地偏人稀，庙是明刹，规模甚大，前些年西半部做了几十年大杂院，东半部由少年科技馆使用，现在则大部腾清，一期修缮完成。我们所说的戏台在后院，坐南朝北，面对一片空旷的院子。

戏台后紧贴一座殿宇，估计老年间演戏的时候，演员登台是从那座殿里化妆披挂而出的。

寺院而有戏台，这其实是古已有之的，我国古代许多民俗都与佛界有千丝万缕的联系，赶庙会搭台唱戏是最聚人的。流传至今的最早的戏曲题材壁画就在山西洪洞县明应王庙中，那是一幅元代壁画，画面十人，七人彩装，其余三人一司鼓、一吹笛、一拍板，画上题款："大行散乐忠都秀在此作场，泰定元年四月日。"

然而现在保留戏台的庙宇在北京已不多见，如此，显得这里弥足珍贵。面对着它，你可以敞开思绪按照旧小说中所描绘的露天看戏的情节去畅想那一番景象。

它们的历史烟云定格在那里了。

中国传统戏曲是农民和市民阶层的消遣，各路戏班冲州撞府一道演去，为人们带去的是让人看得懂的剧目。"夕阳古道赵家庄，负鼓盲翁正作场。身后是非谁管得，满村争说蔡中郎。"陆游这首诗说的虽是说唱艺术，戏曲又何尝不是如此？臧否人物、搬演故事，是传统艺术的轴心。非常可惜的是，我们如今很不容易看到戏曲的原生态了，因之我们也便不好考察戏曲的脐带所连接的母体最生动最切近的联系。总有研究者喟叹古传戏文之简残，以至面对很多文本却不能搬演。宋亡而南戏失，元灭而杂剧颓，往往几十年光景就断绝了一种戏曲的文脉。其缘由，一面在于戏曲的继承在于师徒口传心授，

金之篇：弦歌之门

429

"功夫在戏外"，不是文字所能表达的；一面在于戏曲搬演时有许多随机应变的东西和唱段之间的衔接需要演员自己添加，这"佐料"不入戏文。但这"佐料"很重要，戏曲之趣味尽出于此。

戏曲演员尽由民间底层而来，谙熟市民趣味以及民间生活中许许多多俏丽鲜活的动态的语言智慧。这种智慧我们可以从近年流行于民间的谁都能讲上一些的"段子"中得窥一二。"段子"者也，不管"雅俗"，你不能不承认的一个事实是：它们的语言机智以及它们所反映的民间思维智慧之出人意表的奇丽诡谲，不能不让人拍案叫绝——但是，你从时代流行的印刷文字中能见到多少？

非常遗憾，你会感到有两个世界摆在那里，它们是两套"语系"。那么我可以说，古代民间自发的戏曲是自由地、随时地把彼时的"段子"揉进演出中了——而那些不出现在戏文的本子里。

墨写的文字与口头的言语之间有一条永远的鸿沟。

所以，用"规范"过的文本去考察戏曲是不完备的，甚至是极度残缺的——一盘孜然羊肉如果去掉孜然，你想它是什么？

人们怀恋京剧——或更广一些"京评曲梆"的整体繁荣时期，而那一段历史正是戏曲植根民间闾里的蜜月期。北京胡同中的遗存仍见证着如上所述。京城的戏楼、戏班和艺人所在的地方，无一不是民间生活最红火的前沿。

从茶园到剧场

让我们踏上戏曲剧场的寻幽之旅。

在一次次逡巡于老戏楼和已故艺人故居所在的街巷时，一个简单的事实摆在眼前：它们最集中地存留于旧京最繁华的前门商业区，更准确地说，在五牌楼以南、八大胡同以北的狭长地段里。

前门五牌楼脚下肉市胡同里的广和楼是北京最早的公共戏院。此地原属明末盐商查家，所以也叫"查家花园"，后改成"广和茶园"并于乾隆年间盖起戏台，对外演戏，清末称为广和楼戏园。这座戏楼延续了二百多年，1802年，日本学者冈田玉山出版的版画著作《唐土名胜图会》中即有查楼，图中前有牌楼，上书"广和查楼"四字；其后为戏楼，甚为巍峨，左右抱柱楹联为"一声占尽秋江月，万舞齐开春树花"。可以说，北京所有的京剧名角都在这里唱过戏。20世纪60年代，这里改为影剧院，平时电影更多一些，直到"文革"结束以后的一段时间，这里还演出过很新潮的话剧。20世纪90年代后，"广和"逐渐式微，后来全停。

"广和"是一个标本，它经历了从茶园到戏楼再到剧场的全过程。旧式的茶桌、条凳式场面证明着"看客"中心的规矩，"看客"的自由随意是今天无法想象的，吃茶食、走动、叫好或起哄，都体现着"游玩"的意思。提着柳篮卖香烟的半大小子穿行在茶桌之间，没人觉得有什么不妥。"茶园"里也不一定非用京戏不可，更多时候是其他说唱艺术伺候着茶客。茶园，我们可以看作是坐着的勾栏，古风犹在。从茶园过渡到戏园，是一个重大调整，看客中心开始让位于演员中心。进入20世纪以后，用连排靠背椅并撤除方桌，整个剧场的氛围由演出来营造，看客完全成为接受者并须服从剧场的"规矩"了。

商铺林立、人流稠密的大栅栏地区曾有过"中和""庆乐""同乐""三庆"

广和剧场

老戏单

初建于 1931 年，名万盛轩，1050 年新凤霞在此演出《刘巧儿》，极盛一时。
1965 年重建时老舍题字，近年又扩建。

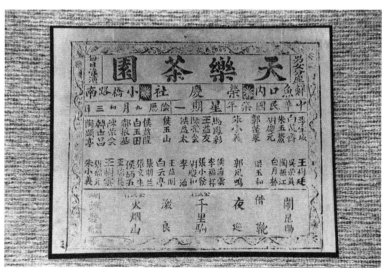

老戏单 1

和"广德"五座戏院。

从东口进大栅栏，南侧粮食店里"六必居酱园"南邻是中和戏园，创建于清乾隆年间，是当时数得着的大型戏园，楼上楼下能容纳八百多位观众，早年，各大徽班均来此演出过,谭鑫培、王瑶卿常在"中和"演生旦"对儿戏"。20世纪20年代尚小云、马连良、王瑶卿和谭小培的全部《红鬃烈马》在"中和"演出，盛况空前。20世纪30年代时，四大名旦中程砚秋、尚小云先后长期以这里为固定演出场所，梅兰芳也常在此演出。"中和"从"文革"开始停用，"文革"结束后首次演出时甚为轰动，成为一时新闻。后来，这儿改成旅馆了，真有点风马牛不相及。"中和"与"广和"都是200年以上的老戏园子，经历了北京戏曲界发展全过程，如今冷落至此，怕是谁也想不到的。

大栅栏路北中国书店东侧的庆乐戏园，创建于1909年，影响也很大。1927年6月，马连良自己挑班唱戏时，首演就是在这儿，演的是谭派老戏《定军山》，取个吉利。1939年以后，李万春的鸣春社常年在此演出。20世纪五六十年代，这里是杂技演出场所。街里还有三庆园和同乐轩，"三庆"在路南，建于清光绪初年，谭鑫培、路三宝、贾洪林、余玉琴、尚小云等都曾在三庆园演出。1949年后，这里改成仓库，只有门框胡同把角的同乐轩一直在使用。它建于1909年，后来老演电影，就叫作同乐电影院了。它还是北京唯一的一座全景电影院，观众要戴上特制眼镜体会电影的立体感。近年停业，这儿也改成商铺了。

再往西走，路北有广德楼戏园，资历很老，京剧早期名伶程长庚、余紫云、余三胜、梅巧玲和汪桂芬等曾在广德楼演出，后来的"喜连成""双庆社""斌庆社"等先后将这里作为定点演出场所，在京城名声极响。它的历史比大栅栏里另几家戏园都要长，约建于清嘉庆元年（1796年），现在，"广和""中和"停业了，"吉祥""长安"拆没了，只有广德楼是北京现存仍在使用的最古老的戏园。

20世纪50年代以后，"广德楼"改为北京曲艺厅，后来叫前门小剧场，

金之篇：弦歌之门

专门演出曲艺节目。现在这儿又"火"了，郭德纲的德云社有时在此演出，一下把人气儿带起来了。

让人觉得可惜的是民主剧场的拆除。它在珠市口路南，建于 1912 年，初时叫开明戏院，整体建筑全盘欧化，非常精美。当年，京剧名家杨小楼、梅兰芳、余叔岩、孟小冬和评剧名家白玉霜等常在这里演出。"文革"后，这里改称"珠市口电影院"，只演电影了。后来这里的音像设备都换成最先进的了，音响效果尤其好，美国大片《狮子王》，我就是在那儿看的。2001年扩建"两广路"，把它东邻的一座小教堂保留下来，民主剧场则荡为平地了。

上面我们还提到"吉祥"和"长安"两大戏院。"吉祥"当初是在王府井金鱼胡同西口路南、东安市场北端，它是东安市场的组成部分，由光绪末年内廷大公主府总管事刘燮之出资兴建，梅兰芳、余叔岩、杨小楼等一流艺术大师常在此演出。"长安"则在西单路口，建于 1933 年，周围繁华，交通方便，从来都是火旺的演出场所，"文革"结束后，外地来京演出的剧团大都在这里演出，全国京剧表演大奖赛常在此举行。这两个地方拆除时曾引起极大的社会关注，许多观众专门去听了最后一场戏。现在，长安大戏院移进建国门内的同名写字楼内，外地来京戏团到此演出的传统尚在。

收藏界现在有人集藏老戏单，那些带着老味的红绿纸是往昔情调的另一种传达，当胡同戏楼不可寻的时候，它是夹在书柜里的戏楼。

旧时的演出团体是戏班，从元杂剧到清"徽班"再到民国时的剧社，都是由一艺术水平高强的伶人打头，约请各路角色组班，从而冲州撞府走江湖。伶人大多是走投无路的穷人家的孩子从小入科班学出来的，譬如程砚秋。也有宦门子弟，那是"玩票"，譬如著名的红豆馆主溥侗，出自皇族，精于京昆两门，生、旦、净、丑全能，《群英会》一剧能演周瑜、鲁肃、蒋干、曹操、黄盖五个角色，并且比一般演员技高一筹。他和许多京剧名家同台演出，从来不唱"翻头戏"，即一年之内不唱重复剧目，其能可见。"玩票"久了，也有人正式"下海"入班唱戏为生，前四大须生言菊朋本为蒙古贵族玛拉特氏，

首博藏程砚秋字

首博藏老戏报

在政府机关工作，爱与梨园界打交道，蒙藏院以"请假唱戏，不成体统"为名，将言革退职位。言菊朋就干脆以唱戏为业了。后四大须生之一的满族喜塔腊氏正白旗奚啸伯亦如此。但更多的还是从小学戏的科班，规矩极严。我们现在还能看到的戏班遗址有大吉巷李万春故居对面19号、21号的鸣春社和百顺胡同40号俞振庭的斌庆社故地。

当伶人是一件苦差事，但老戏又确实有魅力，出于谋生，出于追求，一代又一代人入科学戏。

我国北方昆曲大师侯玉山在其回忆录《舞台生活八十年》中曾回顾自己幼时河北农村戏曲流行的盛景。他说："从光绪到民国初年，昆弋腔在直隶省的安州、晋州、祁州、保安州（即安新县、晋县、安国县与涿鹿县）等地，都是十分流行和普及的。对此有些年轻的同志并不了然。特别是京东、京南各地农村中，昆弋腔的群众基础尤其雄厚，几乎家唱户咏，老幼咸能。"

侯老是直隶高阳县河西村人，20世纪初的时候，那一带几乎每个村子每年至少要演上十几场戏，当然都是昆腔、弋阳腔。村里一到农闲，从打谷场走回家里的农民三五成群地聚在一起，抄起锣鼓笛箫，就开始排戏了。集市上的大戏，也是几个村子的高手一凑，就是一台。村里有曲会，锣鼓家伙、剧装行头一应俱全，一代一代的教戏人有不少就是侯老那样有名声的演员。那时，很多村子都有长年出门在外搭班唱戏的人，他们是干脆以演戏为生了。直到解放后，在京津剧团里工作的演员，还有不少上得舞台、下得农田的人。我国上海另一享有盛名的武生盖叫天，也是侯老的同乡。1956年，北方昆曲剧团到上海演出，盖叫天到剧团驻地看望大家，才出电梯就嚷："我来看乡亲们来了！"他说的是实话，北昆里有不少出自河北农村的老乡。

还是让我们直接引一段侯老的话吧：

"那我们高阳县来说，一年四季不断有戏班流动演出。河西村也不例外，这个只有三百多户人家的村庄，群众生活水平并不算高，但一年到头却不少唱戏。有时十二个月竟能唱十四五台大戏（大戏即指昆弋腔而言）。我从小就看到村里人逢年过节，婚丧嫁娶，求神问鬼，邻里解和，上梁立柱，生儿育女，乃至庆丰收，还凤愿，过寿日，迎亲朋，闹满月等，动不动就约个昆弋腔戏班子来村里唱几天。至于农民自己组成的业余曲会、戏会等（如昆腔子弟会等）更是村村镇镇，到处可见，农闲时节经常不断演出。这些演出形式很简单，一般不用出村张罗便能演出，场面、行头、演员以及前后台管事人，都是本村的，一招呼便到。有时各村镇之间还'打对台'，争妍斗艳。这对促进和提高业余戏班的艺术质量和普及昆曲艺术大有裨益。"

仅仅几十年后，情形就大不同了，细想，真个恍如隔世。

"礼失而求诸野"——现在还到哪里去求？

那就只有立交桥下和公园角落拉着胡琴自娱自乐的老人们那里去找了。

舍南舍北皆世家　铁树斜街

纬道

北京宣南一带是近代戏曲名家的大本营，是京剧在北京扎根立足并走向成熟繁荣的根据地。以前，我每天去宣外大街上班，一路上尽是名伶故居，十年前当我忽然意识到什么的时候，赶紧用相机寻拍它们的影像，于今想起，竟算是赶上了最后的晚餐。有些，则成了永远的遗憾。譬如余叔岩和尚小云两位大师的故居，一在椿树上头条，一在椿树下二条，离我们单位几步之遥，但就在建"崇光百货"的 20 世纪 90 年代中期，静悄悄地同周围整条胡同一起作了"人间蒸发"。

北京是文化遗存的富矿，我们身边，或是我们刚刚走过的一条寻常巷陌，你什么也没觉出，但恐怕里面曾居住过一位名震宇内的人物，或曾发生过对历史有着重大影响的事件。

西珠市口骡马市大街南北、宣武门大街以东、粮食店胡同以西地区，是京剧老艺人故居密集的地方。在那一带和附近地区，我们现在可找到二十几位名伶的故宅，他们在当年都有着如雷贯耳的大名。就他们每一个人的人生经历和艺术成就而言，这些艺术大家都值得我们逐一追述，但那样几乎需要另外写成一部书。这里，我们只能选择几位在京剧发展史上起过阶段性重要作用的人物，通过他们，想象北京市民文化曾经有过的辉煌。他们的故宅，只有很少现在仍由其后人住用，大多则已成为大杂院，有些院子，与他们旧

马连良故居（西长安街）　　　　程砚秋宅

主人的名字是那么不协调，你甚至难以相信，当年的大师就是从这个院门走向万众瞩目的辉煌舞台，亮出让人如醉如痴的风采，唱出响遏行云的妙音。

　　只有两位京剧大师的住宅离"抱成团"的梨园集聚区稍远一些，一位是"四大须生"之一的马连良，一位是"四大名旦"之一的程砚秋。

　　马连良故居在西长安街路南，离西单很近，那所院子大门在街面上，进去后要走过一个很深的过道，右转才进得院子。近年，那里一直有一个餐馆在使用。

　　程砚秋故居则在西四北三条，其实那是他最后的居所，程大师前后在北京搬过 12 次家，多处都在南城，最后才来到这里。他出生在小翔凤胡同，12岁以前即搬家八九次。程砚秋同荀慧生一样，都是苦孩子出身。他是满族正黄旗，祖籍吉林长白山，索绰络氏，清太宗崇德元年，其祖随多尔衮入关进京，后于沙场殉难，御赐黄金首级葬于德胜门外西关厢小西天茔地；五世祖英和曾任道光初年相国，著有《恩福堂笔记》；其父荣寿为独生子，袭旗营将军职，清末贫病而死，有四子，第四子即程砚秋。程砚秋幼年，家中已一贫如洗。程砚秋成名后，先给三位兄长置办了房产，最后，他买下西四北三条这个院子。这套院有内外两进，取名"御霜簃书斋"，从 1937 年至 1958 年逝世，他一直在此居住。据说当年买下房子后，程母很高兴，特地在家里摆了一桌酒席，答谢那些帮助过程砚秋的朋友们。请客人们上席后，程母却叫程砚秋坐在旁

金之篇：弦歌之门

边的一张小桌子上，只摆了一盘酱菜、一盘窝头和一碗小米粥。程母说："御霜，这边席上是诸位先生坐的，你今天就吃这个酱菜、窝窝头、小米粥，现在你成了角儿，我让你吃这个是要你别忘了它，你可别忘了过去的日子啊！"程砚秋诺诺连声，坐在小桌旁喝着小米粥啃窝窝头，在座的客人无不感动。

铁树斜街是大栅栏西街延伸西南方向的著名斜街，旧称李铁拐斜街，西头通往五道口，它也是在南城形成之初，人们踏出来的去往正阳门的近路。这条街南北两侧有许多小胡同，看不出严整的规划，大抵是自然形成的街巷。

斜街南北地带，是京剧艺人的聚居区。

我们现在最容易找到的是谭鑫培四代故宅所在的大外廊营胡同。

大外廊营很短，谭氏故宅在最北边的1号院，大门在大外廊营，房子却赫然卓立在铁树斜街，那样一座二层砖楼，巍峨的气派和窗口的雕镂在整个一条街上都是仅见的。谭家几代人相继在这儿住着，这里成了须生大本营。

这儿是京剧名家遗迹中最好的房子，李万春故居也不错，下面我们将要说到。梅兰芳红星胡同那所带花园的宅子当然好，但前几年为给一新楼腾地，拆了，另一处护国寺的故居现在是梅兰芳纪念馆，独立小院。成为两层楼并且保存这么完好的，太少了，更多的不是近年拆迁中"蒸发"了，就是早已沦为大杂院，一点模样都看不出来了。

在这儿，你走在铁树斜街上，老远就能见到这青青的砖楼，它的一排后窗简直太精美了，你看那砖雕上的花饰，精细得让人不能不赞叹！

谭氏一门是京剧界的一个奇迹，独一无二的奇迹：自谭鑫培算起，谭小培、谭富英、谭元寿，一家四代老生名伶，冠绝京华。自徽班进京至今200年里，谭家一门七代人中从事京剧工作的竟有40人之多。

谭家最早来京的是谭鑫培的父亲谭志道，唱老旦，最初跟随余三胜等由湖北而到北京。人人都晓谭鑫培尊称"谭叫天"，据说这称呼在当初是给谭志道的，但并非美誉，而是因为他的嗓音不入北京观众之耳，讥为"叫天"。后来谭鑫培唱红后，称"小叫天"，但风气已变，成为赞美了。

谭鑫培出名时,正是慈禧爱听戏的年头儿,一时名手如云,但慈禧恰恰最爱听谭鑫培的戏。"老佛爷"爱听,众皇亲贵胄投其所好,也纷纷请他唱堂会,为的是自己在"老佛爷"面前多一些谈资,哄她高兴,自己便于得宠。于是首先获益的是谭鑫培,名声日涨,戏份陡升。

然而谭鑫培到底是明白人,对自己由武生而改唱老生,他曾有过自我剖析,说要是唱《昭关》,前头有程长庚,后面有孙菊仙,汪桂芬嗓音比自己悲壮,自己都唱不过他们;唱《打侄上坟》《盗宗卷》,比不了张胜奎;《探母》唱不过杨月楼,《空城计》唱不过卢台子。但他善于摆正自己的位置,哪些戏对自己的路子,哪些戏要与谁搭档甚至换位,哪些戏需要改一改,以便扬长避短。

谭鑫培名满天下,徒弟也最多,谭派成为须生中影响最大的一个流派。谭氏的家学传到谭富英又是一个高峰,成为民国时四大须生之首。后来传到谭元寿的时候,赶上了演现代戏,于是就有了当代观众十分熟悉的《沙家浜》中的"郭建光",但这一角色对文武兼备的须生来说,有好多本事展示不开,未免遗憾。

梨园人家子承父业是很普遍的,传三四代并且都是名角的也有几家,但如谭家一门,以须生七代相传,怕是仅有的。

与谭老板故居相距不远的,还有梅兰芳(1894—1961)故宅,铁树斜街101号。当然,梅兰芳在北京曾有多处故宅,铁树斜街是其出生地,后来又有北芦草园、鞭子巷头条、红星胡同、内务部街、护国寺街等处住地。护国寺街1号现为梅兰芳纪念馆。

梅兰芳就是在101号出生的,上学是在百顺胡同,也就是陈德霖所住的那条街,杨小楼曾背着梅兰芳上学,那是由于梅九岁上学时,路上总有同校劣童欺负他,吓得他不敢去上学,任凭伯父梅雨田打骂也不愿去。小楼大兰芳16岁,按辈分是叔叔,劝雨田不要打,他背着兰芳上学去。小楼结果走了另一条路,把兰芳哄到学校,并把同学欺负人的事告之老师,老师批评了

金之篇:弦歌之门

铁树斜街谭鑫培旧宅

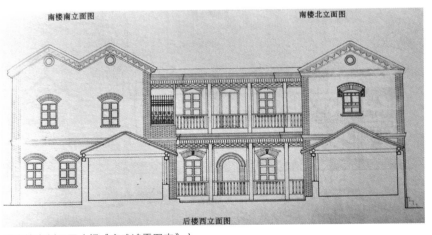

谭鑫培宅剖面图（据《宣武鸿雪图志》）

那几个同学。从铁树斜街到百顺胡同有三条路可走：陕西巷、韩家潭和大外廊营，不知小楼当年绕走的是哪条胡同。说起来这是一件小事，但生活往往就是由小事组成的，如今我们走在这一带，猜猜当年尚未成名的武生泰斗背着花衫大师走的是哪条路，也是一件挺有人间温暖的事。

但寻找梅兰芳在铁树斜街的故宅可不是件容易事，明明告诉你在 101 号，你挨着门牌去数吧——该到 101 号了，却没有这么个院子！

怎么回子事？

你犯了错误，你怎么也不会想到面前那个腥臊难闻的厕所就是 101 号所在地，厕所中间你稍不留神就滑过去的拱门里面还藏着一个院门，那里面就是梅兰芳故宅。

梅兰芳出生地铁树斜街旧宅

门楼尚在。只不过，旧漆斑斓，还挂了一层年深日久说不上是什么颜色的尘灰。

但无独有偶，张君秋故宅也是在厕所后面，只是"隐藏"得不算太深。

梅兰芳大师是把京剧带出国门取得世界荣誉的人，京剧男旦在他的时代达到空前未有的高度，但同时，他也是男旦的终结者，在那个时代以后，旦角由女性演员来担纲，而人们的欣赏习惯也前所未有地改变了，看男旦表演不再是一件"顺情顺理"的舒服事体。应该说，这种改变是走向正常的，而以往是一种不得已而为之的畸态。

以男旦来表现妖媚妖娆的女性美，从而满足

梅兰芳《贵妃醉酒》

观众的观奇与猎艳心理，这无论如何是不正常的。不正常的现象缘于清王朝统治者扭曲的性歧视和性禁锢，女性不允许在舞台上出现，这是清代朝廷的"规定"。于是京剧产生了从陈德霖、王瑶卿直至四大名旦、四小名旦的男旦名伶，也竟然出了这样的奇迹，以男儿之身演绎女性柔美，甚至比女演员表演还大有可观。

至此，男旦戏达到京剧史上的顶峰，然而，随着 20 世纪 30 年代之后中国社会所发生的巨大变化以及西方艺术的影响，人们的审美趋向出现拐点。之后，话剧、电影以及其他艺术形式带来的新潮娱乐使社会文化日愈接近现代化，对审美对象向着正常的性取向回归，女性美还是直接由女性来表现更符合自然之道，男旦的式微不可避免地到来了，谁也不可能重复历史。

早期的京剧名伶，像程长庚、余三胜他们那一代人的故居还能找到吗？

能。就在铁树斜街南麓的胡同里。从谭老板家的小楼往南，出大外廊营胡同是著名的韩家潭，清代大玩家李笠翁的芥子园当年就在那条街上，被画家们奉为圭臬的《芥子园画传》便是在这儿的名园里编出的。此街上还有一座梨园会馆旧址，门楼是带有民国风格的。街南有个小胡同口，那就是百顺胡同。

百顺胡同像个放倒了的 F 形，好几位早期京剧大师都曾住在那一"横"上。

"同光十三绝"的说法你听说过吧，那是一幅画，绘的是同治、光绪年间的十三名昆曲、京剧著名演员的剧装像，其中老生四人：程长庚饰《群英会》之鲁肃，卢胜奎饰《战北原》之诸葛亮，张胜奎饰《一捧血》之莫成，杨月楼饰《四郎探母》之杨延辉。武生 1 人：谭鑫培饰《恶虎村》之黄天霸。小生 1 人：徐小香饰《群英会》之周瑜。旦角 4 人：梅巧玲饰《雁门关》之萧太后，时小福饰《桑园会》之罗敷，余紫云饰《彩楼配》之王宝钏，朱莲芬饰《玉簪记》之陈妙常。老旦 1 人：郝兰田饰《行路训子》之康氏。丑角 2 人：刘赶三饰《探亲家》之乡下妈妈，杨鸣玉饰《思志诚》之闵天亮。其中没有净角名伶，是个缺陷，但画中较真切地表现了京剧早期的一批卓越人物，其

百顺胡同程长庚故居

中一些人的故居，我们马上就能看到。

百顺胡同曾经住过四位重要人物：38号的须生鼻祖程长庚（1811—1880）、55号旦角宗师陈德霖（1862—1930）和40号著名京剧早期武生演员俞菊笙（1838—1914）及其子俞振庭（1879—1939）。

程、陈二人的故宅正成斜对面，一南一北。程长庚的房子是一个不大起眼的门楼，很老了，但以房屋的高度论，这院子在整个胡同里都是数得上的。我去的时候正是初冬，房檐上一片焦黄的枯草。程长庚是担得起一座纪念馆的，这里真应该改为"京剧创始人程长庚纪念馆"，北京需要这样一个地方。

我们现在听到的京剧，不是一开始就是这样子的，它的成型经历了一个重要的融会、磨合时期，程长庚是那个时期最要紧的人。

用今天的话来说，程长庚算是一个"北漂"。他是安徽省潜山县河镇乡程家井人，幼年进徽调科班学戏，习老生兼净。乾隆六十大寿那年，四大徽班进京，程长庚就是其中三庆班的年轻演员。

徽班演员所唱是从家乡带来的二黄调，来自湖北的汉戏演员擅长西皮调，西皮与二黄进一步交融并杂取其他艺术养分，最终磨合为具有综合优势的京剧。程长庚的艺术生涯正处在这样一个北京戏曲的变革时期，他以自己天才的努力，成为京剧开基创业的大师。

程长庚走向大师之路，就是京剧走向成熟之路。

程长庚创业，下了大功夫。新旧杂陈时代的听众不好伺候，初来北京的程长庚第一场戏就演砸了。观众给了倒彩，怎么办？他的回答是：退身再造！他从北京来到北方另一个文化重镇保定，在著名的昆曲科班"和盛成"再次坐科。三年，程长庚从头学起，唱、念、做、打，样样重来。

三年后，当他重回京城时，已经是另一个程长庚了。在一次达官显贵云集的堂会上，程长庚出演《文昭关》，饰伍子胥，高亢劲拔的唱腔让全场为之一振，有人记载当时场面："冠剑雄豪，音节慷慨，奇侠之气，亢爽之容，动人肝膈，座客数百皆大惊起立。"

成功！

紧接着便是誉满京城。

百顺胡同陈德霖故居

道光末年，众望所归的程长庚担当起三庆班的班主和首席老生。咸丰年间，程长庚带三庆班进宫为咸丰帝演出，受到称赞，被赏五品顶戴，任内廷供奉，总管三庆、春台、四喜三大徽班。

从清代到民国，前门外大市的精忠庙是北京梨园界公会所在地。官方有升平署，民间有精忠庙，在京所有戏班演员都要由这里报官登记，管理甚严，程长庚在世期间一直是精忠庙会首，整个北京的梨园界领袖。

1880 年 1 月 24 日，程长庚辞世，他精心培养过的杨月楼继为三庆班主。前三鼎甲的时代结束了，后三鼎甲谭鑫培、汪桂芬、孙菊仙开始了京剧成熟期以后的鼎盛时代，而这三位名伶都是出自程长庚门下的。

距离此地不远有一条石头胡同，是铁树斜街南侧最宽的两条胡同之一（另一条是陕西巷），那里还能找到当年与程长庚合称"前三鼎甲"的张二奎和余三胜的故居。这两位也都是程长庚同时代的翘楚，从 19 世纪中叶所开始的京剧繁荣，是用这些人的天才、德行和勤奋奠基的。

张二奎的故居在 37 号，院前是一个厕所，院门是蛮子门的样式，木框已经显着很老了，门墩磕碰得没了模样。街上的马路比院内的门道还高，里面早已是大杂院了。余三胜的故居在 61 号，门楼上红漆剥落，院内住户的小房已经搭到大门外了，把门楼挤得更显狭促。

"前三鼎甲"是使京剧在北京站稳脚跟的大功臣，后世所有京剧演员的前辈，今天人们所知道的那些著名京剧演员都是站在他们的肩膀上让我们看到的。

程长庚故居斜对面 55 号是陈德霖故宅。这所宅子现在留给人的最显眼的特征是门前的三块"泰山石敢当"，其中最完整的两块立于大门一左一右，雕花很讲究，是无字石敢当。另一块立在门楼的墙角，车挂人摩，已显得残旧了，可见曾发挥过不少作用。

陈德霖是划时代的青衣角色，圈内人尊称他为"老夫子"。他是个人缘极好的大好人，一生有三个最大的特点，一是学生多，二是会的戏多，三是往宫里介绍的演员多。

"老夫子"的得名有个缘由，大多数人以为因其戏多而有此称，其实最初是得自王瑶卿。王是经由陈德霖介绍而入宫中唱戏的，按清宫升平署规矩，被介绍者要终生称介绍者为先生，而王、陈两家是亲戚，论辈儿王从小称陈作德霖哥，叫先生不但生分，而且别扭，但升平署又有规矩在此，于是半谑半尊地叫德霖作"老夫子"，不料竟叫开了，成了"官称"。

在陈德霖的时代，昆曲的地位虽渐被皮黄取代，但影响尚在，尤其在青衣的念白方面，皮黄几乎对昆曲亦步亦趋，昆曲旦角念白都用小口型，俗称"不张嘴"，遇有开口音亦如此。对此，陈德霖全懂，他和当时大多数演员一样，最初是学过昆曲的，知道"规矩"，但他后来在皮黄中把这"规矩"给破了，遇有开口音便张开嘴去念。陈德霖此举是顺应潮流的，因其时昆曲式微，梆子腔流行，念白都是随字音自然地开口闭口，早已不依《中原音韵》的老规矩，只是因皮黄演员多由昆腔学起，成了习惯。而从陈德霖开始，向梆子的做法大胆学习，与时俱进，该开口处便开口。

如今我们已不易察觉这一变化的意义了，但在彼时却是京剧念白的一次解放，京剧更加脱离昆曲古音的束缚，独立面貌愈加显著，这对京剧的普及极有好处。试想，普通大众中有多少人懂得从元杂剧、宋南戏传下来的音韵规矩？

陈德霖唱戏下过极大的苦功。十几岁刚刚崭露头角嗓子就倒仓了，很长时间恢复不了，因此不能登台，他就每天起大早去天坛坛根儿吊嗓。谭鑫培一次对他说："你看哪个好角是坛根儿出身呀？"可是陈德霖经过好几年的坛根功夫，生是把嗓子吊好了，上台唱得很成功，谭鑫培大惊，问其所以，陈德霖告之："由坛根儿出来的！"谭想起当年自己说的话，大笑。后来陈德霖出名后仍坚持去坛根儿吊嗓，谭与其开玩笑说："你已经遛出一个陈德霖，还要遛出一个双料陈德霖么？"这回轮到陈德霖大笑了。

陈德霖出大名是从入宫为慈禧唱戏而得的。那次是与孙菊仙、穆凤山合演《二进宫》，三人珠联璧合，甚得慈禧欢心，当面夸了陈德霖。这一下不得了，界内就传开了，接下来便是各处都来找他约戏。

到宫中演戏，是很多名角都有过的事，但像陈德霖那样作了为宫里介绍京城演员举荐人和宫中排戏导演的没有第二人。慈禧和光绪皇帝不但都喜欢听戏，而且还时不时地参与改戏、编戏，过一把编剧瘾，清宫本来有升平署负责宫中演戏事宜，但没有排戏的能力。可是"上面"把新剧本拿来了，那么怎么办？于是只有请信得过而又有能力的界中人帮忙，想来想去，觉得陈德霖最合适。

他举荐过不少人去宫里演戏，却从不暗中克扣俸银。旧时戏曲界有许多不好的习气，譬如教戏带徒，师徒之间往往徒有其名，只是名分上的师承门第关系，而陈德霖不管是正式拜他为师的还是一般的晚辈，都乐于提携，王瑶卿、姜妙香、梅兰芳、尚小云等，这些后来的名家都得过他的传授和帮助。所以，"老夫子"的美誉，他是当之无愧的。

程长庚故居西侧紧临着的是俞菊笙、俞振庭父子的故居。很多人都知道，1905 年，北京丰泰照相馆拍摄的谭鑫培主演的《定军山》是中国最早一部戏曲片电影，其实稍后还拍了俞菊笙的《青石山》《艳阳楼》和俞振庭的《白水滩》《金钱豹》，由此可见俞氏父子相当了得。

俞菊笙生于北京，是张二奎的弟子，后又改习武生。他主持春台班，开创了以武生挑班唱大轴的先河。这位爷的脾气可不小，他敢在慈禧太后面前摔脸盆！他把不少花脸戏都改成武生扮相，名戏《挑华车》就是他首创俊扮的武生戏，后世还就沿袭下来，抢了花脸的饭碗。俞派影响巨大，后来的杨小楼，尚和玉都是他的传人。俞振庭承其父，也是武生，剽悍勇猛，《金钱豹》最为叫好。他更出色的本事是经营戏班，斌庆社就是他的。在社里，他首创了男女同班合演和演唱夜场戏。1912 年天桥兴起之初，他搭起的芦席"振华大戏棚"，是天桥第一个演出京剧的场所。那之后，才有了别的投资者的跟进。四大须生之一的杨宝森 10 岁起在他的斌庆社搭班，是俞振庭关照培养出来的。但俞振庭挥霍无度，57 岁时已混到难以度日的地步，幸亏故旧多，同行们"搭桌戏"挣钱救济他。1939 年，他病逝在百顺胡同 40 号。

培英胡同王瑶卿旧宅大门

培英胡同王瑶卿王凤卿旧宅南院

百顺胡同东边则是王瑶卿、王凤卿兄弟的故居。

从珠市口煤市街南口进去，路西第一条胡同，就是我们要找的培英胡同，它恰在著名餐馆丰泽园的背后。胡同里很幽静，约摸百步之远，路南一个凹进去的类似小巷的地方就是20号院所在地。北京胡同里这样闲置的凹处已不多了，你看，地上的土路嵌着大小不一的石板，一种古朴扑面迎来。尽头处右侧就是王瑶卿、王凤卿兄弟俩的故宅了，门楼很大，漆早已脱离尽净，但还很完整。这大门实际上是开在院的腰部的，进院就看出，里面包括南北两个院子。北院是王瑶卿的故宅，院很轩敞，种了不少盆花，杂物散乱，最显眼的是浓绿的葡萄架。北房三间，另有厢房，廊柱门窗还都是老样子，檐下正中还能看出挂过匾的痕迹。王凤卿故宅在南院，走过一条窄窄的过道，就能看到又一个整齐的小门楼，里面是个方正严谨的院子，方砖铺地，红漆门柱，四围的房子被精心维修过，看了让人既亲切，又舒服。

王瑶卿（1881—1954）为著名昆曲演员王绚云长子，在戏界威望甚高，人称"通天教主"。他是近代京剧史上起过决定性作用的重要人物，如果仅以名角来看待，则是对他的一种轻视。梅兰芳曾经诚恳地说过，自己所做的，只是王瑶卿先生的延续。

在王瑶卿之前，京剧一直以生角为主，旦角只是配角，而王瑶卿使这种格局发生重大改变，他以自身艺术水平的渊博精湛，在舞台上突破了以往京剧行当的严格分工界限，融汇青衣、花旦、刀马旦的唱、念、做、打，创造出旦行的新行当——花衫。他的革新创造，开拓了旦行演员的新道路，促进了旦角与生角并驾齐驱的发展，否则，京剧舞台可要减色不少啊！

可以说，从清末进入民国的京剧，有了王瑶卿的开创性艺术成就，才有了后来旦角风光摇曳的局面。

他培养了一大批优秀的京剧演员，梅兰芳、尚小云、程砚秋、荀慧生都受业于他，程玉菁、赵桐珊和一批女演员雪艳琴、新艳秋、章遏云、华慧麟、王玉蓉、杜近芳等均在他的指导下有各自不同的发展，张君秋、荀令香及中国戏校的学生刘秀荣、谢锐青等亦从王受业。

可以说，四大名旦掀起的京剧旦角热潮，是从培英胡同发端的。此为王瑶卿最了不起的地方。今天的所有旦角演员，都该感谢他。

清末，戏界须生行有"前三鼎甲"（包括程长庚、张二奎、余三胜）、"后三鼎甲"（谭鑫培、汪桂芬、孙菊仙）之称。到民国初，"后三鼎甲"中汪桂芬、孙菊仙先后去世，只剩下谭鑫培，生行不免后继乏人，青黄不接之际，王凤卿成为承前启后的重要演员，以汪派传人的身份名列老生榜首。汪派名剧《伍子胥》就是由王凤卿传给当时的年轻演员、后来的四大须生杨宝森的。王凤卿饰演的伍子胥，行腔古朴，不事雕琢；声音浑厚，强调力度。人们评价说，他演《战樊城》时一句"催马加鞭"，揉入炸音，悲凉之状，宣泄无遗；《文昭关》上场时的"伍员马上怒气冲"的"冲"字，用鼻音勾脑后音，其势如虎，挺拔高昂，泄尽愤懑。他塑造的伍子胥，如同落在罗网中的雄狮，怒吼咆哮，振聋发聩。后来杨宝森演此剧时，为嗓音条件所囿，只能改变风格，强化人物性格的另一面，汪派艺术终成绝响。

王凤卿和梅兰芳是长期合作的搭档，演出常在前门外煤市街天和会馆文明园，那里距离他们两位的家居都不远，是北京的一所老戏园，有一副舞台楹联很有新意：

"强弱本俄顷，愿同胞爱国正宗，此日漫谈天下事；古今无常理，结团体文明进步，他年都是戏中人。"

如今，这兄弟俩都已作古，他们的后人还生活在院中，这在我所寻访的所有梨园故宅中是仅见的。南院里凤卿先生的儿媳非常和善，老人从容向我数着往事，说自己从嫁入王家，转眼四十余年矣。

院子极静，时有鸽阵掠过，这便是北京胡同的格调，悠然绵长，亘古如一。

由打铁树斜街往北，直穿樱桃胡同和延寿寺街，就到了武生泰斗杨小楼（1878—1938）的故宅，笤帚胡同 39 号。

笤帚胡同是一条不宽的胡同，平常很静，沿路房子都很整齐。杨小楼故居在胡同路北，重檐随墙门，当年应该是不错的，现在为民居，有人把自建小屋搭到大门外，门口显得局促了。这儿离延寿寺街没几步远，却是两重天，延寿寺街永远是热闹的，商摊排满街边。有人说最初的王致和臭豆腐店即在

梅兰芳在无量大人胡同寓所庭院中与朋友合影（历史图片）

梅兰芳无量大人胡同寓所客厅（历史图片）

梅兰芳在寓所客厅会见瑞典王储夫妇（历史图片）

此街，不知那挨挨挤挤的哪个商家是其后身矣。辽金时大宋兵败，徽钦二帝和贵胄后宫几千人从汴京解来拘禁于此，想来此地历史已够久远的了。

杨小楼当年想必天天由此街过。他是清末最有名的大武生，与唱须生的谭鑫培、唱旦角的梅兰芳鼎立为三。梅兰芳比杨小楼小16岁，两人曾同住一院，杨小楼说自己是看着梅兰芳长大的，此言不虚，梅兰芳小时候曾经让小楼背着上过学。所以，后来当小楼在珠市口建成"第一舞台"时，梅兰芳多忙也要前去助阵，以使小楼实现网罗尽京城名角的愿望。齐如山先生排的名剧《霸王别姬》，最初就是杨小楼的项羽、梅兰芳的虞姬，在第一舞台演出，一炮而红。

杨小楼是名角杨月楼之子，作为武生，他是雍容华贵的大武生，饰赵云举世无双。谭鑫培曾说伶界有三人的人缘最好，他们有缺陷观众也能容，其一便是杨小楼的不搭调。（谭老板这不是损人呢吗！）小楼唱戏从来比弦儿高一块，就算琴师按他的调门把弦调上去，结果小楼一张嘴，更上一层楼，调更高了。放在别的演员身上，观众早叫倒好了，但这是他们所喜欢的大武生杨小楼，于是就"海涵"了。

当年慈禧最喜欢的演员，可说是前有陈德霖，后有杨小楼。

慈禧爱听杨小楼的戏，曾例外地赏赐过玉扳指。当时伶界传说此事，说得极蹊跷，说慈禧当面行赏，可又不把扳指从手上褪下，举着手等小楼自己来取，"赏你"的话说了三遍，小楼跪不敢接，还是大太监上前取下解了"围"。按君臣之礼，这确实太近乎了，难怪圈里人说要是戒指、镯子就更有意味了。说来也巧，慈禧当着人夸过许多演员，唯独没提过小楼，圈里又说"老佛爷"不好意思。当然，同行有妒心是难免的，但小楼演戏漂亮谁也否定不了。他是天才演员，往台上一站，怎么演怎么好看。在京剧史上，只要提到武生，人们首先想到的就是杨小楼。

想想杨大腕在世时的威风和传言，颇有当代明星的意思，唱腔跑调、绯闻、姐弟恋，一个也不少。搁现在得天天上报纸娱乐版，粉丝们还不把延寿寺街给堵死喽？

梨园弟子抱成团　椿树棉花各条

纬道

　　宣武门外大街东侧的椿树胡同和棉花胡同一带，是京剧名家聚居的另一个地方。这里，冠以"棉花"的共有十四条胡同，除棉花头条、五条、八条和九条外，都分"上、下"条。往北，是东西向的西草厂街，再北是东、西、北椿树胡同和上、下椿树一、二、三条。西草厂南北的胡同里，梨园旧人简直抱成了团。

　　名丑萧长华故居在西草厂街88号，他在菊部中是最长寿者，1967年病逝时已89岁。他是京剧丑角艺术表演大师，通各角戏，在"喜连成"科班内出任总教习36年，丑、生、旦、净各行文武戏都教，侯喜瑞、马连良、于连泉、谭富英、马富禄、茹富蕙、裘盛戎、高盛麟、叶盛兰、叶盛章、毛世来、袁世海等后来的名家都出自他的培养。

　　这条西草厂街西通宣外大街，东连南柳巷，是从宣外大街去往琉璃厂的近路，以前我没少走，街很宽，老味十足。这一带陆续拆迁好几年了，2006年，沿街仅存的院墙也已都涂上了大大的"拆"字。萧长华故居在街南一个凹进去一点的院内，院门关着，不知里面是什么景象。

　　名旦赵桐珊故宅在棉花下六条6号，初学梆子花旦，后改学京剧花旦，曾与尚小云、荀慧生同为"正乐三杰"。名旦于连泉故宅在棉花八条1号，艺名筱翠花，他还住过西草厂17号、永光寺东街21号和宣武门东河沿9号，

西草厂萧长华故居

棉花八条四川会馆金少山马富禄故居

著名电影演员赵丹携其女赵青拜于连泉为师就在东河沿 9 号。

还有一件菊部的事与于连泉有关：他曾买下虎坊桥东侧的纪晓岚故居，后来又由梅兰芳出钱接过来，在大院里办"国剧学会"和"国剧传习所"，叶春善的富连成科班后来在此。如今的这所故居已经面目大变，那棵紫藤当初是西跨院旧物，现在成了大街明面上的东西了。晋阳饭庄以及东侧的一大片地方才是阅微草堂正房的旧址。那棵紫藤的生命力可真强，茂盛的枝叶形成一个天棚，国剧学会在此间活动时，一些文人、名角常常在棚下开会，梅兰芳、张伯驹、萧长华等都曾亲自浇灌过。

名丑马富禄故宅在棉花八条 1 号，丑角在京戏里是不可缺的，但演员若要指望着演丑角成为名伶，那可就不容易了，而马富禄则是刚出道就凭丑角行当出名了。名净金少山在棉花八条 1 号和 15 号，另一名净钱金福故居在山西街 23 号，谭鑫培、杨小楼和余叔岩三位京剧史上最出色的演员，曾先后与著名架子花脸钱金福长期合作。名旦宋德珠故居在宣武门外大街 170 号，名小生姜妙香的故居在永光东街 3 号，叶盛兰的故居在棉花五条 7 号，名须生杨宝森故居在红线胡同 17 号，名须生李少春故宅在南柳巷 54 号。此外，于连泉、马富禄、李少春和裘盛戎还都在棉花八条 1 号住过，一院聚四角，生、旦、净、丑都有了，锣鼓点一响，能开唱了！

最是让人欣赏的是叶盛兰和李少春。

叶盛兰（1914—1978）是富连成创始人叶春善之四子，幼入富连成科班习青衣、武旦，后改习小生。先学文戏，后学武戏，故宅在棉花五条 7 号。

提起叶盛兰，让人想起的是叫关的罗成、破曹的周瑜和射戟的吕布，他的扮相、他的嗓音、他的功夫，把武小生推到难以企及的高度。他又是许仙，是梁山伯，是张君瑞，是侯方域，在《白蛇传》《柳荫记》《西厢记》《桃花扇》等戏中儒雅风流，成为文小生的典范。

这也就难怪，他能在 1951 年任中国京剧院一团团长，若在旧时，这是以小生行当挑班。他是开宗立派的大角，创立了刚柔相济、清新健美、文武俱佳的叶派小生表演艺术。

京剧小生的演唱难度很大，它是远离自然的一种发声法，属"小嗓"，按旧法叫"龙凤音"，"龙"音要求声调挺拔，"凤"音要求声调柔婉，真假声交替使用，高亢激越，起伏跌宕，而叶盛兰对此的修炼达到炉火纯青的境界，其妙处需要写《老残游记》"大明湖听曲"的刘锷才可传达。

如同李少春是文武老生，叶盛兰是文武小生。唱功之外，叶盛兰武戏也极为英武漂亮，枪、戟、剑、槊在他手里翻飞曼妙，《战濮阳》中的吕布、《八大锤》中的陆文龙、《探庄》中的石秀、《雅观楼》中的李存孝、《罗成》中的罗成，都是他成功塑造的武戏形象。

可惜的是，1958 年，他被打成"右派"，演出受限制，1978 年他死后才得以平反。正值才华大展的金色年华，"文革"又开始了。空度后半生，一代小生大师寂寂离世。

我在拍李少春（1919—1975）棉花上七条 1 号的故居时心里是一阵阵发紧。

这所房子，从大门两侧的边垛来看，当初应该是一座广亮大门，如今则劈下一半砌墙成了半间屋子，门道只剩下半边。屋顶的瓦也换成了洋灰瓦，

棉花五条叶盛兰故居

平趴趴地毫无美感，只有边垛的戗檐还残留旧貌，像个折损的衣领。

他还在南柳巷54号住过，就在南草厂街东端，早已面目全非了。

李少春是让人想起来就觉得遗憾的京剧大家。他卓立于戏曲界群雄并起的年代，而在"四大须生"都已偃旗息鼓之后尚年富力强，一部拍成电影的《野猪林》让他在界内外扬起盛名，京剧的薪火传到他手里，开宗立派的所有条件都具备了，然而，他竟以56岁的壮年，油烬灯灭。

李少春是文武兼备的须生。他的幸运占了两头：往前说，赶上了做大师余叔岩的学生，而余叔岩是公认的谭鑫培最好的继承者，责人极严，眼力极苛，却欣喜于收少春为徒；往下说，"文革"风扫梨园，从老戏中走来的京剧大家，他几乎是硕果仅存，熬过了最难堪的岁月，他成了承上启下的关键人物，没有人在艺术上能与之争锋。在此种情形中，他应该成为杨小楼那样的武生泰斗，而若就唱工而言，他比小楼还要胜上一筹，应该是余叔岩那样的傲岸一世的大须生。

他唱《野猪林》，他的命运却也像八十万禁军教头林冲。

李少春是个一生都在艺术上出新的人。抗战时期，他和翁偶虹合作，编演了《文天祥》，他塑造的文天祥的形象，艺术上融余派唱腔与麒派念白之优长，激昂慷慨，孤愤忠贞。1946年年初，李少春又排演了翁偶虹编写的《百战兴唐》，他在剧中扮演三个人物：前部用老生行当饰梨园乐师雷海青，中部饰武将南霁云，展武生风采，后部饰郭子仪，尽显元帅威严。

20 世纪 40 年代后期，李少春和袁世海重新排演《野猪林》，成为传世之作。这出戏，李少春倾注的心血最多，进行了新的创造，较原来的演法有许多新的发展。过去北方的京剧很少唱"拨子"，李少春却从林冲这一个人物出发，大胆采用"拨子"腔，增加了发配路上的悲凉气氛，唱中夹以甩发、翻滚、夺棍等身段，更是精彩绝伦，独具一格。再如结尾"山神庙"一场中的开打，李少春设计了一个人徒手打八个人的身段，漂亮极了。1962 年，该剧由北京电影制片厂摄成彩色戏曲片时，李少春对剧本又进行了一次修改，增加了"问苍天"的唱段，更充分地抒发了林冲蒙冤受屈满怀压抑的心境，至今，人们还十分爱听这一经典唱段。

少春还有一样绝活：猴戏。他是功夫绝伦的大武生，而猴戏也是最吃功夫的戏，少春的勾脸就与别人不同，旧法孙悟空勾"一口钟"，李万春是勾"倒桃形"，少春则是"倒葫芦"。《水帘洞》《闹天宫》《智激美猴王》等少春演来最拿手，观众称他为"活猴王"，他以大武生演猴，融合了南北猴戏的优长，既有活泼机敏的一面，又有沉雄潇洒的一面，所展现的是齐天大圣的风范而不是泼猴的怪样。

少春的出新甚至表现在现代京剧的磨砺之初。他是现代戏最早的实践者之一，《白毛女》《林海雪原》（《智取威虎山》前身）、《红灯记》中，都有他的原创之功。排演《白毛女》是李少春在艺术上一个新的转折。谁都知道，京戏的唱念做打整个一套表演程式都是与传统剧目相一致的，表现现代题材，谈何容易？为了塑造好杨白劳这一受苦受难的农民形象，少春认真观察生活，深入体验劳动人民的感情，将内心的体验和外部的动作融为一体，设计出符合人物特点的舞台形象。戏一开场，人们看到的杨白劳披着盖豆腐的麻布片儿，夹着一副空空的豆腐担子，在漫天风雪中艰难行进，是另一种"夜奔"的凄凉景象。这出戏不像后来的"八个样板戏"那样通过广播、电视、电影等多种形式向人们"狂轰滥炸"，只有真正的戏迷才知道少春所做的努力。

这是少春的悲剧。更让人不平的是他在《红灯记》里所作的贡献，人们后来看到的李玉和的形象是他的学生钱浩梁扮演的，而最初的塑造者和表演者是少春。他设计的一段段精彩唱腔，像"穷人的孩子早当家""临行喝妈一碗酒"等，在中国曾经是几乎人人会唱，但谁也不知那该归功于李少春。"赴宴斗鸠山"一场原剧本写李玉和被日本兵拉下去就不再上来了，李少春建议受刑后应该再推上来，跟跄挺立，转动椅背，倾泻出满腔愤怒，唱一段[快板]（狼心狗肺贼鸠山）斥骂鸠山，使李玉和的艺术形象更加丰满。

《林海雪原》的编排更早一些，主角是少春演的少剑波，改为以杨子荣为主角是后来的事了。

他的一生太过勤苦，对自己要求太苛，以致56岁便英年早逝，而且是在转机就要到来的1975年。

真想听他长啸一声"好大雪——"

如果说，李少春是"苦"死的，那么，金少山（1890—1948）则是"乐"死的。

金少山故宅在棉花八条1号。

作为花脸演员，金少山在整个京剧史上空前绝后。之所以能说"绝后"，看看当下戏曲在人们娱乐生活中的地位便可知晓。以净行挑班挂头牌，他是唯一的。论嗓子，他声震屋瓦；论武功，他深厚扎实；论身形，他高大魁梧；论面相，他饱满威严。无论是武花脸、架子花还是黑头戏，他是打遍天下无敌手。

有幸看过金少山演出的人，说起他都像是在说传奇。

他的父亲，是与和谭鑫培合作一生的铜锤花脸金秀山，金少山行三，满族，北京人。菊部里，除他之外，程砚秋、言菊朋、奚啸伯也是满族，马连良是回族。

从幼年起，他就跟父亲学戏并和父亲同台演出。但金秀山去世后，他一直未遇明主，在戏班里做过很长时期的底层演员，这倒使他得到广泛的锻炼，各类角色，他都扮演过，等到梅兰芳点名要他合演《霸王别姬》，他的好运到来了。

《霸王别姬》本来是梅兰芳与杨小楼合作的剧目。1926年11月，梅兰芳应邀率团到上海大新舞台演出，需要有人和他配戏演出《霸王别姬》，王瑶卿推荐了金少山，当下一见，金少山身高一米七八，嗓音响若洪钟，声震屋瓦，梅便定下。12月10日，梅兰芳和金少山首次在大新舞台合演了《霸王别姬》，大获成功。当初，杨小楼是以武生饰项羽，而此番金少山创造了花脸行当项羽的艺术形象，人们称为"金霸王"。他与梅兰芳多次合作演出此剧，金少山以花脸行当的西楚霸王配虞姬，成为《霸王别姬》的经典范式，以后，其他演员也按此范式搬演，以武生行当演霸王反倒不多了。

金少山具有开创性的举动是净行挑班。

那是在1937年，走遍四方的金少山回到北京，组织了以花脸挂头牌的戏班"松竹社"，以周瑞安、张荣奎、陈少霖、李多奎、姜妙香、王福山等名伶为班底，多年不衰，并与梅兰芳、马连良、谭富英、孟小冬等长期合作演出。这是在以往京剧史上从未有过的，这年2月15日，金少山在华乐戏园首场演出《连环套》，极为成功。净行在京剧中的地位陡然而升，不再仅仅作为配角行当而出现。

这种开创之举需要一位名声极大、自身功力极强、戏路极宽、艺术造诣极深和票房号召力极高的名净来担纲，而这只有金少山堪以承当。他把一些以往只能是开场"帽戏"的小戏，变成了净行大轴戏。他唱红的《姚期》《锁五龙》《断密涧》《白良关》《铡美案》《牧虎关》等，成为后来优秀净行演员的标杆剧目。1943年，金少山重回上海演出，皇后大戏院门口的"客满"牌，竟足足高挂了六个月。

金少山的再一个贡献，是开创了净行的流派。金少山是世不两出的天才，他以黄钟大吕般的嗓音和深厚的武功，成为可演铜锤、架子、武花脸的全能花脸演员，人称"十全大净"，确立了京剧史上第一个唱、念、做、打全面发展的完整的花脸流派，雄踞净行首席，与当时各有所长的侯喜瑞、郝寿臣鼎足为三。金少山是20世纪京剧净行的一个高峰和参照，后起的优秀花脸

前门西河沿裘盛戎旧宅　　　　　　　山西街荀慧生宅

演员无不受到他的深刻影响。

　　然而金少山性格极怪，有许多毛病，生活无序，吸食鸦片，偏好女色，挥霍无度。他是大把挣钱，大把花钱，但一方面，他豪爽大方，仗义疏财，解囊助人，无所吝惜。终其一生，他活得很痛快。花到最后一分钱，死时，连殡葬费都没地儿找去，还是梅兰芳出面义演攒钱为他张罗了后事。

　　他死于1948年8月13日，贫病交加，那一年，他只有59岁。

　　棉花上七条15号是裘盛戎（1915—1971）住过的地方，他还有一处故宅，在前门西河沿215号。前门西河沿那处房子极好，门楼十分漂亮，与正乙祠正好打对面，现为某公司使用；棉花上七条的房子要差一些，已成大杂院。

　　裘盛戎为名净裘桂仙之子，自幼从父学艺，三岁入富连成科班，受业于萧长华、叶福海、王连平等人。1934年出科后，搭入杨小楼、金少山各班，后来曾自己挑班担任主演。20世纪50年代北京京剧团成立时，他任副团长，与马连良、谭富英、张君秋、李多奎等合作。

裘盛戎音色圆润，韵味醇厚，演唱细腻，十分工稳，使花脸唱腔走向一种趋于规范的境界，所以适应更多的人欣赏。这有点像书法界之刘炳森。在裘盛戎之后，许多净角都学习这种唱法，以至有"十净九裘"之说。但比之前代净角，裘盛戎的风格似偏"文"一些，在其影响下，草莽苍凉不见了。如今，郝、侯、金三派传人寥寥，袁世海那样的架子花已成稀世之珍，后继乏人，这不能不说是一种遗憾。

从西草厂胡同萧长华故居往东走，路南有一条不宽的胡同，叫山西街，南北向，十分僻静，荀慧生（1900—1968）故宅就在胡同中间路西的13号。荀宅门楼俨然，常常是大门紧闭。北京这样的院子往往是独家使用。

荀慧生是四大名旦之一。他的成功，是穷孩子含辛茹苦、坚忍不拔、矢志不渝而终成事业的范例。人们常赞誉他在艺术上的卓越成就，其实，他的奋斗之路对很多人来说，有着更重要的借鉴意义。

荀慧生出生于河北省东光县（现为阜成县）一个制售线香的手工业之家，家近赤贫。1907年，他随父母到天津谋生，走投无路的荀父将他与兄慧荣一同卖予小桃红梆子戏班学戏。其兄不堪忍受打骂私自逃走，只剩慧生，后又被转卖给河北梆子花旦庞天启老艺人为私房徒弟，近似家奴，吃尽苦头，但他仍以巨大的耐力与毅力坚持每天练功。夏天穿棉袄，冬天穿单衣，头顶大碗，足履冰水，点香火头练转眼珠，日复一日，年复一年，苦功练出了硬本领，唱、念、做、打无一不精。1909年，荀慧生以"白牡丹"艺名随师在冀中、冀东一带农村市镇唱庙会和野台子戏。1910年随师进京，使他有机会接触一些戏曲名家。1913年荀慧生由于嗓音倒呛，由唱梆子改唱皮黄，1917年荀慧生十七岁正式出师，1918年与刘鸿升、侯喜瑞、梅兰芳、程继先开始合作，演出《胭脂虎》《霓虹关》等戏，又同杨小楼、余叔岩、王凤卿、高庆奎、朱桂芳等合作，并拜王瑶卿门下学习正工青衣。

从这时起，他步入京城戏曲界的主流。

荀慧生虽然出身清寒，但天资聪颖，生性好雅。他年轻时就迷上绘画，1924 年正式拜书法绘画巨匠吴昌硕为师，后又向齐白石、陈半丁、傅抱石、李苦禅、王雪涛等名师求教，不但提高了绘画水平，还增益了自己的艺术素养。

1927 年，北京报界举办京剧旦行评选，他与梅、尚、程一起被誉为"四大名旦"。

荀慧生一生的演出剧目有 300 多出，代表作《红娘》《红楼二尤》《杜十娘》《荀灌娘》《钗头凤》《十三妹》《玉堂春》《金玉奴》《得意缘》《卓文君》等。

他一生收徒极众，不计其数，他指导和亲自传授的学生有荀令莱、宋德珠、毛世来、童芷苓、李玉茹、吴素秋、赵燕侠、小王玉蓉、张正芳、宋长荣、孙毓敏、刘长瑜，等等，还有许多人虽未拜师，但多得其亲授。荀慧生向他们授艺，几乎是逐句逐段讲戏，一招一式示范。由于他的倡导，中国戏校曾开设了练字学画课程，他专门讲授戏理与画理相通的道理。

荀慧生崛起于清寒之家，一生奋斗，一生好雅，一生向善，但却未得善终。

1966 年，"文革"开始了。8 月 23 日下午，从北京女八中来了两卡车的女红卫兵，开进北京京剧团所在地国子监，她们把戏剧道具、戏箱、戏衣堆积在国子监的大院中，放火焚烧。被揪出来的北京市文化局长赵鼎新，著名作家老舍、肖军、骆宾基、端木蕻良、杨沫，著名昆剧演员白芸生和我们这里所说的荀慧生（当时梅兰芳、程砚秋已去世，另一名旦尚小云正在西安接受批判）等 30 多人，挂上黑牌子，跪在火堆周围用火烤，往他们头上倒上墨汁，然后用铜头皮带劈头盖脸地狠命抽打。第二天深夜，老舍跳太平湖自尽了。

他亲眼目睹了这一残酷过程，当他被批斗完后，夜晚，拖着疲惫的身子回到家中，家中已一片狼藉——被抄家了。其后，家被查封，他被勒令去沙河劳动改造，年近七旬的老人，终于摔倒在郊区的冰天雪地中。

1968 年 12 月 26 日，一代大师在一片空寂中离开人世，终年 68 岁，身

四大名旦合影

旁没有一个亲人在场。

　　八年以后，1976 年，另一名旦、荀慧生的挚友尚小云以几乎同样的遭遇在西安逝去，死前双目失明久矣。"四大名旦"的历史自此烟消云散。

　　2000 年以前，西草厂街是我常走的地方，我们单位就在街南的铁门胡同里。2002 年的时候，我特地到山西街拍摄过荀宅，那时，北侧的椿树各条和永光西街正在大拆，西草场街南侧尚属完整。到 2006 年，南侧也进入拆迁状态，山西街的荀慧生故居已"兵临城下"，南墙以外悉为平地，对面一座极为壮美的宅院只余大门及一段山墙，院内空空如也。该胡同每宅俱涂白圈"拆"字，大限之期恐不在远。挂着文保单位牌子的荀宅即使留下，日后必身处高楼环围之中，如跨车胡同齐白石故居那样。若然，真真坐井观天，成盆景矣。椿树各条胡同大半拆尽，推土机正向路南"挺进"，棉花各条东半部已无，四川营仅余半壁，西半部亦难长久。由此观之，宣南板块，除琉璃厂外，已无可保。所谓"宣南文化"，将是"七八个星天外，两三点雨山前"。

秋风深巷藏名伶　果子巷

纬道

从骡马市大街往北是以"棉花"打头的胡同，京剧艺人故居最多的地方，往南进果子巷不远，则可以寻访另四位大师的故居。他们是李万春、高庆奎、张君秋和奚啸伯。

果子巷里西侧第一条胡同就是李万春（1911—1985）故宅所在的北大吉巷。北大吉巷是骡马市大街路南果子巷里的一条非常僻静的胡同，平常少有人行，它南边的胡同称"南大吉巷"，1965 年以前称"羊肉胡同"，所以过去大吉巷没有南北之说。有意思的是，北大吉巷明代时称"打劫巷"，我的天，谁敢进去呀？到清代，大概也是听着悬忽，改叫"打街巷"，后来又雅化为"大吉巷"。羊肉胡同在北京旧有好几条，1965 年调整全市胡同名称时改为今名了。

李万春的故宅在胡同中部路南，22 号，朝街面是一个典型的南城式小门楼，虽小，但很讲究，每一个细部都经得起推敲。门框残留着黑漆，中槛之上的走马板上一个大福字，也是黑色，这都符合旧日的规矩。最耐看的是戗檐上的砖雕，刻有非常生动的菊花，很少见，论做工该算上品。我国旧称戏界为菊部，李宅门楼上的砖雕，看来有夫子自道的意思。门右戗檐雕有款识"菊有黄华"，语出《礼记》："季秋之月，菊有黄华。"门左戗檐雕有印鉴，太高，无法看清，而临街房山最左边还有一个，款为"吟香馆"，真是雅极了！三幅菊花，不尽相同，想当初，该是有画稿的，而且可能出自名人，如为普通工匠，不会留款的。这所院子原先是余叔岩的房产，1924年，转让给万春的父亲李永利，李氏一家曾三代居此，"文革"中，李万春全家被"扫地出门"，自此，他们再未回到这所居住四十多年的宅院。

这所院子，我先后来过两次，第二次细细看了前院和后院的建筑，发现房子的建造者还是个思想趋新、主张个性的人。你看，前院这道门墙上的砖雕装饰有多精巧！图案又是多独特！从这儿穿过去，看其背面，又是另一种样子，让人不能不佩服设计者的匠心。

南房西侧可通跨院，先看廊上，又是精美的图案，住户告诉我，"文革"时曾用泥给这里盖上才躲过一劫。跨院绝对是值得一观的，我没想到，这里藏着这么"洋"的一个秘境，门、窗、墙垛，都是清末民初很是时兴的"圆明园式"，秀丽而雅致。

李万春是13岁时随其父搬进此院的。那一年，他应"斌庆社"之邀，从南方回到北京，在大栅栏三庆戏园，与师弟蓝月春合作表演《战马超》，一举成名，被誉为"童伶奇才"。万春是成名早的演员，1932年，他21岁时自组"永春社"，演出于京津沪之间。

李万春出生在名伶之家，其父是著名武净李永利。万春4岁就开始学艺，他父亲教子严苛，亲自教他武功，另请人教他文戏，每天把腿搬成"朝天蹬"，吊在房梁上耗两趟腿，每趟同时吊两出戏的嗓子，此外还要练其他功夫。京剧演员的基本功就是这样练出来的，想想都让人发怵。磨砺三年，7岁时，李万春已学会不少戏。李永利经得荀慧生同意，让万春在荀先生的新戏《三戏白牡丹》里扮"五子夺魁"中的一子，他首次登台，一炮打响，此后便在上海、苏州、扬州、杭州一带搭班演出，直到13岁才回京。

他成名后自己组班，还搞过戏曲教育。20世纪40年代他办的鸣春社科班，地点就在北大吉巷19号、21号的两个四合院内，培养了"鸣""春"两班100名学生，其中有不少一直活跃于京剧舞台。他的鸣春社编演了《田七郎》《十八罗汉斗悟空》等新戏和连台本戏《济公传》《文素臣》及应节戏《天河配》

北大吉巷李万春宅

菊花砖雕戗檐

菊花砖雕戗檐（菊有黄华）

跨院西式房屋窗户

跨院西式房屋栏杆式前檐

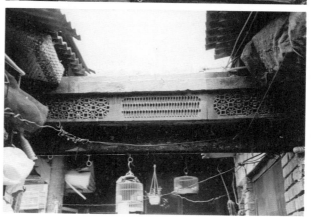

二门背面

等，都极为叫座儿。

此刻我随意走在此间，清静的胡同里半天才偶尔有人走过，60 年前，一群学戏的孩子是从这里走向舞台的。

李万春本人有扎实的童子功，嗓音清亮，念白响脆，身段漂亮，戏路宽广，长靠、短打、箭衣戏皆能。唱念吞吐有力，身段边式利落，能戏数百出，武松与黄天霸戏尤有独到之处。他长期在京沪等地演出，南北不同特点的表演都熟，又得过余叔岩、杨小楼的亲传，戏界公认，他会的戏是最多的。

我国戏曲界的猴戏分南北两派，北派猴戏，早期以张其林、杨小楼为代表，杨小楼之后，以李万春、李少春二位为专擅，李万春善于吸收进取，着重刻画猴的内心，举止特色可谓入微。

李氏一门是戏曲世家，巧的是，他岳父名李桂春（艺名小达子），妻弟是李少春，万春和少春，是姐丈和妻舅的关系，少春的弟弟名幼春，万春的儿子名宝春。宝春后来也成了著名演员，与自己的舅舅更密切些，艺术上继承更多的是少春的衣钵，人称"七分少春，三分万春"。这两家都以"春"相传，绞在一起了。万春还曾有儿子名小春，也演猴戏，颇得其父神髓，1978 年，小春随中国艺术团在美国纽约、华盛顿、洛杉矶、旧金山等城市，进行了三十余场的演出，他演出的《闹龙宫》，就是李少春亲授，给美国观众留下了深刻的印象，非常成功。业内人认为小春是不可多得的武生，可惜英年早逝。

20 世纪 50 年代初，李万春在北京市京剧一团，1958 年，李万春和戏界叶盛兰、叶盛长等，同被划为右派分子，剧团与明来京剧团合并，下放崇文区更名为"新华京剧团"。1960 年支边时组建为西藏自治区京剧团，一年后，又调往呼和浩特，成立内蒙古自治区京剧团。"文革"中，他正在京休假，被揪回内蒙古批斗。1979 年落实政策迁回北京，与吴素秋、姜铁麟组建北京京剧院二团。此前，1948 年时，台湾有人来约戏，李家永春社的桐春、圜春等随言少朋前往，孰料一去几十年难归。1983 年，万春得以赴港探亲，才与五弟圆春会面,并以 72 岁高龄在新光戏院演出《古城会》《武松打虎》和《狮子楼》。

1985 年,李万春在纵横京剧舞台 60 年后,安然归于道山,在他那代演员里,他的人生曲曲折折,是少有的熬到好时光的人。

与李万春仅隔一条胡同,就是著名须生高庆奎(1890—1942)故宅所在保安寺街,他当年住在 15 号。保安寺街是一条很宽敞的胡同,东起果子巷,西至米市胡同,得名于路北的保安寺。该寺建于明代,规模很大,现虽为民居,高挑的屋檐仍透露着建筑之精美。街不算长,沿街的房子都很好,有好几所旧日会馆,高庆奎宅也是个不错的院落,高门石阶,相当气派。

走在保安寺街,就想起高派唱腔。现在看起来,高派须生像是一个另类,那响遏行云的高腔是听着过瘾唱着难。高庆奎之后,只有李和曾、李盛藻继承衣钵,几乎是薪火独传,如今好像听不到谁在接续这一派的香火了。

高庆奎十二岁就登台演戏,早年宗谭,后改学刘鸿声。1921 年组建庆兴社,与侯喜瑞、郝寿臣等合作。高庆奎学刘鸿声是一件很有意思的事。他父亲高四保带他到上海后,得知刘鸿声已先在这里,正唱得红火,这对初出茅庐的高庆奎很不利。旧时艺界里,有人摹仿你,如同要抢你饭碗,这是很忌讳的。但高四保是个聪明人,先主动地带儿子拜望刘鸿声,挑明了说你侄子庆奎就是学你刘鸿声的,若有学的不像的地方,还请关照、指教,造化他一个实授。

刘鸿声本与高四保相识,为人旷达,听了这几句好话,一口应承,认下这个侄子。结果自然是没人找高庆奎的麻烦,他在上海一炮打响,头三天的戏是《空城计》《辕门斩子》《连营寨》,高庆奎前两天唱刘派,第三天唱谭派,都很地道。这次上海之行,既避开了与刘鸿声的冲突,又正式确立了学刘的关系,巧妙得很。回到北京后,高庆奎立刻被目光独具的斌庆班主俞振庭约去唱须生主角。

既能学谭,又能学刘,高庆奎依仗一条游刃有余的好嗓子创出自己行腔高亢、劲拔气盛的高派。给他伴奏的胡琴都与别人不同，走工字调，观众一听那胡琴就知是高派。

高庆奎还有一项绝活：各行当什么都会。1919 年，他随梅兰芳赴日本演出，生、旦、净、丑一身担，班子里缺什么角色他都能补台，令人对他刮目相看。他学谁像谁，花脸能演《铡判官》，武生能演《连环套》，红生能演《华容道》，老旦能演《钓金龟》《掘地见母》《游六殿》。他一生排演新戏也很多，如《哭秦庭》《重耳走国》《史可法》《窃符救赵》《越王勾践》《浔阳楼》等，还与梅兰芳合演过《孽海波澜》时装戏。

唱高派是一件最难的事，嗓子、气力、功夫缺一不可，没有极高的天分根本无法问津。他的名剧《逍遥津》，表现三国故事，高庆奎从《单刀会》《战合肥》演至《曹操逼宫》，前以红生当行演关羽，后以老生应工演刘协。第二折写张辽大败孙权于合肥附近的逍遥津，以此为全剧冠名。后来的演员往往单演《逼宫》一折，却也称《逍遥津》，实际上与“逍遥津”三字毫不相干，一直让观众莫名其妙。

于今，那简直是绝响了。

保安寺街中段胡同往南有一个小巷，叫包头章胡同，穿过去，就可来到张君秋（1920—1997）故居后兵马街 13 号。

从李万春的秘境和高庆奎的高门楼出来，走到张君秋故居跟前，简直是两重天。这套房子眼下已经实在乏善可陈了，门是铁的，刷了红漆，绝非原物，整个院子的外貌可以说一丁点审美考虑都没有。更为凑趣的是，大门旁紧贴着一个公共厕所。这很让人纳闷，梅兰芳故居、张二奎故居、叶盛兰故居和这里的张君秋故居，怎么都要紧贴着它们砌个公共厕所呢？

但当初“四小名旦”之首的张君秋就住在此院——当然，那时院里不是这个样子。

1940 年，北京《立言报》邀请李世芳、张君秋、毛世来、宋德珠四人合作，在北京新新大戏院演出两场《白蛇传》，四个人分演自己擅长的一折戏，各展所长，观众反响甚炽，"四小名旦"之说确立。平心而论，此后，其余三位都没有张君秋在观众心中的名望和对戏界演员的影响来得更大一些。他明显地要高出一个层次，比之"四大名旦"并不差多少。

张君秋艺术成就的取得，与其勤奋密不可分。20世纪30年代的一张报纸上曾有这样一段文字："昔年君秋用功时，虽值大雪，亦赴窑台喊嗓，窑台积雪，深可没胫，君秋不为之却，每自家中持扫帚而出，即往扫雪吊嗓，孜苦如此，其成功自非偶然。"

他是颇受观众欢迎的演员，在戏界影响也很大，有人说现在的旦角"十旦九张"，大致差不多。20世纪60年代，"四大名旦"相继退出舞台，张君秋却是春秋方壮的黄金时期，红遍舞台，而"文革"之后，菊坛面临断代，他却是经历了半个世纪的老资格演员，京剧薪火相传的重任自然落到他肩上。

所以，90年代后期启动的带有"抢救"意味的中国京剧音配像工程艺术总顾问非他莫属了。这一工程从总体策划、挑选配像演员，到指导具体的配像流程，他都亲自参与。参加配像的很多演员，都在现场得到了张君秋的指点，甚至手把手的指导、反复作示范。

他最后也倒在这一岗位上。1997年5月27日一早，他感觉有些疲倦，但还是要去现场指导《龙凤呈祥》的编配，不料就在等电梯下楼时，忽然栽倒在地，再也没有醒来。

从张家旧宅出来，往南穿过中兵马司，就是奚啸伯（1910—1977）故宅所在的平坦胡同，5号院即是。这条胡同旧称扁担胡同，因为这是一条横胡同，一头衔接米市胡同，一头衔接中兵马街，它在两条竖胡同的中腰，俨如扁担。街很静，两侧颇有不少好房。

奚啸伯是满族，北京人，四大须生之一。1957年之前，他住在胡同东口的5号院里。

2003年秋，我曾寻到这里，虽住着一院居民，但格局未损。这所院子应该算是保存得比较完整的。门楼、屋舍基本还是老房子的样子，院有两进，

平坦胡同奚啸伯旧宅大门　　平坦胡同奚啸伯旧宅院内

头进院的角落里甚至还有几株竹子，在大杂院里实属罕见。从一个穿堂门进去，就是二进院，房很高，一些地方虽破，但还可见旧时风貌。整个院子风韵犹存，当年应该是很讲究的。

2006 年 11 月，有消息称南横街以北地区拆迁，赶去。一进后兵马街，初觉无恙，再行则见路南一院屋顶已无，徒见四五根木柱望天而立，一间极大门楼亦无顶盖；路北 9 号、11 号临街后墙洞穿，正房、厢房暴露于野。急行，果见张君秋故宅已拆除过半，13 号大铁门尚在，院内正房、厢房尽成瓦砾，仅南屋尚存。旁边 15 号临街后墙亦穿，院中居民尚有人住。一街无人，如森森别一世界。再西，忽见路南一宅外墙立一串护墙石，花纹犹存，拍下存照。

又赶往平坦胡同，由东口进，不觉愕然——奚宅大门已无，门洞大开！急入，东、南、北俱已无存，唯西北角竹丛处一户人家尚在，见一中年男子，忙上前探问，知此院无保存希望，行将片瓦无存。随主人往后院去，已非前年所见光景，东侧一地残砖灰土。主人夫妇住此院几十年矣，言及当初，环院抄手游廊，俨如花园。男主人从废墟中拾起一块青砖摩挲，这砖质地细腻，棱角分明，青黢幽婉。旧时筑屋，墙芯常杂以碎砖，称"填馅"，其意在于省砖；而观此院断壁，俱为整砖砌就，磨砖对缝，绝无搪塞敷衍。虽是再也住不了多久，他仍在对来者赞叹这所院子的每一个细节。

主人好善，收留无主流浪猫十只整，他逐一介绍这些猫：此白猫乃国产蓝睛，扫帚尾；另一黑猫称"四蹄踏雪"，全身黑亮，唯四足雪白。一院寂寂，人与猫，无言而对。问及主人大门事，告知拆迁消息一来，未几被人盗去。又随主人观其邻院观音庵，凡三重院落，屋脊特立，极其壮美，一望而知非寻常民宅可比，人还未走，屋瓦已被掀翻。

此一地区，为宣南民居纵深之处，文化故迹甚多，会馆林立，屋舍旧而不危，周围并无金融街、CBD 之类项目，缘何必欲拆之，殊不可解。忽悟：骡马市大街之南，南横街以北，怕是整体"经营"，统统欲换"新颜"。天已迟暮，拍片是不可能了，谢过屋主人，走吧！

金之篇：弦歌之门

评戏迷梦了无痕　大众剧场

纬道

　　鲜鱼口老了。很多年没有给这棵老树浇水，那个地区已不那么"光鲜"，不那么"时尚"，但那里是北京历史文化不可多得的重要印记，有太多的富有文化含量的建筑遗存，周围的胡同如无声的解说员，默默地向南来北往的人们诉说北京南城自元明之际以来的形成过程，在那一带走一遭，你就能从胡同的肌理上直接触摸到历史演进的脉搏。

　　但是，现在变了。这一地区并非按现存自然形态保留下去，而是舍旧街而建新街，重新纵向开辟新路，草场各条、长巷各条、南北芦草园、南北晓顺胡同以及其他街巷全被割断甚至整体拆除，自明初形成的以民居和商业相互依存为特征的板块被纵向锯成几截，腰斩之下，面貌肢解，历史脉络切断。巧得很，大众剧场所处的那个位置，正是紧靠新路的地方。

　　2006 年春，鲜鱼口的地皮已锯成零块，街边停着收运拆房旧料的拖拉机，大片大片的废墟上，只有拾荒人在低头收拾破七烂八的东西。大众剧场西邻的房子已经拆光了，整个剧场裸身暴露出来，前脸原来的商业牌已拆下，露出旧日的门面，"大众剧场"几个字，被遮挡二十年后重见天日。但这是站不住几天的了。

　　大众剧场位于鲜鱼口街路南，售票处在对面的路北。明代鲜鱼口已是非常成熟的街区，《京师五城坊巷胡同集》中记载了这一带为正东坊，有八牌

鲜鱼口大众剧场

四十铺六十四条胡同，称鲜鱼口为"鲜鱼巷"。它是商业繁荣地带自然生出的公众娱乐场所，最初叫"天乐茶园"，1924 年重修后改名"华乐戏院"。

这里原有一幅非常精辟的舞台楹联："指掌宏图，讲孝说忠，借衣冠演出炎凉世态"；"明心宝鉴，尚廉崇节，凭面目作尽古今人情。"几百年间，这里是聚集艺术、浪漫、友情、新潮、笑声和眼泪的地方，北京几代著名京剧演员杨小楼、郝寿臣、高庆奎、尚小云、金少山、马连良、张君秋、谭富英、杨宝森、奚啸伯、言菊朋等都曾在此演出过，富连成科班演戏的定点场所也在这里，1936 年富连成科班退出前门广和楼，长期在这里演戏，状态极佳。20 世纪 20 年代以后，北京各大戏园一般都只演夜戏，不出日场了，只有"华乐"这里有，而且是"和胜社"朱琴心、马连良、王凤卿、尚和玉、郝寿臣、王凤卿等名角演出大戏、新戏和平素不唱的老戏，每一场观众都大呼"过瘾"。1942 年，华乐戏院隔壁的长春堂药铺失火，殃及华乐戏院。1949 年后，这里更名大众剧场，这是一个被更多的人所熟悉的名字。1950 年北京封闭妓院那阵子，原来的妓女经过学习改造，在大众剧场演出了描写自己苦难生活的话剧《千年冰河开了冻》，轰动一时。"文革"后，凤雷京剧团率先在此开演禁锢已久的《玉堂春》，"演老戏"的消息传进许多胡同的许多人家，就算不去听戏，也受到一种莫名的解缚一般的兴奋，它告诉人们：一个时代结束了，

金之篇 ·· 弦歌之门

477

另一个时代开始了！

　　大众剧场自 50 年代以后，长期为中国评剧院使用。珠市口西大街路南建于 1912 年的开明剧院也曾经常演出评戏，在 2001 年被拆除后，"大众"成为唯一的评剧符号。对北京来说，其戏曲文化的代表，首先是京剧，其次便是评剧。"京评曲梆"，她排第二。

　　评剧是清末诞生的剧种，基础为河北省东部的滦县、迁安、玉田、三河及宝坻一带农村流行的说唱艺术"莲花落"，它吸收了河北梆子，京剧、滦县皮影的剧目，音乐和表演手法，1910 年前后在唐山发展为有角色分工和曲折剧情的戏曲，当时称"蹦蹦戏"或"落子戏"。1930 年前后，芙蓉花、白玉霜及喜彩莲等先后将落子戏带到北平，很快为北平人所喜爱。1935 年，白玉霜、钰灵芝、喜彩莲、朱宝霞、爱莲君等到上海演出，有记者说其戏"评古论今"，于是以"评剧"称之，从此正式使用"评剧"名称。

　　20 世纪 50 年代到 60 年代，是评剧史上的黄金时代，到鲜鱼口大众剧场去听评戏，是当时最好的艺术享受之一。1949 年再雯社筱白玉霜主演的《九尾狐》连演两个月，达 61 场，甚至吸引了曹禺、欧阳予倩、舒强等专家，当时中央戏剧学院开了专车送师生前去观摩。50 年代抗美援朝时，北京光数得出名的就有 15 家评剧团。

　　评戏最受人们欢迎的名剧《秦香莲》《花为媒》《杨三姐告状》摄制成影片后，流传更广。那时，

东珠市口民主剧场（开明影剧院）

一门一世界

著名女演员筱白玉霜、新凤霞、喜彩莲、李忆兰、花月仙、赵丽蓉，著名男演员魏荣元、马泰、席宝昆、张德福、赵连喜、陈少肪等，成为人们聊天的话题。街头巷尾、车间厂房，人们随口哼出的常是评戏唱腔。可以说，评戏是那时的流行歌曲。

评剧最红火的程度几乎是今天所无法想象的。京剧界曾排出最强的阵容演出《秦香莲》，然而竟然抢不过评剧《秦香莲》的观众。

逡巡在剧场附近，不能不让人想起这里曾经有过的辉煌和曲折，想起评剧发展史上鲜花和泪水并在的天才人物们。

有些人是无法超越的，白玉霜和筱白玉霜便是这样的天才。

然而她们又都是悲剧人物。

白玉霜（1907—1942），原名李桂珍，河北滦县人，莲花落艺人李景春的养女。她11岁学京韵大鼓，14岁拜老艺人孙凤鸣为师改学评剧。白玉霜唱腔低回婉转，韵味淳厚，表演传神，长于抒情，自1928年前后正式演出，名噪于天津剧坛。1937年后，她长期在北平演出，名满京华。

白玉霜是具有独创性的艺术家，她最显著的特点是嗓音较低，这在别人那里可能会成为短处，然而白玉霜却正是充分发挥了这一点，创造出评剧中低音唱法，低弦低唱，珠圆玉润，低回婉转，韵味淳厚，愈发深切感人。她所开创的白派表演艺术，深得评剧观众的喜爱，人们称她为"评剧皇后"。

但"评剧皇后"的命运令人叹息。出身贫寒的白玉霜，能登上艺术的顶峰，却一生没有拥有自己想过的生活。旧时的艺人，尤其是色艺双绝的女艺人，要想从污泥中拔出脚来实在太难了。白玉霜侍奉过数不清的男人，但却从未有过属于自己的生活。终于，她在满眼浮华和龌龊中得遇一位青年乐手，那是1932年春，白玉霜在天津春和大戏院看别人演戏时，意外发现武场的铙钹敲打得太漂亮了，声音好，姿态也优美潇洒——那正是后来给予白玉霜真正爱情的李长生。白玉霜动心了，那真是惺惺相惜，李长生的铙钹声声敲击在白玉霜且惊且慕的心灵深处。她暗下决心，一定要把这个人挖过来！

终于，机会来了，李长生所跟随的班子垮了，正当这个 24 岁的小伙子为生计发愁的时候，白玉霜的人找上门来，从此，他进入白玉霜的玉顺社。

几年过去了，1937 年大年初一晚上，玉顺社在上海恩派亚大戏院上演《马寡妇开店》，后台却怎么也等不来白玉霜了，情急之中，班主李卞氏只好让白玉霜的女儿筱白玉霜顶班上场。

白玉霜失踪了！

后来人们才知道，她带着李长生到河北杨村去过另一种生活去了。

在杨村，除了他俩，家里只有双目失明的长生娘。一家三口，过上躬耕垄亩的农家生活。日出而作，日入而息，天黑后，四野寂静，万籁无声，屋外满天星斗，室内一灯如豆。这真是远不同于北京鲜鱼口的另一个世界，没有人强迫你去见什么人，没有人催促你登台去演粉戏，没有人要你去应酬那些污七八糟的事。这里既静且净。

在别人看来，舞台前后的白玉霜每天都是灯红酒绿，风光无限，但她的心早就太累了，名利场哄抬中的明星注定要付出代价。她要寻找让自己得以喘息的地方，寻找一片净土，寻找朴素和真实。

但命运不会让她就这样寂静下去。白玉霜又回到鲜鱼口，她的心却更乱了。抑郁、奔波、劳碌，几年下来，白玉霜恶病在床。1941 年年底，一出戏没演完，她一头栽倒在地。1942 年 8 月 10 日清晨，病床上的评剧皇后对身边的李卞氏说出最后的话："娘，我想成家，我想跟李长生结婚！"话才说完，白玉霜就咽下此生最后一口气。

36 岁，一代评剧皇后带着她的爱和恨孤独而去。

第二代评剧皇后筱白玉霜登上人生和戏剧的双重舞台，但结局却是同样的凄绝。

筱白玉霜原名李再雯，生于 1922 年，是白玉霜的养女，11 岁时起，她就在养母的剧团里学戏。养母死后，20 岁的再雯继承养母的衣钵，挑起整个戏班，艺名筱白玉霜。

白玉霜所经历的辉煌与隐痛，筱白玉霜也同样经历了。再没有比筱白玉霜更像白玉霜的艺术天才了。她是白派艺术的继承者和发展者，在整个评剧历史上占有不可取代的重要地位。白玉霜深知作为一个女艺人要遭逢多少难捱的烦恼，因此，不希望女儿学戏，但小再雯偏偏喜欢唱戏。无奈，白玉霜只好教女儿演戏配戏。在母亲的艺术熏陶和精心培育下，十几岁的筱白玉霜就已出道演戏了。1943 年，白玉霜病故后，她作为"白派"继承人继续在北京、天津一带演出。

　　筱白玉霜有着像养母白玉霜一样低徊婉转、韵味醇厚的嗓音，演唱深沉动人。她的低音在女演员中极为少有，个性色彩鲜美，在舞台上塑造出许多让人难忘的角色。

　　筱白玉霜的演唱特点使她特别适宜表演悲剧，她在《秦香莲》《杜十娘》《家》等剧中成功塑造的众多悲情妇女形象感人至深。尤其是《秦香莲》一剧，被称为"白派唱腔艺术大全"，在 1955 年拍成了电影，流传甚广。成为后来的评剧演员和评剧爱好者学习模仿的依据。她主演的一些新戏如《小女婿》、《苦菜花》《金沙江畔》等，社会影响很大，一些唱段在民间有广泛的传唱。筱白玉霜的辉煌到 20 世纪 60 年代前期达到顶峰。1964 年 10 月，筱白玉霜被加以"反对演现代戏，攻击戏曲工作大跃进，反对党的领导"之罪名而被开除党籍。1966 年，"文革"开始了，像筱白玉霜这样的名演员怎能躲过海潮一样涌来的浩劫呢？

　　1967 年，筱白玉霜去了，死于忍无可忍之后的自尽。

　　她的家在锦什坊街，院子后面就是太平桥大街的中国评剧院大院。2002 年，那里进入拆迁流程，评剧院是一个气派非凡的大四合院，我以前采访的时候进去过，西南角的会议堂是一个老式两层青砖楼，给我印象很深，当我再面对此院时，老楼和一大片房子已经没了，这里成了菜场，穿过一地杂物，看到西北角一处非常有特色的旧房还在，但也不会独存的。

　　同样让人感动的还有与筱白玉霜齐名的新凤霞。

金之篇：弦歌之门

新凤霞是天津人，原名杨淑敏，六岁就跟着堂姐出来闯世界，也是贫苦家庭里走出的艺术家。她的《刘巧儿》《杨三姐告状》和《花为媒》成为评剧经典。她后来瘫痪了，而她写下的三百万字作品却站立起来，成为一个艺人、一对患难夫妻、一群文化艺术界人士近五十年风雨阴晴的写照。她写的《我和吴祖光四十年悲欢录》出版后，感动了许多人。

如今人们更熟悉一些的恐怕要数赵丽蓉了。但她在晚年的红火，完全是由于在央视春节晚会上的小品而非评戏，这对评戏以及她本人来说，是有些悲哀的。其实，早在 1949 年 4 月，当芙蓉花为首的同乐评剧社在大陆剧院（今宣武区石头胡同内）首次演出了从歌剧移植的评剧《白毛女》时，就是由赵丽蓉主演白毛女的。她的戏曲艺术风采，还留在电影《花为媒》中的阮妈身上。就这种滑稽角色而言，当年在"大众"唱戏的名角还有花月仙、喜彩莲等很多为观众所喜爱的优秀演员。1964 年，江青前来观看中国评剧院演出的《向阳商店》时，江青听到观众为喜彩莲扮演的反面形象鼓掌时，问："观众为什么鼓掌？"慌得彭真赶紧解释说："这是为她的技术鼓掌。"话说回来，喜彩莲那一曲"好可惜的一双手"钻天下海，精灵吊诡，确是出神入化。

难怪后来李先念到大众剧场观看现代戏《会计姑娘》时说："你们评剧演现代戏比较自然，京戏演现代戏不够自然。你们的戏看起来比较舒服。"曹禺到大众剧场观看中国评剧院演出的《夺印》时说："《夺印》演得那么红，那么轰动，我要亲自看看《夺印》是怎么回事，为什么那么吸引观众。"

转眼之间，风华不再，女演员之外，魏荣奎、马泰等对评戏作出过杰出贡献、为观众所熟知的男演员也已驾鹤西去。北京另一个评剧专用剧场、原青山居茶馆改建的大众影剧院已于 2003 年随着花市的拆迁而不复存在。十几年前，著名评剧演员邢韶英和我聊天时，还表露过对评剧前途的忧虑，那时，她还在燕京评剧院任院长，大众影剧院是他们的大本营。如今，评剧在北京的老营盘就要尽数烟消云散。

破残的鲜鱼口，就要消失的大众剧场，你要把这一代绝唱带到哪厢呢？

何处落风尘：
八大胡同的建筑

纬道

这也是一种不乏美感的建筑。但是，它们很特别，外部显得很是封闭，内里深藏着什么东西，让人从跟前走过的时候就觉出一种特异的神秘。

在北京，人们统称它们为"八大胡同"。

总有人特别回避"八大胡同"的问题，但这却又是旧京的一个客观存在，而且，其建筑遗存至今大部还保留完整，甚至超过有"正面意义"的历史名迹。尤为值得探讨的是，一些历史人物和历史事件总是与青楼风尘纠缠一处，绕也绕不开。譬如知名度甚高的蔡锷将军与小凤仙的故事。

但反对之声也甚为炽烈。

2000年前后，封尘已久的前门外八大胡同忽然成了众媒体的一个新闻热点，起因是有旅游公司打起八大胡同的主意，开辟出一条观赏青楼文化遗迹的旅游线路。这一下惹恼了另一些人，鸣鼓而击之，纷纷捉笔著文，斥为低级庸俗，主张"别把糟粕当文化"。一通乱棍之下，"创意"一方铩羽而归。

那么，八大胡同是不是一种文化？它的建筑遗留是不是还有某种价值？

真实的青楼

北京青楼文化可以上溯到元代。

说起来，青楼行当可算作人类最早的职业之一，发萌于"巫"。巫医不分、

金之篇：弦歌之门

483

巫舞不分、巫筮不分、巫史不分，这都是受到人们认可的观点，具有同样意义的还应该有"巫娼不分"。在最早的巫的活动范式中，除以歌舞娱神之外，常常伴随着两性交合的内容。中国古代将求雨视为一项非常重要的事体，而行雨是属于与"阳"相对的"阴"的范畴，因此，求雨过程中，人们认定需要以"阴"接引，女巫以及更多的女性活动成为顶重要的娱神内容。"凡求雨之大礼，丈夫欲藏，女子欲和而乐神。"（董仲舒《春秋繁露》）"和而乐神"，即以两性交媾为求雨仪式的题中应有之义。

"娱神"与"娱人"常常并行不悖。歌舞声色在献给神祉的同时，也成为人自身的盛宴。夏商周的时候，这两者还裹挟在一起，秦汉以后，娱神的因素逐渐退出，人，首先是帝王贵胄的声色需求，将自巫而来的女性歌舞能手职业化了。从此，皇家有宫妓、府衙有官妓、军队有营妓，在民间，则有以歌舞器乐、戏曲杂技为能事的优伶，以上种种以"艺"在先，色欲为辅，而愈到后来，艺愈少而色欲多，甚至纯以色欲事人。

中国古代一直由官府对妓女进行"行业管理"，从业人员相对于民间女子来说，对服饰、风采和各类艺术的追求远甚于后者。考察中国古代妓女史的脉络，可以看出，越到后来越是堕落，越到后来，越是离人性和艺术疏远，直到纯以肉欲为交易，而无甚美好可言。汉、唐至明代尚有少量乐妓一跃而为皇后的纪录，唐宋两代她们与文士、官宦的友好交往尤多，并留下不少美丽的故事，"有井水处便有柳词"的柳永死后萧条，干脆就是妓女们集资安葬的，直至明末，柳如是、董小宛、李香君等甚至以其胜于须眉的人格魅力令人肃然起敬。

从某种角度我们可以把妓业人员分为三大类：一是直接由官府掌控的在籍乐妓，如上所说的宫妓、官妓、营妓即所属，是服务于官家的"在编人员"，多由战争俘虏、贬谪官员眷属和世代乐户组成，轻易不能脱籍；二是私妓，即富贵人家蓄养的乐妓，譬如人们在名画《韩熙载夜宴图》上看到的演奏器乐的女乐，再一个著名的例子是清代大玩家李笠翁所持有的私家戏班；三是市妓，顾名思义，这是专为商业目的而存在的妓女，也在官家管理机构登记，国家是要收税的，在明代，那还是一笔不小的军费来源呢！

北京历史上有两次统治了全国的少数民族政权：元与清。恰恰相反的是，元代统治者大开妓业，这在《马可波罗游记》中有很具体的描述，我国最早一部专门记载乐妓的著作《青楼集》即产生于此时。清代统治者则大禁妓业，入主中原不久，就于顺治元年和十二年两次革除教坊女乐，而以太监代之，北京官妓为之一清。康熙十二年又革除山陕官妓，并将禁止买良为娼载入《大清律例》。雍正三年，"令各省俱无在官乐工"，并废惰民、疍户、九姓渔民等歧视性户籍，恢复为良民。但到晚清，北京妓业又成炽势，当然，主要是由市妓组成。

北京真正作为影响全国的大都市，是从元代开始的。元人崇尚歌舞游乐，散曲和杂剧成为一时之盛，几乎所有乐妓都参与其间，元代戏曲的巨大成就离开她们将无从说起。元代乐妓"冲州撞府"，把艺术传至四野八乡。同时，她们与文人雅士结下非常亲密的关系，《青楼集》中那些才艺高超的乐妓所留下的许多故事，都记述了这种友谊。其实，从唐宋直到清代，这两种人群之间的风流韵事史不绝书。

中国古代有两种女人：一种是安分守己的良家妇女，另一种是在籍效力的歌舞乐妓。从文化传承来说，二者担负了不同的使命，良家女更多地是在相夫教子、浆衣奉炊中成全着每一个社会基本单元——家庭，而才艺却被这种家庭负担和儒学礼教所戕杀埋没。她们是"家庭中人"，而另一种"社会中人"则是青楼女子，这后一种"她们"却是着力地发展了自己的才情，整个封建社会中音乐、舞蹈的传承都由她们担当，甚至可以说，一部中国音乐舞蹈史，就是一部中国乐妓史。

青楼文化对中国古代文学亦有深刻影响。整个有宋一代词坛的"婉约派"所歌咏的对象，你以为都是荆妻淑女吗？不是，让他们"执手相看泪眼"的，只会是才艺撩人的红粉知己。元代文人沦为"九儒十丐"的落魄地步，只有

金之篇：弦歌之门

485

青楼女子还与他们同病相怜，他们之间结下的友谊让关汉卿们找到温馨融暖的精神支柱，才不至于一如丧家之犬。

诗歌、小说、戏曲、散文，我们所能看到的中国古代文学样式，有哪样没受过青楼文化的濡染呢？

本于此，谈妓色变是不足取的。一个对人类文化怀有严肃态度的人，不会把青楼文化简单地全然指斥为糟粕文化。恩格斯曾经这样评价："在雅典的全盛时期，则广泛盛行至少是受国家保护的卖淫。超群出众的希腊妇女，正是在这种卖淫的基础上发展起来的，她们由于才智和艺术趣味而高出于古希腊罗马时代的一般水平之上。"〔《马克思恩格斯选集》（第 4 卷），人民出版社 1972 年版，第 60 页〕。

社会需要和从业氛围使乐妓趋向艺术化，担当起歌舞、器乐和戏曲的载体、传人，她们离开柴米油盐的生活轨迹而以才艺求生。青楼女子从先秦到明代基本上是色艺并重，《青楼集》明白地告诉我们，元代乐妓中有些人就"色"来说，寻常得很，才艺却是超群，凭此，便能赢得人们的喝彩。明代以后，她们朝着色艺分野的方向发展了，也就在这期间，"市妓"日趋多起来，到清末，纯粹的"肉屏风"出现，只出卖色相而无才艺可言了。至今，"性工作者"全无才艺，仅剩卖身。可以说，近世"肉屏风"在人们口碑中的卑下，拖了前代乐妓的后腿。

元明两代乐妓的集中地在砖塔胡同和灯市口东边一带，那里至今有本司胡同和演乐胡同，名称上还残留着过往历史的痕迹。

清代则有"八大胡同"，为今世残留的一种历史文化的遗存。

去看八大胡同

这里没敢说"逛"而只说"看"，因为这有质的区别。北京人以前一说"逛胡同"，那就是"逛窑子"。他们看的不是建筑，而是人；我们这里说的却是看那些颇有特色的屋宇，看官诸君切莫误会。

八大胡同都包括哪八条？答案是不一样的。其实，不止八条，铁树斜街以南，骡马市大街以北，煤市街以东，南新华街以西，整个这样一个狭长地带里，共有大小十多条胡同是清末以来的风尘地。所谓"八大"，只是一种虚指，按《顺天时报丛谈》指证，该地区至少有十五条胡同属于"花柳繁华之地"，比较"公认"的八条胡同是：百顺胡同、胭脂胡同、韩家潭（现名韩家胡同）、陕西巷、石头胡同、王广福斜街（现名棕树斜街）、朱家胡同和李纱帽胡同（现分为大力胡同、小力胡同）。

如果你觉得旧时所有妓女都是一样的，那就像说地上所有的草木都是一类，未免有失粗糙。"八大胡同"里的妓院有不同的等级，最高的为"清吟小班"，大多从江南而来，掌握一定说唱、器乐才艺，不仅以出卖肉体为生存手段。稍低一些的是"茶室"，讲究环境、气氛，再等而下之的则是一般妓院，至于被称为"暗门子"的"下处"，全系走投无路的女人以自身最后的"资本"求得苟活的地方，只能招揽洋车夫、杂役等下层苦力，除了肉欲并无别的项目。可以这样说，青楼也是社会的一面镜子，社会有多少等级，这里也相应提供不同"服务"，俨如"星级"一样。"软件"有差异，"硬件"也便不同，所以，尽管"时过"，却未"境迁"，那些昔日的夜夜笙歌之地，虽已变成民居或旅馆，但仍有旧迹可寻。

"八大胡同"在20世纪50年代初割除了妓院，妓女分配到纺织厂当了工人，有不少嫁人成家了，房子却留存下来。那一地区人口稠密，生活气息极浓，叨了旧城难以改造的光，胡同仍是旧貌，几乎"原汁原味"，犹能见出昔日的格局风貌来。

我们不能不说，旧日青楼在建筑上是一流的，隔着时代仍在一片民居中鹤立鸡群般地"打眼"。它们大都属民国风格，差不多把砖木结构能用上的所有美化手段都体现出来了。

让我们先进入陕西巷。

从珠市口西大街著名的德寿堂药店往北，就是陕西巷。陕西巷是那一带

韩家胡同庆元春遗址

最宽的一条南北向街衢，它西侧分出许多小胡同，像东壁营胡同、胭脂胡同、百顺胡同和外廊营胡同等，旧时也是青楼麇集之所；东侧枝叉很少，只是通过一条很短的叫作"万福巷"的小胡同与石头胡同相连。陕西巷旧时有一等妓院16家，名妓赛金花的怡香院就在这里，"四大徽班"之一的四喜班也曾设在这条胡同里。进陕西巷不远，便能看到一处二层小楼，拱门拱窗，砖垛上有很细的砖雕，拾级而上，就见看不到阳光的院心周围，是一圈窄小的房屋，有陡峭的木梯通往楼上——便是当初待客的地方。再往北，路东的"上林仙馆"则显得"原装"一些，因为那里改成了旅馆，齐整得多。近年，这儿又进行了维修，"上林仙馆"的砖匾还特别重新填了金漆。正中的贴山门楼像是后加的，理由有三：其一，如果当年就有这个门，砖匾也会设在这儿，不会跑到一边去；其二，与青楼"风水"不协，破坏了整提建筑的严密性；其三，建筑风格不一致，青楼不会造一个类似"衙门"的门楼，缺少亲和力。稍北还有一座二层楼也是青楼遗迹，一层的门窗已改过了，很难看，楼上拱窗却依旧，制作很是精巧。楼顶的砖檐一看就是民国式的，比"上林仙馆"还好。

上林仙馆遗址内部

最值得说的是往北一些就到了小凤仙曾栖身的"云吉班"了。那是一个不大的小楼，初次看见它的人，多少会有些怅然若失，觉得演出一场轰轰烈烈的蔡锷与小凤仙知音大戏的地方，"应该"是一个皇皇大观之所。按说，以叱咤风云的蔡将军之级别，该到一个相当于"五星级"的地方去消费才相衬，然而，对不起，就是这儿。这扇小门里就是蔡将军当年进进出出的门道，门上也曾有砖匾，不过已被白灰覆盖了。院子极小，基本格局未变，近百年下来，木制的护檐和围栏还存留齐整，只是楼下的住户将前廊都往外接出一截，另改了门窗。院里是够挤的，连门道前都加出一间房来，但还比较干净。每天，从这所小院前走过的人不知要有多少，但有谁会想得到，当年那场震惊中外的倒袁运动与这里有关呢？

与陕西巷相接的小胡同里，也存有十分精美的青楼建筑。靠南口西侧的百顺胡同，路南曾有京剧《苏三起解》里骂出一句名言"洪洞县里没好人"的主人公苏三居栖的妓院，院中一口"苏三井"到"文革"期间才捣毁。那曾是一个很大的妓院，房子已改为办公机构，面目全非了。不远处路北却有一家保存得很好，两层，外墙使用的是当年非常时髦的灰雕，显得特别有"洋味"。灰雕几乎完好无损，十分难得。百顺胡同并不算长，旧时从西往东的妓院有潇湘馆、美锦院、新凤院、凤鸣院、鑫雅阁、莳花馆、兰香班、松竹馆、泉香班、群芳院、美凤院等十几家，现在全都改为民房，不知其底的路人很难想到当初这儿竟是青楼扎堆的地方。

陕西巷北口东侧有一条很小的死胡同，唤作"榆树巷"，里面却藏着一个规模相当大的青楼遗址，当年这里叫"怡春院"，也是中西结合的样子，有非常漂亮的木雕装饰，开间很大，全都一字排开，显得极有排场。北京青楼中最为有名的赛金花当年就在这里以状元夫人的声名招揽生意。赛金花之事极有传奇色彩，真真假假，莫衷一是，刘半农曾于1934年几次专门采访她，但这年夏天刘急病去世，由弟子商鸿奎写完《赛金花本事》。刘半农去世时，赛金花送挽联："君是帝旁星宿，下扫浊世秕糠，又腾身骑龙云汉；侬乃江上琵琶，还惹后人挥泪，谨拜手司马文章。"
此联还附有旁注，曰："不佞命途崎岖，金
粉铁血中几阅沧桑，巾帼须眉，愧不敢当，
而于国难时限，亦曾乘机自效，时贤多能
道之。半农先生为海内文豪，偶为不佞传轶，
其高足商鸿逵君助之，未脱稿而先生溘逝，
然此作必完成商君之手。临挽曷胜悲感。
魏赵灵飞拜挽。"（赛金花第三任丈夫姓魏，
赵灵飞是他给赛金花起的名字）。1934 年，
北京星云堂书店出版了《赛金花本事》，此
后围绕赛金花是否真实存在与八国联军统
帅瓦德西周旋救北京的事，一直纠缠不清，
成为一段公案。

　　关于赛金花的事略，真真假假，到底
是不是她说服德军统帅瓦德西，从而使北
京免遭劫难，众说纷纭，但赛金花出了大
名却是真的。由名媛而名妓，由名妓而老
妓，赛金花的一生可谓每况愈下，后来从
宣外的豪华四合院搬至龙须沟北岸小胡同
内，靠给好事者讲自己当年往事挣几个小
钱度日，也够凄然的了。

　　赛金花一生三度嫁为人妇，又三次
沦落烟花巷重操旧业，得意时随状元洪钧
出使欧洲，阅尽繁华，晚年则形同乞丐，
1936 年于贫病交困中死于永安路居仁里一
间破房里，终年 67 岁。她的人生传奇世间

百顺胡同鑫凤院旧址

鑫凤楼的雕饰

榆树巷怡春院，赛金花曾在此

少有，小说家曾朴以她的传奇经历为底色写成《孽海花》，成为晚清四大谴责小说之一，传播甚广。赛金花去世后，齐白石为她题写墓碑，张大千为她作肖像画，文化界鲁迅、胡适、林语堂介入评论，京剧舞台梅兰芳、马连良等加以演出，30年代话剧、电影还引发争演赛金花角色的事件。近年，香港刘雪华、台湾陈玉莲都在电视剧中扮演过赛金花。2012年，由国家大剧院著名导演田沁鑫打造、刘晓庆出演赛金花的话剧《风华绝代》在南京人民大会堂演出，赛金花的议论进入当代生活。赛金花的社会影响之大出人意料。2004年3月在北京举行的中国百年时尚女性排名活动中，赛金花高居榜首。2003年5月，赛金花在黄山西递宏村附近的故居以"归园"之名建成景区开放，为AAAA级景区，徽派亭台楼阁依水而立，极为精美。

陕西巷中部有一条往西去的宽敞胡同叫韩家胡同，旧时称韩家潭，清代著名大玩家李笠翁曾住在胡同里，并建有名闻天下的芥子园，现在仍被画家们奉为圭臬的《芥子园画谱》，就是笠翁在这里主持刻印的。"四大徽班"之一的三庆班曾设在韩家潭，现在人们还能在胡同里的36号院找到旧时的梨园公会所在地，院子的格局和房屋大致未变。韩家胡同旧有"南班"环采阁、金美楼、满春院、金凤楼、燕春楼、美仙院、庆元春等20多家。

街上现有"庆元春"值得一观，房子基本中式，当街四槅窗户，窗上有砖雕，最东边的可辨认出"庆元春"三字，这就是其字号了，中间两槅是"又有佳肴""以寓嘉宾"四字，很有广告用语的意思。还别说，字写得不错。民国时的风气就是这样，凡招牌用字都足以娱目，不知名的人写得比如今所谓"书法家"强多了。而且，那时是需要多大尺幅就写多大尺幅，是为"榜书"，现在书家则是太省事了，写几个顺手的小字，拿去放大吧！其实，效果是不一样的。

从陕西巷出来，我们可以看一看与其并行的石头胡同。明代为修城墙，从郊区房山运来的石头存放在这一带，这条胡同便因此而得名。石头胡同是仅次于陕西巷的较大胡同，旧京首屈一指的大北照相馆最初就设在这里，清末民初的时候，照相还是顶时髦的一件事，而拥有照相馆的地方，无疑是城中的繁花之地。事实上，我国公众最先欢迎这时髦之物的除了皇族官宦，就属青楼中的莺莺燕燕了。从 1922 年至 1958 年，大北照相馆一直在此营业，后来才迁到前门楼子跟前。石头胡同，是二等妓院的聚集区，旧有 24 家二等妓院，有名的有茶华楼、三福班、四海班、贵喜院、桂音班、云良阁、金美客栈等。现在，我们在胡同里还能很容易地找到一座茶室，格调粗犷，却很显眼，从老远就能看到它那夸张的房

朱茅胡同聚宝茶室旧址

山。从一个岔路往东，是朱茅胡同，那里"聚宝茶室"的旧迹可实在值得好好看一看。这座茶室是一个三围两层楼，前脸中间低，两头高，门楼集中、西、佛三式于一身：砖垛装饰和拱门洞是欧式，上面却嵌着国产的"福禄"雕字，门楣和砖匾四周用了佛家的菩提珠，门楼上顶却又借鉴了阿拉伯风格。难得的是，这么多不同审美元素用在一起，虽显得张扬，却也大体协调。此外，带有魏碑格调的"聚宝茶室"四字风韵有致，很是耐看。进得大门，院里实在太狭窄了，居民自己又接出两排厨房，窗下还堆着杂物，然而房子的木结构细部甚至走雨水的铁皮漏斗都保存得完好如初。这已是很难得的了。

再往东，是朱家胡同，南口拐弯处的"临春楼"茶室高高的墙面上没有一扇窗户，弄得像个城堡似的。楼顶砖檐的装饰下了不少功夫，无论是民居还是商家，恐怕都没有夸张的。一面大墙，只有正中有一个贴山门楼，关上门，

朱家胡同临春楼旧址

朱家胡同临春楼旧址砖匾

功夫再好的盗贼也进不去。门楼整个由砖瓦构成，檐下的椽子都是青色的条砖仿制的，永远是那么见棱见角。上有砖匾，残留有土红色的底漆，"临春楼"三字清晰可见。

朱家胡同又与大力胡同、小力胡同相连，旧时称李纱帽胡同。北京的胡同名称往往是有来历的，而且并不一定非要与名人、高官挂上钩，不少胡同名像老百姓的日子一样平平淡淡，透露着民俗的风尚。像这李纱帽胡同，便是老年间此地有一位擅制纱帽的手艺人，传来传去，人们就以此为胡同名了。

"您住哪儿啊？"

"李纱帽那边！"

"胡同"两个字，倒不一定非得挂上。

"文革"中，大小李纱帽胡同改成了大力、小力胡同，根本没来由，成了无根文化。横着的是大力胡同，沿街商户多，现在还能看到不少旧迹，都是老铺的样子，拍电影合适。竖着的是小力胡同，不长，我们却能很容易地找到两处青楼旧址，一是靠南一些的"蕊香楼"，二是北头的"泉升楼"。"蕊香楼"两层，也像"临春楼"那样风雨不透，大门有点像油盐店，上面"蕊香楼"三个字却是木匾。"泉升楼"是平房，从外表看很像一个客栈，红底砖匾还很清楚。

从这里出来，就是热热闹闹的煤市街了。煤市街北头是老北京最大的商街大栅栏，而这条街东侧，非常有意思地像鱼骨一样排列着八条小胡同，西口在煤市街，东口在紧靠前门大街的粮食店，每条胡同里都是极为幽静的，与四外熙熙攘攘的商业气氛落差极大。这样的胡同里也有青楼，王皮胡同里就非常显眼地有这么两处，一处叫"贻来年"，字号不见什么脂粉气，用北京话来说，却挺能"拉长趟"。不远处的那处，却看不清是什么字号了。王皮胡同的得名与李纱帽是一样的，早年，胡同里有一位手艺好的王姓皮匠，以修补鞋子出名，整个胡同也就叫这个名字了。

棕树斜街旧称王广福斜街，也是旧京莺燕集中的地方，有名的有久香茶室、聚千院、贵香院、双金下处、全乐下处、月来店下处等，这"下处"即三等妓院的别称。现在路南一座唤

小李纱帽胡同（小力胡同）蕊香楼

小李纱帽胡同（小力胡同）泉升楼旧址

作"小花园宾馆"的地方,院内舒畅美丽,旧时是妓院兼烟馆,如今改为旅店了。西口于石头胡同的衔接处,有一座规模非常大的茶室,两层楼,上顶四围玻璃窗的大罩棚,是一处典型的民国风格的建筑。

这些林林总总的青楼遗迹,破败也好,完整也好,多少年过去了,风流总被雨打风吹去,但它们借着建筑的皮骨,见证着一个时代的远去,留下凄迷的背影。

谁在那儿?

八大胡同是旧京最大的红灯区,谁促就了它的形成?谁为这个销金窟买单?谁在花天酒地中享受快乐?

自元朝发展起来的京城青楼,从最初的乐妓逐渐演变,"乐"的成分越来越少。元时狎妓宴游已是官宦文士的流行风气,由宋入元的贵族赵孟頫曾有一首宴席上的即兴之作:"万柳堂前数亩池,平铺云锦盖涟漪。主人自有沧州趣,游女仍歌白雪词。手把莲花来劝酒,步随芳草去寻诗。谁知咫尺京城外,便有无穷万里思。"万柳堂原址在北京今天的龙潭湖东北岸,为元代名宦冯溥的别墅,当年经常有官宦文士雅集,赵孟頫作诗那次,席间有位叫"解语花"的乐妓一手持荷花,一手举酒杯,起歌劝酒,口唱名曲《骤雨打新荷》,赵诗所记即当时景象。

元明两代,都是官妓盛行的时候,到明朝时,政治一塌糊涂,颓靡风气盛行,即便是被后人称为改革家的张居正,生活也丝毫不落穷奢极欲的时风之后;更有崇祯皇帝的田皇后,其母即曾是娼门。狎妓之行在官员中甚嚣尘上,有人甚至一次用来自内外城四十一名妓女同堂佐酒。明代谢肇淛在笔记《五杂俎》中记万历年间事:"今时娼妓遍布天下,其大都会之地,动以千百计,其他偏州僻邑,往往有之。终日倚门卖笑,卖淫为活,生计至此,亦可怜矣,而京师教坊官收其税钱,谓之'脂粉钱'。"这指的是有"营业执照"的官妓,关于私妓,谢氏说:"又有不隶于官,家居而卖奸者,俗谓之'私窠子',盖不胜数矣。"明代京城的这种状况，当时人指为"风俗淫靡，男女无耻，皇城外娼肆林立，笙歌杂沓。"这"皇城外"，便是前门外大街一带。

明代盛产名妓，陈圆圆、柳如是、董小宛、李香君是被后世屡屡入诗入文的人物，撰写她们的吴梅村、孔尚任、冒辟疆、陈寅恪等均为其时文坛巨笔，而她们在当时的影响就已上达朝廷，甚至引来天下大战。至今，她们还是影视中引人注目的角色，要以最有魅力的演员去扮演她们。

清代几次革除官妓，但于事无补，反倒刺激起市妓的膨胀和畸形的性消费。先是男风占据前外大街一带，同性恋纳入商业领域，其后北京本地和来自南方的妓女渐多，充实进"八大胡同"并挤走了"小白脸"，红灯区形成。至清末民初，尤其是"国会"设在宣武门，议员们嫖妓成风，更使得相距不远的八大胡同兴旺一时。赛金花、小凤仙就是那一时期扬名天下的。关于赛金花的事略，真真假假，先有刘半农为之采访作传，后有鲁迅的一番议论，到底是不是她说服德军统帅瓦德西，从而使北京免遭劫难，众说纷纭，但赛金花出了大名却是真的。由名媛而名妓，由名妓而老妓，赛金花的一生可谓每况愈下，后来从宣外的豪华四合院搬至龙须沟北岸小胡同内，靠给好事者讲自己当年往事挣几个小钱度日，也够凄然的了。

那么，由哪些人组成了青楼的买方市场呢？全社会多层次男性！

有人可能会说，那不是一种破费颇多的高消费吗？这说法起码不全面。事实上，八大胡同既有供议员大人们"消费"的高级"清吟小班"；也有给"贩夫走卒"预备的土炕，当然，后者"主题鲜明"，绝没有"走过场"的闲工夫。在旧京，拉洋车已经算最下等的求生手段了，但他们同样逛窑子。老舍的名著《骆驼祥子》从小说改编成电影，删去的就是祥子"不学好"之后的种种情景；而他的另一部小说《月牙儿》，则恰恰描述了北京下等妓女——暗门子的生活和命运。

小说是忠实于生活的，不忠实的是电影。

然而，卖方市场呢？

遗憾的是，我们不但没有法国莫泊桑的《羊脂球》那样揭示国难当头时一群"正人君子"的德行不如一名妓女的名作，也缺少左拉的《娜娜》那样详尽披露一个女人走向堕落的人生过程，唯有曹禺的话剧《日出》展示了交际场上一个"二奶"的扭曲和绝路，但毕竟显得粗糙和简单。中国学界对妓女人生的真实记录是很少的，应该说，"五四"时期刘半农对赛金花所做的实地采访和记录，是具有开创意义的，尽管前前后后遭到不少人的诟病。所幸的是，近年来，坊间出现几部关于"性工作者"的调查和记述，多为我的记者同行所作。

　　我曾经在闲聊中向一位上了年纪的过来人问起"逛窑子"的事，得到的回答是："这要放早先啊，得了，我也甭白话，咱们起身就去，让你看看那是个什么景儿、怎么个过程。那可跟现如今的找小姐不一样，现在这叫什么呀？二话甭说，上来就干，都失了规矩了！"

　　他很是鄙视如今"小姐"们的"没规矩"。按他的说法，妓界出现了文化断层，一切都简单化、粗糙化了。

　　他说的有道理。民国时期的青楼，不仅是一个休闲场所，还是一个交际场所。如上那位过来人曾说，当时他们商界有时需要与包括官方的各界人士沟通，合适的地方就是茶室。假使你某事需请某方面人士，而你又苦于没门路，没关系，去向姑娘们说，她们有办法把人请到，而且，她们能给你营造一个成功谈判的氛围。

　　青楼里的姑娘们不只是从事"性工作"。而且，她们当中也是分为三六九等的，楼与楼不一样，人与人也不一样，甚至南北方的从业者的"工作方式"也不一样。旧京青楼大抵从清中期开始，擅长才艺的乐妓越来越少，而单纯的皮肉生意越来越多，被讥为"肉屏风"。

　　八大胡同分为"南班"与"北班"两种，"南班"的妓女多来自江南一带，姿容秀美，而且多少兼有一些才艺，赛金花、小凤仙等即属此类。"北班"的妓女来自北方地区，仅凭相貌，文化素养则粗糙一些。从陕西巷往西，百顺胡同、胭脂胡同、韩家潭等胡同中的青楼多为一等妓院，即所谓"清吟小班"，以南方女子为主。"清吟"，便是以品茶、下棋、唱曲、吹奏为主，专投官宦富商、文人墨客的喜好。陕西巷往东的石头胡同等地方的妓院多为二等，也称"茶室"，至更东一些的棕树斜街（王广福斜街）、清风巷、清风夹道、燕家胡同、西杨茅胡同、朱家胡同、朱茅胡同以及小力胡同（李纱帽胡同）等巷子里，是三等以下妓院和土窑子的聚集地，主要是"北班"的天下。

旧时八大胡同青楼之多，简直是令人难以想象的。据统计，20 世纪 30 年代时，这一带入册登记准予营业的妓院达 117 家，从业人员 750 多人，至于不在册的暗娼就更多了。百顺胡同往南有一条胭脂胡同，旧称"胭脂巷"，巷子很短，却聚集了一等妓院有十多家。小李纱帽胡同也不大，仅有 21 个门牌号，而当年的妓院竟占了近 20 个院子。朱家胡同更短，却有三等妓院 20 多家。

20 世纪 50 年代，北京政府进行了一次大规模的妓女改造运动，把她们送进工厂安排工作，使之成为自食其力的劳动者。当时所重视的是"思想改造"，但是，那些富有写实意义的采访和记述却付诸阙如。妓女也是一种人生，对妓女人生的心平气和而不带主观成见的调查和纪实，只是近年才有的。

妓女作为人类最古老的一种职业和谋生手段，于今断代再生，这种现象向人们提出的思考也是绕不过去的，或许，更有挑战意义。那也是一种文化，鄙视、漠视和谩骂都无济于事，而且，那可能是一种错误的认知，这里需要的是平视，是思考和研究。

后　记

　　《一门一世界》就要付梓了。这是一部掀开一角看古城的读物，本书所借以"掀开"者，是这座古城中的门，各种样式的门。门为"面子"，发生在墙内的故事则是"里子"，无论是"面子"还是"里子"，本书已尽意说了，此不赘言。所欲言者，当感谢为本书尽力的清华大学出版社人文部纪海虹主任和三位年轻编辑，她们是刘美玉、李莹和周愿，年轻人前赴后继地编辑这部内容庞杂文图相间的书稿，把她们的青春年华投入到一部说旧说古的书里，会带进一些勃发的生命力，陈年老账一般的人、事、物也似乎活泛起来。本书写作的最初阶段，清华社徐颖老师也曾给予有益建议，兹后蒙北京著名书法家封友文先生题签、篆刻家刘慧远治印，为本书增色甚多，一部书的成活，需要很多人的滋养。总有朋友告之，时代在新起来，但故事还是老的好，东西也是老的好，君不见文玩专家一声"老的"，惊起一片青眼么？

　　那么好吧，这里足够老，打开这扇门，你就知道了。

作者

2018 年 2 月于北京